U0166261

跋涉的理性

（第二版）

孙慕天 著

科学出版社

北 京

内 容 简 介

本书是一部从内史和外史相结合的角度全面总结苏联自然科学哲学的学术著作。作者对横跨108年的苏联（俄国）自然科学哲学的历史发展，做了全景式的展示，研究了自然科学哲学领域的思潮演进和重大事件，重新评价了一系列重大的学术公案，总结了处理自然科学、哲学和政治关系方面的教训，反思了学者走入误区的历史原因。作者着重分析了苏联自然科学哲学领域主流和非主流学派的斗争，探讨了具有改革倾向的科学哲学家的原创性观点，凸现了“异端派”在科学哲学思想上的突破。

本书注重苏联自然科学哲学与西方科学哲学的比较研究，探索了马克思主义导向在自然科学哲学研究领域的优势，进而对自然科学哲学的特殊学科地位做了全新的反思。

图书在版编目（CIP）数据

跋涉的理性/孙慕天著. —2版. —北京：科学出版社，2020.4
ISBN 978-7-03-064777-1

Ⅰ. ①跋…　Ⅱ. ①孙…　Ⅲ. ①自然哲学-哲学史-俄罗斯-1883-1991
Ⅳ. ①N095.12

中国版本图书馆CIP数据核字（2020）第055999号

责任编辑：邹　聪　孔国平　李俊峰 / 责任校对：韩　杨
责任印制：徐晓晨 / 封面设计：有道文化

科学出版社 出版
北京东黄城根北街16号
邮政编码：100717
http://www.sciencep.com

北京虎彩文化传播有限公司印刷
科学出版社发行　各地新华书店经销

*

2006年8月第　一　版　开本：720×1000　1/16
2020年4月第　二　版　印张：24
2020年11月第三次印刷　字数：350 000

定价：128.00元

（如有印装质量问题，我社负责调换）

再版序

苏联自然科学哲学属于马克思主义的思想导向，与西方科学哲学相比，是另一个参考系，它在哲学理论上有重大的失误，但也有优于西方的宝贵理论成就。无论从哪个方面说，苏联自然科学哲学都是一笔丰厚的思想资源。

——孙慕天

对于中国自然辩证法界乃至整个哲学界而言，无论是过去的苏联自然科学哲学（Советская философия естествознания）研究，还是今日的俄罗斯科学技术哲学（Российская философия науки и техники）研究，都属于“冷学问”。这是因为，首先，科学技术哲学是一个特殊的研究领域，由于它的交叉边缘性质，要求研究者不仅要有深厚的哲学素养，还要有比较坚实的自然科学基础，对其他人文社会科学领域也要有广泛的涉猎。其次，由于苏联时期的主流意识形态是马克思列宁主义，所以研究者必须认真研读马克思主义经典作家的原著；由于苏联前期科学技术哲学的主题是各门自然科学中的哲学问题，尤其是物理学和生物学哲学问题，所以在诸如相对论、量子力学、分子遗传学等现代自然科学领域要有一定的知识基础。再次，研究者要能够熟练地使用俄语。而为了和西方科学哲学进行比较研究，还要能够阅读其他西方语言的文献。总之，从事这一领域的学术研究是要付出超常努力的，但并不因此就会得到更多的回报。说白了，研究俄（苏）科学技术哲学就是一件费力不讨好的事，“投入”和“产出”并不成正比。然“苟利国家生死以，岂因祸福避趋之”，科学的唯一标准是真理，岂能以冷热分高下。在改革开放之初，踏入不惑之年的孙慕天先生以极大的理论勇气、扎实的学术功底和强烈的使命担当，在龚育之先生的耳提面命和大力支持下，在远离学术中心的祖国边陲黑龙江开始了“边缘上的求索”。

先生是我国俄（苏）科学技术哲学研究的开创者和奠基人。在20世纪80年代，先生在这一领域开创了若干个“第一”：在哈尔滨师范大学创立了全国第一个“苏联自然科学哲学与社会研究所”（1987年），主持召开了首届（1984年）和第二届（1987年）“全国苏联自然科学哲学学术研讨会”，主编出版了第一套“苏联自然科学哲学丛书（1989—1990）”，编辑出版了第一本期刊《苏联自然科学哲学研究动态》。他的系列论文《苏联自然科学哲学研究动向》（1985年）、《科学哲学在苏联的兴起》（1987年）、《开拓认识论研究的新领域——论科学认识论在苏联的发展》（1989年）等成为这一领域的基础性文献。先生和他的战友们戮力同心，把20世纪80年代打造成俄（苏）科学技术哲学研究的“黄金时代”。

先生是我国俄（苏）科学技术哲学研究的重大推进者。1991年苏联解体之后，学术期刊停刊，丛书不再出版，学术研讨会中断，研究队伍解散，这一研究领域在20世纪90年代陷入了前所未有的低谷。关键时刻，先生挺身而出“挽狂澜于既倒，扶大厦之将倾”。2006年，先生积三十年功力撰著的代表作《跋涉的理性》由科学出版社出版。该书梳理了自普列汉诺夫以来，从马克思主义在俄国传播到苏联解体一个多世纪自然科学哲学发展的历史，从外史和内史相结合的角度，对思想观点的演变、重大事件的争议、理论学派的分化做了系统的反思。该书的出版不仅一举打破了由于苏联解体造成的我国俄（苏）科学技术哲学研究长时间沉寂的局面，而且使学界看到了与英美并行的另一类科学哲学，开创了国内比较科学哲学研究之先河。先生和他的弟子们齐心协力，开创了21世纪初俄（苏）科学技术哲学研究的“白银时代”。

先生还是我国俄（苏）科学技术哲学研究的领路人。从初涉这一研究领域直到生命的最后一刻，40 年间先生始终是中国俄（苏）科学技术哲学研究的大纛和灯塔。退休以后，先生依旧笔耕不辍，最终积劳成疾，他做过心脏支架手术和角膜修复手术，右眼视力几乎完全丧失。尽管如此，已近耄耋之年的先生还是出任了“俄罗斯科学技术哲学文库”（科学出版社出版）和“俄罗斯科学技术哲学译丛”（浙江大学出版社出版）两套丛书的主编，并且亲自操刀撰写专著、翻译译著各一部。在他的遗作，也是《跋涉的理性》姊妹篇《迷思后的清醒》一书的“结语”中，他还对推进我国俄（苏）科学技术哲学研究提出了自己的构想：从纵向上，要重新反思和总结历史，正确认识现实，科学地预见发展趋势。特别是要从社会主义道路和本质的高度，立足意识形态与整体社会语境的关联去揭示俄（苏）科学技术哲学的历史特点；从横向上，最重要的是对苏联自然科学哲学和当代俄罗斯科学技术哲学进行综合研究，着力揭示俄（苏）科学技术哲学的理论特点并给出合理的历史评价。他还指出，当前最紧迫的任务是重新聚集队伍和培养人才，要有针对性地招收符合条件的学生定向培养，特别是加强语言和实证科学基本功的训练，逐渐形成一个少而精的年轻队伍。先生的学术遗嘱高屋建瓴、语重心长，指明了新时代俄（苏）科学技术哲学的战略性走向，对中国俄（苏）科学技术哲学研究的未来发展具有不可估量的重大价值。

《跋涉的理性》一书是先生 60 年学术生涯的代表作，是中国俄（苏）科学技术哲学研究的经典文献。“一个民族的智者为探求真理走过了漫长的道路，充满了艰难曲折，这是理性的长征，理性在跋涉。”我认为，至少可以从客体和主体两个视角解读书名“跋涉的理性”：从研究的对象和客体角度，当年苏联的科学家和科学哲学家，在教条主义意识形态的强势话语压制下所做的探索是艰苦卓绝的，他们抱定追求真理的科学精神，坚定自己认定的信念，坚守学人应该具备的操守，对马克思主义辩证唯物论、唯物辩证法和科学认识论做出独立解读，在科学和哲学上取得了举世瞩目的成就，这条探索真理的道路注定是崎岖坎坷、荆棘密布的；从研究者和认识主体角度，研究俄（苏）科学技术哲学注定是一条远离庙堂、孤独寂寞，在地理和心理的双重边缘上苦苦求索的理性跋涉之路。先生从事这一领域研究的四十年间，也时常感到远离热点的孤寂。然而，正像当年红极一时的伪学者米丁一样，喧嚣过去留下的只能是一堆文化垃圾；而被苏联官方罢黜《哲学问题》主编后打入“冷宫”的凯德洛夫，他的哲学遗产却是一座高高耸立的丰碑。先生是“边缘人”，一生躬耕于学术边疆；《跋涉的理性》是纯粹的学术著作，只能置于真正学人的案头。然而，历久弥坚留下的永远是伟大者的思想与智者真理的教诲，这才是人类文明与精神世界的基石。

《跋涉的理性》对横跨108年的苏联（俄国）自然科学哲学的历史发展做了全景式的回顾，是一部从内史和外史相结合的角度全面总结苏联自然科学哲学的学术专著。除去“导论”和“结论”外，全书共分为四章，也就是把苏联自然科学哲学发展分成了四个时期：开辟时期（1883～1924年）、探索时期（1924～1953年）、调整时期（1953～1985年）和转型时期（1985～1991年）。第一章主要以普列汉诺夫和列宁的学术思想为主线，分别介绍了普列汉诺夫的自然科学哲学思想和列宁对自然辩证法的伟大贡献。着重指出，普列汉诺夫是苏维埃俄国和苏联马克思主义自然科学哲学研究的先驱。作为马克思和恩格斯自然辩证法遗产的直接继承者，列宁提出了正确处理科学和哲学关系的基本原则，即哲学遗嘱。列宁不仅开拓了自然辩证法的新领域，而且建立了新的自然科学哲学命题，拓展和深化了恩格斯的理论观点。第二章的时间跨度是从列宁逝世到斯大林逝世进而延伸到苏共第二十次代表大会，这一时期是苏联社会主义模式，即“斯大林模式”形成和建立时期，也是苏联自然科学哲学形成和探索时期，充满了矛盾和斗争。这一时期前期有过两次大批判运动，分别是围绕着反对机械论和反对德波林派展开的，这两次大批判实质上都是把学术问题政治化，以行政手段裁决包括自然科学问题在内的学术是非。这一时期后期则以反世界主义为名对整个苏联知识界进行思想整肃，主要包括物理学领域对量子力学和相对论的批判，化学领域对共振论的批判，生物学领域对摩尔根遗传学的批判等。黄钟毁弃，瓦釜雷鸣，结果必然是伪科学泛滥，滋生出李森科和勒柏辛斯卡娅这样的怪胎。第三章的时间跨度是从赫鲁晓夫改革延伸到戈尔巴乔夫上台之前，这一时期对斯大林时期的许多做法进行了纠正甚至否定，是苏联自然科学哲学的改革和调整时期，主要调整了科学和哲学的关系。着重指出，不仅要正确对待西方科学家在自然科学领域取得的成果，而且应该把学者在科学上的成就和他们的政治立场、哲学观点严格区分开来。这一时期另一个重大事件就是科学哲学在苏联的兴起，打破了之前自然本体论的垄断地位，完成了从本体论向认识论研究的重大转向。第四章主要介绍了戈尔巴乔夫改革时期苏联自然科学哲学发生的又一次转向，即与“社会主义的人道主义改革”相呼应的自然科学哲学的人文化转向。在这一时期，科学技术进步的哲学和社会问题以及关于人的综合研究成了苏联哲学界关注的焦点和热点。着重指出，在苏联存在的最后六年之中，在整个苏联理论界“批判马克思列宁主义”成了一种时髦。但也是在这一时期，关于辩证法本性问题、理论和经验的关系问题、科学理性问题等的研究取得了丰硕成果，苏联学者独立地提出了互补性原理、科学的理想和规范、后非经典科学等原创性概念。如果无视这笔丰厚的思想资源，就是重大的文化损失。

距离《跋涉的理性》第一版出版已经过去了十多年，市面上早已是洛阳纸贵、难觅踪迹。先生在世时就有意再版，但因主编两套丛书分身乏术。直到今年清明节先生突发心梗、溘然长逝，再版一事终成绝唱。好在先生身后有一干矢志不渝追随其学问人生的弟子，大家在短时间内就成立了“孙慕天遗作出版基金会”，加之科学出版社的全力配合，最终促成此事，以此告慰先生的在天之灵。

先生生前最喜马克思的中学毕业论文《青年在选择职业时的考虑》。“如果我们选择了最能为人类而工作的职业，那么，重担就不能把我们压倒，因为这是为大家做出的牺牲；那时我们所享受的就不是可怜的、有限的、自私的乐趣，我们的幸福将属于千百万人，我们的事业将悄然无声地存在下去，但是它会永远发挥作用，而面对我们的骨灰，高尚的人们将洒下热泪。”[①]先生的一生是无私奉献苦苦求索的一生，是质朴仁爱侠肝义胆的一生，是追求真理厉行启蒙的一生，是知行合一勇往直前的一生。面对先生的骨灰，我们不禁洒下了热泪，但更要立志把先生未竟的事业发扬光大，这才是对先生最好的缅怀。

万长松

2019 年劳动节

① 马克思. 青年在选择职业时的考虑//马克思，恩格斯. 马克思恩格斯全集：第 1 卷. 人民出版社，1995：459-460.

第一版自序

我们这一代人是和新中国一起成长起来的，而我们的童年和青少年时代，和苏联这个社会主义国家有一种复杂的感情联系。先是爱，在我们年轻的心里，那是一块梦的土地，就像苏联作家巴巴耶夫斯基那部小说的名字——《光明普照大地》；接着是爱转恨，我们都读过日本左派写的《苏联是社会主义国家吗？》，在珍宝岛的枪声中感受“苏修”这个“北极熊”强横的身影；后来恨又转为惊，这个世界上第一个社会主义国家竟红星陨落，一朝瓦解。在我们心中，每当想起这个国家，不禁百感交集。

1988 年 11 月 7 日，就在十月革命节 71 周年这一天，我出国访学来到莫斯科。那天晚上我站在红场上，看着克里姆林宫的城墙，想起小时候唱的歌“柔和晨光，在照耀着，克里姆林宫古城墙”，心中真有无限遐思。刚刚踏上这片土地，就有两件事情让我感慨不已。那时中苏关系尚未正常化，苏联的一切都像隔着一层雾，透着一种神秘。我往国内发信报平安，到报亭买邮票。我问看报亭的老太太往国外寄信邮资是多少。她问我往哪个国家寄，我反问她：“这有什么区别吗？”她回答说：“往资本主义国家寄是 50 戈比，往社会主义国家寄只要 5 戈比。”我又问：“往中国寄信，要贴多少钱的邮票呢？”她毫不迟疑地回答说：“那是社会主义国家，贴 5 戈比的就行了。”啊哈，两大阵营壁垒分明，我们这是来到社会主义的“老家”了。当时住在大学生宾馆，吃饭时，我们几个看见饭厅就进，发现里面简直就是“联合国”，各个国家的人都有。吃的是自助餐，也没有人收费。我们十分诧异，难道这里像我们

“大跃进”时一样，吃饭不要钱吗？一天后见到使馆的同志一问，才知道搞错了，原来那里是专门给亚非拉第三世界国家的学生开设的免费食堂。好啊，人家是社会主义的故乡，我们这是在“世界革命的中心”。街上到处贴着“一切政权归苏维埃”“庆祝苏共第十九次全国代表会议胜利召开”的红色大标语；一对对新人在列宁纪念碑前或烈士墓前献花；进到大学的课堂，一位哲学教师正讲授列宁在《唯物主义和经验批判主义》中提出的哲学党性原则；还有低廉的、超稳定的物价，无人售票的公交车辆。看起来一切都很正常，社会主义的列车似乎正在沿着十月革命开辟的道路奔驰……

可是，过了一些日子后，却觉得有点不对了。“愤怒的诗人”叶甫图申科在捷尔任斯基广场上演讲，“愤怒”全发泄到共产党和社会主义身上，而广场上成千上万的苏维埃人却欢声雷动；电视里每天晚上都在播当年一桩桩冤假错案，基洛夫、奥尔忠尼启则、图哈切夫斯基等，不是厘清历史，而是直指社会主义制度；我亲耳听乌克兰人对我说“俄罗斯人正在奴役我们”，乌克兰必须争取解放。生活并不如意：食品和日用品匮乏，又小又酸的苹果一摆出来，人们立即排成长队；中国的羽绒服、雪地鞋都成了抢手货，而商店仓库里积压的鞋子却多达上千万双；官方美元对卢布的汇率是4∶1，黑市上却倒过来，是1∶9。

这真是巨大的时空倒错。我想起作家王蒙在《访苏心潮》里说的话：“到苏联访问是灵魂的冒险。”对我这一代人来说，这是信仰的拷问，灵魂的拷问。我们不能不反思，这就是我们曾经魂牵梦绕的苏联吗？就是那个歌里所唱的“我们没有见过别的国家，可以这样自由呼吸”的光明之域吗？在那里度过的几百个日日夜夜里，我一直在想，苏联的过去和现在本身就是历史之谜，人类要想走向未来，非解开这个谜不可。那时，戈尔巴乔夫的改革闹得正欢。新年晚上，他在电视台发表新年祝词，我们几个留学人员坐在一起，都有种说不出来的滋味，觉得这个国家要出事。

1957年，17岁的我考入中国人民大学哲学系。入学时反右运动刚过，学校要搞教改，为制订新教学方案，系里拿来莫斯科大学哲学系的方案供我们讨论。那是六年制的计划，光数理课程就有七八门，我至今还记得有一门课是“感光器官生理学”，想来是为了使学生具备必要的实证科学基础，以便深刻理解反映论吧，实在令人叹为观止。我们系当然没有那么庞大的课程规模，但有一点可以肯定，当时我们所学的专业课程的观点，基本未出苏联主流哲学的窠臼。老实说，苏联米丁之流搞的那一套死条条，根本不能在我这个敏感少年的心中激起哪怕一点点热情，当时我最提不起兴头的就是所谓“原理”课。也许正因如此，在我们心中，苏联哲学差不多就是烦琐僵化的代名词。我一直有个疑问：苏联那么多极有学问的大哲学家，难道就没有一点独创性的思考吗？

来到苏联后，我才知道，原来早在20世纪60年代，就有一批所谓“六十年代人”，是苏联哲学中的“反叛”，而且他们恰恰是从科学哲学切入，用哲学语言为改革鸣锣开道。特别是凯德洛夫、科普宁和伊里因科夫这“三驾马车”，所提出的科学认识论观点颇多未发之覆，与西方科学哲学有异曲同工之妙。有意思的是，这批人并不跟着西方跑，而是重新解读马克思主义的经典文本，开辟了马克思主义科学哲学的传统，令人耳目一新。1988年12月5日，我在哈尔科夫大学买到什维列夫的《科学认识分析》，此书刚刚出版，我兴趣盎然地读了全书，完全扭转了以前对苏联哲学以偏概全的片面看法。一个民族的智者为探求真理走过了漫长的道路，充满了艰难曲折，这是理性的长征，理性在跋涉，这令我肃然起敬。

苏联哲学改革派的一个根本特点就是对哲学本身重新认识。哲学是爱智慧，这个老生常谈其实本身就饱含智慧。知识不等于智慧，愚蠢也并非一概源于无知。苏联哲学的“六十年代人”冲破了用“自然、社会和思维的最普遍的规律”定义马克思主义哲学的戒律，把哲学看作是启迪智慧的世界观和方法论，这是一场意义深远的思想解放运动。

很幸运，我在乌克兰邂逅了伊万·扎哈罗维奇·采赫米斯特罗教授，和他就EPR悖论与量子相关性问题深入交换了意见，并合著了

《新整体论》一书，使我尝到了跨文化交往的乐趣。他使我这个异国游子获得了家园之感，也使我亲身感受到真理性的知识是无国界的。每当他以极强烈的好奇心就老子哲学向我发问时，听到会心处，他那双蓝色的大眼睛发着光，常使我有一种异样的感动。哲学文化是属于全人类的。我常常想：哲学是否也应当和实证科学一样保护发现的优先权？无论如何，我们总不能把亚里士多德“个别就是一般”的命题说成是自己首先提出的吧？在读苏联科学哲学那些充满睿智的文本时，我总有一种感叹——我们有时当作新发现来讨论的一些主题，人家早就研究过了，那些文献白纸黑字，赫然摆在那里，而我们却视而不见充耳不闻，大搞重复劳动，一再从头做起，这岂非大悖于学术规范？总之，从那时起我就想系统介绍苏联自然科学哲学的研究成果，至少要让国人知道，在我们的一个伟大邻国那里，有一笔丰厚的思想资源是值得开掘的。科学无国界。我曾片段地读过钱钟书先生的《管锥编》，惭愧得很，由于学力不逮，并未真的读懂。但钱先生那种“东海西海，心理攸同；南学北学，道术未裂”的学术眼光，却使我大为叹服。我常想，如果能有钱先生的学术水平，开展东西方科学哲学的比较研究，一定会大有收获。我在自己的这项研究中，也稍微做了一点这方面的尝试，东施效颦，只能说是虽不能至，心向往之。

苏联解体打乱了我原来的计划。形势大变，很多问题必须重新反思，而且大量档案的解密，使得对一些历史事件也应当另做评价，这项开始于15年前的工作于是耽搁下来。近几年尘埃落定，我觉得对一些重大问题已经可以做出结论了，在朋友们的催促下，终于鼓足勇气，把这份稿子提交读者批评。面对此稿，转首四顾，不免也有些微伤感，学术界的浮躁对纯粹科学的追求已经造成了太大的干扰。当时代艰苦时，文以载道，文化人立德立功立言，甚至不惜以身相殉；方今盛世，市场勃兴，食利主义原则进入学术而使斯文扫地。19世纪末，恩格斯有感于德国工业化后哲学的衰落，曾说：“但是随着思辨离开哲学家的书房而在证券交易所里筑起自己的殿堂，有教养的德国也就失去了在德国的最深沉的政治屈辱时代曾经是德国的光荣的伟大理论兴趣，失去了那种不管所得成果在实践上是否能实现，不管它是否违警都同样地热衷于纯粹科学研究的兴趣。”真是慨乎言之。

文学家孙犁说：“彩云散了，记忆中仍是彩云；莺歌远了，记忆中仍是莺歌。”生活的这一阶段已经永远逝去，但它却是美好的，我为此而深感欣慰。

孙慕天

2005 年国庆节

目　录

导　　论

苏联作为第一个社会主义国家存在了 70 多年，这是一段伟大而又充满悲剧色彩的历史进程。苏联的兴起和它的解体是 20 世纪具有重大影响的社会历史事件，随着时间的推移，人们对它的反思日见深入，历史的真实本质也开始显露出来。

苏联的历史道路有一个突出的特点，这就是它的整个社会生活始终带有深刻的意识形态烙印，特别是它的党和国家的各项活动，从来都是和自觉的意识形态设计及意识形态斗争密切联系着的。而苏联自然科学哲学是整个苏联意识形态体系一个独特的组成部分，所谓独特，主要是因为它从一个侧面集中反映了苏联社会的精神特质，传达了苏联在促进科学发展和维护意识形态“纯洁性”的双重努力之间的矛盾、冲突和曲折演化的种种消息。这一领域浩瀚的文献积淀了几代苏联学者不可计量的心血，其中不乏具有重大历史意义的创见和辉煌的理论建树。而曾几何时，这一切都成了历史的陈迹。

难道这一切就这样无声无息地消失了吗？难道可以无视这一笔巨大的历史遗产吗？我们不能无视历史，不能以虚无主义的态度把这一页精神史轻率地翻过去。萨顿（J. Sarton）说过一段意味深长的话：“科学史的研究应当是对人类历史的认真解释及其最崇高的命运的展望。人类是在一个毫无希望的圆圈上，像在地狱的圆圈上团团转吗？在我们的生活中除了欺诈、虚荣和伪善之外难道就什么都没有了吗？……人们是否能够分辨出在遥远的地方那条有着真实的光明而不使人误入歧途的道路呢？”[①]我们是在国际形势发生重大变化，世界文明和中国社会急剧转型的背景下，着手总结苏联自然科学哲学的丰厚遗产的。现在，我们对社会主义历史命运的看法已经和正在发生变化，在跨入 21 世纪的门槛的时候，回顾苏联社会舞台上曾经演出过的这一出思想活剧，正是为了探求人类思想，特别是哲学思想演化的规律，拨开迷雾，认清本质，启迪智慧，昭示未来。

一、苏联国内的研究

应当说，苏联学术界自身对这一领域的反思性研究并没有做出多少值得称道的工作，这是很遗憾的。一般说来，苏联意识形态部门和学者们对本国自然科学哲学研究成果的评述和总结仅限于以下两类。

1. 官方的权威性文件

在苏联自然科学哲学发展的各个历史阶段上，苏联的党和政府总要以决议、领导人讲话、社论等形式，回顾历史，分析问题，提出方针，指明方向，这是苏联的传统。早期的评述和总结多以党的决议的形式出现，如红色教授学院和自然科学党支部的著名决议《关于讨论的总结和马克思主义哲学当前的任务》（1930 年）和共产主义科学院主席团《关于自然科学的决议》（1930 年）。20 世纪五六十年代后，苏联举行了一系列清算历史的专题会议，做出了许多决议，主要有：《相对论讨论的总结》（1955 年）、《关于自然科学哲学问题的研究任务》（1958 年）、《控制论哲学问题理论会议决议》（1962 年）等。官方的意见常常通过社论传达出来，最著名的是《哲学问题》杂志的两篇社论：《加强哲学和自然科学的联盟》（1959 年）和《再论哲学家和自然科学家的联盟》（1962 年），该杂志直到苏联解体前还发表过一篇颇有影响的社论，题

① 乔治·萨顿. 科学史和新人文主义. 陈恒六，刘兵，仲继光译. 华夏出版社，1989：7-8.

为“改革问题和现阶段苏联哲学的任务”（1987 年）。此外，苏联领导人还不断通过讲话直接宣布官方对一些重大问题的指导性意见。从 1958 年召开的第一届苏联自然科学哲学会议开始，历次会议都在会议的开幕词和闭幕词中对自然科学哲学的发展提出正式的方针和规划。

这些官方文献总的特点是以贯彻中央当前的政治意图为目标，有鲜明的政治倾向性，时间性强，学术价值不高。

2. 学者的综合评述

由于苏联自然科学哲学研究与意识形态一直关系密切，所以长期以来始终属于政治敏感领域，学者一般不便于进行全局性的总结和评价，所以这方面的文献不多。

一般说来，前期多系集体性著作，后期开始出现学者个人的论述。其中权威性的如费多谢耶夫（П. Н. Федосеев）等主编的《现代自然科学和哲学问题》（1959 年）。还有一批涉及数学、物理学、化学、生物学、天文学、地学等领域的专门著作，如《现代物理学哲学问题》（1959 年）、《自然科学哲学问题：地学科学》（1960 年）、《现代生物学哲学问题》（1982 年）、《高级神经生理学和心理学哲学问题》（1963 年）、《天文学哲学问题》（1976 年）等，这些文献多数是论文集，属于代表性文献汇编，评论不多。

20 世纪 80 年代以后，出现了学者个人的研究专著，系统回顾苏联自然科学哲学发展的一个时期的历史（主要限于 60 年代和 70 年代），对历史的经验和问题做了一些分析，有一定的深度和独立见解。其中 80 年代初期有代表性的著作是乌耳苏尔（А. Д. Урсул）编写的《哲学和自然科学的联盟：历史的几点总结和发展趋势》（1980 年）、弗罗洛夫（И. Т. Фролов）等主编的《哲学和自然科学：当代研究总结和前景（1970～1980）》（1981 年）。80 年代后期，苏联出版了两部值得注意的著作：一是叶夫格拉弗夫（Ф. Е. Евграфов）主编的《苏联哲学史》（1988 年），一是斯焦宾（В. С. Стёпин）为美国学者格雷厄姆（Loren

R. Graham）关于苏联自然科学哲学专著的俄文版所写的跋文——《苏联科学哲学历史发展的分析》（1991 年）。前一篇是系统的综述，后一篇则对科学哲学在苏联的历史演变做了深刻理论反思，这在苏联几乎是绝无仅有的。但是，总的说来，其结论仍然注意到官方的立场。1997 年俄罗斯推出了马姆丘尔（E. A. Мамчур）等主编的《国内科学哲学：初步总结》一书，突破了传统的视角，立足于世界科学哲学的历史发展，同时并没有完全抛弃马克思主义的立场，很有学术价值。但作者没有涉及自然哲学，没有对整个 70 年间苏联自然科学哲学与社会的关系及其曲折演变轨迹进行梳理，带有明显的描述性质。

值得一提的是，在苏联自然科学哲学的研究方面，苏联学者编纂了两部实用的工具书，一是《自然科学哲学问题：苏联学者著作概览》（1976 年），二是《现代自然科学哲学文献索引（1939～1971）》（1981 年），为研究者带来了许多方便。

二、西方的研究

西方对苏联自然科学哲学的研究，开始于 20 世纪 30 年代。西方学术界对苏联自然科学哲学最初的兴趣是由一个著名的学术报告引发的：1931 年在伦敦召开的第二届国际科学哲学和科学史大会上，苏联学者格森（Б. Гессен）[①]做了题为“牛顿〈原理〉的社会经济和政治根源”的学术报告，引起了巨大反响。报告运用唯物史观令人信服地分析了牛顿力学的成就、局限与 17 世纪的时代背景之间的内在联系，使西方学者耳目为之一新，激起了西方学者对苏联自然科学哲学的强烈关注。一部有代表性的回应著作是霍尔丹（J. B. S. Haldane）的《马克思主义与科学》（1939 年）。后来，一批研究苏联问题的专家从意识形态与苏联科学的关系这一角度，触及了苏联自然科学哲学问题。早在 1948 年，维特（Gustav Wetter）的著作《辩证唯物主义》在意大利出版，1958 年

① 英语文献中通译 M. Hessen，国内文献据此译为赫森，现据俄语原文译为格森。

又出了英文版，对此后西方苏联哲学的主要研究者如波亨斯基（J. M. Bochenski）、约尔丹（Z. A. Jordan）等产生了重大影响。他们建立了东欧研究所，创办了《苏联思想研究》杂志，使维特的观点长期左右着西方的苏联学（Sovietology）研究，其中，受到最普遍关注的是关于李森科事件的一些论著，最早的一部是泽克尔（C. Zirkle）主编的《一门学科在俄国的消亡》（1949 年）。后来开始出现了专门评述苏联科学和意识形态关系的著作，代表性作品是乔治（F. George）主编的《苏联社会的科学和意识形态》（1967 年）。同时，一些专业哲学家也开始关注苏联的自然科学哲学问题研究，但在 20 世纪 30～50 年代，主要是从辩证唯物主义的角度涉及某些自然科学哲学问题，如波亨斯基的《苏俄辩证唯物主义》（1950 年），胡克（S. Hook）的《马克思与马克思主义者》（1955 年）等，虽都涉及自然科学哲学问题，但都不是专题性的。直到 60 年代，苏联科学技术的成就震动了西方世界，对苏联发展科学技术的战略和指导思想的研究一下子成了热点，相应地西方对苏联自然科学哲学的兴趣也空前高涨，涌现出一批研究苏联自然科学哲学的专著，其中有代表性的是：希格弗利德（Miller Marcus Siegfried）的《爱因斯坦和苏联哲学》（1960 年）、托马斯（B. Thomas）的《苏联的知识论》（1964 年）、马克西姆（M. Maxim）的《相对论和苏联共产主义哲学》（1965 年）、费耶阿本德（P. Feyerabend）的《辩证唯物主义和量子论》（1966 年）等。特别值得一提的是，随着西方马克思主义研究的兴起，出现了一股严厉批判自然辩证法的思潮，首先是法兰克福学派，随后是一批持不同哲学观点的西方学者。前者代表性著作有卢卡奇（G. Lukacs）《历史与阶级意识》（1923 年）和马尔库塞（H. Marcuse）的《理性和革命》（1941 年）；后者有李希特海姆（G. Lichtheim）的《马克思主义：历史和批判研究》（1961 年）和约尔丹的《辩证唯物主义的进化：哲学和社会学分析》（1967 年）。

但是，上述研究有一个根本问题，那就是研究者都怀有不同程度的偏见。一般说来，他们都把辩证唯物主义看作是官方禁锢自由思想的手段，看作是学者被迫接受的一种意识形态符咒。这种简单化的认识，一度成为西方研究苏联自然科学哲学的指导思想，从而严重限制了这一领域的学术进展。20 世纪 60 年代中期，一种新的思想导向开始形成。

20 世纪 60 年代以后，西方对苏联自然科学哲学研究的思想出发点有了明显的变化。自从苏联在空间科学和其他尖端科学领域显示了巨大的实力后，西方改变了对苏联科学一味贬斥的态度，试图寻求苏联体制下科技进步之谜，其中包括对辩证唯物主义与科学关系的评价。所罗门（S. G. Solomon）指出，摆在当时西方苏联学家面前的问题是："辩证唯物主义对苏联自然科学的指导有哪些不同？在 20 世纪 60 年代，科学史家是考察辩证唯物主义在俄国开始成为主宰时，苏联科学和哲学的关系，而在当前时期，当辩证唯物主义已经成为一代苏联科学家专业训练的一部分时"，它"对苏联科学工作又造成了什么影响？"[①]新观点的代表人物是格雷厄姆（L. Graham），其名著《苏联的科学与哲学》出版于 1972 年，1987 年又以《苏联自然科学、哲学和人的行为科学》为题出了新版，1991 年该书被译成俄文在即将解体的苏联出版。这部著作代表了西方在这一研究领域的最高成就，显示了很高的科学性。在该书的俄文版序言中，他断言："辩证唯物主义自然观和世界上许多学者的观点十分接近。"[②]他特别举出美国著名物理学家、诺贝尔奖得主格拉肖（S. Glashow）的一段话来证明他的论断。这段话是："我们相信，世界是可知的，存在着简单的规则，而物质的发展和宇宙的进化过程则服从于这些规则。我们也断定，存在着某些永恒的、客观的、对社会中立的、独立于历史的普遍真理，而与这些真理相关的就是所说的物理科学。可以判明，自然规律具有普遍的和不变的性质，它们不受外在的囿限，不能被破坏，也不能被改变……处在宇宙的任何地方的任何理性主体，在解释质子的结构和超新星产生的本质时，都不可避免地得出与我

① L. L. Lubrano，S. G. Solomon. The Social Context of Soviet Science. Westview Press，1980：9.

② G. Graham，Science，Philosophy and Human Behavior in the Soviet Union. Columbia University Press，1987：429-430.

们相同的逻辑框架。我不能用什么事实来证明和证实这一论断。我只是相信这一点。”[①]格雷厄姆认为这正是苏联自然科学昭示的基本理念。格拉肖的一番话，真是大哉言也，日月经天，江河行地，无论后现代文化如何喧嚣，这一点是不会改变的。格雷厄姆的这部著作，内容丰富，材料翔实，理论力求公正，是国际上公认的关于苏联自然科学哲学的权威著作。遗憾的是，作者仅限于讨论苏联学者在各门科学的哲学问题方面的工作，而对科学哲学领域（科学认识论、科学方法论和科学与社会的关系）的研究却付之阙如。在 1991 年出版的俄文版序言中，作者坦承："如果我今天——1989 年——来写这本书，那么我想对之重新审定的一个理由就是要考察‘本体论’和‘认识论’的关系。”[②]事实上，这正是我们今天要着力去做的。

此外，值得一提的很有影响的著作是斯坎兰（J. P. Scanlan）的《苏联的马克思主义：对当代苏联思想的一个批判性考察》（1965 年）。但由于该书着眼于一般哲学问题，未专门触及自然科学哲学问题，这里就不再赘述了。

三、中国的研究

20 世纪 30 年代的中国学术界已经接触到苏联自然科学哲学，一些苏联学者的科学哲学著作被翻译过来，如 1936 年翻译出版的乌兰诺夫斯基的著作《新哲学与自然科学》等。20 世纪 50 年代，新中国刚刚成立，在“全面学习苏联先进经验”的思想指导下，开始大量译介苏联著作。由于历史条件的限制，难免良莠不分，特别是把那些极左路线的代表作当作马克思主义的典范作品介绍过来，如李森科（Т. Д. Лысенко）、勒柏辛斯卡娅（О. Б. Лепешинская）等的伪科学著作，粗

① Л. Р. Грэхэм. Естествознание，философия и науки о человеческом поведении в Советском Союзе. Политиздат，1991：5.

② S. Glashow. We believe that the world is knowledge. The New York Times，1989-10-22：2.

暴批判摩尔根学派、哥本哈根学派、控制论、共振论、相对论的著作，都被当作正面的东西而得到广泛的传播。1956 年，根据“双百方针”，青岛遗传学学术讨论会纠正了苏联在遗传学领域的错误做法，使国内学术界开始以分析的态度科学地对待苏联自然科学哲学的研究成果。还在 1959 年，龚育之就已发表论文对苏联学者关于哲学与各门自然科学关系的观点提出异议，反对用哲学思辨取代自然科学的实证研究。但是，由于随即发生的中苏关系的重大变化，从 60 年代起，对苏联哲学社会科学领域的纯学术讨论已经不再可能，因此，除了编辑一些内部资料——《苏联自然科学哲学领域思想动向的历史资料》（1925～1952）、《苏联自然科学哲学领域思想动向的历史资料》（1953～1963）、《全苏自然科学哲学问题会议文集》——之外，专门的研究实际上已经停止。

“文化大革命”以后，龚育之于 1978 年发表了“自然辩证法工作的一些历史情况和经验”的著名讲话，回顾了苏联自然科学哲学的历史演变并深刻总结了自然辩证法学科在苏联发展的历史教训。1980 年，孙慕天在《苏联近年来自然科学哲学问题研究的一些情况》一文中，在国内首次介绍了 60 年代末到 70 年代这一段苏联自然科学哲学研究的动向。1984 年，在龚育之的支持下，黑龙江省自然辩证法研究会于 1984 年和 1987 年先后召开了两届“全国苏联自然科学哲学学术研讨会”，这项研究全面恢复和发展起来。

80 年代国内苏联自然科学哲学研究的主要成果，是推出了一批系统研究苏联自然科学哲学总体情况和历史演变的著述，如柳树滋的《苏联哲学与自然科学联盟三十年（1953～1983）》（1983 年），孙慕天的《苏联自然科学哲学研究的历史和现状》（1987 年）、《科学哲学在苏联的兴起》（1987 年）和《自然辩证法六十年》（1989～1990 年）。柳树滋和孙慕天还专门为《自然辩证法百科全书》撰写了《苏联自然辩证法研究》的条目（1995 年）。同时，龚育之和孙慕天等还主编了《苏联自然科学哲学丛书》（1989～1990 年），第一批书籍包括（编写和翻译）三部著作：龚育之、柳树滋主编的《历史的足迹》（1990 年），孙慕天等翻译的《苏联自然科学哲学教程》（1989 年）和《辩证世界观和现代自然科学方法论》（1990 年）。一时间，研究、介绍和翻译苏联自然科学哲学研究成果和动向的著作与论文纷纷问世，涉及苏联自然哲学、科学哲学、技术哲学、各门学科中的哲学问题以及苏联学者对西方科学哲学的研究等主题。此外，研究苏联一般哲学问题的学者也开始关注苏联自然科学哲学领域的进展，贾泽林等主编的《苏联当代哲学（1945—1982）》（1986 年）和安启念的《苏联哲学 70 年》（1990 年）等著作中，也都包含自然科学哲学的内容。同时，在这一时期，国内开始建立研究苏联自然科学哲学的专门机构，哈尔滨师范大学于 1987 年成立了苏联自然科学哲学与社会研究所，出版了《苏联自然科学哲学研究动态》，招收了硕士研究生。中苏学者之间的直接学术交流也频繁开展起来。1988 年由国家派出数位访问学者和留学生到苏联专门研究自然科学哲学问题，与苏联学者开展了密切的合作，孙慕天与乌克兰学者采赫米斯特罗（И. З. Цехмистро）合著的《新整体论》（中文版出版于 1997 年）就是这些合作的成果之一。总之，在 20 世纪 80 年代，我国对苏联自然科学哲学的研究一度出现了相当繁荣的局面。

但是，随着苏联的解体，由于种种原因，这项研究突然沉寂下来。许多拟议中的学术规划搁置起来，相互交流陷于中断，出版物停刊，著作不再出版，相关的研究论文也基本上消失不见。可以说，90 年代以来，国内对苏联和独联体国家自然科学哲学的研究进入了低谷时期。

四、研究苏联自然科学哲学的意义和目标

尽管苏联解体以后出现的诸多客观因素，给苏联自然科学哲学的研究带来了严重困难，但是，因此而放弃这一研究，则是极不正常的，在很大程度上是出于一种功利主义的短视。整整 70 年的社会主义实践和既有的丰硕成果，其间充满曲折失误的独特的理论探索，是人类文明史上的一个巨大的存在，是不可能置之不顾的，是任何人无法抹杀的。在

西方，苏联解体后以福山（F. Fukuyama）为代表的“历史的终结论”甚嚣尘上，任何对苏联的研究似乎仅仅是为了给社会主义唱挽歌，这当然是典型的西方式的意识形态偏见。对此，我们一定要保持清醒的头脑。

面对苏联解体的现实，我们回过头来研究苏联自然科学哲学的历史发展历程及其成就和经验教训，不能不带有总结苏联的社会主义历史的性质——即从一个学术领域的特殊侧面，回顾这个具有70年社会主义建设实践的国度的具有悲剧意味的思想历程。因此，这项工作的核心在于捕捉苏联自然科学哲学的发生、发展及其成就所蕴含的历史理念。

按照格雷厄姆的说法，研究苏联的科学有三重目的：“①更好地了解苏联；②更好地了解科学；③更好地了解工业化国家所面对的共同课题。”[①]套用这一说法，研究苏联自然科学哲学的目的就是要更好地了解苏联走过的历史道路及其历史教训，更好地了解马克思主义哲学，更好地了解科学与一般社会主义事业的关系。

从20世纪30年代起，就出现了对苏联自然科学哲学进行反思性评述的著作。由于历史条件的限制，由于研究者的价值取向和视角，也由于苏联自然科学本身的演变和进展，前人的研究几乎都是从一个侧面切入，带有“单向度”的性质，而且往往是断代性的。虽然对某一部门、某项专题、某个人物的研究可以达到相当的深度，但对我们所提出的三重目标来说，则是远远不够的。为了实现我们所提出的目标，我们认为，今天对苏联自然科学哲学的综合研究必须做以下一些工作。

1. 正确规定苏联自然科学哲学的研究领域

按照苏联学者的解释，狭义的自然科学哲学属于自然观或自然哲学的范畴，限于对世界图景或传统本体论问题以及各门自然科学中的哲学问题的研究；而广义的自然科学哲学应当涵盖科学认识论和科学方法论（即科学哲学），科学的社会文化论，还有技术哲学。格雷厄姆以及我国

---

① L. Graham. Reasons for studying Soviet science//L. L. Lubrano，S. G. Solomon. The Social Context of Soviet Science. Westview Press，1980：2.

学者贾泽林等都采用狭义的界定，把科学哲学排除在自然科学哲学研究之外，这当然是不合适的。事实上，从 20 世纪 60 年代起，从总体上说，苏联自然科学哲学的研究已经发生了重心转移，科学哲学成了苏联自然科学哲学研究的核心领域①。斯焦宾（В. С. Стёпин）在其给格雷厄姆的《苏联的科学、哲学和人的行为的科学》一书的俄文版所写的序言中指出："六七十年代，在苏联哲学中对科学认识论、科学逻辑、科学方法论和科学史的交叉领域集中进行了研究。在科学知识的结构和动力学方面的丰富文献就是这些研究的成果。显然，这一时期所探讨的许多思想在西方还鲜为人知。"②我们的研究特别突出了这一方面。

2. 追踪苏联自然科学哲学演变的历史线索

本书是一部目前国内外唯一的广义理解的苏联自然科学哲学综合研究成果。苏联自然科学哲学在漫长的历史发展过程中，其研究重心、问题结构、指导思想、争论焦点等，都曾数度变迁。追踪这一演化历史，是我们从广阔的社会背景上把握苏联自然科学哲学本质特点的前提。前人在这方面的研究基本属于"断代"的性质，迄今尚未形成一个明晰的历史分期概念。根据我们的研究，苏联自然科学哲学的历史演变有几个关节点：1928 年，自由的学术探讨开始被严密的思想控制所代替；1956 年，开始对学术领域的极左思潮进行清算；1965 年，研究重心从本体论向认识论转换；1985 年，对科学的文化价值论研究开始成为热点，放弃马克思主义立场的倾向主流化。这些关节点把苏联自然科学学的发展明显地分为四个时期：开辟时期，摸索时期，调整时期，转型时期。

3. 揭示苏联自然科学哲学发展的社会动力学机制

哲学是时代精神的精华。苏联自然科学哲学的历史演变，是与苏联

---

① 孙慕天. 科学哲学在苏联的兴起，自然辩证法通讯. 1987（1）：8-13.

② И. С. Степин. Анализ исторического развития философии науки//Л. Р. Грэхэм. Естествознание, философия и науки о человеческом поведении в Советском Союзе. Политиздат，1991：435.

社会的结构性变迁及其社会矛盾的发展密切相关的。美国学者所罗门首次提出研究苏联科学的语境主义（上下文主义，cotextualism）原则，他与卢布拉诺（L. Lubrano）合编的一本书就题名为“苏联科学的社会上下文”（*The Social Context of Soviet Science*，1980）。但是，应当指出，他对苏联自然科学哲学发展的历史文化背景研究，有许多是十分肤浅的，甚至是庸俗的。例如，他一般将某些科学哲学观点的提出，简单地归之于苏联共产党的政治目标，甚至归之于某一政治领袖个人的政治意图，这种庸俗社会学的研究方法是西方哲学思潮的渗透和影响等因素综合作用的结果，这表明苏联学术界对哲学性质和功能的新理解尚未被外界所知。苏联流亡者麦德维杰夫（R. Medvedev）的名著《苏联的科学》就有这种倾向，造成了广泛的影响。我们必须回到唯物史观，否则就无法解释20世纪60年代在苏联出现从本体论向认识论的研究重心转移的现象。在我们看来，这一转移是新技术革命兴起、对传统的理论教条主义进行反思和批判。哲学不应看作是证明的工具，而是世界观和认识方法。本书力求对苏联自然科学哲学做出合理的历史唯物主义的诠释。

对苏联自然科学哲学的价值的一种流行的看法认为，对苏联自然科学哲学的研究是一种无效劳动，它似乎除了作为官方禁锢科学自由思想的枷锁外，没有什么积极意义。奈格尔（E. Negel）甚至说：“正像在一次政治集会末尾牧师所做的祈祷一样，对多数科学家来说，隆重宣扬的哲学同科学知识是风马牛不相及的。”这种说法当然不够客观。对于辩证唯物主义促进苏联科学的发展这一事实，格雷厄姆做了公正的说明。他认为，苏联自然科学哲学有双重效应。一是正面启发效应：“当科学家的研究触及知识的极限，触及那些推测必将起到极大作用的领域，那么，辩证唯物主义对于科学家来说就是很有价值的。”二是反面启发效应：“它绝不能预言具体的实验结果，但它却可以警告人们，面对深奥莫测的神秘事物和未知领域的恐惧，不要沦为神秘主义的牺牲品。”在我们看来，具体探求唯物辩证法对科学研究的启发价值具有重大的意义，事实上，自从恩格斯《自然辩证法》中系统做过这方面的案例分析以来，苏联自然科学哲学可能是进行这项工作最好的思想实验室。我们的研究表明，像福克（В. А. Фок）所提出的量子力学的“潜在的逻辑相关性”的本体论思想、布洛欣采夫（Д. И. Блохинцев）提出的量子力学的整体性概念——系综，都对量子力学的发展产生过积极的影响，而这些原创性的观念都是直接根据辩证唯物主义的哲学范式建构起来的。在苏联自然科学哲学中这样的事例俯拾皆是，如施米特（О. Ю. Шмит）的引力宇宙学、阿姆巴楚米扬（В. А. Амбарцумиян）的星体形成理论、纳安（Г. И. Наан）的“赝封闭”宇宙理论、奥巴林（А. И. Опарин）的生命起源理论等。

自然科学哲学是自然科学与一般哲学之间的中介，辩证的科学哲学是适应科学的发展，汲取科学的最新成就，丰富马克思主义哲学的最重要的渠道。恩格斯说过：“……随着自然科学领域每一个划时代的发展，唯物主义也必然改变自己的形式。”[①]苏联自然科学哲学在跟踪当代科学前沿、发展辩证唯物主义哲学方面，做过艰苦的努力和大胆的尝试，给我们留下了丰富的遗产。无论是关于辩证法的规律和范畴，还是关于认识的结构和过程，关于思维的逻辑和方法，在苏联自然科学哲学中，都出现了大量新的命题、新的提法、新的解释、新的论证，许多成果都是直接从自然科学的理论和实践中概括出来的。当然，苏联自然科学哲学也提供了极为深刻的教训。问题在于，有时候我们在重复苏联学者早已做过的工作，而我们拿出的成果往往还没有达到苏联学者已经达到的水平；另一些时候，我们则重复苏联学者曾经犯过的错误，甚至是在当时的苏联已经纠正了的错误；还有的时候，我们在重复苏联学者曾经进行过的争论，而这些争论有的已由历史做出了结论。如此种种，如果深入研究苏联自然科学哲学的历史遗产，是完全可以避免的。可以说，苏联自然科学哲学是马克思主义哲学的思想宝库，绝对不应把它尘

① 恩格斯. 路德维希·费尔巴哈和德国古典哲学的终结//马克思，恩格斯. 马克思恩格斯选集：第4卷. 人民出版社，1972：224.

封起来。开发这一宝库，是我国哲学工作者的历史任务。

苏联自然科学哲学的发展是和马克思主义在苏联从建立到解体的历史命运密切相关的。总的说来，苏联自然科学哲学的发展受三个因素的制约：一是自然科学领域理论思潮的演变，特别是自然科学革命所引发的观念变革；二是社会生产力发展对技术进步的要求，会在相当大的程度上影响对科学认识的本质的哲学反思；三是社会政治斗争的态势以及反映这一斗争的社会思潮首先是哲学思潮的演变趋势。把苏联历史上自然科学哲学的发展置于这样宏阔的社会背景上考察，就会发现自然科学哲学同样也是时代精神的反映。这是历史共性和历史个性的辩证演进，是向历史深处开掘的思想史建构。恩格斯说过："各种不同民族性所占的（至少是在近代）地位，直到今天在我们的历史哲学里还很少阐述，或者更确切地说，还根本没有加以阐述。"①因此，从苏联社会深层结构的动力学研究出发，把苏联自然科学哲学置于特殊的历史语境中，寻求历史与逻辑的统一，是深刻把握苏联自然科学哲学这笔历史遗产的认识起点。

① 恩格斯. 英国状况//马克思，恩格斯. 马克思恩格斯全集：第1卷. 人民出版社，1956：658.

第一章
开辟时期（1883～1924年）

苏联的自然科学哲学研究源于十月革命前马克思主义在俄国的传播，其产生的背景又与沙皇俄国的社会历史特点直接相关。革命胜利后，特殊的时代矛盾也反映在这一领域的理论成果中，而这对后来苏联自然科学哲学的研究有着深远的影响。

第一节　自然科学哲学在苏维埃俄国产生的历史前提

自然科学哲学是对科学认识的理论和实践及成果的哲学反思，因此其产生必然是在自然科学已经兴起并得到长足发展的时代。近代科学是资本主义大工业的产物。按照恩格斯的说法，“十八世纪以前根本没有科学；对自然的认识只是在十八世纪（某些部门或者早几年）才取得了科学的形式”。这当然不是说18世纪以前不存在自然科学知识，而是说那时科学尚未成熟起来，成为相对完备的知识系统。只是到了 18 世纪，“知识变成了科学，各门科学都接近于完成，即一方面和哲学，另一方面和实践结合了起来”[①]。由于俄罗斯的发展滞后于西欧先进国家，科学技术的进步也较为迟缓，因此自然科学哲学的研究也具有后发性。

俄罗斯自然科学哲学思想的萌芽也是自然科学发展的产物。对俄罗斯自然科学兴起的历史社会根据历来存在两种对立的看法。第一种是外源论，认为传统的俄罗斯社会没有产生近代科学的土壤，因为俄罗斯文化的固有特性是反智能主义，既不需要教育，也不需要理性的思想方式，更不需要科学。历史学家沙波夫（А. П. Шапов）认为，18 世纪以前的俄罗斯人，是“自然界颟顸愚昧的奴婢。由于不了解自然，俄罗斯人无论对智能的理性的文化，对理性的艺术、手艺和技艺，还是对工场和工厂，全都一窍不通。”[②]所以，俄罗斯的近代科学智能是从西欧引进的，相应地近代启蒙思想也成为社会进步力量的观念诉求。另一种是内生论，俄国历史学者吉洪拉沃夫（Н. С. Тихонравов）就认为 17 世纪是俄罗斯人“精神生活世俗化的时代”，指出当时已经出现了“新旧思想裂变、斗争的艰苦转换时代的征兆”，教权开始失落，“自由和人道的观念进入生活”，而且涌现出支持社会改革的一代新人[③]。

17 世纪以来的俄罗斯国家的社会历史主题一直是现代化，而传统的俄罗斯社会的特征却是二元化，这使俄国社会对现代化始终存在着两种相反的态度，从而造成了意识形态领域中在价值取向、思想生活乃至科技精神诸多层面上的文化断裂。一方面，资本主义因素从萌芽到壮大，“资本主义所造成的竞争和农民对世界市场的依赖，使技术变革成为必要”，这使科学精神的传播和发展有了深厚的社会基础。另一方面，直到 20 世纪初，俄国社会仍然盛行宗法式的自然经济和徭役劳动，这是“中世纪经济制度最典型的形式”。这样，正像列宁所指出的：

---

① 恩格斯. 英国状况//马克思，恩格斯. 马克思恩格斯全集：第 1 卷. 人民出版社，1956：657.

② А. П. Щапов. Сочинения в 3-х томах. Том 1. Издание М. В. Пирожкова，1906：17.

③ Н. С. Тихонравов. Сочинения.Том 1. Древняя русская литература. Изд-во М. и С. Сабашниковых，1898：93.

“宗法制农民经济，按其本质来说，是以保守的技术和保持陈旧的生产方法为基础的。在这种经济中的内部结构中，没有任何引起技术改革的刺激因素。”[①]这样的社会背景，使俄国社会一直存在着围绕现代化的改革和反改革的斗争。

如果深入分析俄国17世纪以来的现代化进程，可以发现这是一个各种文化思潮涌动的舞台，而各种思想观念的斗争和消长深刻反映了俄罗斯社会的独特性，也正是这种独特性铸造了俄罗斯自然科学哲学的传统。可以说，一直影响到十月革命后马克思主义成为统治的意识形态的时代，甚至在苏联解体后马克思主义在思想领域丧失主导地位以后，这种传统依然存在。

第一种文化思潮是斯拉夫派，它植根于专制宗法性地主农奴社会结构。早在19世纪三四十年代，霍米亚科夫（А. С. Хомяков）和基列耶夫斯基（И. В. Киреевский）等就提出了斯拉夫派的基本观点，认为俄罗斯社会与西欧不同，在俄国一直存在着“宗法制的自由”，“家族的平等”，“村社的民主”，因此没有西欧国家爆发革命的社会基础。这是俄罗斯社会上层统治集团中抵制改革的保守势力的主流意识形态。早在1832年，沙皇尼古拉一世的教育部长乌瓦洛夫（С. С. Уваров）就制定了所谓“正教、君主专制、民族性”的公式，其核心是“民族性”，或更准确地说是“官方的民族性”（официальная народность）。与这样的政治观点相应的是，他们把东正教神学的信仰主义奉为圭臬，把基督教哲学视为唯一真正的哲学，鼓吹“天启”是各种知识的基础的神秘主义，认为哲学应当是“理性学识”与信仰之间的“思想传递者”。斯拉夫主义敌视资产阶级启蒙思想的哲学基础——理性主义，认为西方的分析主义偏见、理性主义和感觉主义使人丧失了灵魂的整体性。斯拉夫主义始终是科学精神在俄罗斯传播和发展的绊脚石。事实上，横亘俄罗斯长达三个世纪的现代化运动过程的一个特殊思想矛盾始终是与宗教蒙昧

① 列宁. 俄国资本主义的发展//列宁. 列宁全集：第3卷. 人民出版社，1959：199-200.

的斗争，且不说反改革的极端专制主义统治的时期，即使实行改革政策的开明集团也不肯彻底放弃信仰原则，如大力推行改革的沙皇亚历山大二世就直言不讳地宣布，科学和教育“必须遵守真正的宗教精神”。对于俄罗斯这种“王权催生的资本主义”来说，尽管迫于时势和出于壮大统治权力的需要，不能不在一定程度上关心科学技术的发展，但却必须使学术活动保持“正确的活动方向”和“维持国家秩序”。正如别林斯基（В. Г. Белинский）所说的，俄罗斯帝国“最得意的格言是：我们的一切都属于上帝和沙皇”。

这种思想传统一直延续到20世纪初，甚至到十月革命后，神秘主义、信仰主义、非理性主义乃至造神运动始终不绝如缕，难以根除。斯拉夫派的后继者们特别响应了19世纪末至20世纪初西欧的非理性主义哲学思潮，极力推崇谢林，并把晚近的斯宾格勒（O. Spengler）的神秘直觉主义观念引进俄国，从而保持着与科学的理性主义和实证精神相对抗的态势。这一思想传统的背后，是对传统封建农奴制的宗法式古旧生活方式的顽固坚持，甚至认为作为“第三罗马”的莫斯科帝国，才是真正上应天命的。1869年，丹尼列夫斯基（Н. Я. Данилевский）在《俄罗斯和西方》一书中就特别宣扬斯拉夫作为特殊的文化史类型，处在上升阶段，而相比之下，罗马－日耳曼则已进入衰落阶段，因此俄罗斯承担着特殊的世界历史使命。

第二种文化思潮通常称作西欧派或西欧文化崇拜派（западник），也称作欧洲主义（европеизм，europeanism）。这一派是19世纪40年代在和斯拉夫派的论战中产生的。它反映了统治阶级中主张以温和的改良路线变革农奴制度的贵族自由主义分子的政治观点，认为俄罗斯的社会改革必须和掌握西欧国家近现代发展的成就相联系，俄国的未来只能走西欧国家“资产阶级法治”的道路。1848年革命后，西欧派的正统代表人物包特金（В. Б. Боткин）、科尔施（Ф. Е. Корш）和格拉诺夫斯基（Т. Н. Грановский）等进一步向右转，与斯拉夫派中的自由主义者一道主张自上而下地进行改革和解放农奴。

西欧派在政治上的妥协性在他们的哲学认识论导向上也有深刻的反映。与他们的西欧同道不同，俄国19世纪的启蒙思想家在对待理性与信仰的关系这一基本认识论问题上，普遍带有二元论的倾向。其代表人物斯坦凯维奇（Н. В. Станкевич）认为哲学的任务是双重的，其首要任务是为宗教的"信仰和信念"提供科学基础，另一个比较不重要的任务才是正确理解和建立其他各门实证科学的基础。格拉诺夫斯基也认为神秘的世界精神或"天命"和地理条件、气候等都对人的命运起作用，但"天命"却起着决定性的作用。

特别值得注意的是第三种文化思潮。一些俄国知识分子，出于对欧洲社会历史变革的上下文的深入考察和对俄罗斯特殊国情的深刻理解，试图探索到一条特殊的俄罗斯现代化之路。这条道路既不是维持俄罗斯专制宗法社会的传统体制，也不是照搬西方国家已经和正在经历的典型资本主义发展道路。可以明显地看出，这一导向分为左右两翼。

其右翼是原贵族自由主义分子和后来的资产阶级自由派。早期的启蒙主义者已经出现这一导向的思想苗头。启蒙思想的先驱恰达耶夫（П. Я. Чаадаев）激烈地反对斯拉夫主义，始终坚持批判俄国的宗法制和农奴制。但他同时认为，西欧所代表的是物质的力量，而俄国军队传统所代表的是精神的力量。他幻想："会有这样一天到来，那时候我们就会成为欧洲智力的中心……而且我们以理性作为根据的未来威力，将会超过现在依靠物质力量的威力。"[①]随着俄国现代生产方式的发展和社会改革的诉求逐步主流化，批判旧斯拉夫主义，强调世界文明发展的共性和俄罗斯民族传统相结合的思潮，在19世纪中叶至20世纪初叶一再以不同的形式反复出现。索罗维约夫（В. С. Соловьев）就试图调和斯拉夫派和西欧派的主张，认为西方的天主教—新教传统和俄罗斯的东正教传统的分立，并不是历史的必然，主张超民族的基督教的包容教义[②]。米留

① П. А. Зайончковский. Кризис самодержавия на рубеже 1870～1880-х годов. Изд-во Моск. ун-та，1964：489.

② 苏联科学院哲学研究所、莫斯科大学俄罗斯哲学史教研室. 苏联各族人民的哲学与社会政治思想史纲. 周邦立译. 科学出版社，1959：446.

可夫（П. Н. Милюков）则提出在俄罗斯“乡土主义”（почвенничество）中重构斯拉夫人的世界历史作用的原则。与索罗维约夫思想渊源甚深的别尔嘉耶夫（Н. А. Бердяев）在1915年发表的《亚细亚的与欧罗巴的灵魂》一文中，称东方和西方问题是俄罗斯思想的永恒主题，而他认为，“伟大的世界性事件把我们带到了世界历史的旷野，迎向世界的前景”，因此既要从“幼稚的斯拉夫派中间走出来”，又要反对“歪曲地接受了西方丰富的生活的俄罗斯激进的西欧派”。他宣称，这是“斯拉夫主义自我满足和西欧派的奴颜婢膝之终结”[①]。

这种折中主义的思想导向不可避免地反映到他们对待科学技术和西方科学主义思潮的态度上。其实，早期的启蒙派思想家已经表现出对孕育了近代科技文明的理性主义认识论的特殊态度。恰达耶夫区分了“常规的认识”和“超凡的认识”。在他看来，前一种认识是依靠经验和逻辑思维来了解物理世界，以深入认识自然法则；但要认识世界的“最高力量”与“神的本原”就必须通过后一种认识，“天启”是知识的最高形式。索罗维约夫则从本体论上把特殊的现象和独立于现象的存在本身区分开来，从而产生两种认识：“如果特殊的现象本身没有向我们显示普遍的真理或理念，那么这种真理和理念虽然从物质上同现象相联系，但从形式上却是同现象相异的，因此，为了认识普遍的真理或理念，就必须有特殊的思想活动形式，我们和以往的许多哲学家一起，把这种特殊的思想活动形式称之为心智的静观或直觉……这才是整个知识真正的原初的形式。”[②]显然，“新斯拉夫主义”试图从哲学上走出一条调和理智和信仰的中间道路。至于别尔嘉耶夫更是以拯救人的精神为毕生使命，他似乎敏感地意识到西方工具主义和技治主义（technocracy）所造成的文化偏执，意在俄罗斯现代化的进程中避开西方陷阱，但所选择的思想方针却是为信仰留出地盘。别尔嘉耶夫说：“科学实证论的精神本

---

① 别尔嘉耶夫. 斯拉夫派与斯拉夫理念//别尔嘉耶夫. 别尔嘉耶夫集. 上海远东出版社，1999：70.

② Ю. Н. Давыдов. Критики немарксистских концепций диалектики XX века. Изд. Московского университета. 1988：53.

身并不排斥任何形而上学和任何宗教信仰”，“没有一个神秘主义者，没有一个信徒会反对科学实证论与科学。在神秘主义宗教和实证论科学之间，不可能存在任何对抗性，因为它们所涉及的范畴是完全不同的。”①

第三种思想导向的左翼是革命民主主义者。革命民主主义在俄国的产生是有深刻社会基础的。从彼得一世的改革开始，1725 年到 1861 年的一百多年间，俄国的资本主义生产方式有了长足的发展。在前 65 年中，作为资本主义最初阶段的手工工场增加了 5 倍多，对外贸易总额增加了 15 倍。特别是在 19 世纪的上半叶，俄国资本主义的增长势头更加迅猛。大型的工业企业仅在欧俄部分就已发展到 2500～3000 家。在 1825～1850 年的 25 年间，制造业的雇佣工人总数增加了 2.7 倍，到 1860 年农奴制废除前夕，该行业雇佣工人已占工人总数的 87%。当时全俄贸易总额已达 2 亿多卢布，共有集市 4300 多个，对外贸易额比世纪初增长了 3 倍多。虽说当时俄国资本主义整个正在向前推进，但是，俄国传统的农奴制基础并没有从根本上动摇。到 19 世纪中叶，全俄农民人数是地主人数的 107 倍，而所占的土地却只有地主土地的 35.7%，自然经济占着绝对统治地位。即使在工业中，徭役劳动仍占很大比重，到 1860 年，全俄工厂中仍有 37.8 万人是徭役劳动者。封建生产关系严重地阻碍了资本主义的发展势头。与西欧先进国家相比，俄国被远远地甩在了后面。100 年间，俄国的生铁产量只增长了 1 倍，而同期英国却增长了 11 倍。从 1830～1860 年俄国的人均国内生产总值仅仅增加了 0.05%，是欧洲所有国家中最低的，与此同时，英国的增长率是 38%，即使是增长率偏低的意大利也达 14%。

这种深层社会结构是产生真正革命要求的土壤。仅 19 世纪中叶以前的 28 年间，就发生过 709 次农民暴动。连官方人士也不得不承认：“农奴制状态是国家脚下的火药桶。”于是，斯拉夫派、西欧派和介于二者之间的自由派为俄罗斯未来设计的道路，引起了严重的不满，一种主

---

① 别尔嘉耶夫. 哲学的真和知识分子的真理//别尔嘉耶夫. 别尔嘉耶夫集. 上海远东出版社，1999：103.

张用革命手段彻底消灭农奴制度的新思潮出现了。早期的代表人物是别林斯基、赫尔岑（А. И. Герцен）、奥加辽夫（Н. П. Огарёв），他们的后继者是车尔尼雪夫斯基（Н. Г. Чернышевский）和杜勃罗留波夫（Н. А. Добролюбов）。他们明确服膺社会主义，别林斯基就曾斩钉截铁地宣布："社会主义的思想……对外说来，已经是思想当中的思想，存在当中的存在，问题中的问题，也是信仰和知识的开始和终结了。一切都从它产生，为它服务，而且到它为止。它既是问题，又是答案。"①别林斯基、赫尔岑和奥加辽夫不仅坚决反对斯拉夫派的"官方人民性"意识形态，而且在19世纪40年代，从先进的社会主义思想出发，与西欧派等贵族、资产阶级自由派彻底决裂。赫尔岑清楚地表明了自己的这一立场："斯拉夫主义和欧洲主义提出了一些不适合的、他们没有运用过的外国方式，来考察我们的生活；他们根据另一些时代，来衡量我们的生活。我们的生活既不能全部以死去的祖先的声音也不能全部以外国人的智慧来解决的。"②革命民主主义者们清醒地意识到资本主义的道路充满弊端，并不是俄国社会未来的选择。赫尔岑指出，"资本主义消耗得这样迅速，所以它本身就没有较大的可能"。他认为，将来属于社会主义，穿"蓝色工作服"的工人们，迟早要结束资本家的统治③。当然，19世纪俄国革命民主主义的社会主义属于空想社会主义的范畴。他们对俄国村社制度充满幻想，所设计的社会主义方案具有明显的农民社会主义的色彩。赫尔岑认为，俄国的"未来人"就是被称作"乡巴佬"（мужик）的人。他说："我们称俄罗斯的社会主义是那样的社会主义，它来自土地和农务，来自实际份地和现有的地界，来自村社的领地和村社的管理——和劳动组合一起实行的社会主义并为科学所证实的那种经

① 苏联科学院研究所、莫斯科大学俄罗斯哲学史教研室. 苏联各族人民的哲学与社会政治思想史纲. 周邦立译. 科学出版社，1959：579.

② М. К. Лемке. Полное собрание сочинений иписем. Т. 8. Литературно-издательский отдел Наркомпроса，1919：286.

③ И. Сиземская. Социалистическая утопия как архетип русской мысли. Свободная мысль. 2001（8）：88-89.

济公平。”[①]

革命民主主义者虽然幻想以俄罗斯农业公社的固有优点为基础，避开西欧资本主义的痼疾，但是，并不是像斯拉夫主义那样要固守俄国的中世纪封建结构。他们懂得先进的大工业生产力是使俄罗斯社会现代化的动源。车尔尼雪夫斯基已经意识到社会主义理想的经济基础，认为工业的走向是历史运动的决定性“意向”，因而俄罗斯走向现代化是历史的必由之路。打破旧的农奴制社会结构，关键在于现代生产力的发展，经济是俄罗斯传统社会变革的决定性因素：“工业发展起来时，进步就有了保证”。[②]正因如此，革命民主主义者们对揭示自然规律的近代自然科学及其认识论基础有深刻的理解。奥加辽夫说：“毫无疑义，社会主义是同现实经验和计算的科学联系在一起的”，反过来“经验和计算的科学……无疑是同哲学的实在论联系着的，除非自身改变，这种科学不能找到其他的根据”[③]。这样，从认识论上说，革命民主主义哲学与俄罗斯的拜占庭－东正教的信仰主义传统是格格不入的，是唯物主义实在论和理性主义的坚定捍卫者。赫尔岑甚至已经达到了统一经验和理论两种认识的思想高度，他一方面反对“经验哲学的神秘主义”，另一方面又斥责经验主义自然科学家“对思想的恐惧”。他指出，“事实的积累和思想的加深并不矛盾”，“没有经验就没有科学，就好像在片面的经验论里没有科学一样。经验和思辨，是同一知识的两个必需的真实的实际阶段”。

19 世纪俄国革命民主主义的思想成果，是当时俄国社会特殊历史语境的产物，是复杂的社会历史矛盾的反映，代表了俄罗斯民众朝向现代化努力所达到的最高认识水平。十月革命后，在这块土地上向前推进的现代化进程是这段历史的继续，马克思主义思想体系在俄罗斯的历史命

---

① И. Сиземская. Социалистическая утопия как архетип русской мысли. Свободная мысль. 2001（8）: 88-89.

② Н. Г. Чернышевский. Подстрочные примечания перевоб у Милля//Н. Г. Чернышевский. Полн. собр. соч. Т. 9. Гослитиздат，1949：860-861.

③ Н. П. Огарёв. Частные Письма об общем вопросе//Н. П. Рогарёв. Избранные социально-политические и философские произведения，Т. 1. Госполитиздат，1952：731.

运与上述历史主题的演进是直接相关的。列宁指出："在上一世纪四十至九十年代这大约半个世纪期间，俄国进步的思想界，处在空前野蛮和反动的沙皇制度压迫之下，曾如饥似渴地寻求正确的革命理论……俄国在半个世纪里真正经历了闻所未闻的痛苦和牺牲，以空前未有的英勇气魄，难于置信的努力和舍身忘我的精神，从事寻求、学习和实验，它经过失望，检查成败原因，参照欧洲的经验，终于得到了马克思主义这个唯一正确的革命理论。"①在自然科学哲学领域，社会主义革命胜利后，是否本着这一主旨，从苏维埃国家的实际和世界的变化出发，继续这样的探索，是检验其功过得失、成败利钝的试金石。我们之所以要回溯到旧俄罗斯时代，从那里出发研究苏联自然科学哲学，其原因即在于此。

第二节　普列汉诺夫的自然科学哲学思想

普列汉诺夫（Г. В. Плеханов）是俄国第一位真正的马克思主义者，是马克思主义在俄国最早的传播者。列宁对普列汉诺夫在哲学上的成就曾经特别评价说："不研究——正是研究——普列汉诺夫所写的全部哲学著作，就不能成为一个觉悟的、真正的共产主义者，因为这是整个国际共产主义文献中的优秀著作。"②在马克思主义的历史上，普列汉诺夫的哲学思想已经得到了比较充分的研究，但是普列汉诺夫的自然科学哲学思想却没有引起足够的注意。应当指出，普列汉诺夫也是苏维埃俄国和以后苏联马克思主义自然科学哲学研究的先驱。

1883 年，普列汉诺夫成立"劳动解放社"，开始了革命活动。他是在俄罗斯社会面对现代化的巨大挑战的历史时代登上历史舞台的。俄罗斯现代化的阻力主要来自根深蒂固的封建农奴制的经济、皇权－专制主

① 列宁. 共产主义运动中的"左派"幼稚病//列宁. 列宁全集：第 31 卷. 人民出版社，1958：7-8.
② 列宁. 再论职工会、目前局势及托洛茨基和布哈林的错误//列宁. 列宁选集：第 4 卷. 人民出版社，1972：453.

义的政治和神权－东正教这个三位一体的传统社会结构。显然，理性主义与信仰主义之争正是俄国现代化的哲学主题。韦伯（Max Weber）以理性为基点定义现代化，认为现代化是“面向社会生活和社会结构的普遍的理性化（rationalization）趋势（核算，工具的考虑，重视效率，避开感情和传统，行政管理的非人格化）”。①他特别强调“西方文化特有的理性主义”②。韦伯的看法有其片面性，但确实揭示了资本主义工业化过程中，社会的文化思潮和意识形态演化的一般趋势。恩格斯在论述资产阶级革命的时候，也指出对当时的资产阶级思想家来说：“一切都必须在理性的法庭面前为自己的存在作辩护或者放弃存在的权利。思维着的悟性成了衡量一切的唯一尺度。”③在近代历史上，理性与信仰的对立首先是在自然科学领域中拉开序幕的。纵观近代世界的历史，各国走上现代化道路的进程无不开始于思想启蒙运动，而这一运动的前沿领域正是科学精神的兴起。在这一点上，先进国家和后进国家是一致的，从欧洲文艺复兴之初对中世纪经院哲学的反叛，到中国五四运动高扬“德”“赛”二先生，可谓古今中外，概莫能外。如前所述，从17世纪开始，俄国的现代化也是如此。因此，与自然科学的关系和对科学精神的态度，或者说在自然科学哲学问题上的立场，深刻反映着一个历史人物在现代化运动中的社会历史定位。

普列汉诺夫是先觉者。在19世纪俄国革命民主主义的乌托邦社会主义思想中，他“感到迫切需要从理论上弄清思想混乱，弄清俄国革命运动的任务和倾向的种种矛盾”④。由于他冲破了革命民主主义者立足于农业俄国的囿限，最先接近了工人运动，并在这样的实践基础上直接接受了马克思主义理论，成为俄国最早的马克思主义者，这就使他在哲学世界观上全面超越了革命民主主义。因而，普列汉诺夫能够站在辩证

① P. Sztompka. The Sociology of Social Change. Blackwell，1993：27.

② 马克斯·韦伯. 新教伦理与资本主义精神. 于晓，陈维纲，等译. 生活·读书·新知三联书店，1987：15.

③ 恩格斯. 反杜林论. 中共中央马克思恩格斯列宁斯大林著作编译局译. 人民出版社，1971：14.

④ 王荫庭. 普列汉诺夫哲学新论. 北京出版社，1988：8.

唯物主义的高度，重新审视启蒙运动所提出的与自然观和科学认识有关的种种问题，批判地认识启蒙运动以来形而上学和机械论唯物主义，以及以实证论为代表的西欧主流科学思维方式。应当肯定，在整个俄国的历史上，普列汉诺夫是马克思和恩格斯所创立的自然辩证法的最早宣传者、捍卫者和阐发者。

可以确凿地证明，作为马克思主义自然科学哲学的自然辩证法是马克思和恩格斯共同创立的。恩格斯说："马克思和我，可以说是从德意志唯心哲学中拯救了自觉的辩证法并且把它转为唯物主义的自然观与历史观的唯一的人。"紧接着恩格斯就明确指出，这种自然观即是"辩证法的同时是唯物主义的自然观"[①]。可是，在马克思和恩格斯之后，在其后继者中，却违背创始人的本意，出现了一种广泛的误解，认为马克思主义的辩证法只适用于历史领域，妄图把辩证法从自然界中驱逐出去。恩格斯曾对查苏利奇（В. И. Засулич）说过："我知道只有两个人懂得了和掌握了马克思主义，这两个人就是：梅林（F. Mehring）和普列汉诺夫。"[②]但是恰恰是梅林最早鼓吹自然界不存在辩证法。梅林说："马克思和恩格斯总是赞同费尔巴哈的哲学观点，所以他们没有扩充和加深他的观点，而是把唯物主义带进了历史领域；简单地说，他们在自然科学领域内，仍是机械唯物主义者，正如他们在社会科学领域内是历史唯物主义者一样。"梅林对自己这一错误论点十分强调，竟然认为："这一点我觉得特别重要，这是社会科学的和自然科学的研究方法的极其明确的分野。"[③]梅林以后，这一点成了西方马克思主义反对自然辩证法的重要理论根据。

相反，普列汉诺夫却正是第一个起来捍卫自然辩证法的马克思主义者，这是他的一桩值得大书特书的理论功绩。

普列汉诺夫在中学时代就热爱自然科学，熟读达尔文的物种起源，

① 恩格斯. 反杜林论. 中共中央马克思恩格斯列宁斯大林著作编译局译. 人民出版社，1971：8.

② Б. А. Чагин. Разработка П. В，Плеханова общесоциологической теории марксизма. Наука. Ленингр. отд-ние，1977：7.

③ 马・莫・罗森塔尔. 马克思主义辩证法史. 汤侠声译. 人民出版社，1986：448.

并因而对基督教神学教义产生怀疑。他就读于矿业学院期间，对化学产生了浓厚兴趣，并有相当深入的研究。在接受马克思主义世界观之后，他根据自己深厚的自然科学功底，对辩证法的自然观深信不疑。他明确肯定“自然界存在着辩证的过程”[①]，指出正是自然科学本身证明了“辩证法的这种永恒的无处不在的统治”。他向反对者诘问说：“如果你想辩驳这一观点，那么请你记着，你不得不去和现代自然科学的基本观点辩驳。”正是在和这位否定自然界中存在客观辩证法的马萨利克教授辩论中，普列汉诺夫使用了“自然辩证法”这个名称——“恩格斯所引用的许多自然辩证法例子中的一个”[②]——这在马克思和恩格斯原著以外的文献中似乎还是首次。可以肯定的是，当时（1901年）普列汉诺夫没有看到恩格斯《自然辩证法》一书的手稿。一种可能是，恩格斯手稿中的一篇《神灵世界的自然科学》在《1898年世界新历画报》年鉴上发表时，编者曾透露这是一系列关于自然辩证法完整论文中的一篇，而极度关心马克思恩格斯著作出版情况的普列汉诺夫注意到了这一点。不管怎样，可以看出，普列汉诺夫是自然辩证法的有心人，堪称最早热心于自然辩证法的马克思主义理论家。

普列汉诺夫不仅限于引用恩格斯使用过的例证，而且还独立研究了自己熟谙的实证科学，以令人信服的案例分析，说明了“自然界是检验辩证法的试金石”。为了说明从量变到质变的规律，阐明“在自然界以及在人类社会中，飞跃乃是和逐渐的量变一样的发展的契机”，普列汉诺夫做了两个有现代科学水平的案例分析。一个是物理光学的案例。他指出，“光线的质是跟着以太单位摆动的数目的变化而变化的”。普列汉诺夫是在《论一元论历史观之发展》一书中做出这一论断的，而该书出版于1895年。虽说麦克斯韦的电磁场理论此时已经创立，但在当时的物理学家中以太仍然是挥之不去的概念。直到1900年拉莫尔（Joseph

① 普列汉诺夫. 论一元论历史观之发展//普列汉诺夫. 普列汉诺夫哲学著作选集：第1卷. 生活·读书·新知三联书店，1959：631.

② 普列汉诺夫. 论马萨利克的书//普列汉诺夫. 普列汉诺夫哲学著作选集：第2卷. 生活·读书·新知三联书店，1961：764-766.

Larmor）还发表了影响巨大的著作《物质和以太》，并断言，以太“必然是能够有效传递已知所有类型物理作用的介质”[①]。普列汉诺夫所说的“以太单位摆动的数目”就是电磁波的频率，他正确地说明了随着频率的变化，从紫外线、紫光到红光、红外线物理性质和化学性质的变化，如红外光有最大的热效应，紫外光则有最大的“化学力”。由此做出结论：“太阳光之不同的化学作用又是以以太单位摆动中的量的区别来解释：量变成质。”另一个案例则来自普列汉诺夫所擅长的化学。他根据正烷属烃的通式 $R\text{-}H_{2n+2}$，指出随着其中氢原子的数目 n 的变化，产生出三种不同的碳氢化合物：CH_4（甲烷），C_2H_6（乙烷），C_3H_8（丙烷），从而说明了“量转化为质”的辩证命题[②]。普列汉诺夫后来虽然没有专门从事自然辩证法的研究，但他始终关注自然科学领域的最新进展，并努力从科学前沿问题中验证辩证的自然观。例如他特别注意到原子物理学关于物质结构的发现，深刻地指出：“‘在原子内部’发生的现象最好不过地证实辩证自然观”。[③]可以看出，普列汉诺夫效仿恩格斯，尊重科学，对实证科学深入钻研，做到了“脱毛”；在自然辩证法研究中，他以严格的实证科学知识为根据，对科学成果所蕴含的辩证内容做出实事求是的分析，这与从原则出发，把思辨的先验结论强加于自然界的自然哲学是迥然不同的。可以说，普列汉诺夫为自然辩证法的研究工作树立了榜样。

普列汉诺夫深刻分析了自然科学和哲学的关系，十分注意哲学对科学的指导作用。他认为，历史上哲学曾涵盖了科学的内容：“自称为科学的科学的哲学，总是包括了许多‘世俗的内容’，即总是从事与研究许多实质上是科学的问题。”起初主要是包括自然科学，“在十七世纪哲学主要从事于研究数学和自然科学问题。十八世纪的哲学为着自己的目的曾经利用了前一世纪自然科学的发现和理论。”而 18 世纪后，“放在

---

① K. F. Shaffner，Nineteenth-Century Aether Theories. Pergamon Press Ltd.，1972：3-4.

② 普列汉诺夫. 论一元论历史观之发展//普列汉诺夫. 普列汉诺夫哲学著作选集：第 1 卷. 生活·读书·新知三联书店，1959：633.

③ 普列汉诺夫. 普列汉诺夫哲学著作选集：第 3 卷. 生活·读书·新知三联书店，1962：726.

第一位的当时是社会问题。19世纪哲学家主要地继续从事这同一问题的研究”[①]。但是，普列汉诺夫认为哲学代替自然科学，是科学发展不成熟的表现，“因为在将来，精确的科学必然使哲学的假设归于无用”。[②]但这并不是说今后哲学将丧失存在的价值，问题在于哲学必须正确地为自己定位，处理好与科学的关系。在普列汉诺夫看来，首要的是，先进的哲学必须懂得自己时代的自然科学，并在这一基础上“彻底地”思考。在谈到18世纪法国唯物主义者的时候，普列汉诺夫认为，“他们是精通自己时代的自然科学的”，而且“他们是从他们同时代的科学的观点上彻底思想了的，而这是能够和应该要求于思想家的一切”[③]。哲学是关于世界观的学问，如果哲学与本时代科学发展的水平不相适应，它又怎么能成为时代精神的精华呢？

然而，这只是问题的一个方面，与此同时，自然科学还必须接受哲学的指导。普列汉诺夫认为，哲学对科学的指导作用有二：一是对科学所要解决的问题事先提出假设；二是对科学已经做出的答案进行概括和逻辑论证：“就哲学与神学有别而言，哲学所研究的问题与所谓科学研究所要解决的问题相同。因此，哲学做这种研究的时候，或是抢在科学前面提出自己揣想的解答，或者只是给科学已经发现的解答做一概括，使它在逻辑上更加严密。”[④]这就是说，普列汉诺夫认为哲学对科学的指导作用在于启发和辩护，这是和现代科学哲学的看法相吻合的。19世纪后半叶，经验主义和实证主义成了自然科学研究领域的主流思维方式，如恩格斯所说：“自然科学家相信：他们只有忽视或侮辱哲学，才能从哲学的束缚中解放出来。”但是，“不管自然科学家采取什么态度，

---

① 普列汉诺夫. 论一元论历史观之发展//普列汉诺夫. 普列汉诺夫哲学著作选集：第1卷. 生活·读书·新知三联书店，1959：630.

② 普列汉诺夫. 论一元论历史观之发展//普列汉诺夫. 普列汉诺夫哲学著作选集：第1卷. 生活·读书·新知三联书店，1959：654.

③ 普列汉诺夫. 唯物主义史论丛//普列汉诺夫. 普列汉诺夫哲学著作选集：第2卷. 生活·读书·新知三联书店，1961：161.

④ 普列汉诺夫. 论一元论历史观之发展//普列汉诺夫. 普列汉诺夫哲学著作选集：第1卷. 生活·读书·新知三联书店，1959：654.

他们还是得受哲学的支配。”问题是，他们“大多数都做了最坏的哲学的奴隶”。恩格斯这一段重要论述写于 1874 年，但直到 1925 年才公开发表，普列汉诺夫当然没有可能读过。但是，他却在恩格斯之后 20 多年发表了几乎完全相同的见解。他指出：“绝大多数自然科学家在自己的思维方面都没有超越自己的专门科学的范围，仍继续保持着过时的哲学概念和社会概念。在他们这个缺陷没有消除之前，哲学是不能和自然科学融合起来的。”①他特别强调唯心主义对科学家的消极影响，认为：“当一个学者忽视某个重要理论问题时，就会不由自主地、不知不觉地用陈旧的、站不住脚的方法来解决这个问题。”②为了匡正这一偏颇，普列汉诺夫主张，“必须使自然科学家不再是狭隘的专家”，而从根本上说，这就是要求他们“表现出很大的兴趣去掌握辩证自然观”，“学会运用辩证法的武器”③。

普列汉诺夫已经意识到必须把辩证法运用于科学认识。他指出：“我们应该同意黑格尔，他说：辩证法是任何科学认识的灵魂，而且这不仅对于认识自然。”④普列汉诺夫研究了科学认识的历史发展，指出从形而上学思维方式向辩证法的转变具有历史的必然性。他认为，在近代科学诞生的初期，在研究自然界时，研究者开始总是要把个别的实物、力、种以及其他“固定”在自己孤立性中的东西区分开来。“当事情是以这样方式进行的时候，在科学思维中占优势的就是‘悟性’及其形而上学的方法。”这只是科学认识不成熟的表现，“但知识不会停留在这个阶段上。它继续向前进，而它进一步的成就是由悟性的（或形而上学的）转到理性或辩证法的观点。”⑤在普列汉诺夫看来，这一过程是科学

① 普列汉诺夫. 普列汉诺夫哲学著作选集：第 4 卷. 生活・读书・新知三联书店，1963：238.

② 普列汉诺夫. 论唯物主义的历史观//普列汉诺夫. 普列汉诺夫哲学著作选集：第 2 卷. 生活・读书・新知三联书店，1961：291. 作者对此处译文有修订。

③ 普列汉诺夫. 普列汉诺夫哲学著作选集：第 4 卷. 生活・读书・新知三联书店，1963：788.

④ 普列汉诺夫. 无的放矢//普列汉诺夫. 普列汉诺夫哲学著作选集：第 1 卷. 生活・读书・新知三联书店，1959：794.

⑤ 普列汉诺夫. 唯物主义史论丛//普列汉诺夫. 普列汉诺夫哲学著作选集：第 2 卷. 生活・读书・新知三联书店，1961：140.

认识发展的内在必然规律，例如从林奈的形而上学不变论的生物学到充满辩证法的达尔文进化论的转变，就是这一规律的有力证明。恩格斯认为，辩证思维与形而上学思维的关系，和变数数学与常数数学的关系是一样的。普列汉诺夫持有相同的观点："法国唯物主义者们的形而上学方法和德国唯心主义的辩证方法之间的关系，就如同低等数学和高等数学之间的关系。"[①]值得注意的是，普列汉诺夫和恩格斯一样，认为低等数学（常数数学）和高等数学（变数数学）关系这个比喻，只是用来说明形而上学方法（或思维）和辩证方法（或思维）之间的关系，也就是说，是在认识方法的意义上。正因如此，普列汉诺夫才说，"辩证的思维也同样不排斥形而上学的思维"[②]，两者只是高低之分。但辩证法世界观和形而上学世界观却是根本对立的，是完全不相容的。普列汉诺夫的结论很明确："如果没有辩证法，唯物主义的认识论是不充实的、片面的，甚至是不可能存在的。"[③]同时，普列汉诺夫也触及辩证法和逻辑的关系问题。他指出，归纳法是一种科学方法，而且"演绎法具有和归纳法一样的权利"，并肯定归纳法是以经验认识为基础的。但是，归纳法并不是世界观，它既可以和形而上学世界观相容，也可以和辩证法世界观相容。他认为："归纳法不仅不排斥辩证法，而且在我们的概括丰富以后，它迟早还必然要暴露出形而上学观点的站不住脚，并走向辩证观点。"这里，普列汉诺夫似乎意识到，归纳和演绎属于"普通逻辑所承认的一切科学研究手段"，必须将其提高到辩证思维的高度。

普列汉诺夫对辩证法、认识论和逻辑学的关系有所领悟，这是事实。但是，他对马克思主义哲学的误读，恰恰也在于此。列宁在《哲学笔记》中，对普列汉诺夫的批评主要有三处，全部都是围绕如何理解辩证法也就是马克思主义的认识论这一思想展开的。第一处是在《黑格尔

① 普列汉诺夫. 无的放矢//普列汉诺夫. 普列汉诺夫哲学著作选集：第1卷. 生活·读书·新知三联书店，1959：794.

② 普列汉诺夫. 普列汉诺夫哲学著作选集：第3卷. 生活·读书·新知三联书店，1962：87.

③ 普列汉诺夫. 无的放矢//普列汉诺夫. 普列汉诺夫哲学著作选集：第1卷. 生活·读书·新知三联书店，1959：793.

“逻辑学”一书摘要》一文中，列宁指出：“普列汉诺夫批判康德主义（以及一般不可知论）多半是从庸俗唯物主义的观点出发，而很少从辩证唯物主义的观点出发，因为他只是不痛不痒地驳斥它们的议论，而没有纠正（像黑格尔纠正康德那样）这些议论，没有加深、概括、扩大它们，没有指出一切的任何的概念的联系和转化。”[①]第二处是在《黑格尔“哲学史讲演录”一书摘要》中，列宁进一步指出：“普列汉诺夫关于哲学（辩证法）大约写了近一千页的东西（别尔托夫 + 反对波格丹诺夫 + 反对康德主义者 + 基本问题等）。其中关于大逻辑，关于它、它的思想（即作为哲学科学的辩证法本身）却一字不提！”[②]第三处则是在《谈谈辩证法问题》中，在这篇深刻的哲学论著中，列宁揭示了普列汉诺夫错误的实质是：“对于辩证法的这一方面，通常（例如普列汉诺夫）没有给予足够的注意：对立面的同一被当作实例的总和……而不是被当作认识的规律。”接下去列宁更明确地指出：“辩证法也就是（黑格尔和）马克思主义的认识论：正是问题的这一‘方面’（这不是问题的一个‘方面’，而是问题的本质）普列汉诺夫没有注意到，至于其他的马克思主义者就更不用说了。”[③]列宁关于辩证法也就是马克思主义的认识论的思想，关于辩证法、认识论和逻辑学三者一致的思想，是极其深刻的马克思主义哲学命题，这一命题涉及辩证法的精髓（这一点下一节将做详细的讨论）。普列汉诺夫虽然也认识到人的认识过程是辩证的，但他不懂得辩证法的规律就是认识的规律，而是从本体论角度看问题，用自然界的一大堆辩证实例代替对辩证法本性的阐释。这样，在普列汉诺夫的辩证法学说中，就没有关于如何把辩证法作为认识的工具的说明。普列汉诺夫没有为我们提供如何把辩证法应用于生活实践的方针和原则。一句话，辩证法在普列汉诺夫那里，只是教条，而不是行动的指南。问题的关键就在这里。列宁说普列汉诺夫对唯心主义和不可知论的批判是“不

① 列宁. 黑格尔《逻辑学》一书摘要//列宁. 列宁全集：第 38 卷. 人民出版社，1959：190-191.

② 列宁. 黑格尔《哲学史讲演录》一书摘要//列宁. 列宁全集：第 38 卷. 人民出版社，1959：307.

③ 列宁. 谈谈辩证法问题//列宁. 列宁全集：第 38 卷. 人民出版社，1959：407，410.

痛不痒的”，而没有“纠正”它们，其原因正是在于他不懂得辩证法也就是马克思主义的认识论，从而不能揭示唯心主义和不可知论的认识论根源。例如在批判康拉德·施米特的康德主义的时候，普列汉诺夫事实上是仅限于从各个角度反复重申存在决定意识这一唯物主义基本原理，从根本上说，并未超出18世纪法国唯物主义的理论水平。在《谈谈辩证法问题》一文中，列宁就在批评普列汉诺夫不懂得辩证法的本性之后，深刻分析了唯心主义和不可知论的认识论根源在于违背了认识的辩证法。列宁指出：“人的认识不是直线（也就是说，不是沿着直线进行的），而是无限地近似于一串圆圈、近似于螺旋的曲线。”正是由于在认识上的形而上学的错误，才把人引到泥坑里去，“直线性和片面性，死板和僵化，主观主义和主观盲目性就是唯心主义的认识论根源”①。这显然是普列汉诺夫从未达到过的思想高度。

为何说普列汉诺夫从不讨论“作为哲学科学的辩证法本身”，又为什么说他不懂得“辩证法也就是马克思主义的认识论”，我认为，列宁所指的是马克思主义辩证法的精髓——辩证法不是教条而是行动的指南，因此不仅要在口头上（或理论上）承认辩证法，而且要在实践上贯彻辩证法。普列汉诺夫脱离革命群众运动的实践，这是他不能真正弄懂辩证法和认识论的同一性的思想根源。②

普列汉诺夫的这一重大理论错误，反映了他作为一个理论家的根本

---

① 列宁. 谈谈辩证法问题//列宁. 列宁全集：第38卷. 人民出版社，1959：411-412.

② 关于普列汉诺夫在对辩证法本性认识方面的理论错误，有两种看法。一种观点认为，普列汉诺夫把费尔巴哈的认识论和马克思主义认识论混为一谈。从本文的论述中可以看出，这显然不符合事实，因为普列汉诺夫对辩证法、认识论和逻辑学三者一致问题已经有所触及。另一种观点认为，普列汉诺夫“相当明显地接近于提出了唯物史观、辩证法和唯物主义认识论三者一致的思想”。（王荫庭. 普列汉诺夫哲学新论. 北京出版社，1988：229）这样评价普列汉诺夫恐怕也有溢美之嫌。至于普列汉诺夫的不足，论者认为一是“没有联系自然科学的最新成果，自觉地创造性地把辩证法广泛地运用到认识论中去”；二是普列汉诺夫没有意识到“黑格尔那里有一个和辩证法融为一体的认识论系统”。我认为，这些都没有抓住要害。问题在于如何理解列宁为何说普列汉诺夫从不讨论“作为哲学科学的辩证法本身”，又为什么说他不懂得“辩证法也就是马克思主义的认识论”。我认为，列宁所指的是马克思主义辩证法的精髓——辩证法不是教条而是行动的指南，因此不仅要在口头上（或理论上）承认辩证法，而且要在实践上贯彻辩证法。普列汉诺夫脱离革命群众运动的实践，这是他不能真正弄懂辩证法和认识论的同一性的思想根源。

弱点，这就是理论脱离实际。尽管他也说“辩证唯物主义是行动的哲学”[①]，但他其实对这一点并没有真正理解。列宁在读普列汉诺夫所著《尼·加·车尔尼雪夫斯基》一书时，有两处批注特别提到他的这一致命缺陷。在“车尔尼雪夫斯基也像自己的老师一样，几乎把注意力完全集中在人类的‘理论’活动上”这段话旁边，列宁批注说：“普列汉诺夫所著《车尔尼雪夫斯基》一书的缺点也是这样。”在另一处地方，列宁还批注说：“普列汉诺夫由于只看到唯心主义历史观和唯物主义历史观的理论差别，而忽略了自由主义者和民主主义者的政治实践的和阶级的差别。”[②]而这正是普列汉诺夫和伟大革命实践家列宁的根本区别，前者不能理解辩证法也就是马克思主义的认识论这一深刻哲学命题，也就不足为奇了。

普列汉诺夫在科学技术与社会的关系问题上，也有一些值得注意的创造性理论建树。普列汉诺夫研究了近代工业社会的兴起，特别注意到科学技术进步对生产力的巨大推动作用。他说：“在劳动工具改进上的每一个新步骤要求人的智慧的努力。智慧的努力——原因，生产力的发展——结果。”[③]在论述卢梭的思想时，普列汉诺夫肯定了卢梭的思想，指出：“所有权的产生需要有‘技术与知识’的一定的发展。”[④]他注意到，在资本主义兴起的初期，哲学家们特别关注生产力的发展：“在培根和笛卡儿的时代，哲学对于生产力有很大的兴趣。”[⑤]因此，当时的哲学与自然科学一样关心人与自然的关系问题，并把哲学的任务定位为推进自然科学的发展。普列汉诺夫指出：“笛卡儿和培根，都认为哲学最

---

① 普列汉诺夫. 论一元论历史观之发展//普列汉诺夫. 普列汉诺夫哲学著作选集：第1卷. 生活·读书·新知三联书店，1959：769.

② 列宁. 《尼·加·车尔尼雪夫斯基》一书批注//列宁. 列宁全集：第38卷. 人民出版社，1959：595、611.

③ 普列汉诺夫. 论一元论历史观之发展//普列汉诺夫. 普列汉诺夫哲学著作选集：第1卷. 生活·读书·新知三联书店，1959：679.

④ 普列汉诺夫. 论一元论历史观之发展//普列汉诺夫. 普列汉诺夫哲学著作选集：第1卷. 生活·读书·新知三联书店，1959：651.

⑤ 普列汉诺夫. 唯物主义史论丛//普列汉诺夫. 普列汉诺夫哲学著作选集：第2卷. 生活·读书·新知三联书店，1961：193.

重要任务是增加自然科学知识，以求增进人支配自然的权力。”[①]在他看来，历史进步的标准就在这里：“人类所拥有的劳动工具愈强大，也就是说，人类的生产力愈强大，自然环境的改变就愈有力和愈迅速。因之，这种力量可以看作是进步的标准。”[②]和俄国社会进步思潮一致，面对俄罗斯的东正教—信仰主义传统，普列汉诺夫特别强调科学的理性精神。他强烈拥护法国启蒙主义的无神论立场，明确指出：“探索事件的自然原因，就等于抛弃神学的观点而采取科学的观点，因为科学的观点就是用现象的自然原因来说明现象，而完全撇开超自然力的影响。”科学的事业是理性的事业，因为“我们遇见发现和发明的一切地方我们亦就遇到‘理性’”。[③]普列汉诺夫认为，强调理性的作用，是符合辩证唯物主义的，因为辩证唯物主义科学地说明了人的主观能动性恰恰源于理性的力量：“辩证唯物主义并不如主观主义一样限制人的理性的权力。它知道理性的权力和力量是广阔的和不可限制的。”在他看来，这是因为：“一切在人的头脑中是理性的东西，即一切不是幻想，而是现实的真理的认识的东西，必然要转入这个现实，必然将自己那一部分的理性加进现实中去。”[④]这段话写于 1895 年，可以说是他从唯物辩证法观点对知识论基础所做的极其深刻的说明。应当肯定，这是普列汉诺夫对自然辩证法的卓越贡献。

第三节　列宁对自然辩证法的伟大贡献

列宁是马克思和恩格斯自然辩证法思想的直接继承者。在谈到恩格

① 普列汉诺夫. 普列汉诺夫哲学著作选集：第 2 卷. 生活・读书・新知三联书店，1961：857.

② 普列汉诺夫. 唯物主义历史观//普列汉诺夫. 普列汉诺夫哲学著作选集：第 2 卷. 生活・读书・新知三联书店，1961：733.

③ 普列汉诺夫. 论一元论历史观之发展//普列汉诺夫. 普列汉诺夫哲学著作选集：第 1 卷. 生活・读书・新知三联书店，1959：685.

④ 普列汉诺夫. 论一元论历史观之发展//普列汉诺夫. 普列汉诺夫哲学著作选集：第 1 卷. 生活・读书・新知三联书店，1959：769.

斯“自然界是检验辩证法的试金石”的论断时，列宁赞叹地说：“这是在镭、电子和元素转化等等发现之前写的呵！”[①]而列宁自己正是在 19 世纪末到 20 世纪初最新自然科学革命的形势下，把自然辩证法理论大大地向前推进了。

列宁研究自然辩证法主要集中在三个时期：一是在 1908 年前后，在写作《唯物主义和经验批判主义》时，他阅读和研究了大量自然科学和自然科学哲学的专门文献，仅《唯物主义和经验批判主义》一书所涉及的就有 38 种，提到的自然科学家达 60 多位。二是在 1914 年前后，他再次研究了大量自然科学以及与之有关的哲学文献，评述和摘录的著作 20 多种，涉及 50 多位科学家，而自然科学哲学问题成为这一时期写作的《哲学笔记》的重要内容。三是在十月革命胜利后，当国内战争中实行的战时共产主义宣告结束而转向新经济政策的时期（1921 年后），列宁集中思考了科学技术的性质问题，对科学技术与社会的关系问题做了深入的研究。

1908 年 10 月，列宁在伦敦完成了《唯物主义和经验批判主义》一书的写作。这部著作的一个重要主题就是对当时如火如荼的自然科学革命及其所引发的哲学问题做出辩证唯物主义的总结。列宁对世纪之交随着自然科学革命性变革而兴起的新思潮，不仅十分敏感，而且有着深刻的理解。在对德波林《辩证唯物主义》一书的批注中，列宁特别强调了这一点：“普列汉诺夫不提这个‘新思潮’，不知道它，德波林则讲得不清楚。”[②]自然科学领域新思潮的兴起，是自然科学伟大发现的直接结果。19 世纪的最后 10 年，自然科学的实验领域相继出现了 X 射线（1895 年）、放射性元素（1896 年）和电子（1897 年）这新三大发现。列宁认为，“新物理学发现了物质的新种类和物质运动的新形式”，旧的物理学观念被推翻了，整个经典自然科学赖以建立的自然观和认识论基

① 列宁. 卡尔・马克思//列宁. 列宁选集：第 2 卷. 人民出版社，1972：583.

② 列宁. 德波林《辩证唯物主义》一书批注//列宁. 列宁全集：第 38 卷. 人民出版社，1959：544.

础面临尖锐的挑战[①]。在理论上，波场的观念以近域作用论取代了超距作用论，统计物理学的发展引进了随机性和概率的概念，预示了非经典决定论思想的兴起，特别是号称“两朵乌云”的迈克尔逊－莫雷实验的光速不变性悖论和黑体辐射问题的能量连续性悖论，更是直接蕴涵着相对论和量子论的思想契机。果然，1900年普朗克提出能量量子化假说，随后爱因斯坦于1905年提出狭义相对论。所有这些导致经典自然观崩溃的重大发现和革命性的新思潮，都在列宁的视野之内。1909年，列宁在索尔邦图书馆已经阅读了普朗克的《能量守恒定律》、汤姆生的《物质微粒论》等著作，还专门摘录了《关于放射性物质的书籍的目录》。在列宁看来，正是自然科学前沿领域中的这些划时代的革命性变革，反映了“科学的世界图景”[②]已经更迭，反映了理论自然科学中各种认识论派别的新的动向，也反映了现代自然科学“正在生产辩证唯物主义”[③]。在最新自然科学革命浪潮的冲击下，各种色彩的哲学流派应运而生。随着传统经典自然观的崩溃，科学认识的基础，科学评价的标准，真理与谬误的界限，科学概念和科学命题的意义，凡此种种，过去被视为绝对的东西，都显露出相对性来。当时，自然科学领域最流行的认识论思潮有二：一是经验主义，二是约定主义。以马赫为代表的经验主义思潮，倡导实证主义的认识论导向，在强调认识的经验基础时，把单纯地描述感觉经验视为科学认识的唯一任务，从而否定了反映现象背后的本质的科学理论，并进而从本体论上把物质归结为感觉要素。以彭加勒和迪昂为代表的约定主义，在强调科学理论对经验的独立性时，把理论看成是根据人对方便程度和简易性而做的假设和约定，进而把世界看成是由人的主观愿望塑造的。这两种导向尽管从认识论路线上说是对立的，但在反对机械独断论这一点上是一致的。应当肯定，实证主义和约定主义对推动19世纪末到20世纪初的自然科学革命，对促进经典

① 列宁. 唯物主义和经验批判主义//列宁. 列宁选集：第2卷. 人民出版社，1972：285.
② 列宁. 黑格尔《逻辑学》一书摘要//列宁. 列宁全集：第38卷. 人民出版社，1959：194.
③ 列宁. 唯物主义和经验批判主义//列宁. 列宁选集：第2卷. 人民出版社，1972：319.

自然观向非经典自然观的转型，都曾起到十分积极的作用，在某种程度上，这本身就是最新自然科学革命的哲学反映。但是，这种思潮把旧机械观的崩溃说成是整个价值观念的崩溃，从而引申出否认客观实在和科学真理的极端相对主义的结论，因此从根本上说它不可能是这场自然科学革命的正确反映，相反只能是其歪曲的反映。在这样的情况下，在20世纪头一个10年间，列宁把自己的自然科学哲学工作定位于论证科学认识的唯物主义反映论的基础，这当然是有其充分理由的。列宁之所以把注意力特别集中在这一思潮的消极方面，还有一个重要原因，那就是当时俄国工人政党内部的机会主义派别利用了这种思潮，把它当作反对俄国社会主义革命指导思想的理论基础——马克思主义的“科学”根据，造成了很大的欺骗性。1905年，俄国经验批判主义的代表人物波格丹诺夫（А. А. Богданов）在《经验一元论》一书中，就宣称：“物理世界的客观性质在于，它不是对于我个人存在着，而是对于所有的人存在着，我认为，它对于所有的人和对于我一样具有确定的意义。”[①]他认为，世界的存在直接依赖于主体的感觉，因此干脆称世界为“社会组织起来的经验”[②]。在1908年出版的《马克思主义哲学概论》中，波格丹诺夫则把物质、精神和实体等哲学概念说成是“认识的偶像和造物”，产生于某一时代的劳动关系，超出这一界限就毫无意义[③]。由此可见，围绕最新自然科学革命而发生的哲学争论，在俄国一度表现为工人政党内部思想斗争的一个组成部分。这样说，当然不是贬低列宁在那一时期所进行的哲学思想斗争的普遍意义，而是要指出，必须从历史语境出发具体地了解《唯物主义与经验批判主义》一书的针对性，这样才能把列宁对自然辩证法基本理论的发展和在具体历史背景下做出的特殊论断区别开来。

---

① А. А. Богданов. Эмприомонизм. Статьи по философии. Кн. 1-я. Электропечатня товарищества “Дело”, 1905：25.

② А. А. Богданов. Эмприомонизм. Статьи по философии. Кн. 1-я. Электропечатня товарищества “Дело”, 1905：36.

③ А. А. Богданов. Очерки по философии марксизма，Звено，1908：215-242.

列宁集中研究自然科学哲学问题的第二个时期是 1914～1916 年，即第一次世界大战爆发的时期。列宁在这一时期的自然辩证法研究是他的唯物辩证法研究工作的重要组成部分。列宁 1914 年 9 月到瑞士的伯尔尼，1916 年 2 月到达苏黎世，在这两个城市的图书馆里，他每天从早 9 点工作到晚 6 点，只有中午休息一个小时，最终写出了《哲学笔记》中的大部分著作，如《黑格尔〈逻辑学〉一书摘要》（1914 年 9 月）、《黑格尔〈哲学史讲演录〉一书摘要》（1915 年）、《黑格尔辩证法（逻辑学）的纲要》（1915 年）、《谈谈辩证法问题》（1915 年）。正是在这段时间内，列宁大量阅读了最新自然科学及有关自然科学哲学的文献，如让・贝兰的《物理化学论文原理》和他的《原子》、麦克斯・费尔弗恩的《生物起源假说》、阿・察尔特的《宇宙的基础：原子、分子……》、路德维希・达姆施泰特的《自然科学和技术历史指南》、保尔・福尔克曼的《自然科学的认识论原理》、弗・丹奈曼的《我们的世界图景是怎样构成的？》、阿尔都尔・埃利希・哈斯的《现代物理学中的希腊化时期的精神》、泰奥多尔・里普斯的《自然科学和世界观》、吉德昂・斯皮克尔的《论自然科学和哲学的关系》、恩・海克尔的《神—自然界》等。我们注意到，这些书只有少数几种是 1903～1906 年间出版的，大部分则是 1910～1914 年间问世的，也就是说，列宁所关注的是当时最前沿的进展和最新的思潮。

列宁首先是一个无产阶级的革命家。在谈到伯尔尼—苏黎世时期列宁的思想活动时，列宁夫人克鲁普斯卡娅就说："辩证地对待一切事变问题，在这一时期也特别引起了伊里奇的注意。"[①]当时世界各种矛盾错综复杂，帝国主义大战的爆发是这些矛盾相互作用的结果，而呈现在人们眼前的却是扑朔迷离的种种现象。如何透过现象把握本质，迫切需要辩证法的指导，而要做到这一点，就必须用辩证法作为认识事物矛盾运动的工具，这正是列宁在这一时期进行哲学思考的中心。就在 1914 年

① 娜・康・克鲁普斯卡娅. 列宁回忆录. 哲夫译. 人民出版社，1972：294.

11 月，列宁在为格拉纳特兄弟百科辞典出版社所写的《卡尔·马克思》一文中，明确说道："而辩证法，按照马克思的理解，同样也根据黑格尔的看法，其本身包括现时所谓的认识论，这种认识论同样应当历史地观察自己的对象，研究并概括认识的起源和发展即从不知到知的转化。"[①]而为了深刻把握作为认识论的辩证法，研究科学认识的起源以及科学知识的进步（"从不知到知"）是最重要的途径。在 1915 年写作的《拉萨尔"爱菲斯的晦涩哲人赫拉克利特的哲学"一书摘要》中，列宁提出了这样的研究计划：

全部认识领域	
各门科学的历史	
儿童智力发展的历史	这就是那些
动物智力发展的历史	应当构成
语言的历史，	认识论和辩证法
注意：+心理学	的知识领域+感觉器官的生理学[②]

从中可以看到当时列宁研究辩证法的着眼点，正是这一点突出地表现了列宁自然辩证法的理论特点，而列宁对自然辩证法的伟大贡献也特别表现在这里。

值得补充的一点是，俄国社会民主党内的经验批判主义者，在这一时期也把注意力转向辩证法问题。不过与列宁相反，他们不是正确地解读马克思和恩格斯的辩证法，而是对辩证法做了形而上学和庸俗化的误读。还在 1912 年，在鼓吹"实在是人类集体的实践"的同时，波格丹诺夫对辩证法的错误诠释就已经开始了。在当年出版的《生动经验的哲学》中，他说："用我们的方法，从一开始我们就这样来定义辩证法：通过对立倾向的斗争进行的有组织的过程。这同马克思的理解一致吗？

① 列宁. 卡尔·马克思//列宁. 列宁选集：第 2 卷. 人民出版社，1972：584.

② 列宁. 拉萨尔《爱菲斯的晦涩哲人赫拉克利特的哲学》一书摘要//列宁. 列宁全集：第 38 卷. 人民出版社，1959：399.

显然不完全相同：马克思所谈的是发展，而不是有组织的过程。”[①]表面看来，波格丹诺夫强调“有组织的过程”似乎并无不妥，其实，深入研究会发现，他这样把自己和马克思区别开来，是另有用意的。因为，在他看来一般的矛盾斗争都是“瓦解组织”（дезорганизация），只有调和、均衡和稳定才是建构组织[②]。波格丹诺夫从 1913 年开始，推出一系列新哲学论著，停止了对“经验一元论”的宣传，而是转而倡导——用他自己的话说——“全新的”所谓“组织学”（тектология）或“一般组织科学”。他于 1913 年出版《组织学》第 1 卷（第 2 卷出版于 1917 年，第 3 卷出版于 1921 年）。他把组织学看作是最一般的世界观和方法论，因为组织学由于建立了抽象的组织原则，而将在废除哲学的基础上结合和支配各门具体科学。他认为，全部知识可分为三大部门：社会科学、生命科学和自然科学。处在最高层次上的社会科学，首先则是由组织学和均衡论构成的“一般组织科学”。应当指出，波格丹诺夫的组织论确实包含某些系统论和控制论的天才思想，对此，苏联和西方的一些学者，曾做过一些有价值的研究工作[③]。但是，波格丹诺夫在这个时期创建和倡导组织学，目的并不在这里。他公开宣称，他之所以建立组织学，是因为：“在我们看来，旧的（马克思主义的）辩证法还不完全是动力学的，由于其粗浅的形式主义，它并未阐明发展的力学，顶多是想要做到这一点。”[④]那么，波格丹诺夫所阐明的这种动力学是什么呢？是对调和、和谐、稳定的强调。波格丹诺夫把发展分为三个阶段，第一阶段是某一系统的失衡，第二阶段是试图恢复平衡，第三阶段则是重新回到平衡。波格丹诺夫的主要目的是要把均衡论用于当时正在发生的革命。这是斯宾塞（H. Spencer）的社会学，而不是辩证法。就在同一

---

① А. А. Богданов. Философия живого опыта. Издание М. И. Семенова，1912：189.

② А. А. Богданов. Философия живого опыта. Издание М. И. Семенова，1912：243.

③ М. И. Сетров. Об обших элементах тектологии А. А. Богданова：кибернетики и теории систем. // Уч. записки кафедр общественных наук вузов г. Ленинграда，1967：8.

④ А. А. Богданов. Всеобшая организационная наука. Кн. III. С. 41. Цит. И. С. Нарский，Л. Н. Соворов. Позитивизм и механистическая ревизия марксизма. Высшая школа，1962：40.

年，列宁强调的却是："发展是飞跃式的、剧变的、革命的"，"对某一物体，或在某一现象范围内或在某个社会内部发生作用的各种力量或冲突造成发展的内因"[①]。列宁特别注意到黑格尔关于回避矛盾冲突的"温情态度"的评论，赞赏地说："这种讽刺真妙！（庸俗之辈）对自然和历史'抱温情态度'，就是企图从自然界和历史中清除矛盾和斗争。"[②]

列宁对自然辩证法问题集中进行研究的第三个时期是在他领导革命胜利后的苏维埃国家恢复经济和进行建设的时代。十月革命胜利后，为了打退国内外反动势力的进攻，新生的苏维埃政权实行了战时共产主义政策，当然，这里也包含对科学社会主义的肤浅的甚至是错误的理解。与当时苏俄党内的"左"的思潮不同，在国内战争结束后，列宁根据当时国内的实际情况，及时地意识到"直接过渡论"的错误，明确指出："我们原来打算（或者更确切些说，我们是没有充分根据地假定）直接用无产阶级国家的法令，在一个小农国家里按共产主义原则来调整国家的生产和产品分配。现实生活说明我们犯了错误。"[③]根据实践，列宁制定了符合俄国社会实际的建设社会主义的方针——新经济政策，他尖锐地指出："是以市场、商业为基础，还是反对这个基础？"[④]俄共（布）第十二次代表大会根据列宁的思想，明确做出"转而采取市场的经济形式"的决议[⑤]。但是，直接过渡的思想是有深刻社会基础的。从根本上说，俄国是一个小农经济和宗法关系根深蒂固的社会，正如一位研究者说的那样，俄国革命既有无产阶级的面孔，又有农民的容貌[⑥]。这使中央集权的指令性体制和绝对平均主义的分配原则很容易得到认同。同时，新生的苏维埃政权所面对的严酷阶级斗争形势和一度被迫实行的军

---

① 列宁. 卡尔・马克思//列宁. 列宁选集：第 2 卷. 人民出版社，1972：584.

② 列宁. 黑格尔《逻辑学》一书摘要//列宁. 列宁全集：第 38 卷. 人民出版社，1959：141.

③ 列宁. 十月革命四周年//列宁. 列宁选集：第 4 卷. 人民出版社，1972：571.

④ 列宁. 论新经济政策//列宁. 列宁全集：第 33 卷. 人民出版社，1957：66.

⑤ 苏联共产党代表大会、代表会议和中央全会决议汇编：第 2 分册. 中共中央马克思恩格斯列宁斯大林著作编译局译. 260.

⑥ B. B. Воровский. Литературно-критические статьи. Гослитиздат，1956：320.

事共产主义，更使一种“超革命”的激进思潮得到广泛的支持，这就是当时俄国党内势力强大的“左”的思潮。

在科学文化战线上，“左”的思潮主要代表是“无产阶级文化派”（пролеткульт）。这是一个独立于苏维埃政权的组织，到 1922 年，已经拥有 50 余万成员，并有自己的舆论阵地——《无产阶级文化》和《号角》两种杂志，主要领袖是卡利宁（Ф. Калинин）、波格丹诺夫、普列特尼奥夫（В. Плетнёв）。还在 1918 年，波格丹诺夫就在《社会意识的科学》一书中系统地论述了科学阶级性的观点；同年，马林宁（К. Малинин）在《创造》杂志上发表了《资产阶级和无产阶级的科学》；1922 年 9 月 27 日《真理报》刊登了普列特尼奥夫的《在意识形态战线上》，提出了无产阶级文化派的理论纲领，产生了很大影响。无产阶级文化派的主要论点是：

（1）自然科学是有阶级性的，旧的资产阶级的科学是反动的，必须用新的无产阶级的科学取而代之，否则社会主义革命就不能取得胜利。波格丹诺夫说：“如果科学是为高等阶级的统治服务的武器，那么，无产阶级显然必须用自己的足够强大的科学取而代之，这种科学是组织革命斗争力量的武器。”①

（2）以虚无主义的态度对待过去的文化科学遗产，主张废除一切资产阶级的知识体系。例如，斯密特（М. Смит）主张取消作为旧理论数学分支的几何学，重新建立“无产阶级的几何学”。列维托夫（М. Левитов）甚至提出了“简化文化”的主张，他认为在全部文化系统中，技术和应用知识应当占 90%，“庄稼汉带到市场上去的不是别林斯基和果戈理，而是播种牧草的通俗指南。”②这种对旧科学文化的摧毁必须坚决彻底，拉德万斯基（Ф. Ладванский）说：“所有那些中止破坏事业、恢复常规生活和以任何方式修补漏洞的企图，都是枉费心机的。旧世界留给我们的遗产只是一摊破烂堆积的废墟。一切都要重建。我们应

---

① А. А. Богданов. О пролетарной культуре. 1904-1924. Книга，1924：204.

② М. Левидов. Организованное упрощение культуры. Красная новь，1923，1（11）：315.

当建立新的科学，新的文学，新的艺术。”①

（3）反对以个人为本位的科学研究。无产阶级文化派思想纲领的实质是，根据“集体劳动过程”重组科学，因而主张科学劳动的非个人化。用卡恩（И. Кан）的话说，无产阶级科学的出发点“是兴高采烈济济多士的‘我们’，而不是茕茕孑立形影相吊的‘我’，是友好合作组织同自然界自发力量进行斗争的全世界劳动人民”②。无产阶级文化派认为，科学创作的集体主义，与署名制、与个性化等是不相容的。

无产阶级文化派的这些主张与通过现代科学技术进步推动苏维埃俄国经济恢复和发展的列宁主义路线是完全对立的。列宁很早就敏感地意识到无产阶级文化派的危险性，还在 1920 年 10 月 8 日就起草了《论无产阶级文化》的决议草案③。列宁在读了普列特尼奥夫的文章《在意识形态战线上》后，立即在上面做了批注，愤怒地指出，作者是“十足的杜撰”，“紊乱不清”，“一派胡言”。列宁并就此给《真理报》主编写了一个便条，指出该文是“用各种炫耀博学的时髦字眼来虚张声势的小品文”，并定性说：“这是伪造历史唯物主义！玩弄历史唯物主义！”④列宁夫人克鲁普斯卡娅在 1922 年 10 月 8 日的《真理报》上撰文批驳普列特尼奥夫的文章，题为“无产阶级的意识形态和无产阶级文化派”。紧接着雅科夫列夫（Я. А. Яковлев）于 1922 年 10 月 11 日于《真理报》上发表《论无产阶级文化和无产阶级文化协会》一文，全面批判无产阶级文化派⑤。

综上所述，可以看出，列宁是在全新的历史条件下从事自然辩证法的研究工作的。应当指出，过去我们对列宁的自然辩证法思想关注不够，近年来又有一种若隐若现地忽视或贬低列宁思想的倾向，这是不公

① Ф. Ладванский. Задача прокетарской культуры. Горн. Московский пролеткульт，1919（2-3）：36.

② И. Кан，Критика культуры. Горн. Московский пролеткульт，1922（6）：34.

③ 列宁. 论无产阶级文化（决议草案）//列宁. 列宁全集：第 31 卷. 人民出版社，1958：282-283.

④ 龚育之、柳树滋. 历史的足迹. 黑龙江人民出版社，1990：23-46.

⑤ 白嗣宏. 无产阶级文化派资料选编. 中国社会科学出版社，1983.

正的。当然，正像马克思和恩格斯一样，列宁的哲学思想的一些结论有历史局限性，甚至也有错误。但列宁在自然辩证法理论上的创造性贡献，是不容抹杀的，很需要深入探讨和挖掘。列宁从 19 世纪末到 20 世纪初的最新自然科学革命出发，依据自然科学的最新成就，针对这一领域涌现出来的各种哲学思潮，结合俄国革命前后面对的实际问题和思想战线的形势，重新审查了自然科学哲学研究的指导方针、思想基础和一系列重大理论问题，把马克思和恩格斯创立的自然辩证法推进到一个新的历史高度。我认为，至少以下论题是值得特别注意的。

一、关于自然科学哲学研究的指导方针

这个问题的本质是自然科学和哲学以及广义的人文文化的关系问题，西方科学哲学家称之为划界（demarcation）问题。众所周知，对这一问题的解决，历来有两种导向。一是把哲学、人文科学和自然科学截然分开，从洛采（R. H. Lotze）开始，到新康德主义的文德尔班（W. Windelband）和李凯尔特（H. Rickert），都把自然科学看作是事实陈述系统，而把哲学和人文科学看作是价值陈述系统。直到逻辑实证主义根据可证实性原则，进一步认为哲学（以及人文文化）是经验上不可证实的形而上学，应当从科学中驱逐出去。这种思潮在俄国也有表现，1922 年，彼得格勒大学校长米宁（C. Минин）关于科学应当摆脱哲学的主张[①]，曾引起对“米宁主义”的批判。另一个导向则是“代替论”的思潮，表现出旧自然哲学的倾向，对自然科学粗暴地进行干预，甚至以政治标准裁决科学的是非。上述无产阶级文化派就是这一导向的典型。

恩格斯就曾提出过自然科学和哲学“相互补偿”的原则来处理二者的关系[②]。列宁深刻分析了最新自然科学革命过程中，科学和哲学关系

① 米宁认为，列宁使用“自然科学哲学的含义”等“旧名词”，“只不过是一些笔误”，认为不仅应当把宗教，“而且也把整个哲学抛开”。（Под знаменем марксизма. 1922. № 11-12.）

② 恩格斯. 自然辩证法. 中共中央马克思恩格斯列宁斯大林著作编译局译. 人民出版社，1971：45.

的断裂和错位所导致的误区及严重教训，在 1922 年发表了《论战斗唯物主义的意义》一文，提出了正确处理科学和哲学关系的基本原则。这是列宁毕生坚持的思想原则，是马克思列宁主义自然科学哲学研究的指导方针，被称作列宁的哲学遗嘱，其要点是：

第一，辩证唯物主义必须以自然科学的成就为基础，必须紧跟现代自然科学的发展，瞄准其前沿领域和最新成就，不断补充、丰富、修订和发展自己的理论。列宁完全赞同恩格斯的著名论断："甚至随着自然科学领域中的每一个划时代的发现，唯物主义也必然改变自己的形式。"他坚决反对僵化的教条主义，明确指出，由于物理学的最新发现，对恩格斯的"自然哲学论点"进行修正是完全必要的，不应当"为了恩格斯的某个词句而放弃恩格斯的方法"[①]。可以肯定地说，没有最新自然科学革命，就没有列宁对马克思主义自然观的丰富和发展，就没有他在科学认识论和科学逻辑方面所做的开创性工作。关于列宁自然辩证法思想的超前性，我们可以举出许多例证。例如，关于微观物理世界的辩证本质，列宁指出："物质的深远的无限性"[②]，"电子和原子一样，也是不可穷尽的"[③]（请注意：列宁没有使用"无限分割"的提法）；关于无机自然界的发展，列宁提出了"石头的进化"[④]的概念；关于信息的"类反映"本质的猜测："假定一切物质都具有在本质上跟感觉相近的特性、反映的特性，这是合乎逻辑的"[⑤]……

第二，自然科学不能回避哲学的结论，自然科学家应当接受辩证唯物主义的世界观。列宁反复强调科学的成果是概念："非常正确而且重要……自然科学家应当知道，自然科学的成果是概念。"单凭经验是不可能正确地运用概念的，科学家必须克服自己的狭隘性，自觉地学习和掌握哲学世界观和方法论，从个别上升到一般，从现象深入到本质，从

① 列宁. 唯物主义和经验批判主义//列宁. 列宁选集：第 2 卷. 人民出版社，1972：257.
② 列宁. 黑格尔《逻辑学》一书摘要//列宁. 列宁全集：第 38 卷. 人民出版社，1959：115.
③ 列宁. 唯物主义和经验批判主义//列宁. 列宁选集：第 2 卷. 人民出版社，1972：268.
④ 列宁. 黑格尔《逻辑学》一书摘要//列宁. 列宁全集：第 38 卷. 人民出版社，1959：113.
⑤ 列宁. 唯物主义和经验批判主义//列宁. 列宁选集：第 2 卷. 人民出版社，1972：89.

有限进达于无限。所以，列宁接下去说："但巧妙地运用概念却不是天生就会的，而是自然科学和哲学两千年发展的结果。"①同时，唯心主义哲学对自然科学成果的歪曲解释，使自发的自然科学唯物主义无法抵御错误思潮的侵袭。在自然科学革命时代，由于新的进展突破了传统自然观的囿限，在新旧理论更迭之际，缺乏正确哲学武装的自然科学家更容易在哲学上走入迷途。哲学的歧路往往会危害健康的科学思维，阻碍科学的顺利发展。所以，自然科学家也要做一个"以马克思为代表的唯物主义的自觉拥护者"，也就是说做一个辩证唯物主义者②。

第三，要以科学的客观的态度评价自然科学的成果，划清自然科学成就本身和对这些成就所做的哲学解释之间的界线，划清自然科学家在科学领域所做的实证研究和他在哲学领域进行的哲学思辨的界线，划清自然科学家的个别哲学结论和他的总体思想倾向的界线。列宁坚决反对以自然哲学的态度去对待具体科学问题，他用黑格尔自己的话斥责思辨哲学脱离科学认识的"无聊空洞的类比"③。列宁始终相信，自然科学唯物主义是"大批自然科学家的不断加强和日臻巩固的信念"④，因而从不轻率地宣布某个科学家是唯心主义者。列宁对自然科学家的学术成就十分尊重，认为对具体科学成果的评价不是哲学的任务，更不是政治的任务，而是实证科学自己的事情。因此他始终旗帜鲜明地和以无产阶级文化派为代表的"左"的思潮和做法进行坚决的斗争。除在理论上对无产阶级文化派的观点进行批判之外，列宁在实践上始终身体力行，制定和执行了马克思主义的科学政策。列宁顶住了一些人的压力，使科学院免遭解散的厄运。在 1918 年 2 月修改党章时，列宁专门提出了对待专家的政策问题，并不断抵制和纠正对科学技术专家进行迫害的"左"的行为，指出这种行径"不仅是错误，而且是犯罪"⑤。在列宁的直接

① 列宁. 黑格尔《逻辑学》一书摘要//列宁. 列宁全集：第 38 卷. 人民出版社，1959：291.
② 列宁. 论战斗唯物主义的意义//列宁. 列宁选集：第 4 卷. 人民出版社，1972：609.
③ 列宁. 黑格尔《逻辑学》一书摘要//列宁. 列宁全集：第 38 卷. 人民出版社，1959：195.
④ 列宁. 唯物主义和经验批判主义//列宁. 列宁选集：第 2 卷. 人民出版社，1972：358.
⑤ 列宁. 给莫洛托夫的信//列宁. 列宁文稿：第 4 卷. 人民出版社，1978：228.

领导下，1919 年 12 月 23 日全俄中央执行委员会通过了《关于改善学术专家地位的决定》；1921 年 11 月 10 日又专门成立了“改善科学家生活中央委员会”。为了使科学技术工作成为社会主义事业的有机组成部分，列宁早在 1918 年 4 月 18 日，十月革命刚刚胜利时，就草拟了人类历史上第一个社会主义国家的科学技术规划——《科学技术工作计划草稿》[①]，这个草稿是 1924 年在列宁逝世前仅 1 个月公布的。

第四，对唯心主义的自然科学哲学理论产生的认识论根源，要做科学地分析，而不是徒然地抛弃它。针对 19 世纪末到 20 世纪初的自然科学革命和所谓物理学危机，列宁深入地进行了研究，指出在这样的转折关头产生唯心主义的自然科学哲学思潮的历史根源。列宁认为，第一个根源是理论自然科学的高度抽象化。这是经验科学普遍通过数学化和公理化而上升为理论科学的时代。而这种趋势使一些科学家耽于概念的、量化的抽象思考，疏离感性经验，遗忘了客观物质世界，从而开启了走向唯心主义的通道。列宁生动地分析说：“自然科学的辉煌成就，它向那些运动规律可以用数学来处理的同类的单纯的物质要素的接近，使数学家遗忘了物质。‘物质消失了’，只剩下一些方程式。在新的发展阶段上，仿佛是通过新的方式得到了旧的康德主义的观念：理性把规律强加于自然界。”[②]第二个根源是列宁所说的“相对主义原理”，列宁把这个原理定义为“我们知识的相对性原理”。在列宁看来，根据辩证法，旧定律和基本原理被推翻，旧的概念“骤然崩溃”，本来是自然科学进步的题中应有之义。一方面，“辩证唯物主义坚决认为：任何关于物质构造及其特性的科学原理都具有近似的、相对的性质；自然界中没有绝对的界限；运动着的物质会从一种状态转化为在我们看来似乎和它不可调和的另一种状态”[③]。另一方面，“辩证唯物主义坚决认为，日益发展的人类科学在认识自然界上的这一切里程碑都具有暂时的、相对的、近似

① 列宁. 科学技术工作计划草稿//列宁. 列宁全集：第 27 卷. 人民出版社，1958：296-297.

② 列宁. 唯物主义和经验批判主义//列宁. 列宁选集：第 2 卷. 人民出版社，1972：314.

③ 列宁. 唯物主义和经验批判主义//列宁. 列宁选集：第 2 卷. 人民出版社，1972：267.

的性质。”因此，自然科学革命正有力地引导自然科学家走向唯物辩证法：“现代物理学是在临产中。它正在生产辩证唯物主义。”可见，早在半个世纪以前，列宁已经从自然辩证法的高度，触及到了后来历史社会学派所提出的自然科学革命中的范式（paradigm）转换问题。当然，正如列宁指出的，“由于没有能够立刻从形而上学的唯物主义提高到辩证唯物主义”①，陷入唯心主义是势所难免的。

二、关于自然辩证法的哲学理论基石

自然辩证法的哲学理论基石是辩证唯物主义，这当然是毋庸置疑的。列宁特别着力于唯物辩证法基本性质的研究，创造性地提出了辩证法、认识论和逻辑学三者一致的原理，从而为自然辩证法奠定了更坚实的哲学理论基础。和恩格斯一样，列宁一向认为马克思主义哲学首先是“唯物主义对自然界的认识”②，应当研究自然界本身的辩证法③，应当把唯物辩证法“应用于自然科学”④。关于自然辩证法的本性，恩格斯已经有过原则性的指示。恩格斯深刻揭示了旧自然哲学的错误：“用理想的、幻想的联系来代替尚未知道的现实联系，用臆想来补充缺少的事实，用纯粹的想象来填补现实的空白。”并明确指出：“自然哲学就最终被清除了。任何使它复活的企图不仅是多余的，而且是一种退步。”⑤西方一些研究者认为恩格斯背离了马克思的哲学路线，所构建的自然辩证法是“先验形而上学”的“狂想”⑥，是“一种非批判的实证主义本体

---

① 列宁. 唯物主义和经验批判主义//列宁. 列宁选集：第2卷. 人民出版社，1972：268、319.

② 列宁. 马克思主义的三个来源和三个组成部分//列宁. 列宁选集：第2卷. 人民出版社，1972：443.

③ 列宁. 黑格尔《逻辑学》一书摘要//列宁. 列宁全集：第38卷. 人民出版社，1959：114.

④ 列宁. 马克思恩格斯通信集//列宁. 列宁全集：第19卷. 人民出版社，1959：558.

⑤ 恩格斯. 路德维希·费尔巴哈和德国古典哲学的终结//马克思，恩格斯. 马克思恩格斯选集：第4卷. 人民出版社，1972：242.

⑥ J. Mepham，D. H. Ruber. Issues in Marxist Philosophy. Vol. Ⅰ. Humanities Press，1979：76.

论”，是“一种期待着从外面输入必然性和发展的哲学”[①]。这是对恩格斯自然辩证法思想完全错误的解读。恩格斯从来不把辩证法看作某种先验的图式，他特别强调指出“原则不是研究的出发点”[②]。恩格斯对辩证法的本性有透彻的分析，在批判杜林的时候，他特地说明：“正如人们可以把形式逻辑或初等数学狭隘地理解为单纯的证明工具一样，杜林先生把辩证法也看成这样的工具，这是对辩证法的本性根本不了解。”（着重点是我所加——作者）那么，辩证法的本性是什么呢？恩格斯明确指出，辩证法是“由已知进到未知的方法”，并且进一步阐述说：“因为辩证法突破了形式逻辑的狭隘眼界，所以包含着更广的世界观的萌芽。”[③]这是马克思主义哲学史上值得特别注意的一段经典论述，可惜迄今几乎从未受到应有的重视。辩证法本质上是认识的工具，是一种指导人们正确认识世界的、最富启发性的观点和方法。

列宁大大发展了恩格斯的这一思想。上文已经指出，列宁一再批评普列汉诺夫不懂辩证法的本性，说他对“作为哲学科学的辩证法本身”“一字不提”。那么，在列宁看来，究竟什么是唯物辩证法的本性呢？不妨再引述一遍列宁的话：“辩证法也就是（黑格尔和）马克思主义的认识论”，“这不是问题的一个‘方面’，而是问题的本质”。换句话说，辩证法的本性即在于此。列宁认为这正是辩证唯物主义和形而上学唯物主义的根本区别之所在：“形而上学唯物主义的根本缺陷就是不能把辩证法应用于反映论，应用于认识的过程和发展。”[④]在谈到辩证法的要素的时候，列宁进一步开掘和深化这一思想，对“作为哲学科学的辩证法本

① J. Mepham，D. H. Ruber. Issues in Marxist Philosophy. Vol. Ⅰ. Humanities Press，1979：51.

② 恩格斯. 反杜林论. 中共中央马克思恩格斯列宁斯大林著作编译局译. 人民出版社，1970：32.

③ 恩格斯. 反杜林论. 中共中央马克思恩格斯列宁斯大林著作编译局译. 人民出版社，1970：132. 另：中文版《反杜林论》是从俄文版转译的，“更广的世界观的萌芽”俄文版作 зародыш широкого мировоззрения，其中 зародыш 确实是“萌芽”的意思。但这个词德文原文是 der Keim，英文版译作 the germ，都是“胚种”的意思，转意为“本源”。我认为，恩格斯用这个词是要强调辩证法在认识方面的启发功能，以此表明辩证法是认识的生长点，译作萌芽似未达意。

④ 列宁. 谈谈辩证法问题//列宁. 列宁全集：第 38 卷. 人民出版社，1959：411.

身”做了体系性的建构。值得一提的是，在马克思主义哲学的话语体系中，人们对列宁的辩证法十六要素是耳熟能详的；但是，应当注意到（这一点被普遍忽略了），列宁在论述辩证法十六要素之前，先把这些要素概括为三个要素，说：“大概这些就是辩证法的要素。或者可以较详细地把这些要素表述如下”，然后才是对十六要素的展开说明。因此，辩证法的三要素是关于辩证法本质内容的最经典的表述[①]。让我们引述一下原文：

“（1）从概念自身而来的概念的规定应当从事物的关系和它的发展去观察事物；（2）事物本身的矛盾性（自己的他者），一切现象中的矛盾力量和倾向；（3）分析和综合的结合。”[②]

这三要素中，第一要素说明辩证法的基础是唯物论，因此后面十六要素的第一条用“观察的客观性”来做解释。第二要素说明辩证法的核心是对立统一规律，列宁指出：“可以把辩证法简要地确定为关于对立面的统一的学说。这样就会抓住辩证法的核心。”[③]这里令人费解的是第三要素——分析和综合的结合是指什么呢？我认为这里说明的是唯物辩证法的精髓。分析把握事物的个性，综合把握事物的共性，只有把个性和共性统一起来，才能正确地认识事物。忽视了个性，不能立足于直接的感性经验，就会导致唯理论；忽视了共性，不能上升到理性认识，就会导致经验论，二者都不能达到真理性的认识。因此，懂得了这一点，才不至于把辩证法变成教条，才不是在口头上，而是在实际上坚持了辩证法，才能真正使辩证法“成为我们最好的劳动工具和最锐利的武器”[④]。毛泽东深刻领会了列宁的这个思想，并制订了精辟的哲学概念：“这一共性个性、绝对相对的道理，是关于事物矛盾的问题的精髓，不

---

① 孙慕天. 论辩证法三要素的哲学意义. 学习与探索，1980（4）：11-15.

② 列宁. 黑格尔《逻辑学》一书摘要//列宁. 列宁全集：第 38 卷. 人民出版社，1959：238.

③ 列宁. 黑格尔《逻辑学》一书摘要//列宁. 列宁全集：第 38 卷. 人民出版社，1959：240.

④ 恩格斯. 路德维希・费尔巴哈和德国古典哲学的终结//马克思，恩格斯. 马克思恩格斯选集：第 4 卷. 人民出版社，1972：239.

懂得它，就等于抛弃了辩证法。”[①]列宁关于辩证法、认识论和逻辑学三者一致的学说之所以是对马克思主义哲学的重大发展，其关键即在于此。

列宁的这个思想是非常现代的。由于各门科学的成熟发展，哲学与实证科学的分野明晰了，这是时代的进步。西方科学哲学在20世纪的一个重要进展，就在于对哲学本性的新认识，亦即打破了传统哲学越俎代庖的奢望，不再试图直接代替各门科学去从事实证研究，而把研究科学认识论和知识论当作自己的基本工作范围。维也纳学派的领袖石里克（M. Schlick）进一步把自然哲学的任务从“对自然科学的各个基础在认识论上的辩白”改变为“解释自然科学命题的意义”[②]。我们这里不去讨论这些定义的是非曲直，只是想指出现代自然科学哲学发展的一个基本趋势。列宁关于辩证法本性的理论，科学地定位了自然辩证法的研究域和它的发展方向。自然辩证法应当通过研究科学认识和科学思维的辩证本质及其规律而服务于科学进步事业。列宁曾从不同的角度阐述了这一问题。前文引述了列宁关于“构成认识论和辩证法的知识领域”的论述，认为哲学史“就是整个认识的历史”，而赫然排在首位的就是“各门科学的历史”。列宁认为，研究科学认识的成果将揭示人类认识的辩证本质，从而会为自然科学的发展和人类的实践提供指导。他说：“概念（认识）在存在中（在直接现象中）揭露本质（因果律、同一、差别等）——整个人类认识（全部科学）的真正一般进程就是如此。”他因此认为“辩证法是思想史的概括”，并明确指出：“从各门科学的历史上更具体更详尽地研究这点，会是一个极有裨益的任务。”[③]列宁从最新自然科学革命的经验和教训深刻认识到，揭示科学认识的辩证法对于指导现代科学健康发展是极其重要的。例如，在研究黑格尔关于规律概念的辩证分析时，列宁注意到一个“活的思想”：“反对把规律的概念绝对

---

① 毛泽东. 矛盾论//毛泽东. 毛泽东选集：第1卷. 人民出版社，1991：320.

② 莫里兹·石里克. 自然哲学. 陈维杭译. 商务印书馆，1984：5-6.

③ 列宁. 黑格尔辩证法（逻辑学）的纲要//列宁. 列宁全集：第38卷. 人民出版社，1959：355.

化、简单化、偶像化。”列宁马上联想到在当时的物理学危机中，由于对旧的科学定理、定律和理论的僵化认识而造成的迷误，于是提醒说：“现代物理学应该注意这一点!!!”[①]可以肯定地说，列宁关于辩证法本性的论述直到今天对自然辩证法的发展仍然具有导向性的意义。

三、关于自然辩证法的若干重大理论问题

列宁开拓了自然辩证法的新的研究域，建立了新的自然科学哲学命题，把恩格斯提出的自然辩证法理论观点深化了。

恩格斯否定了圣西门和黑格尔“把整个自然科学作百科全书式的概括的要求”[②]，而只是指出从辩证法观点正确认识自然的一些基本原则，这就是他一再强调的辩证的自然观。他说：“新的自然观的基本点是完备了：一切僵硬的东西溶化了，一切固定的东西消散了，一切被当作永久存在的特殊东西变成了转瞬即逝的东西，整个自然界被证明是在永恒的流动和循环中运动着。”[③]这段话见于《自然辩证法》导言，列宁在世时没有看到。但同样的意思恩格斯在《反杜林论》第二版序言中和《路德维希·费尔巴哈和德国古典哲学的终结》的第四章中都讲过。应当说，列宁对恩格斯关于辩证自然观的思想是熟悉的。正是在这一思想的基础上，列宁提出了“辩证的世界图景”的概念。由于最新自然科学革命，以经典力学为基础的旧机械论崩溃了，根据相对论和量子论的观点，对物质世界及其运动规律的看法发生了根本的变化。1918年，爱因斯坦就曾明确指出：“人们总想以最适当的方式来画出一幅简化的易领悟的世界图像”，并且特别提出“理论物理学家的世界图像”问题[④]。爱因斯坦深刻地指出，新的自然图景从根本上说，就是动摇“把古典力

① 列宁. 黑格尔《逻辑学》一书摘要//列宁. 列宁全集：第38卷. 人民出版社，1959：158.

② 恩格斯. 自然辩证法. 中共中央马克思恩格斯列宁斯大林著作编译局译. 人民出版社，1971：227-228.

③ 恩格斯. 自然辩证法. 中共中央马克思恩格斯列宁斯大林著作编译局译. 人民出版社，1971：15-16.

④ 爱因斯坦. 探索的动机//爱因斯坦. 爱因斯坦文集：第1卷. 许良英，范岱年编译. 商务印书馆，1976：101.

学看作全部物理学的、甚至全部自然科学的牢固的和最终的基础”这一信念[①]。正是在这一背景下，列宁早在1908年就已明确指出“运动着的物质世界的图像”可能是“某种更复杂的图像”[②]，因此依据自然科学的最新进展，探索建立这一复杂的自然图像的辩证认识论前提，就是十分迫切的任务。列宁致力于这一工作，取得了巨大的理论成就。在列宁看来，物质世界新图景的哲学出发点应当是：

第一，物质的客观实在性。这是物质唯一不变的属性。从哲学角度说，我们只能从认识论角度去定义物质，如果用物质某一暂时的、个别的、相对的属性去规定物质，把哲学混同于实证科学，那就会犯旧本体论的错误。

第二，物质的不可穷尽性。“原子的可变性和不可穷尽性、物质及其一切形式的可变性，一向是辩证唯物主义的支柱。”[③]自然客体的一切界限都是相对的，而每一界限又有其相对独立的质的规定，它表现为连续性和间断性统一、无限深远的层次结构。

第三，物质的内在统一性。世界统一于物质；物质自身的实体和属性也是统一的，运动和时空都不能脱离物质载体而存在；同时，整个物质世界通过无数中介而相互联系和转化，从而构成一个整体。

第四，物质的发展进化性。物质由于内部矛盾的展开而发生自我运动，按固有规律既通过“渐进过程的中断”，又在更高水平上“回到出发点”，从而实现了自然界从低级到高级的发展。

前面已经说过，列宁认为自然辩证法的核心内容是科学认识论和科学逻辑。

如果说，恩格斯在19世纪主要致力于建立辩证唯物主义自然观的理论基础，那么列宁在20世纪初自然科学思维方式急剧变革的时期，则特别重视对科学认识和科学思维的本性及其动力学内涵的探求。

---

① 爱因斯坦. 自述//爱因斯坦. 爱因斯坦文集：第1卷. 许良英，范岱年编译. 商务印书馆，1976：9.

② 列宁. 唯物主义和经验批判主义//列宁. 列宁选集：第2卷. 人民出版社，1972：286.

③ 列宁. 唯物主义和经验批判主义//列宁. 列宁选集：第2卷. 人民出版社，1972：288.

列宁辩证地分析了科学认识的本质和功能。他认为，全部科学认识的一般进程无非是概念在直观现象中揭露本质，因此科学认识的基本结构就是理论概念和经验材料的统一。各派哲学家都面对着“概念与经验的、感觉的‘综合’、总括、总结之间的一致”[①]这个重大认识论问题，而认识上的失足恰恰在于“没有把‘现象’看作显现着的自在之物，把现象和客观真理割裂开来，怀疑认识的客观性，把一切经验的东西和自在之物割裂开来”[②]。这里列宁已经深刻指出了贯穿科学认识论的一个根本问题。20世纪的科学哲学中，经验论和约定论之争，实在论和反实在论之争，从认识论基础上说，都与如何处理经验和理论的关系密切相关。经验是科学认识的基础和来源，但理论的抽象所揭示的才是本质和必然性。“一切科学的抽象（正确的、郑重的、不是荒唐的），都更深刻、更正确、更完全地反映着自然”。[③]列宁特别注意到黑格尔的论述：“从抽象观念中引申出来的那种东西应当同那种由经验和观察转化来的普遍表象相符合。”黑格尔特别指出：“把个别提升为普遍，这就是发现规律、自然力等。”列宁对黑格尔的这番话评价说：“这几乎十分接近辩证唯物主义。”[④]联系半个世纪以来西方科学哲学历史发展中的许多旷日持久的争论，以及许多时至今日仍然困扰着学者们的那些悖论式的疑难，我们就会发现列宁的科学认识论思想仍然具有理论生命力。

如前所述，列宁在研究最新自然科学革命的思潮动向时，阅读了大量自然科学著作，其目的之一就是要探讨科学认识自身的运动规律，从而找出这一领域产生唯心主义的认识论根源。在一个读书札记中，列宁写下一段非常重要的论断：“注意。有关物理学和一般自然科学中的现代‘唯心主义’的根源和活生生的动因等问题。”[⑤]请注意“活生生的动因”这一提法，这就是说，列宁已经提出了建立唯物辩证法的科学动力

① 列宁. 黑格尔《哲学史讲演录》一书摘要//列宁. 列宁全集：第38卷. 人民出版社，1959：316.
② 列宁. 黑格尔《逻辑学》一书摘要//列宁. 列宁全集：第38卷. 人民出版社，1959：220.
③ 列宁. 黑格尔《逻辑学》一书摘要//列宁. 列宁全集：第38卷. 人民出版社，1959：181.
④ 列宁. 黑格尔《哲学史讲演录》一书摘要//列宁. 列宁全集：第38卷. 人民出版社，1959：329.
⑤ 列宁. 麦克斯·费尔伏恩：生命起源假说//列宁. 列宁全集：第38卷. 人民出版社，1959：375.

学的任务，而他自己事实上为这一学科做了奠基工作。列宁创造性地建构了科学认识的动力学模式。他指出，科学真理是一个过程。

列宁深刻揭示了科学知识发生的机制和发展的轨迹。列宁认为，认识对自然界的把握是在矛盾中进行的，是一个从现象到本质，从初级本质到更深刻的本质，从相对真理到绝对真理的无限逼近的过程。这一过程充满了矛盾：个别和一般，经验和理论，等等。科学认识的途径不是直线的，而是曲折复杂的。“人的认识不是直线（也就是说，不是沿着直线进行的），而是无限地近似于一串圆圈、近似于螺旋的曲线。这一曲线的任何一个片段、碎片、小段都能被变成（被片面地变成）独立的完整的直线，而这条直线能把人们（如果只见树木不见森林的话）引到泥坑里去。”[①]所以，列宁说：“科学是圆圈的圆圈。”[②]

列宁是科学革命论创始人之一。列宁认为，科学新发现的积累会导致同旧观念、旧理论的矛盾，这就会导致科学的危机。在危机时期，哲学思想空前活跃，会出现种种错误思潮，也会带来疑虑、动摇等心理上的冲击。但这“是一时的波折，是科学史上的暂时的疾病期，是多半由于一向确定的旧概念骤然崩溃而引起的发育上的疾病”[③]。新的理论和新的观念终将确立起来，这种新旧交替的革命是科学进步的历史道路。革命并不是抛弃一切，而是每前进一步都保留了“绝对的内容”。列宁的哲学观点要早于当代科学哲学关于科学革命论的研究半个世纪之久，这不能不说是自然辩证法理论的重大成就。此外列宁还就科学成果的检验问题做了原则的说明：“自然界反映在人脑中。人在自己的实践中、在技术中检验这些反映的正确性并运用它们，从而也就接近客观真理。”[④]这应当是自然辩证法科学评价论的基本出发点。

---

① 列宁. 谈谈辩证法问题//列宁. 列宁全集：第 38 卷. 人民出版社，1959：411-412.

② 列宁. 黑格尔《逻辑学》一书摘要//列宁. 列宁全集：第 38 卷. 人民出版社，1959：251.

③ 列宁. 唯物主义和经验批判主义//列宁. 列宁选集：第 2 卷. 人民出版社，1972：311.

④ 列宁. 黑格尔《逻辑学》一书摘要//列宁. 列宁全集：第 38 卷. 人民出版社，1959：215.

第二章
摸索时期（1924～1953 年）

从列宁逝世到苏共二十大，苏联建立和发展了以中央指令性的计划经济体制及与之相适应的政治组织形式，形成了有代表性的苏联社会主义模式，即所谓“斯大林模式”。围绕这一模式的斗争被视为最重要的阶级斗争，是最大的政治。这一时期，苏联社会的主流意识形态是为建立和发展这一模式服务的，哲学包括自然科学哲学的研究当然更不能置身事外。早在 1930 年斯大林就对哲学界强调指出，哲学与政治“可以而且应当联系起来，因为任何背离了马克思主义的倾向，即使在最抽象的理论问题上的背离，在阶级斗争日益尖锐的情况下都具有政治意义”。他还特地强调说，唯物辩证法要同“面临的最重要的阶级斗争任务结合起来”[①]。因此，这一时期苏联的自然科学哲学研究，正是围绕这条主线进行的，独立的学术理论探索只能在摸索中前进。

① 米丁. 哲学和自然科学红色教授学院党支部委员会就哲学战线上的形势问题同斯大林的谈话. 转引自：陆南泉、姜长斌、徐葵等. 苏联兴亡史论. 人民出版社，2002：444.

第一节　斯大林模式和科技进步的指导思想

苏维埃社会主义共和国联盟（苏联）于 1922 年 12 月 30 日成立，一年多后，1924 年 4 月 21 日，列宁逝世。从 1924 年到 1930 年，是斯大林模式形成的时期；从 1930 年到 1941 年是斯大林模式的推进时期；从 1941 年到 1945 年是卫国战争时期；从 1945 年到 1953 年是斯大林模式的统治时期。在这四个时期中，最值得注意的是第一个时期，因为这是斯大林式社会主义模式的基本框架和指导思想确立的时期，而以后 1/4 个世纪的发展基本上是沿着这条道路进行的，可以说它既是苏联模式的社会主义的历史起点，也是它的逻辑起点。

列宁晚年对社会主义有了全新的认识。从实践中列宁清醒地觉察到："不能实现从小生产到社会主义的直接过渡。"①为此，列宁肯定了商品货币关系和市场存在的合理性，肯定了包括私营经济在内的多种私有制形式的并存，肯定了吸纳国外资本和实行租赁制的必要性，而这一切的"中心环节"就是建设市场经济②。列宁改变了把新经济政策看作一种应付经济困境的退却"策略"的看法，而是把它看作走向社会主义的必由之路和基本战略，所以他说："我们不得不承认我们对社会主义的看法根本改变了。"③

列宁逝世以后，摆在苏联党和国家面前的根本问题是，要不要坚持列宁在晚年科学地总结和设计的这条唯一正确的社会主义发展道路？其实，这才是是否坚持列宁主义的试金石。围绕这一根本问题的政治和思想斗争，成为当时苏联各派政治势力的分野，而这场斗争的结果决定了社会主义以及马克思主义在苏联的历史命运。在这一重大历史选择面

① 列宁. 论新经济政策//列宁. 列宁全集：第 33 卷. 人民出版社，1957：66.

② 列宁. 论黄金在目前和在社会主义完全胜利后的作用//列宁. 列宁全集：第 33 卷. 人民出版社，1957：90.

③ 列宁. 论合作制//列宁. 列宁全集：第 33 卷. 人民出版社，1957：429.

前，苏联党内出现了三种不同的答案，它们之间的争论及其结果对苏联未来的发展产生了决定性的影响。

第一派是以托洛茨基为代表的取消派。他们不仅把新经济政策贬低为一种“让步”和“暂时退却”，而且认为从一开始这一政策就有严重的负面影响和巨大的隐患。托洛茨基说：“新经济政策在初级阶段的发展，没有受到坚决的阶级政策的制约和修正。”[①]他认为新经济政策助长了农村资本主义的发展，并使商业资本同富农的手工业相结合，从而“可能第二次在俄国造成真正俄国的土生土长的资本主义”[②]。他把实行新经济政策后的苏维埃俄国看成是类似于法国革命中反动势力复辟的“热月”，因此主张“不断革命”，强调限制和消灭私有经济，其手段就是在各条战线上全面强化阶级斗争。托洛茨基说：“谁战胜谁的问题要由经济战线、政治战线和文化战线的一切阵地上不断进行的阶级斗争来解决。”[③]季诺维也夫和加米涅夫虽然在开始时不同意托洛茨基的“不断革命论”，但同样认为新经济政策是“类似于布列斯特的退却”，并在 1926 年与托洛茨基结成托洛茨基—季诺维也夫反对派联盟，向联共（布）中央七月全会递交了《十三人声明》，向新经济政策发起全面的攻击。

根据“不断革命论”的要求，还在列宁生前，托洛茨基就在经济方面提出“工业专政”的主张，后来，又进一步提出“超工业化”的口号。按照托洛茨基的观点，为了战胜资本主义，必须实行中央指令性的经济，“计划经济，工业硬性集中”[④]；同时，要一切服从工业发展的需要，各个经济部门、对外贸易和财政金融等领域，“都必须严格服从国

① 陆南泉，姜长斌，徐葵，等. 苏联兴亡史论. 人民出版社，2002：321.

② 陆南泉，姜长斌，徐葵，等. 苏联兴亡史论. 人民出版社，2002：321.

③ 中共中央马克思恩格斯列宁斯大林著作编译局，国际共运史研究室. 托洛茨基言论. 生活·读书·新知三联书店，1979：870.

④ 托洛茨基. 致中央委员会和中央监察委员会的第一封信（1923 年 10 月 8 日）//中共中央马克思恩格斯列宁斯大林著作编译局，国际共运史研究室. 布哈林文选：上册. 人民出版社，1981：301.

营工业的利益”[①]。托洛茨基的追随者普列奥布拉任斯基（E. A. Преображенский）还由此引申出“社会主义原始积累”论，要求运用超经济的行政强制手段，而且比起资本主义来，从农民和小生产者那里要“拿得更多”[②]，这实际上是鼓吹再一次剥夺农民。

第二派是以布哈林为代表的捍卫派。布哈林有一个重要观点，那就是认为苏联的社会主义是“落后型社会主义”。他在《到社会主义之路和工农联盟》这篇长文中，深入分析了旧俄国与资本主义先进国家的差别，指出苏联所接受的资本主义遗产是“先进的资本主义大企业同极其落后的经济形式的结合”，因此要走向“真正完全的社会主义社会类型”，就必须经过较长的过渡时期。布哈林认为，这个漫长的过渡时期的基本经济体制就是新经济政策所实行的市场经济：“市场经济的存在——在某种程度上——是新经济政策的决定因素。这是确定新经济政策实质的最重要的标准。”[③]从这一基本点出发，他主张容纳私人资本，“‘在一定程度上’容许同资产阶级‘合作’”[④]；发展商品货币关系，特别要注意扩大农村市场的容量。布哈林反对用强制和暴力的手段剥夺农民，而是赞同列宁所提出的合作制，引导个体农户包括富农经济步入社会主义。

布哈林反对“工业专政”和“超工业化”，坚决主张国民经济的平衡发展。他强调工农业之间的相互依存关系，指出：“工业要发展，需要农业取得成就；反之，农业要取得成就，也需要工业得到发展。”[⑤]同时，他尖锐地指出普列奥布拉任斯基的“社会主义原始积累”是“殖民

① 托洛茨基. 新方针//中共中央马克思恩格斯列宁斯大林著作编译局，国际共运史研究室. 布哈林文选：上册. 人民出版社，1981：303.

② 叶·阿·普列奥布拉任斯基. 新经济学. 纪涛，蔡恺民译. 生活·读书·新知三联书店，1984：46.

③ 中共中央马克思恩格斯列宁斯大林著作编译局，国际共运史研究室. 布哈林文选：下册. 人民出版社，1981：392.

④ 布哈林. 在共产国际执行委员会第七次扩大全会第二十次会议上的发言//中共中央马克思恩格斯列宁斯大林著作编译局，国际共运史研究室. 布哈林文选：中册. 人民出版社，1981：205.

⑤ 布哈林. 到社会主义之路和工农联盟//中共中央马克思恩格斯列宁斯大林著作编译局，国际共运史研究室. 布哈林文选：上册. 人民出版社，1981：423.

地的”路线，其结果是“吞没”农业经济，是“杀掉会生金蛋的母鸡”[①]。他因而主张处理好积累和消费、生产性消费和个人消费之间的平衡关系。就工业本身的发展说，布哈林特别注意到效益问题，强调经济核算，主张通过科学技术进步提高劳动生产率。布哈林说：“科学，这是巨大的补充的社会生产力。”[②]

第三派是以斯大林为代表的转换派。斯大林在列宁逝世后的一段时期里，坚决反对托洛茨基和季诺维也夫等，在一国建成社会主义的争论中，在对待新经济政策的态度上，都和布哈林结成统一战线。但是，尽管在20世纪20年代中期斯大林坚持继续执行新经济政策，但是他并没有真正理解列宁晚年关于社会主义的理论，始终把新经济政策看作是对资产阶级的一种策略性的让步，是在特殊情况下采用的非常措施。斯大林没有特别重视列宁对旧俄国社会历史特点的分析，正是由于旧俄国的“野蛮的、中世纪的、经济落后的”[③]性质，是一个“被资本主义前的关系的层层密网缠绕着”[④]的国家，在革命后直接向社会主义过渡才是不可能的。布哈林把这一点看作是新经济政策的社会历史根据，他说：“在我们这里，社会主义在不同的——即俄国的——条件下，而不是在美国的、也不是在法国的条件下生长起来。因此，理所当然，正如同在各个不同的国家中资本主义具有自己的特点一样，社会主义在这些国家中起初也将具有自己的特点。”[⑤]而斯大林在强调一国能够建成社会主义时，却不是从俄国的特殊国情所决定的特殊经济发展模式出发，而是着眼于这种特殊国情的政治方面，认为关键在于“我国无产阶级和农民之

① 布哈林. 苏维埃经济的新发现或如何毁灭工农联盟//中共中央马克思恩格斯列宁斯大林著作编译局，国际共运史研究室. 布哈林文选：上册. 人民出版社，1981：231.

② 布哈林. 列宁和科学在社会主义建设中的任务//中共中央马克思恩格斯列宁斯大林著作编译局，国际共运史研究室. 布哈林文选：中册. 人民出版社，1981：337.

③ 列宁. 彼得格勒工兵代表苏维埃会议//列宁. 列宁全集：第26卷. 人民出版社，1959：219-222.

④ 姜长彬. 苏联早期体制的形成. 黑龙江教育出版社，1988：2.

⑤ 布哈林. 关于联共（布）第十四次代表大会的总结（摘录）//中共中央马克思恩格斯列宁斯大林著作编译局，国际共运史研究室. 布哈林文选：中册. 人民出版社，1981：24.

间的矛盾是否可以克服”[①]。他认为，只要有强大的无产阶级专政的政权，这个矛盾是可以解决的。显然，这是两条不同的思路。还在1925年，斯大林就已透露出结束新经济政策的意思：“我国在经济发展上已进入新经济政策的新时期，进入直接工业化的时期。”[②]虽然还把这个“直接工业化”的“新时期”冠以新经济政策的名义，其实已经抽掉了列宁所赋予的内涵了。

1925年12月的俄共（布）第十四次代表大会决议就把同“耐普曼”[③]做斗争作为重要任务，把“无产者阶级和私有者阶级即农民阶级”的矛盾斗争看作是“新经济局面”的主要特点。1926年以后，由于实行排挤私人资本的政策，苏联私营工商业迅速缩小，市场纷纷关闭。随着1927年年底出现的农业危机，斯大林认为农业的出路在于“铲除一切产生资本家和资本主义的根源并消除资本主义复辟的可能性”，其唯一出路就是“整个农业社会主义化”[④]即全盘集体化。同时，为了使在资本主义包围中的“一国社会主义”不致被颠覆，必须加速工业化，为此就要在全盘国有化的体制下，不惜牺牲经济平衡，优先发展重工业和军事工业。平心而论，在当时的历史条件下，做出这样的选择，的确有其不得已的理由。问题是，是否可以找到一条既可以避免布哈林的低速度，又能保持社会的平衡稳定的发展模式？斯大林没有做这样的考虑，而是不惜牺牲社会平衡和稳定，通过强制动员体制，寻求超高速发展；在推行这一模式遇到阻碍时，则通过强化阶级斗争和国家机器的专政职能来排除。布哈林理所当然地成为这一路线的反对派。1927年2月联共（布）第十五次代表大会后，党内主流派开展了针对布哈林及其支持者的“反右倾”斗争，布哈林终于在1929年11月被迫退出了

---

① 斯大林. 俄共（布）第十四次代表会议的工作总结//斯大林. 斯大林全集：第7卷. 人民出版社，1958：92.

② 斯大林. 关于苏联经济状况和当前的政策//斯大林. 斯大林全集：第8卷. 人民出版社，1954：110.

③ 耐普曼，нэпман，耐普是俄语“新经济政策”（новая экономическая политика）的缩写，曼是英语“人”（man）的缩写，意为新经济政策时期出现的资本主义分子。

④ 斯大林. 论粮食收购和农业发展的前途//斯大林. 斯大林全集：第11卷. 人民出版社，1955：7.

苏联政治舞台的中心，斯大林随即正式宣布放弃新经济政策："我们所以采取新经济政策，就是因为它为社会主义事业服务。当它不再为社会主义事业服务的时候，我们就把它抛开。"[①]

斯大林模式主导苏联社会长达1/4世纪之久。这一模式的主要特征是：经济上，以优先发展重工业和片面追求高速度为主旨的经济增长方式，全盘国有化和全盘集体化的单一所有制形式，中央指令性的计划经济体制；政治上，缺乏民主和法制，权力过分集中和滥用以及个人专断；思想上，把马克思列宁主义教条化，推行文化专制主义和个人迷信。

苏联的科学技术领域和文化思想领域，在贯彻斯大林模式方面，有一些具体特点。

为了加速工业化，斯大林当然高度重视科学技术进步。他明确指出："要建设，就必须有知识，必须掌握科学。"[②]从1928年开始，苏联开始制定和实施五年计划，到1955年，共执行了五个五年计划。在这期间，苏联迅速成长为仅次于美国的世界第二工业大国。1929～1940年苏联工业化时期的工业年均增长速度高达16.8%，高出西方国家工业化时期的增长速度近10个百分点。这当然与科技进步的推动分不开。1931年，斯大林在全苏社会主义工业工作人员第一次代表大会上提出"在改造时期，技术决定一切"的口号，要求"布尔什维克应当精通技术"。为此，苏联政府一方面大幅度提高工程技术人员的工资，调动他们的积极性；另一方面迅速增加教育投资，培养大批技术人才。大学和科研机构从1913年的298所猛增到第二次世界大战前的2359所。特别是与工业化直接相关的工业科研单位发展更快，1928年仅有30所，到1932年1月1日，短短几年时间，就增加到205所，增长了近6倍。1940年以后，苏联科研费用在国民收入中的比重在很长一段时间内高

① 斯大林. 论苏联土地政策的几个问题//斯大林. 斯大林全集：第12卷. 人民出版社，1955：151.

② 斯大林. 在苏联列宁共产主义青年团第八次代表大会上的演说//斯大林. 斯大林全集：第11卷. 人民出版社，1955：65.

于美国，例如，1940 年这一比重在美国是 0.3%，而苏联是 0.9%。按绝对投入额计算，到 1955 年苏联的科研费用上限已达到美国的 84%。这期间苏联在数学和自然科学领域取得一系列重大成就，物理学领域的成果就是一个突出的例证。切连科夫（П. А. Черенков）、塔姆（И. Е. Тамм）和弗兰克（И. М. Франк）1937 年对伽马射线照射某些液体产生荧光现象的研究，是激光技术的重要理论基础，后来获得诺贝尔物理学奖；卡皮查（П. Л. Капица）于 1938 年研究了接近绝对温度零度条件下第二种液氦的超流现象，并因此项研究成为诺贝尔奖得主；稍后，1941 年朗道（Л. Д. Ландау）提出第二种液态氦的量子力学理论，并因此获诺贝尔物理学奖。技术改造和科技投入对电气、采掘、石油、冶金、化工等基础工业的推动，成效更为显著。但是，斯大林模式对苏联的科技事业的负面影响同样十分严重，而这一点是苏联自然科学哲学研究的直接历史语境，因此特别值得注意。由于苏联科学技术发展在指导思想方面失误，造成了十分严重的后果，留下了沉痛的历史教训。

为了追求经济的超高速发展，斯大林模式采用中央指令性的行政动员体制，常常违背经济规律，超出实际可能制定计划。科学技术的发展被纳入这一架构，这就造成苏联科技进步指导方针的一个重要特点——功利导向性。破坏科学技术内在的合理结构，以配合当前的中心任务，最终导致苏联的科学技术事业整体失衡。出于迅速实现工业化的目的，采用优先发展重工业的战略，于是与重工业相关的技术就得到了长足的发展，例如，到 20 世纪 50 年代中叶，苏联机床工业和钢铁工业就已达到与美国相同的技术水平。出于国防建设的需要，实行军事工业先行的方针，于是苏联军事技术达到了世界领先水平，在高速飞行、火箭和原子能领域可以与美国并驾齐驱。世界经合组织的研究报告《苏联的科学政策》指出："虽然在 1945～1955 年的十年内，奠定了苏联现代军力和空间技术的基础，然而也正是在这十年里，在国家燃料平衡方面，继续侧重于发展煤炭而忽视了石油；铁路政策的基础，仍然是蒸汽机车而不是内燃机车；忽视了化学工业的新产品和新工艺；以及偏重使用砖木而忽视了更现代化的建筑材料。”①

这种功利导向性不仅造成科技结构的失衡，而且造成了科技进步评价标准的严重扭曲，极大地助长了科学领域的歪风邪气，长官意志主宰一切，弄虚作假成风，伪科学大肆泛滥。最典型的例子就是李森科的崛起。先撇开意识形态问题不谈（下文将做专题讨论），李森科迎合苏联官方解决当前实际问题的需要，投机钻营，混淆科学是非，仅从学术角度说，就已经给苏联生物学乃至整个科学事业造成了极大损害。当时，苏联党和政府急于解决农业问题，苦于没有适当的途径。当时的生物学家和农学家在国际遗传学前沿进展的刺激下，正热衷于遗传基因的实验研究，那时这项研究的实用前景还远远没有显露出来。而李森科投身农业增产的实际工作，每当党宣布开垦一个新区域或种植一种新谷物时，他随即提出如何实施这项计划的具体建议。他指责那些理论生物学家，说他们在大饥荒笼罩农村的时候，还在实验室里俯首于果蝇盘上。这对急于走出农业困境的官员来说，无疑是正中下怀。李森科摸准了苏联当政者的这种急功近利的心理，始终投其所好。战后，李森科的“业绩”越来越受到科学界的怀疑，甚至在中央领导集团的内部，也有人持反对态度，甚至公开点名批判他。就在李森科深感处境不妙时，得到了斯大林的接见，于是他故伎重演，当面撒谎，说他的生物学能使农业急剧增产，并举出自己正在研究的“多穗小麦”为例，吹嘘它的产量能比一般品种高出 5 ～ 10 倍，并建议把这个品种命名为“斯大林多穗小麦”。这一手果然立竿见影，斯大林当即首肯，并任命李森科为苏联生物学的领导人②。

学术问题政治化，用行政命令裁决学术是非，在科学技术和文化领域滥用专政手段压制和迫害持不同意见的人，这是斯大林模式在科学技术和文化领域的另一个典型表现。自然科学和工程技术领域对革命不认

① E. 扎列斯基，等. 苏联的科学政策. 王恩光，等译. 科学出版社，1981：387.

② L. R. Graham，Reorganization of the academy of science//P. H. Juviler，H. W. Morton. Soviet Police-Making. Frederick A. Praeger，1967：133-162.

同、甚至出现反对革命的敌对力量，本来是很自然的事情。但是，以斯大林为代表的党内主流派对阶级斗争形势的总体估计是："随着我们的进展，资本主义分子的反抗将加强起来，阶级斗争将更加尖锐。"[①]这样的估计当然也被运用于科技战线。由于一些旧专家对当时的经济和政治运动不理解，也出现过一些抵制甚至反抗的事件，这就更刺激了当权者对科技领域阶级斗争紧张态势的敏感性。

在这方面，当时发生了三起影响深远的历史事件。

头一个事件是对待路标转换派[②]的政策改变。路标转换派是 20 世纪 20 年代苏俄社会中一个十分活跃的政治—文化派别，拥护新经济政策，同时也希望通过实行新经济政策使苏维埃制度走向他们心目中的自由和民主。当时俄共（布）中央对这一派别的立场是，鼓励其进步倾向，批评其反动思想，不对他们的活动进行限制，允许他们的刊物和著作出版，尊重路标转换派分子的知识，甚至吸收他们参加政府工作并委以重任。斯大林虽然在 1923～1925 年几乎逢会就批评这一派别，并把党内反对派和路标转换派的思想倾向联系起来，但也没有动用专政手段予以取缔。直到 1926 年 3 月，斯大林的态度急剧转变，他禁止路标转换派分子授课，关闭了他们主办的刊物，如在莫斯科出版的《新俄罗斯》。

不久，又发生了沙赫特事件。这一事件发生在 1928 年 3 月。根据近年来的研究结果，事件的起因是，苏联国家政治保安总局（ОГПУ）北高加索分局局长叶夫多基莫夫（Е. Г. Евдокимов）向总局局长缅任斯基（В. Я. Менженский）密告，说顿巴斯的沙赫特（位于罗斯托夫州）等地区，有一个破坏集团，参加者是一些旧工程师和技师，他们和侨居国外的原煤矿矿主有接触，并接受白俄的"巴黎中心"指派的任务，阴

① 斯大林. 论工业化和粮食问题//斯大林. 斯大林全集：第 11 卷. 人民出版社，1955：149-150.

② 路标转换派，Сменовеходство，英文名字是 Change of Land。在 20 世纪 20 年代的苏联社会，这个派别有着广泛的社会影响。据《真理报》1922 年 9 月 3 日报道，调查了 230 名工程师，其中半数人对路标转换派表示热烈的同情态度，而只有 28%声明支持布尔什维克（R. C. Williams. Changing Landmarks in Russian Berlin 1922～1924，Slavic Review，1968，4：581-584.）。

谋之一就是破坏该矿井。开始时，缅任斯基、国家经委主席古比雪夫（В. В. Куйбышев）、人民委员会主席李可夫（А. И. Рыков）强烈反对定案。但叶夫多基莫夫直接向斯大林面陈，送交了据说是阴谋分子的密信，证明不仅在沙赫特存在反革命活动，而且暗示这条线一直伸向莫斯科。斯大林决定直接插手，1928 年 5 月 18 日～7 月 6 日对案犯进行审讯，被逮捕的专家 50 多人，其中 11 人被处决[①]。

一波未平，一波又起。1930 年，苏联又爆发了“工业党”事件。案情是指控八位技术权威[②]在西方势力、俄侨和境内各种敌对集团的资助下，企图勾结追随他们的 2000 名工程师，接管苏维埃政府。这些技术权威有很高的声望，其中有些人还在苏维埃政府的经济部门担任要职。1927 年 5 月 5 日，经上述八人之一、全俄工程师协会会刊（《工程师通报》）责任编辑卡林尼科夫的认可，成立了以恩格尔迈尔（П. К. Энгельмейер）为首的“一般技术问题小组”，宣称“必须创立一个完整的新世界观，充分吸纳当代技术文化”[③]，表现出明显的技治主义倾向。“小组”认为，国家已进入新技术革命时期，应当注意以正确的科学技术观为基础的计划方法，这就表明：“未来属于工程师—管理者和管理者—工程师”。1929 年 10 月国家最高经济委员会所属科技局批准公布了有关改组经委的一系列建议，而主导科技局工作的相当一批老专家是“一般技术问题小组”的成员。国家经委当时管理着苏联的大部分工业，对之进行改组当然是十分敏感的事情。当时，又正值第一个五年计

① K. E. Bailes. Technology and Society under Lenin and Stalin：Origin of the Soviet Technical Intelligensia，1917—1941. Princeton University Press，1978：69-93.

② 这八个人是：拉姆津（Л. К. Рамзин），莫斯科热力技术研究所所长，莫斯科高等技术学校教授；恰尔诺夫斯基（Н. Ф. Чарновский），国家经委冶金顾问委员会主席，莫斯科高等技术学校冶金学教授；卡林尼科夫（И. А. Калинников），国家计委生产司副司长，军事航空科学院教授；拉里切夫（В. А. Ларичев），国家计委燃料司司长；费多托夫（А. А. Федотов），纺织研究所所长，工程学教授；库普里亚诺夫（С. В. Куприянов），纺织工业技术负责人；西特宁（В. И. Ситнин），全苏纺织辛迪加工程师；奥奇金（В. И. Очкин），国家经委科研司工作人员，拉姆金领导的研究所科学秘书。其中有四人在国家高层经济部门工作。

③ K. E. Bailes. Technology and Society under Lenin and Stalin：Origin of the Soviet Technical Intelligensia，1917—1941. Princeton University Press，1978：108.

划实施时期，党内反对派和社会上对斯大林模式的不满和反对日益表面化，这批技术权威特别是小组成员成为挑战斯大林经济路线的主力军。例如，“工业党”八个首要分子中的卡林尼科夫和恰尔诺夫斯基，就是国家计委中的一个批评五年计划不现实的集团的主要成员。于是，他们就和党内的反对派布哈林、李可夫等直接挂上了钩。最后，八名被告被判罪，受牵连被捕者数以千计。斯大林在总结这一事件时说：“技术专家治国论在我们苏联，曾经一度在所谓‘工业党’的老工程专家集团中间流行过……工业党用蛊惑手段引诱工程师和技术人员进行破坏活动，现代技术专家治国论的思想也以同样的方式（试图这样做）。”①

相继发生的这些事件表明，联共（布）的决策集团在建设社会主义的指导思想上，已经全方位地背离了列宁晚年的路线。阶级斗争尖锐化的理论，直接体现在知识分子问题上，必然导致肃反扩大化。从我们的观点看，受打击的人中，真正的敌人只是极少数，绝大多数是无辜者，所造成的民族灾难是无可挽回的。斯大林在回顾这段时期的做法时，曾直言不讳地说：“在暗害活动猖獗时期，我们对旧的技术知识分子的态度主要表现于粉碎政策。”②

政治领域的斗争很快就延伸到意识形态上来。山雨欲来风满楼。当时的意识形态领域已经充满了火药味。《自然科学和马克思主义》杂志上有一篇题为“为了哲学和自然科学的党性”的文章，生动地反映了这种政治气候。文章首先指出：“理论领域从来都不是中立的，从来都不会失去阶级基础。当前在阶级斗争尖锐化的时期，理论也同样表现出敌视无产阶级的势力的抵抗。”文章揭发了经济学、文学、哲学等社会－人文科学领域的形形色色反动思想流派，紧接着又把矛头指向自然科学领域，点了生物学、物理学和数学一批自然科学家的名字，然后做出结论说：“显而易见，任何理论，尤其是在阶级斗争尖锐化的条件下，都

① K. E. Bailes. Technology and Society under Lenin and Stalin：Origin of the Soviet Technical Intelligensia，1917—1941. Princeton University Press，1978：118. 此处未查到《斯大林全集》中文译文，系据英文作者引文译出。

② 斯大林. 新的环境和新的建设任务//斯大林. 斯大林全集：第 13 卷. 人民出版社，1956：66.

不可能脱离政治……哲学、自然科学和数学同经济学和历史学一样，都是有党性的。”[①]1930 年 12 月 9 日，斯大林在接见苏联哲学和自然科学红色教授学院党支部委员会成员时，就哲学、社会科学和自然科学战线的形势和任务，发表了重要谈话。这一秘密谈话直到 1990 年才被公布。谈话要求彻底揭开学术思想领域阶级斗争的盖子，认为：“应当把哲学和自然科学方面积攒起来的全部粪便全部翻腾出来。”如前所述，斯大林号召对学术问题上纲上线：“任何背离了马克思主义的倾向，即使在最抽象的理论问题上的背离，在阶级斗争日益尖锐的情况下都具有政治意义。”因此，他提出“全面进攻”的口号：“重要任务是展开全面的批判。主要问题是进攻。向所有的方向，向没有进攻过的地方展开进攻。”他特别重视哲学领域的斗争，主张研究唯物辩证法要和“面临的最重要的阶级斗争任务结合起来”。斯大林还专门指出自然科学领域问题的严重性，说那些自然科学家“鬼知道他们搞了些什么”，并特地点了魏斯曼主义和《苏联大百科全书》的名，强调在自然科学领域“面临着巨大的批判任务”[②]。政治上的迫害和斗争，组织上的清洗和镇压，思想上的禁锢和批判，始终像梦魇一样缠绕着当时的苏联社会。

一面是政治和组织上的大清洗，知识界首当其冲。第一次大清洗发生在 1929～1934 年，受沙赫特事件和“工业党”事件波及，一大批科技专家和学者受到冲击或被逮捕，如乌克兰科学院副院长叶弗列莫夫（С. А. Ефремов），著名经济学家康德拉季也夫（Н. Д. Кодратьев），还包括三位科学院院士。1936～1938 年是第二次大清洗，虽然清洗对象中党政军干部居多数，但科学技术和文化领域的精英也大批遭难。有的研究机构的人员几乎无一幸免，如中央气体液体力学研究所从所长哈尔

---

① За партийность в философии и естествознании. Естествознание и марксизм. 1930，2-3：Ⅳ.

② 哲学和自然科学红色教授学院党支部委员会就哲学战线上的形势问题同斯大林的谈话，现藏于俄罗斯现代史文献保管和研究中心，全宗 14，目录 120，卷宗 24。这篇讲话只有记录稿，直到 1992 年才在俄罗斯管理科学院人文中心所编《祖国哲学：经验、问题、研究方针》第十辑上公布，题为“斯大林对德波林集团评价的文献来源”。尼・尼・马斯洛夫. 斯大林主义意识形态：形成的历史及其实质//马尔科维奇，塔克等. 国外学者论斯大林模式：下册. 中央编译出版社，1995：856-857.

拉莫夫（Х. М. Харламов）以下大批研究人员几乎全部被捕入狱，1936～1937年，仅天文学家中被捕的就占20%；有的是几乎整个行业全军覆没，如航空科学的骨干都被监禁，为了维持苏联的飞机制造业，不得不在狱中建立以杰出设计师图波列夫（А. Н. Туполев）为首的研究所，代号为中央设计局第29号研究所，诨名叫“图波列夫沙拉加”。苏联的许多世界级的学术大师被判刑、致死或枪杀，包括诺贝尔奖得主朗道，非线性振荡苏联学派创始人维特（А. А. Вит），莫斯科数学学派的奠基人鲁金（Н. Н. Лузин），列宁农学院院长、院士瓦维洛夫（Н. Н. Вавилов）等。

另一面是一浪高过一浪的学术批判。从20世纪30年代初，一直延续到50年代初，整整20年期间，在斯大林模式下面，除了进行卫国战争的几年以外，这类批判几乎没有停止过，几乎没有一个学术领域可以置身事外。从总的意识形态路线上发动的批判运动，主要有：30年代初期以“大转变”为中心在各个学术领域全面展开的批判运动；30年代后期以批判“遗传学唯心主义”为契机的思想运动；40年代末到50年代初，由苏共中央书记日丹诺夫（А. А. Жданов）“在亚历山德罗夫（Г. В. Александров）主编《西欧哲学史》讨论会上的发言”发动，开展了全国性的以世界主义为主要对象的意识形态斗争。

斯大林模式在科学技术和文化领域还有一个特点，那就是对西方文化成果的虚无主义态度。在20世纪20年代中期，斯大林也说过，以为社会主义经济就是一种绝对闭关自守，“这就是愚蠢之至”[①]。十月革命后，苏联也曾一再对无产阶级文化派等虚无主义思潮进行过批判，斯大林本人甚至称他们为“穴居野人”，但是，出于对意识形态领域阶级斗争的考虑，在斯大林模式下，始终不对科学本身和对科学的见解做出明确区分，以便随时给自然科学甚至技术扣上“唯心主义”“资产阶级”的帽子。从这样的指导思想出发，对西方的科学技术和文化成就是不可

① 斯大林. 共产国际执行委员会第七次扩大全会//斯大林. 斯大林全集：第9卷. 人民出版社，1954：118.

能做出公正评价的。第二次世界大战以后，由于冷战的需要，在综合国力和军备的竞赛中，必须为科学技术进步提供体制和政策保证。出于实用主义的考虑，斯大林试图淡化对科学技术的政治和意识形态的干预。但积重难返，大转折时期形成的极左思维方式已经深入人心；而且出于抵制西方文化侵袭的考虑，在把握文化和科学两个不同领域的政策界线方面，也没有做出明确的分析和规定。其实，斯大林及其决策集团所推行的中央集权主义的模式既然没有从根本上改变，那么就不可能真正理顺政治和科学的关系。所以，从 20 世纪 20 年代末到 50 年代初的 1/4 个世纪里，苏联学术界司空见惯的做法是，把一种科学理论、甚至整个一个科学部门都“划为”资产阶级的“反动学说”，诸如数学公理主义、相对论、共振论、基因论、控制论等许多理论和学科因此长期被打入冷宫。相反，具有讽刺意义的是，在旧沙皇俄国做出的一些科学发现，虽然也是“资产阶级”的，但却受到特殊的优待。出于大国沙文主义的需要，一种病态的大俄罗斯主义畸形发展起来。在第二次世界大战以后的一个时期，在苏联舆论界，包括学校教材中，几乎人类科学技术的一切成就都被祖述到俄罗斯，闹出许多笑话。

从 20 世纪 20 年代末到 50 年代初，苏联的自然科学哲学研究被深深地卷入到意识形态斗争中，其主体性研究，无论是主题的设定，指导思想的确立，研究方法的选择，还是研究成果的评价，完全是根据政治标准进行的，公开的自由思想空间已经完全不存在了。在这 1/3 个世纪中，自然科学哲学领域经历了三次全国规模的大批判运动：第一次是 20 年代末到 30 年代前期，是适应“大转折”时期阶级斗争的需要而在自然科学领域开展的大批判；第二次是 30 年代后期持续到战争年代，是由批判遗传学“唯心主义”发轫而以清理自然科学队伍为目标的大批判；第三次是 40 年代末到 50 年代初，由苏共中央书记日丹诺夫在亚力山德罗夫《西欧哲学史》讨论会上的发言发动的、以反世界主义为主题的大批判。

第二节 “大转变”时期的两次大批判

十月革命后俄国建立了苏维埃政权，社会制度的变革当然会对科学技术领域带来巨大的冲击，旧制度下成长起来的知识分子有一个痛苦的立场转变过程。马克思主义和社会主义的价值观念如何占领这个阵地，是摆在布尔什维克党面前的重大问题。列宁曾从战略上提出了一个基本方针，指出对旧社会过来的知识分子主要是靠思想工作使他们接受社会主义："当他看到无产阶级吸引愈来愈多的群众参加这种事业的时候，他们就会在精神上完全折服，而不仅在政治上和资产阶级割断关系。"列宁特别指出："想用棍子强迫整个阶层工作是不行的。"[①]为此，列宁专门领导了对无产阶级文化派的批判，对科学技术工作者的科学技术知识和他们的立场、世界观做了明确的区分。但是，面对当时旧知识分子把持科技战线领导权的局面，急于用那种在军事和政治领域行之有效的行政强制手段解决问题，这种想法在党的骨干和党的核心领导层中，始终占据支配地位。所以，工作重点主要还是放在组织措施上。20 世纪 20 年代中期，鉴于当时的科学院的领导权把持在旧专家手中[②]，联共（布）中央决定另外成立一个由马克思主义者组成的“共产主义科学院”和“红色教授学院”，各建立几个自然科学研究所，并分别设自然科学部进行领导。两个部的负责人都是共产党员，主要任务是“在自然科学中，为严格贯彻辩证唯物主义观点，揭露唯心主义的残余而斗争”。同时，以这两个部为核心，还建立了十多个赞成马克思主义和支持党的立场的科学技术工作者协会，如“数学家马克思主义者协会”“物理学家马克思主义者协会”“医生马克思主义者协会”等，并主办了一个不定期刊物《自然科学与马克思主义》。在这样的思想氛围下面，

---

① 列宁. 关于党纲的报告//列宁. 列宁选集：第 3 卷. 人民出版社，1972：785-786.

② 据说当时科学院只有一名共产党员，是个守门人。

20 年代初被否定的极左思潮又卷土重来。刚刚批过无产阶级文化派给自然科学贴上阶级标签的错误做法，事隔不到 4 年，《在马克思主义旗帜下》杂志（1926 年第 6 期）上，又有人旧调重弹，说："现代的自然科学正如哲学和艺术那样，是一种阶级现象……它的理论基础是资产阶级的。"①

1929 年开始，在自然科学领域自上而下发动了全面的阶级斗争。这是整个形势决定的。这一年是斯大林模式确立的一年，而高速工业化是这一模式最重要的战略目标。要实现这一目标，就必须依赖科技进步，依赖掌握科学技术的知识分子。斯大林说："我们所需要的是能够了解我国工人阶级的政策，能够领会这个政策并老老实实地实现这个政策的那种指挥人员和工程技术人员。"②但当时的情况却恰恰相反，在旧科技知识分子队伍中，对斯大林模式的支持率很低，而且确实存在着较为普遍的疑虑和不满的情绪，新的布尔什维克的科技队伍还没有组织起来。沙赫特事件和工业党事件的发生，正是科技领域矛盾尖锐化的反映。这样的形势，必然反映到哲学思想上来，而在涉及自然科学问题的时候，自然科学哲学必然成为思想斗争的焦点。斯大林在 1929 年 12 月 9 日的秘密谈话中，把自然科学战线列为"重灾区"，在 30 年代前期掀起了两场大批判，从而揭开了苏联此后持续 1/4 个世纪的特殊思想史的序幕。

第一次大批判的前期是从围绕机械论的争论开始的。这场争论在 20 年代中期就已经开始了，在很长一段时间内，这场争论都是哲学界内部的纯学术争论，一些哲学家和自然科学家热心于唯物辩证法的学习，提出许多创见，当然也有许多理论上的失误。机械论是十月革命后随着马克思主义哲学的传播而出现的一个自然科学哲学学派。这一学派的代表人物有：阿克雪里罗德（Л. И. Аксельрод）、斯克沃尔佐夫—斯切潘诺夫（И. И. Скворцов-Степанов）、萨拉比扬诺夫（В. Н.

① 龚育之. 自然辩证法工作的一些历史情况和经验. 河北省自然辩证法研究会，1982：18.

② 斯大林. 新的环境和新的建设任务//斯大林. 斯大林全集：第 13 卷. 人民出版社，1956：61.

Сарабьянов）、季米里亚捷夫（А. К. Тимирязев）、瓦利雅什（А. И. Варьяш）等。争论是1924年在党刊《布尔什维克》上拉开序幕的。起因是荷兰社会民主党人戈特尔（G. Goter）的著作《历史唯物主义》，该书有斯切潘诺夫题为"历史唯物主义和现代自然科学"的序言。在这篇《序言》中，斯切潘诺夫明确主张："马克思主义者应该直截了当地说，他赞成这个所谓机械论的自然观，赞成机械主义对自然界的理解。"[①]他把这篇东西提交季米里亚捷夫国立自然科学研究院讨论，该院居然做出决议，一致表示拥护，机械论派声势大振。面对机械论的攻势，德波林（А. М. Деборин）和他的学生们介入了。斯滕（Я. Стэн）在《布尔什维克》杂志上发表《斯切潘诺夫同志是怎样在马克思和恩格斯的书中迷误的》文章，批评斯切潘诺夫"对辩证唯物主义的方法论与现代自然科学的辩证性质茫然无知"[②]。这样，就形成了以"机械论"为一方，"辩证论"为另一方的局面。1925年，恩格斯的《自然辩证法》一书在苏联发表，围绕对恩格斯自然辩证法思想的理解，分歧更加严重。就在这一年，斯切潘诺夫发表了《恩格斯和机械唯物主义自然观》一文，说恩格斯曾证明在社会主义社会只有精密科学才能存在；而且认为，恩格斯一生研究自然科学可分为两个阶段，1858～1869年主张辩证自然观，1873～1882年修正了前期对机械论的看法，认为自然界不是辩证的，而是机械的。德波林随即撰文，题为"恩格斯和辩证法自然观"，予以驳斥，证明恩格斯是一贯反对机械论的。1926年5～6月，俄罗斯社会科学研究所联合会的科学哲学研究所连续召开辩论会，争论十分激烈。1927年，在梅耶霍德剧院又就偶然性的客观性问题举行辩论。辩论中双方各不相让，辩证论者指责机械论放弃辩证法，机械论者指责辩证论放弃唯物主义。1928年斯切潘诺夫发表《辩证唯物主义和德波林学派》，批评德波林信奉活力论，否定现代自然科学成就，否定现代电子和原子核理论。在1929年召开的"全苏马克思列宁主义研究院代表大

---

① Большевик. 1924（11）：116.

② Большевик. 1924（11）：86.

会第二次会议”上，德波林做了题为“讨论会总结”的发言，将机械论定性为“同恩格斯的观点相对立”和“对辩证法抱有轻视态度”。会议通过决议，谴责机械论为“反马克思主义的派别”，改组了它的大本营——季米里亚捷夫的国立自然科学研究院。虽说这一结果已经带有行政干预学术争论的色彩，但到此为止还没有把机械论和政治领域的斗争直接挂上钩。

1930年12月9日斯大林在与红色教授学院党支部委员会就哲学战线形势的谈话中，特别点出“主要危险是机械论者”。斯大林做出这样的估计不是偶然的。就在这次谈话中，斯大林指出，在哲学、自然科学上，“反对派”“占据统治地位”。当时，党内的反对派主要是指以布哈林为代表的一批对斯大林模式持反对意见而又处于领导地位的人。他们和哲学上的机械论又有什么关系呢？原来，布哈林反对斯大林模式的一个重要论点就是国民经济平衡论。早在1929年12月7日，在共产主义科学院召开的土地专家代表会议上，斯大林就在演讲中，把布哈林的经济理论概括为国民经济平衡论、社会主义自流论和小农经济稳固论。而机械论恰恰主张均衡论，斯切潘诺夫说：“现代科学一直是沿着这样的方向前进的，即把这个充分发展的整个世界解释为均衡。”[①]于是，布哈林就成了机械论的领军人物。在1930年红色教授学院关于哲学战线的头两个决议——《哲学战线的状况》（1930年8月2日）和《关于哲学战线的状况问题》（1930年10月4日）中，虽然强调：“机械论是当前的主要危险，因为机械论首先是右倾机会主义的方法论”，但还没有把它和党内反对派联系起来。而在斯大林谈话后通过的第三个决议——《关于辩论的总结和马克思列宁主义哲学的当前任务》（1931年1月26日发表）中，却指名道姓地说：“在现代条件下，主要的危险仍然是机械论式的修正辩证唯物主义（布哈林、佩罗夫、瓦利雅什、萨拉比扬诺

---

① Большевик. 1924（15-16）：116.（中译文参见张念丰、郭燕顺. 德波林学派资料选编. 人民出版社，1982：459.）

夫、季米里亚捷夫、阿克雪里罗德等同志）和波格丹诺夫的机械论式的修正历史唯物主义（布哈林等）。”并明确把反机械论的斗争上升到阶级斗争的高度，将其和对待斯大林模式的态度直接联系起来：“这种修正基本上是露骨的右倾机会主义和党内富农代理人的理论基础，因为这种修正在改造时期和全面展开社会主义进攻的条件下具有国内深刻的社会根源。”[①]从此以后，学术问题变成了政治问题，哲学上持异见的学者变成了凶恶的阶级敌人，他们的厄运从此开始，如瓦利雅什等均遭逮捕，并被处死。

还在 1962 年，苏联就已有学者实事求是地指出，机械论“并没有成为一个有共同政治基础和统一理论纲领的学派”[②]。其实，机械论不过是在 20 年代的一段时期出现的、主要是在自然辩证法问题上表现出较为一致看法的一种哲学思潮而已。持机械论观点的学者们，无论在政治立场上，还是在研究领域上，都是各不相同的。例如，就政治立场说，斯切潘诺夫是 1898 年加入俄国社会民主工党、1904 年参加俄共的老布尔什维克，在党内享有很高的威望；而阿克雪里罗德则是著名的孟什维克分子。就研究领域来说，季米里亚捷夫是物理学家，主要兴趣是自然科学哲学；斯切潘诺夫最关心的是一般哲学问题；阿克雪里罗德和萨拉比扬诺夫却热心于认识论的研究。

说到对机械论的评价，在斯大林时期苏联学术界一直是采取全盘否定的态度。直到 1955 年罗森塔尔（М. М. Розенталь）和尤金（П. Ф. Юдин）主编的《简明哲学辞典》还说：“机械论哲学和它的‘均衡’论、‘自流’论等被列宁主义的敌人布哈林分子和托洛茨基分子等用来反对共产党的路线。”[③]我国早在 20 世纪 30 年代就按照这种观点介绍过

---

① 米丁. 关于辩论的总结和马克思列宁主义哲学的当前任务. 徐荣庆译//张念丰，郭燕顺. 德波林学派资料选编. 人民出版社，1982：114.

② И. С. Нарский，Л. Н. Суворов. Позитивизм и механистическая ревизия марксизма. Высшая. школа，1962：52-53.

③ 罗森塔尔，尤金. 简明哲学辞典. 中共中央马克思恩格斯列宁斯大林著作编译局译. 人民出版社，1958：686.

当时苏联对机械论的批判[①]。此后就基本上没有再回到这一问题上来，只是 80 年代中叶有人撰文重新评价这桩历史公案，对机械论的认识论观点做了全面分析，既指出其错误，也公正地肯定了他们在理论上正确的、有启发性的创见[②]。但遗憾的是，没有对机械论的自然科学哲学思想进行专门的分析。在 20 世纪 60 年代以后，苏联学术界对机械论的看法已经有所改变。例如，1985 年出版的叶夫格拉弗夫的《苏联哲学史》就认为："这一学派的优秀代表人物是马克思主义世界观的忠诚信奉者，尽管在解释马克思主义原理时往往不准确。"[③]

总的说来，20 年代苏联的机械论在自然科学哲学领域确实并没有真正掌握恩格斯的自然辩证法观点，而且对最新自然科学革命的成果所做的哲学概括也有很多是错误的。1983 年版的苏联《哲学百科全书》中"机械论者"条目的作者是苏沃洛夫（Л. Н. Суворов），他在该条目中指出，机械论者在自然科学哲学问题上的主张是："用现代自然科学结论代替哲学，把高级物质运动形式归结为机械的、物理—化学的相互作用，用'均衡论'取代辩证法，否定偶然性的客观性。"[④]这一评价是有一定根据的。他们确实表现出实证主义的倾向，认为科学本身就是哲学，如斯切潘诺夫在《历史唯物主义和现代自然科学》中说："对于马克思主义者来说，不存在脱离和独立于科学的、具有某种特殊'专门研究方法'的某种'哲学化'的部门。在马克思主义者的观念中，唯物主义哲学就是现代科学最新的和最普遍的结论。"[⑤]机械论者一般都拥护还原论，认为各种物质运动形式都可以归结为机械的或物理—化学运动。他们的文集《自然界的辩证法》中，明确写道："是否必须承认，存在着那样一些现象或变化状态，它们不完全是机械位移或者包含某种机械

① 例如，张如心. 苏俄哲学潮流概论. 上海光华书局，1930；沈志远. 苏俄哲学思想之检讨. 中山文化教育馆季刊，1934（8）；沈志远. 近代哲学批判. 上海读书生活出版社，1936.

② 李昭时. 苏联机械派认识论观点试评. 外国哲学：第八辑. 商务印书馆，1986.

③ В. Е. 叶夫格拉弗夫. 苏联哲学史. 贾泽林，刘仲亨，李昭时译. 商务印书馆，1998：15-16.

④ Философский энциклопедический словарь. Советская энциклопедия，1983：368.

⑤ И. И. Скворцов-Степанов. Исторический материализм и современное естествознание. Гос. издво，1926：55.

位移以外的东西？我们断言，这样的斗争观不是唯物主义的……在辩证法的结点上，物质过程除了多样化的形式和主体在时空中位移之外一无所有。”[①]恩格斯有一个著名的论断，认为即使有一天我们真的把思维“归结”为脑子中的分子的和化学的运动，也并不能因此就把思维的本质“包括无遗”。斯切潘诺夫从机械论立场出发，竟认为恩格斯这一重要论断是不了解现代自然科学，是错误的。所有这些方面，不仅与辩证法南辕北辙，而且表现出机械论哲学的幼稚性。不过，当马克思主义刚刚在苏联传播的时候，出现对自然辩证法以及整个辩证唯物主义哲学的机械论误读，是早期马克思主义者不成熟的表现，当然也不排除资产阶级哲学文化的影响（如当时在西方盛行的实证主义的影响），从历史的观点看，这些都是可以理解的。但是，当把对机械论的批判引向政治斗争的时候，问题的性质就变了。机械论是在斯大林模式极左路线下面牺牲的第一个羔羊，这是我们不能忘记的。

在反对机械论的斗争中冲锋陷阵的德波林派，很快就被推到审判台上。反德波林派是 20 世纪 20 年代末到 30 年代初哲学领域的第二次大批判。德波林学派是 20 年代中期形成的以德波林为首的哲学学派，其主要成员除德波林外，还有卡列夫（Н. А. Карев）、斯滕、阿果尔（И. И. Агол）、列文（М. Л. Левин）、列维特（С. Г. Левит）、格森等。还在 20 年代初期，德波林在斯维尔德洛夫大学任哲学教授，指导一批学生攻读康德、黑格尔等近代哲学大师的著作。这些学生后来聚集在德波林周围从事哲学工作，在许多重大问题上，表现出一致的立场和观点。德波林 1926 年主持《在马克思主义旗帜下》杂志，许多德波林学派的成员参加领导工作；共产主义科学院的哲学研究所所长是德波林，卡列夫、斯滕等也参与领导；而负责共产主义科学院自然科学部领导工作的也是德波林派的列文、列维特、阿果尔等。所以，当时他们被称作“哲学领导”。1929 年，德波林在全苏马克思列宁主义研究院第二次代表大

---

① И. И. Скворцов-Степанов. Исторический материализм и современное естествознание. Гос. изд-во，1926：56.

会上做了总结报告，德波林派成了批判机械论的英雄，于是德波林派控制了国家出版局哲学部和苏联大百科全书编辑部的哲学组，机械论者季米里亚捷夫领导的自然科学研究院也被改组，领导换成了德波林派的阿果尔。

但是好景不长。斯大林说，1929年是"大转变的一年"。为了确立斯大林模式，必须在意识形态领域树立斯大林的绝对权威，而要做到这一点，就必须向思想阵地上的旧权威（即使他们确实愿意或者努力成为马克思主义者）宣战。1929年12月27日，斯大林在马克思主义者土地问题专家代表会议上，发出信号说："我们的理论思想赶不上实际工作的成就，我们实际工作的成就与理论思想的发展之间有些脱节。"①有一些具有高度政治敏锐性的人，已经从中嗅出了未来理论思想的指向，他们自然要提出这样的问题：既然理论落后于实际，那么在哲学权威德波林领导下的苏联哲学界落后不落后呢？时势造英雄，有人起而发难了，其代表就是工人出身、年方29岁刚刚留校的哲学教员米丁（М. Б. Митин）。还在斯大林在红色教授学院发表关于意识形态的讲话前半年，米丁就带头和另外两位青年哲学工作者撰文《论马克思列宁主义哲学的新任务》，炮打德波林派，专门就他们的得意之笔——反机械论中的错误开刀，说他们是用形式主义的唯心主义代替辩证法，指责他们标榜哲学的"独特性"，逃避现实性和党性。文章点了德波林派的干将卡列夫和斯滕的名字，实际上是直指德波林本人。此文刊登在1930年6月7日《真理报》上，党的机关报编者特地在文后加注："编辑部同意本文的基本论点"②，这很不寻常，说明米丁确实摸准了政治行情。在这样的形势下，首先是在共产主义科学院内部，对德波林的批判紧锣密鼓地开展起来了。

应当说，在最初阶段，这一批判虽然得到官方的支持，但仍然属于

① 斯大林. 论苏联土地政策的几个问题//斯大林. 斯大林全集：第12卷. 人民出版社，1955：126.

② 米丁. 论马克思列宁主义哲学的新任务. 徐荣庆译//张念丰，郭燕顺. 德波林学派资料选编. 人民出版社，1982：206.

自发的性质。开始时，围绕德波林派的理论斗争在很大程度上还限于哲学观点上，德波林派可以自由的抗辩，对这一学派的观点也可以公开表示同情。1930 年 7 月，以德波林为首的十名该派成员在《在马克思主义旗帜下》第 5 期上，联名发表题为“关于哲学中的两条路线斗争”的文章，对米丁等进行反批评。1930 年 8 月 2 日，红色教授学院支部委员会通过《哲学战线的状况》的决议；不久，又于 10 月 14 日通过第二个决议——《关于哲学战线的状况问题》[①]。两个决议都肯定了哲学战线的巨大成就，批评的调子基本上是定位在学术观点上，重点是指出哲学研究脱离实际，对列宁哲学遗产估计不足，对党内机会主义斗争不力。在 1930 年 10 月 17～19 日召开的共产主义科学院主席团会议上，学院领导米柳京（В. П. Милютин）做了主题发言，对德波林派基本上还是从哲学理论错误的角度定性的，主要是批评德波林贬低列宁在马克思主义哲学上的地位，对待辩证法的理解是“羞羞答答的不可知论”，没有在自然科学领域贯彻唯物辩证法，没有从哲学方法论上同托洛茨基、布哈林和右倾机会主义做斗争等。米柳京还特地声明：“我无论如何都无意谴责哲学领导同情右倾立场”，认为他们没有对右倾派别做出哲学研究仅仅是由于“理论和实践、哲学和具体现实之间的割裂”。而在补充发言中，德波林为自己做了长篇抗诉，甚至倒打一耙，说：“我应该说，米柳京的报告是理论落后于实践的最明显的例子。”而这话居然赢得了掌声。他为自己逐条辩解，在场的许多人明显倾向于他，米柳京甚至显得有些被动[②]。

斯大林在 1930 年 12 月 9 日与红色教授学院与支部委员会成员的谈话中，亲自将德波林派定性为“反马克思主义”“普列汉诺夫分子”“孟什维克主义的唯心主义者”，后面这顶帽子从此就成为德波林派的政治定语。米丁后来在回顾斯大林的秘密谈话时说：“斯大林同志着重指出德波林集团的反马克思主义性质，并给对马克思主义哲学的这种修正下

---

① 张念丰，郭燕顺. 德波林学派资料选编. 人民出版社，1982：83-105.

② В. П. Доклад. Милютина и Содоклад А. М. Деборина. Философские науки. 1991（5）：119-155.

了个著名的定义，即这是孟什维克化的、唯心主义的修正。”[①]此后，形势急转直下，以米丁为首的激进派抛开哲学理论的讨论，直接着眼于政治斗争，把问题定位在对待“大转变”的态度，即对待斯大林模式的态度上。还在斯大林秘密讲话之前，他就“先知先觉”地指出，德波林“完全不了解转变的必要性、实质、性质和任务”[②]。在斯大林秘密谈话后，米丁则攻击德波林派是伪装得“十分狡猾的”反马克思主义哲学学说，“它们企图采取适应无产阶级专政的条件的方式，来推翻无产阶级专政”[③]。1931 年 1 月 26 日通过的红色教授学院的第三个决议——《关于辩论的总结和马克思列宁主义哲学的当前任务》，总的结论是：“德波林集团的理论观点和政治观点的全部综合实际上按其本质乃是孟什维克化的唯心主义，这种唯心主义是以非马克思主义、非列宁主义的方法论为基础的，它是小资产阶级思想和无产阶级周围的敌对的阶级力量对无产阶级施加压力的一种表现形式。”[④]就在这个决议通过的前一天，联共（布）中央做出了《关于〈在马克思主义旗帜下〉杂志的决议》，改组了杂志的编辑部，紧接着又做出《关于共产主义科学院主席团的报告的决议》，改组了苏联哲学界的领导，德波林派彻底失势。以后对德波林派的定性越来越严厉，从“托洛茨基的代理人”，直到“人民的敌人”。德波林本人做了检查，得以免受缧绁之苦，而其他人就没有这样幸运了，像卡列夫、格森等都遭迫害致死。斯滕虽是斯大林的哲学老师，也未能幸免于难。

德波林本人并不专门致力于自然科学哲学的研究，但他经常涉足这一领域，他的学派中则有一些造诣颇深的自然科学专家，如物理学家格森，

---

① 米丁. 哲学战线的初步总结与工作任务. 郭燕顺译//张念丰，郭燕顺. 德波林学派资料选编. 人民出版社，1982：123.

② 米丁. 我们的哲学分歧. 郭燕顺译//张念丰，郭燕顺. 德波林学派资料选编. 人民出版社，1982：243.

③ 米丁. 哲学战线的初步总结与任务. 郭燕顺译//张念丰，郭燕顺. 德波林学派资料选编. 人民出版社，1982：122.

④ 米丁. 关于辩论的总结和马克思列宁主义哲学的当前任务. 徐荣庆译//张念丰，郭燕顺. 德波林学派资料选编. 人民出版社，1982：108.

生物学家阿果尔、列文、列维特等，他们中有的主要从事自然科学哲学的研究，而且像格森还在这一领域做出过有世界影响的成就（这一点以后将专门讨论）。德波林派的自然科学哲学思想当然是这次思想斗争的重要内容。在斯大林秘密谈话前红色教授学院通过的两个关于哲学战线的决议中，已经把德波林派和机械论相提并论，指出他们“在自然科学领域犯了一系列错误”。第一个决议笼统地指责德波林派“过分迷恋资产阶级理论”[①]；第二个决议则具体罗列了这些错误，并且点了名。决议指出，第一个错误是他们“非批判地”对待“唯心主义的”自然科学家；第二个错误是德波林派的自然科学家本身发生了“唯心主义的动摇”，如指责列维特把恩格斯和拉马克混为一谈，把西方遗传学混同于唯物辩证法等。决议因此提出：“我们面临着用马克思主义来改造整个科学、自然科学和技术的任务，从唯物辩证法的观点来改造整个科学的任务。”[②]

斯大林秘密谈话后，这样轻描淡写地批评显然不行了。1930 年 12 月 23 日～1931 年 1 月 6 日，共产主义科学院主席团召开了主题为“自然科学战线的转折”的专门会议，这显然是响应斯大林的讲话，跟上“大转变”的形势。会上共产主义科学院自然科学和精密科学部的负责人施米特主讲，马克西莫夫（А. А. Максимов）补充发言。施米特是有国际影响的实证科学家，在处理自然科学和政治的关系方面，比较敢于坚持科学独立性的原则。1926 年，面对有人侈谈反对“资产阶级科学”的时候，他却唱反调说：“西方的科学并不是清一色的。不分青红皂白地在西方的科学上贴上‘资产阶级’或是‘唯心主义’的标签，将会是一个巨大的错误。”[③]马克西莫夫这个人是专搞科学史和自然科学哲学的，此后似乎长期是自然科学领域中捍卫马克思主义的主要代表人物。施米特的发言非常有特点。第一，他把“大转变”时期，理解为

① 米丁. 哲学战线的状况. 徐荣庆译//张念丰，郭燕顺. 德波林学派资料选编. 人民出版社，1982：87.

② 米丁. 关于哲学战线状况的问题. 徐荣庆译//张念丰，郭燕顺. 德波林学派资料选编. 人民出版社，1982：100.

③ В резолюции по докладу О. Ю. Шмита. Естествознание и марксизм. 1929（4）：212-213.

“赶超”和“社会主义建设全面展开、整个经济重组”的时期，回避斯大林半个月前刚刚在这里特别强调的“阶级斗争尖锐化”（只用一句“阶级斗争激化”一带而过），甚至只字不提斯大林。第二，他认为自然科学战线的主要问题是“几乎完全没有充分制定的、详尽的马克思主义自然科学理论正在成为阻碍实现这个‘赶超’号召、阻碍我们前进的瓶颈之一”。他从理论上分析了当时自然科学战线上的三个派别，认为一派是一些自然科学家，他们“如果不是在理论上，也是在实践上有些贬低了哲学的作用”；一派是机械论者；一派是正在遭到尖锐批评的德波林派的科学家们。他认为自己属于头一派。施米特没有把这些派别和反对党的总路线以及政治立场的反动联系起来，认为问题的根源是“哲学立场不正确”，“我们的工作脱离社会主义建设的具体任务”，“封闭在自己的内部事务中”，“组织的软弱和干部的不足”。第三，肯定近几年自然科学战线的成绩，褒扬科学家取得的成就，并把1929年4月的共产主义科学院自然科学部马克思列宁主义学术机关会议说成是这时期工作的“最高点”[①]。马克西莫夫当即针锋相对地做了发言。首先，他突出了“大转变”时期的阶级斗争的本质，特别援引斯大林在土地专家会议上的讲话，强调当前理论落后于实际的错误是“同敌视工人阶级的派别紧密相关的”，而在自然科学领域就是和“敌视无产阶级的唯心主义派别紧密相关”。其次，他认为德波林派的哲学领导错误的实质是“对敌对意识形态的调和态度”，是“唯心主义和孟什维克的意识形态”。自然科学战线的领导积极支持哲学领导的这种反马克思主义的立场，完全偏离了党的总路线。他列举了德波林派自然科学领导的罪状，指责他们把资产阶级科学家的理论同辩证唯物主义混为一谈；批评格森把爱因斯坦相对论说成是辩证唯物主义的具体化，把物质说成是时间和空间的综合；指责列文、列维特和阿果尔用西方有反动倾向的遗传学取代辩证唯物主义，并以阿果尔关于“身体只是性细胞的储藏盒”和谢列布罗夫斯

---

① О положении на фронте естествознания. Доклад О. Ю. Шмита и Содоклад А. А. Малсимова. Философские науки. 1991（9）：137-142.

基（А. С. Серебровский）关于“增加基因储备能在两年半内实现五年计划”的“谬论”为例。最后，他不同意施米特对近年来自然科学战线形势的估计，说施米特所说的“最高点”不是“党的真正评价”，只是他自己的“主观感受”①。

施米特的做法无疑是螳臂当车。不到一个月，红色教授学院就于1931年1月26日做出了第三个决议，说施米特“对德波林集团持调和态度，实质上是保护德波林集团”。对德波林派在自然科学领域的错误进行清算是这个决议的重要组成部分。决议把哲学战线上两条路线的斗争概括为五大问题，其中涉及自然科学的就有两个：一是“关于哲学、自然科学和一般地说整个理论的党性”，二是“关于哲学和自然科学中广泛展开两条战线斗争的必要性”。决议的第13条专门揭露自然科学领域德波林派的反马克思主义立场，所列举的罪状有11条之多，主要有：不问政治，歪曲斯大林有关理论和实践相互关系的指示；忽视列宁思想在自然科学中的指导作用；混淆具体科学和马克思主义；宣扬资产阶级自然科学哲学理论等，此外还具体指出了生物学、物理学、数学和医学的问题②。由于1930年2月23日召开的共产主义科学院主席团会议没有解决问题，自然科学部的主要负责人施米特公然持对立态度，中央不得不直接插手，于1931年3月15日专门做出联共（布）中央《关于共产主义科学院主席团的报告的决议》，严厉指出：“建议共产主义科学院主席团特别注意自然科学部的全部工作的迫切的政治重要性。”③于是，共产主义科学院主席团随即召开有该院自然科学部和红色教授学院自然科学部参加的扩大会议，重新审议上次会议上施米特的主题报告和马克西莫夫的补充报告，做出了共产主义科学院主席团《关于自然科学战线的决议》。

对马克思主义的自然科学哲学，对整个科学哲学，这个决议都是一

① О положении на фронте естествознания. Доклад О. Ю. Шмита и Содоклад А. А. Малсимова. Филосoфские науки，1991（9）：142-149.

② 张念丰，郭燕顺. 德波林学派资料选编. 人民出版社，1982：113.

③ 龚育之，柳树滋. 历史的足迹. 黑龙江人民出版社，1990：104.

个有重要历史价值的文本，因为它是政治霸权话语肆意干预自然科学独立性的典型范例。决议一开始就把自然科学纳入“社会主义改造”的范畴，说“这个改造也应该扩展到技术、自然科学和医学的科学研究工作中”；还特地指出，要改造的不仅是“科学组织的形式”，而且要“在马克思列宁主义方法论基础上改造它的内容本身”。决议分析了自然科学领域的“阶级斗争”形势，从国际讲到国内：国际上，除了列举相对论的马赫主义、波动力学的反马克思主义等之外，还强调指出“许多专门的自然科学哲学讲座宣传敌视唯物主义的哲学学说”，特别点了赖兴巴赫（H. Reichenbach）和石里克的名；国内则指出敌对势力从两个方向上在自然科学领域发动进攻，一是公开的破坏，一是“敌视无产阶级的思想倾向”。对于后者，在一般地历数了已经揭露出来的“伪马克思主义”的科学思想倾向之后，重点批判了自然科学领导集团的德波林派思想倾向，主要罪名是：曲解科学中的党性原则，走上反马克思主义的道路；把资产阶级自然科学家的最新成果同马克思主义等同起来，向资产阶级科学投降，主要例证是格森把相对论的时空观混同为马克思主义的时空观，列维特把现代遗传学混同于马克思主义；贬低马克思主义经典作家特别是列宁著作对自然科学的意义；理论脱离实际，用“非正统的”的马克思主义同机械论等反马克思主义思潮做斗争。决议认为，自然科学战线上这些问题的性质是“实质上表现了阶级敌人对无产阶级思想体系的压力”，而对自然科学战线形势的估计是：“自然科学战线，是理论战线上最落后的、最缺乏马克思主义干部的一个方面。因此自然科学战线目前的状况比哲学战线尤为严重。”[①]从这样的认识出发，决议提出的改进措施的要点是强化思想垄断和彻底改组领导机构，基本原则是加强“布尔什维克的党性，为党的总路线进行经常的不可调和的斗争”。决议规定，今后共产主义科学院的基本任务是“对苏联各主管部门的最重要的研究机构实行方法论的监督”，这就是说，这个组织将成

① 龚育之，柳树滋. 历史的足迹. 黑龙江人民出版社，1990：113.

为自然科学领域的思想稽查队。

反德波林派的斗争，是国际共产主义运动史上的一个重大事件，具有深远的国际影响。1937 年，毛泽东在《矛盾论》中说："苏联哲学界在最近数年中批判了德波林学派，这件事引起了我们极大的兴趣。"毛泽东当时关心的是理论脱离实际的问题，所以他说："德波林的唯心论在中国共产党内发生了极坏的影响，我们党内的教条主义思想不能说和这个学派的作风没有关系。"[①]其实，至少就当时苏联党内高层决策集团来说，问题的关键并不在这里。姑不论德波林派在哲学上有哪些具体错误，问题是他们是一批独立思想者，企图通过自己的理解去诠释马克思主义。当然，这种独立思考必然会对党的中心工作产生负面干扰，且不说党的路线是否正确，即使对正确的路线出现的干扰，只要是属于思想领域的问题，就有一个以什么方式排除这种干扰的问题。前面已经谈到列宁解决这一问题的方针，反德波林派表明，苏联从那时起，在学术思想领域（包括科学技术领域）确立了斯大林模式，完全放弃了列宁主义的路线，这一模式就是高度的思想垄断，学术问题政治化，用行政手段裁决包括自然科学问题在内的学术是非。应当指出，这不是一个手段的选择问题，而是是否坚持社会主义制度的民主性质的问题，扭曲了这个性质，也许会达到暂时的功利目标，但其代价却是社会结构的整体性断裂，从而导致社会动力机制失灵，造成体制性危机。

回过头来，我们还是应当谈一下德波林派的自然科学哲学观点。在反机械论的斗争中，德波林派坚持了辩证法的运动论，批判了还原论，论证了自然界物质运动形式的质变、飞跃和突现的辩证法。同时，德波林派反对把哲学等同于实证科学，坚持哲学作为世界观和方法论的指导意义。这些，在今天看来都是正确的。然而在究竟如何理解哲学的指导作用的问题上，德波林派犯了他们在自然科学哲学方面的最大错误。与他们所推崇的普列汉诺夫一样，德波林派不理解作为哲学科学的辩证法

---

① 毛泽东. 矛盾论//毛泽东. 毛泽东选集：第 1 卷. 人民出版社，1951：299.

的本性。德波林说："辩证法是与认识论相对立的方法论。"[①]这是德波林的一个基本哲学思想，在他看来，辩证法既然揭示了客观世界的规律，它就是超越认识的本体论原则。还在 1909 年写的《辩证唯物主义》一书中，他就把"外部世界"说成是"有规律性的原则"，列宁说这是一个"拙劣而又荒诞的字眼"[②]。但是，正是出于这种认识，他才把辩证法看成一种先验的原则，说辩证唯物主义是"对经验的系统化唯一有用的工具"。这样，他就和黑格尔一样，用自然哲学的态度处理哲学和自然科学的关系。德波林极力主张用唯物辩证法改造自然科学，并把这一主张强加给恩格斯，硬说恩格斯"力图尽可能完全地发展辩证唯物主义的自然科学理论，从辩证法观点出发改造自然科学"[③]。在德波林看来，不是像恩格斯说的那样，辩证法应当适应自然科学的每一个进步而改变自己的形式，而是相反，自然科学必须按照辩证法的要求来全面进行改造，他的说法是："唯物辩证法这种普遍的方法论，应当贯穿于一切具体的和经验的科学，因为它可以说是科学的'代数学'，把内部的联系带进到具体的内容中去。"[④]他完全把原则当作研究的出发点，认为像波粒二象性这样的自然科学规律都包含在辩证法中，因此说，"于是，辩证法就在最重要的地方预料到了最新物理学的成果"[⑤]。德波林对自然科学哲学的性质和功能的认识，是复活黑格尔自然哲学的倒退行为，是把辩证法看作凌驾于实证科学之上的科学的科学。其实，当时对德波林派大兴问罪之师的米丁等，就哲学立场说，也是这样看待马克思主义哲学的。他们对德波林派的批判恰恰"忽略"了这个角度，这当然不是偶然的。从后来苏联自然科学哲学的发展看，这种以哲学思辨置换和裁决实证科学研究的"代替论"倾向，正好为推行思想垄断服务，因此愈演愈烈，直到 20 世纪 60 年代才受到挑战。一般说来，这是苏联

---

① А. М. Деборин. Философия и марксизм. Гос. изд-во，1930：259.

② 列宁. 德波林《辩证唯物主义》一书批注//列宁. 列宁全集：第 38 卷. 人民出版社，1959：544.

③ А. М. Деборин. Диалектика и естествознание. Воинствующий материализм. 1925（5）：17.

④ 米丁. 辩证法唯物论//张念丰，郭燕顺. 德波林学派资料选编. 人民出版社，1982：44.

⑤ А. М. Деборин. Ленин и кризис новейшей физики. Изд-во Акад. наук СССР，1930：19.

自然科学哲学乃至其整个哲学的一个重要特点，也是它的历史弱点，应当引起我们的重视。

第三节　李森科事件和自然辩证法的蒙羞

十月革命时有个口号叫“赤卫队进攻资本”，而批判机械论和德波林派后，自然科学战线的气氛可以说是“布尔什维克进攻科学”，整个自然科学领域的极左思潮进一步被激发起来，各种极端行为一发而不可收。1932 年前后，自然科学领域的极左路线继续发展。在“组织共产主义科学界”的名义下，对那些自然科学协会横加干预，说是要“坚决克服工作的自流状态”[①]。对各种科学技术出版物、理工科教材、教学计划和教学大纲进行普遍的审查，并要求“编写各门自然科学和理论科学的马克思列宁主义教科书”。为了加强党对科学院的影响，在科学院从列宁格勒[②]迁到莫斯科后，它也被进行了改组。新院章的总则中特别加上了这样一句话：“在唯物主义世界观的基础上促进制定统一的科学方法”[③]，这个公然违背辩证法的提法，集中体现了当政者急于对自然科学领域实行全面控制的愿望。一时之间，“左”的口号满天飞舞，“左”的做法荒谬绝伦，留下了许多历史的笑柄。数学界有人要“争取数学中的党性”，口腔学界有人提出要在口腔学中“警惕托洛茨基主义的私贩”，外科学杂志也要“争取外科学中马克思列宁主义理论的纯洁性”。机器制造和金属加工研究所的机关刊物上，发表了一篇文章《论锻造业中的马克思列宁主义理论》，声称“如果没有充分的马克思主义的论证，任何一个工艺过程，都不应该付诸实现”；无独有偶，诸如“内燃发动机的辩证法”“同步机的辩证法”“优质钢的辩证法”“渔业的

① A. 斯切茨基. 论简单化和简单化者. 龚育之译//龚育之，柳树滋. 历史的足迹. 黑龙江人民出版社，1990：118-124.

② 今圣彼得堡。

③ 苏联科学院主席团. 苏联科学院章程（1930 年）. 科学与哲学（研究资料），1990（4）：25.

经典的辩证的明显性”，种种把唯物辩证法庸俗化、简单化的论文、报告鼓噪而起。就连《苏联性病和皮肤病学通报》也把自己定位为“杂志上的一切问题（即性病和皮肤病问题——原评论者注），都要从辩证唯物主义观点来提出”，真是令人哭笑不得[①]。

在反德波林派的斗争以后，斯大林体制已经确立起来，反对斯大林模式的党内反对派已经溃不成军，思想文化战线的形势也已明朗化，第一个五年计划已经启动。此时，为了顺利推进高速工业化的路线，急需现代科学技术和大批技术专家。还在1931年6月，斯大林就指出“我们对待旧的技术知识分子的政策也应该根据这种情形而改变”，认为：“改变对旧的工程技术人员的态度，多多关心和照顾他们，更大胆地吸收他们参加工作——这就是我们的任务。”[②]恰在这一时期，斯大林先后提出“技术决定一切”和“干部决定一切”两个著名口号。自然科学哲学领域中的那种胡乱套用马克思主义词句，玩弄语言游戏的倾向，显然是和当时的中心任务背道而驰的。于是，自然科学哲学领域开始了一段为期不长的“纠偏”活动。1932年，苏共中央宣传鼓动部长斯捷茨基（А. И. Стецкий）在《真理报》上发表了一篇题为“论简单化和简单化者”的文章，紧接着，《在马克思主义旗帜下》也发表社论《辩证唯物主义、自然科学和反对简单化的斗争》。这两篇文章的主旨是反对“政治空谈家”把政治口号、党的口号直接搬到科学及其理论问题的任何一个部门，反对“简单地在这个或那个知识领域中贴上辩证法的或者马克思列宁主义的标签”，而主张掌握和通晓实证科学知识，并为此做出艰苦的努力[③]。同时，上述两篇文章对那种派方法论工作队去“占领”自然科学阵地的做法，也提出了质疑，连马克西莫夫都讽刺说，这是“从‘方法论’的高空降临到经验科学的罪恶土地上来，进行一般的‘领

① 龚育之，柳树滋. 历史的足迹. 黑龙江人民出版社，1990：126.

② 斯大林. 新的环境和新的经济建设任务//斯大林. 斯大林全集：第13卷. 人民出版社，1956：61.

③ 龚育之，柳树滋. 历史的足迹. 黑龙江人民出版社，1990：132.

导’”，其实是于事无补。[①]

不过，反简单化的斗争仅仅是从方法论上着眼的，思想文化工作的“左”的方针和指导思想并没有受到怀疑。上述两篇文章都继续要求在自然科学中贯彻党性原则，仍然坚持主张：“毫无疑问，我们面临的任务是在辩证唯物主义的基础上改造所有科学。”所以，事隔不久，另一场极左路线的浩劫又降临到苏联科学界的头上。

可以说，在苏联自然科学 70 年的历史上，没有任何一个学科像遗传学那样，在那么漫长的历史时期内，始终与哲学发生错综复杂的关系。对苏联遗传学和哲学关系的历史有过深入研究、并写出曾被明令禁止发行的著作《遗传学和辩证法》的著名哲学家弗罗洛夫，在 20 世纪 80 年代甚至说：“须知，现在人们谴责哲学家，说他们差不多就是苏联遗传学历史上发生的事件的罪魁祸首。”[②]的确，苏联遗传学史是科学史上意识形态（特别是哲学）破坏科学独立精神、造成巨大负面影响的典型案例，而这一点又是通过“李森科现象”集中表现出来的。正如美国的苏联自然科学哲学研究专家格雷厄姆所说的那样：“对于很多人来说，提起‘马克思主义意识形态和科学’，就会联想起李森科的名字。”他认为：“通常把这看作是有关辩证唯物主义和自然界关系的一系列争论中最重要的问题。”[③]20 世纪 80 年代以后，随着苏联社会改革的推进，对李森科事件的反思，就成为清算历史的重要组成部分。除了上面所说的弗罗洛夫的著作解禁再版以外[④]，1987 年亚历山德罗夫（B. A. Алексадров）发表了《苏联生物学的苦难岁月》一文，1988 年费拉托

---

① A. A. 马克西莫夫. 五年来的哲学和自然科学. 至洪译//龚育之，柳树滋. 历史的足迹. 黑龙江人民出版社，1990：150.

② И. Т. Фролов. Философия и история генетики. Изд. Наука，1988：8. 弗罗洛夫本人并不同意这一过分夸大的说法，“纣虽不善，不如是之甚也”。

③ Лорен Р. Грэхэм，Естествознание，философияи науки о человеческом поведении в Советском Союзе. Изд. Политиздат，1991：103.

④ 1968 年，弗罗洛夫的《遗传学和辩证法》刚出版即被宣布为禁书。20 年后作者做了增补，又以“哲学和遗传学史：探索和争论”的书名再版，在前言“20 年后致读者”中，交代了此书出版的原委。

夫（В. П. Филатов）则写了关于李森科现象的专论《李森科“农业生物学”的根源》；1987 年，作家杜金采夫（В. Дудинцев）以苏联遗传学领域的历史斗争为题材创作了长篇小说《白衣》；1988 年，格拉宁（Д. Гранин）还有一部题名“野牛”的小说问世，写的也是同一题材。在苏联社会急剧转型的时代，一个历史主题受到这样密切的关注，说明李森科事件蕴含着深刻的时代意义。正如费拉托夫所说：“李森科现象的规模，其后果对学者的命运的影响，它君临我国生物学并间接地君临我国整个科学所带来的巨大损害，都使人把它看成有社会意义的现象，而不是在我国历史上偶然发生的某种令人遗憾的误会。”①

客观地说，对西方遗传学的否定思潮一开始并不是由李森科鼓动起来的。西方学者茹拉夫斯基（D. Joravsky）认为，在 20 世纪 20 年代苏联马克思主义生物学家中，存在一个“摩尔根（T. H. Morgan）主义者学派”。②当时，苏联老一代遗传学家在经典遗传学的理论和实践方面正在向前推进，取得了许多成就：谢维尔佐夫（А. Н. Северцов）和施马尔豪森（И. И. Шмальгаузен）揭示了生物系统在结构—功能组织的不同层次上对应关系的重要意义，瓦维洛夫提出了“同源系”定律等。与此同时，虽然还有一些学者仍然坚持西方流行的生物哲学观点，但不少人也确实在自觉地学习唯物辩证法。遗传学家萨拉比扬诺夫、扎瓦多夫斯基（Б. М. Завадовский）、杜比宁（Н. Б. Дубинин）等，都在《在马克思主义旗帜下》杂志上发表了研究遗传的辩证法问题的文章。著名植物学家科佐－波利扬斯基（Б. М. Козо-Полянский）还于 1925 年出版了《生物学中的辩证法》一书。正是在对遗传现象的哲学反思中，不同的哲学观点的交锋也拉开了战幕。最初的争论是在生物学内部进行的，起因是生物学家别尔格（Л. С. Берг）在其著作《正向发生，或合规律性的进化》中，从新拉马克主义的立场出发，坚持活力论的“初始合目的性”。科佐－波利扬斯基则根据达尔文主义反驳了这种观点。但是，随

① В. П. Филатов. Об истоках лысенковской《агробиологии》. Вопросы философии，1988（8）：4.

② D. Joravsky. Soviet Marxism and Natural Science，1917-1932. Columbia University Press，1961：300.

着哲学领域机械论和“辩证论”大论战的爆发，遗传学也很快被卷了进去。如前所述，德波林派的生物学家阿果尔、列文、列维特出任自然科学的行政领导，他们作为“辩证论”的干将从生物学角度批判机械论，而一批著名遗传学者如萨拉比扬诺夫、杜比宁等都支持他们的观点。这样一来，围绕遗传学的争论就开始带上了意识形态的色彩。

在同机械论的论战中，有关生物遗传和变异的争论主要是对机械拉马克主义的态度，并由此提出了遗传学研究中的整个方法论问题，核心恰恰是基因的变异性问题。杜比宁在《基因的本性和结构》一文中，明确表示反对“把整个进化都归结为永远不变的遗传实体的不同组合”，认为这实质上意味着“在最新术语的掩盖下回到林奈的观点”①。在唯物主义生物学家协会中，这一争论在发展中孕育了以后思想分歧的一个基本生长点。扎瓦多夫斯基提出了“发展力学”，试图把拉马克主义和摩尔根主义结合起来，杜比宁则坚决反对，认为：“在拉马克主义和摩尔根主义之间，任何综合都是不可能的，因为遗传学的基本观念是同拉马克主义格格不入的。”②这显示了两种思想导向：一种是坚持摩尔根主义，在进化问题上强调内部因素的决定作用；另一种是坚持拉马克主义，强调环境因素的决定作用。在这次论战中，德波林派占了上风，而德波林派的自然科学领导所持的摩尔根主义立场，似乎代表了遗传学中的马克思主义方向。但是，随着1930年底反德波林派的战斗打响，形势骤变，在清算自然科学战线的德波林派时，遗传学中的摩尔根主义就成了矛头所向。

1931年3月14～24日共产主义科学院唯物主义生物学家协会召开全会，这是遗传学领域的一次意识形态性质的会议，主题是反德波林派，会议提出的任务是“重新审查‘被神圣化了的’资产阶级生物学”和“对生物学进行布尔什维克的改造”。会议的主题发言人是托金

---

① Н. П. Дубинин. Природа и строение гена. Естествознание и марксизм，1929（1）：60.

② Стенограмма речей на общем собрании общества биологов-материалистов Коммунистической академии 14 и 24 марта 1931 г. Философские науки，1992（1）：92-134.

（В. П. Токин），他强调指出：“生物学战线是最落后的战线。”他的发言预示了苏联 30 年代生物学领域斗争的两大主题。

第一个主题是针对苏联坚持西方遗传学研究方向的科学学派和学者。托金从五个方面对这一学派做了批判。由于这五条具有纲领性的意义，这里不妨摘要引述如下：

（1）“完全非批判地采用魏斯曼（A. Weismann）关于种质连续性、种质对身体独立性和把身体视为性细胞的‘匣子’的学说”；

（2）“把遗传性、遗传变异性视为基因或基因组发展的内在固有过程，缩小外部环境的作用”；

（3）“实质上，这个遗传学派是主张基因原初性的观点”；

（4）“把（西方）遗传学研究方法普适化”；

（5）“最后，最重要的是，很多自称是马克思主义的人，把（西方）遗传学同马克思主义混为一谈”。①

第二个主题是要求遗传学为发展国家的农业经济服务，通过遗传学研究改善育种技术，使农业走出困境。托金在总结发言中说：“摆在我们协会面前的主要任务是什么？……现在我说，它首先是同一个巨大的人民委员会——农业人民委员会的事业有关。”这个事业是什么呢？托金解释说，它不是那些在“研究所或实验室里产生的个别的偶然的问题”，而是“同农业集体化”，同“现在在畜牧和植物栽培的实践中必须做出什么成就”有关的问题②。而这一点又抓住了坚持西方遗传学方向的学派在当时的致命弱点。当时，孟德尔（G. J. Mendel）-摩尔根学派的遗传学还处在起步阶段，基因的染色体理论在很大程度上仍然是假说，只是 20 年后分子生物学的发展和 DNA 的发现，才使遗传学的产业价值充分展示出来。弗罗洛夫后来公正地评论说：“遗传学——特别是由于瓦维洛夫、谢列布罗夫斯基等的工作——已经向实践迈出了强有

---

① Стенограмма речей на общем собрании общества биологов-материалистов Коммунистической академии 14 и 24 марта 1931 г. Философские науки，1992（1）：101-102.

② Стенограмма речей на общем собрании общества биологов-материалистов Коммунистической академии 14 и 24 марта 1931 г. Философские науки，1992（1）：101-102.

力的一步。但是，他们还没有提供足够的和显而易见的成果来说明遗传学在当时的地位。因此，必须使遗传学成为育种学的基础这个明确制定的任务，主要是面向未来的，是预见在遗传学的实验和理论基础中将发生本质的变化，而实际上遗传学在 30 年代中叶正在迅猛的发展。”[①]当然，无论是那时苏联的最高决策集团，还是理论家们，都不可能有这样的远见。于是，急功近利的短视必然在战略上引导科学事业和理论思潮走上歧途。

这时的李森科，刚刚离开阿塞拜疆的甘仁斯基农业站（有讽刺意味的是，和孟德尔一样，他在那里也种豌豆）[②]，迁往奥德萨，当然没有资格参加这样的会议。但是，在我们这些回溯历史的人看来，会议的议题和氛围令人觉得李森科已经呼之欲出了。费拉托夫在谈到这次会议时，正是这样说的：“李森科的形象似乎已经高悬在生物学的头上。”的确，李森科是那一特殊时代的产物。费拉托夫深刻地指出：“在某种意义上说，在 30 年代形成的各种意识形态的、社会的和科学技术的因素稀奇古怪地拼凑起来的舞台上，李森科是被选择出来的文化傀儡；而他则在策略上手段灵活地和无耻地运用了这些因素。”[③]上文谈到苏联生物学界的主流派为了适应大转折时代的社会需要，给自己确立了两个主题。从个人的主观因素说，李森科的崛起确实是因为他的理论和实践完全投合了这两大主题。

李森科是标榜身怀解决作物增产问题的科学诀窍敲开中央学术殿堂大门的，这个诀窍叫作“春化法”。这是一种农业上早已用过的育种法，就是在种植前使种子湿润和冷冻，以加速种子生长，从而缩短谷物

---

① И. Т. Фролов. Философия и история генетики. Наука，1988：80.

② 一本吹捧李森科的传记作品说：“修道士孟德尔用那些豌豆为自己的遗传不变性的形而上学‘定律’寻找证明，而这些豌豆本身却引导甘仁斯基农业站年轻的布尔什维克专家李森科走上了迥然不同的研究道路，这一道路的终点是辩证唯物主义的伟大胜利。”（Б. А. Александров. Творецы передовой биологической науки. Изд-во Моск. о-ва испытателей природы，1949：149.）

③ В. П. Филатов. Об истоках лысенковской《агробиологии》. Вопросы философии，1988（8）：11.

的生长期来躲避收获季节的低温或霜冻，达到增产的目的。30 年代初，在奥德萨的乌克兰育种和遗传研究所，李森科就建立了专门的春化法研究室，还出版了专门的杂志——《春化法通报》。李森科是以一个实干的农学家的身份登场的。1934 年，瓦维洛夫提名他出任乌克兰科学院院士，次年他成为列宁农业科学院院士，从此飞黄腾达，成为苏联科学技术阵地上的一头真正的“野牛”。

开始时，李森科还只是在实践的层面上宣传自己的春化法，并未致力于建构独立的理论体系，以与西方经典遗传学分庭抗礼，直至取而代之。1935 年前后，他终于为自己找到了合适的理论包装——米丘林生物学。米丘林（И. В. Мичурин，1855～1935）是育种专家，致力于远缘杂交的研究，把南方的果树移植到北方，培育了 300 多种果树品种。米丘林毕竟是一个科学家（且不说他的成就如何），即使对孟德尔遗传学，他也采取了比较科学的态度，他说：“任何科学结论以及从中得出的最后结语，例如，孟德尔定律，仅在没有发现其中有不可调和的矛盾时才是有用的。”而他举出孟德尔的山柳菊实验和自己的实验说明存在这样的矛盾，但作为严肃的科学家，他显得十分谨慎，特地指出，这种情况也可能“算作例外”[①]。当然，在后来的情势下，他的著作、讲话、致辞也有明显的倾向性，这是可以理解的。米丘林是一个实验生物学家，没有直接参与李森科主义的理论和实践活动，从总体上说，还是坚持了科学规范的。但是，对李森科来说，米丘林的科学思想，确实包含了许多可资利用的东西。

历史表明，李森科用米丘林理论作为“李森科主义”思想体系的支撑点，是十分聪明的选择，这使他达到了一箭双雕的目的。

从理论上说，米丘林发展了远缘杂交的方法，使遗传学专注于解决遗传性的定向变异问题，而且试图通过认识有机体与环境相互作用的规律，控制这一过程。他认为遗传环境和选择具有决定性的意义，而对有

① 米丘林. 论孟德尔定律//李森科. 米丘林全集：第 4 卷. 中国农业科学院、北京农业大学合译. 农业出版社，1965：397.

机体遗传基础的离散性和孟德尔所建立的遗传分化的量化定律持否定态度。这与西方经典遗传学着眼于有机体内遗传物质的研究确有不同。而这恰恰给李森科提供了一个基本理论出发点。1935年，李森科与其合作者普列津特（И. И. Презент）[①]发表的第一篇论文就是《育种和植物阶段发育理论》，不久又推出《春化法理论基础》等著作。通过“理论”建构，他把春化法泛化，举凡对植物、种子和块茎在种植前所做的一切，都被称作春化。李森科从这里演绎出的“重大”理论结论是：“生活条件改变引起遗传性的改变”[②]。苏联植物学家亨克尔（П. А. Генкель）等曾这样阐述李森科的遗传理论：“李森科强调指出外界条件在发育中的作用，他认为外界条件具有决定性的意义。阿瓦基扬（А. А. Авакян）用下列的话来叙述外界条件和历史过程在有机体发育中所起的作用：‘应当在有机体与其生活条件（在现存的条件，以及从前起着作用的而有机体曾经需要的条件）的相互影响中，找出任何特性和性状的发育和存在的原因。”[③]

经过这样的论证，李森科锻造了自己与西方经典遗传学作战的武器。据我们的研究，至少在1935～1936年间，他还没有特别打出“米丘林主义”的旗号（当时米丘林尚在世），而是以捍卫达尔文主义相标榜。他指责当代遗传学的缺点是，“似乎非生物学化了，脱离了对遗传‘要素’的达尔文主义生物学的研究”。他认为遗传学家们，“对研究性

① 普列津特是列宁格勒大学法律专业的毕业生，被称作李森科在哲学上的“激励者”。费拉托夫说：“李森科主义的一个最重要的方面是他的拥护者在刊物和讨论中使用的特殊话语形式。这种极端意识形态化的话语，是从特定的模式、引用的口号和引语等等中汇集起来的，它们已经失去了原始意义，而很容易转化为标签，可以根据形势用来指称任何现象。在同学术对手的争论中，这种话语类型很容易把问题转移到‘意识形态和政治的平面’上去。”［В. П. Филатов. Об истоках лысенковской《агробиологии》. Вопросы философии，1988（8）：4.］普列津特就是使用这种话语的“大师”。格雷厄姆说：“完全有可能，有一次普列津特告知李森科他的观点中所包含的意识形态可能性，而后李森科本人才像普列津特一样积极地去制定这个体系。”（Л. Р. Грэхэм. Естествознание，философия и науки о человеческом поведении в Советском Союзе. Политиздат，1991：118.）

② 李森科. 遗传及其变异. 吴绍骙，王鸣歧译. 商务印书馆，1950：22.

③ П. А. Генкель，Л. Б. Кудряшов. 植物学：第2分册. 傅子祯译. 中华书局，1954：402.

状的发展规律不感兴趣，却妄图根据要素‘出现’的抽象数学概率找出这些性状的存在－缺失定律[①]……这也表明，遗传科学反映了资产阶级科学发展道路的共有的无政府状态……勾画出一条曲折的历史发展道路，这条道路远离了由遗传学的对象客观决定的内在的辩证认识逻辑。”[②]1936 年 12 月 19～24 日苏联列宁农业科学院召开特别会议，重点讨论广有争议的“农业经济社会主义改造”和“春化法”问题。在发言中，李森科有意地把米丘林和达尔文以及美国的达尔文主义育种学家布尔班克（L. Burbank）拉在一起，与作为孟德尔－摩尔根主义者的约翰逊（W. L. Johannsen）、贝特森（W. Bateson）和洛齐（J. P. Lotsy）对立起来，并做结论说：“遗传科学的基本观念不是沿着达尔文进化论的方向前进的。”[③]

但是，在这次会上，李森科的观点虽然占了上风，却仍然不乏反对者。据格雷厄姆的统计，会议的 46 个发言中，支持李森科的是 19 人，反对的 17 人，模棱两可的 10 人[④]。作为一位德高望重的严肃科学家，瓦维洛夫的发言很委婉，只是说，用 X 射线和其他因素人工获得植物突变，已经得到广泛的应用，“这种方法虽然在个别场合取得了有价值的形态，但并未从根本上提供可以期待的东西”。[⑤]实际上是含蓄地批评了李森科把春化法泛化的错误做法。谢列布罗夫斯基就没有那么客气了。他公开为孟德尔－摩尔根学派辩护，指出：“说染色体理论——是胡说八道，孟德尔主义——是胡说八道，说这些东西毫无‘科学的革命性’，相反却对事实一无所知，不善于从事实中做出结论……这些不花

① “存在－缺失”是现代遗传学创始人之一英国学者贝特森 1905 年提出的假说，认为有机体新特征的产生是因为抑制因子的缺失。贝特森 1923 年起是俄罗斯（后来是苏联）科学院国外通讯院士。

② Т. Д. Лысенко. Агробиология. Государственное издательство сельскохозяйственной литературы，1952：55-66.

③ Спорные вопросы генетики и селекции：Работы Ⅳ сессии ВАСХНИЛ. 19～24 декабря 1936г. Изд-во Всес. акад. с. -х. наук им. В. И. Ленина，1937：46.

④ Лорен Р. Грэхэм，Естествознание，философия инауки о человеческом поведении в Советком Союзе. Политиздат，1991：124.

⑤ Спорные вопросы генетики и селекции：Работы Ⅳ сессии ВАСХНИЛ. 19～24 декабря 1936г. Изд-во Всес. акад. с. -х. наук им. В. И. Ленина，1937：36.

费劳动钻研科学所积累的丰富的现成资料并且通过‘争论’解释它们的人，令我们想起一位可敬的夫人，她说：‘天文学，天文学，到底什么是天文学？——不知道！’但是，我们完全不能因为这位可敬的夫人不知道什么是天文学，就说地球围绕太阳运动和别人懂得这门科学是有争议的。”①他大声疾呼：“在我国的农学和畜牧学中的拉马克主义学派，陈腐的、客观上反动的因而也是有害的学派正在重新抬头。在‘为了真正的苏维埃遗传学’、‘反对资产阶级遗传学’、‘为了不歪曲达尔文’等似乎革命的口号下面，20 世纪科学的伟大成就正在受到猛烈地攻击，有人正在企图拉我们向后倒退半个世纪。”②五年前，这位谢列布罗夫斯基就是因为主张“增加基因储备能用两年半实现五年计划”而受到点名批判的；五年后，他不改初衷，正气凛然，发言掷地有声，捍卫了苏联一代学人的荣誉。如果说谢列布罗夫斯基的话尖锐、深刻，那么杜比宁的发言则更有远见，他提出了苏联遗传学的未来命运问题：“不要玩弄辞藻，必须直言不讳，如果——按李森科院士的说法——普列津特所提出的那种理论和思想在遗传学领域取得胜利，那时现代遗传学就将完全毁灭。”当时座位上有人喊：“太悲观了！”而杜比宁当即回答说：“我想，这个问题之所以尖锐起来，是因为我们今天的争论涉及我们这门学科最根本的问题。”③历史证明，这是一位正直而思想深刻的科学家的真知灼见，他真是不幸而言中了。对此李森科当然不会善罢甘休。三年后，李森科已经羽毛丰满，自认有实力彻底打垮对手。1939 年 10 月 7～14 日，《在马克思主义旗帜下》编辑部召开遗传学和育种学讨论会，李森科认为时机已到，他迫不及待地脱掉达尔文主义的外衣，打出了米丘林遗传学的新旗号。他的发言中有一段话，堪称“李森科宣言”：

---

① Спорные вопросы генетики и селекции：Работы Ⅳ сессии ВАСХНИЛ. 19～24 декабря 1936г. Изд-во Всес. акад. с. -х. наук им. В. И. Ленина，1937：73.

② Спорные вопросы генетики и селекции：Работы Ⅳ сессии ВАСХНИЛ. 19～24 декабря 1936г. Изд-во Всес. акад. с. -х. наук им. В. И. Ленина，1937：336.

③ Спорные вопросы генетики и селекции：Работы Ⅳ сессии ВАСХНИЛ. 19～24 декабря 1936г. Изд-во Всес. акад. с. -х. наук им. В. И. Ленина，1937：159-160.

“孟德尔－摩尔根主义者称自己是‘阶级的’（至于是哪个阶级则讳莫如深）遗传学的代表，近来竟至大搞思辨。他们声称，批判孟德尔主义就将摧毁遗传学。他们不想承认，真正的遗传学乃是米丘林学说……不得不违心地宣称，就是李森科、普列津特等褒扬米丘林学说，破坏了科学遗传学。要知道，我们米丘林主义者，并不反对遗传学，而是反对科学中的废话、谎言，是要摈弃孟德尔－摩尔根主义的僵化的形式的原理。我们所推崇的、为千千万万人的科学和实践所发展起来的苏联学派的遗传学，就是米丘林学说。这种遗传学做出的成绩越大（在科学上我无须谦虚，因此可以自豪地宣布，所得到的成绩非同小可），孟德尔－摩尔根主义就越难以掩盖在科学上的各种谬误。”[①]会上李森科一伙的声势大振，在53个发言者中，反对者只有23人，已不像上次会议那样呈现势均力敌的态势了。总的看来，反对者始终处于守势，只是要求继续从事研究的权利。瓦维洛夫几乎是用一种恳求的口气说：“《在马克思主义旗帜下》杂志的编委会的领导会理解，我们，那些追求真理和献身于科学的学术工作者，是很难拒绝我们的观点的。你们理解情况是多么严重，因为我们正在捍卫的是巨大的创造性工作、精确的实验、苏联和国外的实践所取得的成果……解决众多的争论问题本质上只能通过实验。必须为实验工作提供充分的可能性，哪怕这些实验是从对立的观点出发的。”[②]瓦维洛夫还在向对手要求科学的中立性和公正的实验评价，这样的善良愿望与李森科派的心中所想，真是南辕北辙。试比较一下李森科咄咄逼人的说法：“这次会议从我这里听到的将主要是，我为什么不承认孟德尔主义，我为什么不认为孟德尔－摩尔根主义的形式遗传学是科学。”[③]可以发现，像瓦维洛夫这样的真诚的学者，实在是太天真了，这也许是因为科学智慧终究并不等于政治智慧吧！

这次会议的一个突出特点是，米丁、尤金、科尔曼（Э. Кольман）

① Под знаменем марксизма. 1939（11）：139-140.

② Под знаменем марксизма. 1939（11）：147.

③ Под знаменем марксизма. 1939（11）：147.

等一批哲学界的“斯大林学者”站出来帮腔，为李森科造势，起到了十分恶劣的作用。其中，科尔曼的发言最具代表性，他认为这次会议不应和稀泥，为此他提出了会议成功的三条标准，由于它在一定程度上反映了官方对这场论战的态度，值得向读者转述。这三条标准是：

（1）隶属于形式的经典遗传学的同志们要从辩证唯物主义的立场对自己的错误观点做严肃、深刻的批判，不是在词句上，而是在事实上；不是在形式上，而是在本质上。

（2）这些同志要倾听作为先进科学真正革新者的米丘林和李森科所提供的所有新东西。

（3）李森科同志及其拥护者要对现有的缺点开展自我批评，以便对他们将会取得的重大成就做出进一步的深刻而广泛的论证。①

研究一下这些哲学家在此次会议上的表现是很有教益的。他们在遗传学领域是地道的门外汉，但说起话来，却似乎掌握着真理宝库的万能钥匙，指手画脚，俨然是佩戴尚方宝剑的钦差大臣。这是在缺乏社会主义民主的文化专制主义体制下，在自然辩证法领域滋生出的哲学怪胎，也是一面历史的镜子。

从实践上说，米丘林的工作带有一种“民间科学”的色彩。当时，在苏联遗传学的研究中，明显地存在着三种导向：一是通过精确的和量化的实验并借助理性分析的现代主流方向；二是描述性的以经验分类的综合研究为基础的前达尔文主义方向；三是依赖世代积累的动植物育种技艺而进行的实验操作方向。米丘林的工作基本上属于第三个方向。他在田野中从事与农业生产直接相关的实验操作，以不断培育出的大量新果树品种展示出丰硕的实际成果，而那些主流遗传学者，在实验室中长期埋首于几乎看不到任何效益的研究，两者之间的确形成了鲜明的对比。要知道，当时的苏联，无论是党和政府，还是社会舆论，都对生物学和农学期望甚殷，因为 20 世纪 30 年代苏联的农业一直处于危困之

① Под знаменем марксизма. 1939（11）：108.

中。按照斯大林模式实施的“一五”计划（1928～1932 年）和“二五”计划（1933～1937 年），推行片面的工业化战略，使农业投资不断下降，“二五”期间就比“一五”下降 10%；强制性的全盘集体化，导致粮食收购困难，农民大量屠杀牲畜，造成畜力不足；扩大工农业产品价格的剪刀差，使农民为工业化负担高额“贡税”，“一五”期间从农民手中得到的资金占年均工业化资金的 33.4%。斯大林本来指望全盘集体化能一劳永逸地解决农业问题，他乐观地说：“再过两三年，我国就会成为世界上粮食最多的国家之一，甚至是世界上粮食最多的国家。”[①]可是事与愿违，原定“一五”计划食品增长 1 倍，而结果实际产量 1932 年比 1928 年减少了 30%，1932 年农业产量下降到历史最低水平。1933 年的粮食产量比 1928 年减少 500 万吨。特别是 1932 年以后的几年，情况更为严重，许多州出现饥荒，牲畜大批死亡，全国 3300 万匹马中死了一半，2600 万头猪、7000 万头牛、1.46 亿只羊中的 2/3 都死掉了。大量农民流入城市，粮食收购危机，物资匮乏，价格飞涨，基本食品和日用品全面实行配给制。在这样的情况下，直接为解决当前农业问题服务的学术研究，当然会受到特别的鼓励。如费拉托夫所说：“那时在农业中弥漫的气氛是‘突击运动’，要求在田野和农场成倍地增加收获和其他的奇迹。”[②]党的要求是按社会主义的计划大规模地改造自然，米丘林式的研究道路是与这一语境完全吻合的。米丘林的名言是：“我们不能等待自然的恩赐，而是要向自然去索取”，苏联党和政府在他生前就授予他“伟大的自然改造者”的称号，这不是偶然的。米丁对此做过“深刻的”说明：“如何对待米丘林，对待米丘林的遗产，对待发展他的工作方法，有着极为重要的意义。米丘林是生物科学中非常重大、非常深刻的现象。米丘林为生物学开辟了新的道路。我们党称他为伟大的自然改造者。你们知道，我们党对科学做出高度的评价，党在评价科学代表人物的作用和事业方面是十分严格的。如果布尔什维克党称米丘林为

① 斯大林. 斯大林全集：第 12 卷. 人民出版社，1955：118.

② В. П. Филатов. Об истоках лысенковской《агробиологии》. Вопросы философии，1988（8）：18.

伟大的自然改造者，那么，这就是有极其深刻含义的。”①

李森科敏感地迎合现实的需要，利用米丘林园艺学的这一特点，利用基础研究和应用研究的不同性质进行投机。他斥责理论生物学者面对饥荒无动于衷，躲在实验室中埋首研究果蝇，这样，那些理论生物学家的动机就变得可疑了，他们似乎故意捣乱，有意削弱苏联农业，阻挠五年计划的实施。1935 年，在莫斯科举行了一次集体农庄庄员会议，斯大林在主席台上就座。李森科在讲话中含沙射影地攻击学术对手说：“同志们，你们知道，破坏分子和富农不只是在你们的集体农庄才有……在科学中他们也是这样危险，这样顽固……不管他是在学术界，还是不在学术界，一个阶级敌人总是一个阶级敌人……”斯大林高兴地插话说：“好啊，李森科同志，好啊！”②反过来，李森科又吹嘘自己的春化法是使苏联农业摆脱困境、实现大幅度增产的灵丹妙药。1935 年，《消息报》报道春化法使谷物增产 1000 万普特③④。两年后，李森科宣布已经把名为“女合作社员”的冬小麦转化为春小麦，免去越冬时间，使小麦缩短了生长期。如此种种，李森科就成了献身社会主义事业的民族英雄。1935 年，瓦维洛夫被免去列宁农业科学院院长的职务，由穆拉洛夫（А. И. Муралов）接替，他试图调和两个对立的遗传学派，于 1937 年被解职；继任者迈斯特（Г. К. Мейстер）刚刚上台就被赶下去，1938 年李森科终于登上全苏列宁农业科学院院长的宝座。

科学知识的内容是客观世界的反映，是价值中立的。但是，作为一种社会结构和社会建制，它的存在和它的成果都与社会各个阶级、阶层和集团的利益有着密切的利害关系，因此每当社会各种力量发生重大利益冲突时，科学的研究目标、指导思想、研究方法甚至科学的结论，都会成为社会斗争的焦点。列宁说的好：“有一句著名的格言说：几何公

---

① М. Б. Митин. За передовой советскую генетическую науку. Под знаменем марксизма，1939（10）：172.

② 洛伦 · R. 格雷厄姆. 俄罗斯和苏联科学简史. 叶式辉，黄一勤译. 复旦大学出版社，2000：144.

③ 1 普特 = 16.38 公斤。

④ Известие. 15 февраля 1935г.

理要是触犯了人们的利益，那也一定会遭到反驳的。”[①]不幸的是，三十年代的苏联自然科学恰好遭遇了社会主义历史上最严酷的政治形势。由于经济形势的恶化，对斯大林模式的怀疑和反对的情绪重新抬头，斯大林也不得不适当调整过左的政策，经济上对“二五”计划做了修改，增加了消费品的生产，取消了食品配给制；政治上，对反对派也宽松多了，布哈林等还得到重新任命。有人甚至称党的第十七次代表大会召开的 1934 年 1～2 月为“苏联之春”。当时，党内外一些力量试图改变斯大林的路线，要求进行改革。斯大林的旧相识、联共（布）中央候补委员柳京（М. Н. Лютин）等几名追随布哈林的党内反对派，秘密起草并散发了一份长达 200 页的《致联共（布）全体党员》的宣言，根据布哈林的观点猛烈地抨击斯大林模式。围绕如何处置柳京事件，党内一批掌握实权的高层干部抵制了斯大林，采取了温和的立场。1936 年 12 月 1 日，深孚众望并有改革倾向的政治局委员基洛夫（С. М. Килов）被暗杀，这似乎使斯大林的论点——社会主义越是取得胜利，阶级斗争就越是尖锐——有了强有力的现实论据。由此发轫，斯大林发动了大规模的清洗和镇压活动，首当其冲的就是以布哈林为代表的党内反对派。虽然那时布哈林已经离开了政治中心，但由于他始终不渝地维护列宁的新经济政策而深得人心，主流派抱怨说：“布哈林主义的理论还活着。在理论战线上，布哈林主义的新芽和表现形式忽而在这里，忽而在那里显露出来。”[②]所以，斯大林强调：“右派反对派是最危险的——要更猛烈地向右派开火！”[③]社会主义的民主和法制从根本上被动摇。应斯大林的要求，苏联刑法增加了“即决审判”的条款，规定凡侦查恐怖案件不得超过十天；起诉书于开庭前一天送交被告；一经判决，被告无权上诉，死刑立即执行。一场人类历史上罕见的大恐怖开始了。从 1934 年到 1939 年，苏共党员人数减少了 27 万人，联共（布）第十七次代表大会的

---

① 列宁. 马克思主义和修正主义//列宁. 列宁选集：第 2 卷. 人民出版社，1972：1.

② 斯蒂芬 · F. 徐葵，倪孝铨，徐湘霞，等译. 科恩. 布哈林政治传记. 东方出版社，1988：531.

③ Правда. 27 Мая 1930г.

1796 名代表有 1108 人遭清洗，比例高达 62%。据一项后来公布的数字，1936 年在苏联因迫害死亡的人数是 1118 人，而在 1937 年就猛增到 353 074 人，一年内增大了 315 倍①。

处在这样背景下的自然科学家，不可能不对自己的政治态度做出选择，特别是在涉及与自身的科学活动密切相关的问题上，更无法绝对置身事外。在当时的历史条件下，一个稍有科学良知的学者，必然同情反对派的政治主张，尤其是他们对科技进步事业所持的立场。布哈林毕生倡导学术自由，坚持科学的灵魂是事实，反对把任何人的主观意志凌驾于科学事实之上。他曾以苏联科学院院士、最高经济委员会工业研究部主任和认识史研究院学术委员会主席的身份，率团参加了 1931 年 6 月 29 日～7 月 3 日在伦敦举行的第二届国际科学技术史大会，并做了题为“从辩证唯物主义观点看理论和实践”的发言。布哈林在遭到政治迫害的时候，对当代科技进步的形势做了深入的调查，对解放科技生产力有十分深刻的感触。他有感而发，在论述自然科学的作用和性质时说：“社会的人生活和工作在生物圈中，彻底重塑了这个星球。物理学的视野使工业或农业的一些部门的地位发生了前所未有的改变，一种人工的物质介质充盈于空间之中，我们正面对着技术和自然科学的巨大成功。随着精确的测量仪器和新的研究方法的进步，认识的范围极大地扩展了：我们已经称量了这个行星，研究了它的化学组成，拍摄了不可见的射线等。我们预言世界的客观变化，而且我们正在改变世界。但是，没有真实的知识，这一切都是不可能的。纯粹的符号、字符、代码和虚构的系统，都不能成为主体所从事的改造客观的手段。”②本着这样的精神，在政治上失势以后，他把主要精力放在支持科学技术进步的工作上，为维护学者从事自由研究的权利奔走呼号。布哈林传记的作者科恩（Stephen F. Cohen）说：“布哈林写得最多的主题是科学及其在苏联的发展。30 年代初期，作为工业研究的一个领导人，他大大增加了科学

① A. Nove. How Many Victims in the 1930s? Soviet Studies，1990（2）：372.

② N. I. Bukharin. Science at the Cross Roads. Bush House，1931：17.

研究机构和研究设备的数量，并撰写了大量有关这方面的内容的文章。”[①]仅从 1929 年 2 月到 1933 年 8 月这段时间里，布哈林就发表了 8 篇有关科学政策的文章。他呼吁在科研工作中实行分权自治原则，杜绝“官僚主义的歪曲现象”，这些显然都是直接针对斯大林模式的弊端提出的。他直接关注遗传学领域的争论，还发表了一部专著《达尔文主义和马克思主义》，公开支持瓦维洛夫，主张公正评价孟德尔－摩尔根主义。这一切都使布哈林成为持异见的科学家的代言人。

但是，这样一来，这些科学家也就和党内的反对派拴在一条线上，成为这场浩劫的牺牲品，而首当其冲的就是那些摩尔根主义的遗传学家们。前文已经说过，李森科在 1935 年就把这些遗传学家说成是和富农一样的阶级敌人。1937 年，普列津特则进一步给这些学者定性为“托洛茨基匪徒遗传学家”，从而把科学领域的斗争与党内的政治斗争直接挂上钩，为科学领域的大清洗提供根据。欲加之罪，何患无辞。媒体的调门愈来愈高，摩尔根主义的科学家被讥为“基因骑士”，说：“人民公敌布哈林同这些骑士们一起战斗。”面对即将到来的灾难，瓦维洛夫曾挺身而出，进行反抗，他直接上书农业部和党中央，为科学申辩，但得到的回答是：“我们正式谴责孟德尔主义和形式遗传学所造成的倾向，绝不给这种潮流以任何支持。”[②]1940 年 8 月瓦维洛夫以“布哈林阴谋集团成员”的罪名被捕并判死刑，两年后改为 20 年徒刑，终因不堪折磨，瘐死狱中。与此同时，先后接替瓦维洛夫出任列宁农业科学院院长的穆拉洛夫和迈斯特，相继被捕处死。瓦维洛夫的一些已成为教授的学生全部被捕，幸存者仅一人。德波林派的遗传学家阿果尔、医学遗传学权威列维特双双罹难。牵连所及，整个生物学界全部在劫难逃。最典型的是微生物学科，受害面之广，令人触目惊心。被逮捕的著名微生物学家有：兹德罗夫斯基（П. В. Здровский）、巴雷金（В. А. Барыкин）、克里切夫斯基（И. Р. Кричевский）、季利别尔（Л. А. Зильбер）、舍波尔

① 斯蒂芬・F. 科恩. 布哈林政治传记. 徐葵，倪孝铨，徐湘霞，等译. 东方出版社，1988：540.

② 龚育之. 自然辩证法工作的一些历史情况和经验. 河北省自然辩证法研究会，1982：32-33.

达耶娃（А. Д. Шебордаева）等，许多人死于监禁之中。德高望重的微生物学家纳德松（Г. А. Надсон）被捕时已 73 岁高龄，也没有被放过，死于北方的集中营。其他知名生物学家如兹纳缅斯基（А. В. Знаменский）、特洛依茨基（Н. Н. Троицкий）也都含冤而死。

伏・亚历山德罗夫（В. А. Алексадров）在半个世纪以后，对当时苏联生物学特别悲惨的境遇做了因果分析，他认为："在自然科学中生物学这么倒霉，是有其原因的。生物学比其他自然科学更接近于建立在党性原则基础上的人文科学，而农学和畜牧学又与它相邻。上级期待这两门学科拯救我们被破坏了的农业经济，它已病入膏肓，以至相信无论什么巫医偏方，都能妙手回春，而在生物学领域冒充专家要比数学、天文学或物理学容易得多。"[①]这个说法也许有一些道理，但实际情况是，哪一门学科的日子都不好过。本章第一节已经概述了当时其他学科遭受清洗的情况，这里毋庸赘述，仅补充物理学的一个案例。1928 年，杰出的苏联物理学家约飞（А. Ф. Иоффе）授命在哈尔科夫组建了乌克兰物理技术研究所（УФТИ），该所建造了苏联第一个直线加速器，并于 1932 年证实了考克罗夫效应。关于这个研究机构的水平，只要举出朗道和波多尔斯基（Б. Подольский）就够了。前面已经说到朗道是诺贝尔奖得主，而波多尔斯基曾与爱因斯坦、罗森（N. Rosen）合作提出量子力学中著名的 EPR 悖论（爱因斯坦－波多尔斯基－罗森悖论）。但是，1937～1938 年，灾难照样降临到 УФТИ 身上。它的主要成员舒布尼科夫（Л. В. Шубников）、罗森凯维奇（Л. В. Росенкевич）等被逮捕后枪决；波多尔斯基、韦斯科夫（V. F. Weisskopf）等被捕后引渡出境；奥布列伊莫夫（И. В. Обреимов）和列伊蓬斯基（А. И. Лейпунский）被拘捕旋即释放。朗道本已到莫斯科工作，但也被逮捕，经卡皮查和波尔（N. Bohr）直接致信向斯大林请求，一年后才被释放。

---

① В. А. Александров. Трудные годы советской биологии. Знание-сила，1987（10）：72.

20世纪30年代苏联自然科学领域的争论，学术性越来越淡化，即使固守科学精神的学者由于缺乏政治经验，天真地从科学是非和哲学理念角度参加论战和进行“不合时宜”的创新独白（这些成果我们会在以后专门进行讨论），而那些意识形态的打手们却从来不在这方面纠缠。我们发现，在那些冗长的、充满政治术语的论战文本中，没有多少东西是有思想闪光的。许多研究者都指出，苏联在20世纪20年代时，有一大批科学家和哲学家真诚地学习马克思主义，独立地得到一大批成果，虽然有许多失误，但却生动活泼，充满创造性。但是，30年代后，这样的黄金时代结束了。而作为学术明星出现的米丁等，却使自然辩证法蒙羞，严重败坏了这门哲学学科的声誉。历史证明，科学与民主是不可分的，民主是科学存在和发展的前提。无论什么时代，科学都必须立足于不以任何个人和社会集团的意志为转移的客观实在。尊重实在，这永远是科学的灵魂。因此，必须创造一种彻底维护科学独立性的社会体制，否则科学事业就会被扼杀。这始终是一个必须不断提醒人们注意和警觉的问题。当今社会的后现代思潮正在鼓吹科学的价值性，主张可以随意用任何社会文化诠释科学的成果，这其实是在为历史上反复出现过的左右科学事业的政治霸权话语招魂。重温30年代苏联的科学和哲学思想史，足以使我们清醒地认识到自己的责任——保卫民主，保卫科学。

第四节　反世界主义和伪科学的泛滥

第二次世界大战在苏联是伟大的卫国战争，苏联人民为反法西斯战争做出了巨大民族牺牲，取得了辉煌的胜利。如何估计这个胜利，如何分析战后的国际形势，如何选择新时期社会主义事业的发展方向，这是摆在战后苏联党和人民面前最重大的问题。在当时的形势下，这些问题当然只能由斯大林来回答，而他也的确十分及时地做出了明确的回答。

斯大林所提供的答案可以概括为三大：大分裂，大中心，大跨跃。

（1）大分裂。斯大林认为，第二次世界大战以后，从政治和军事上说，世界分裂为社会主义和资本主义两大阵营；从经济上说，则是统一的世界市场的瓦解，与两大阵营相应地出现了社会主义和资本主义两个平行的市场。他在1952年指出："中国和欧洲各人民民主国家却脱离了资本主义体系，和苏联一起形成了统一的和强大的社会主义阵营，而与资本主义阵营相对立。两个对立阵营的存在所造成的经济结果，就是统一的无所不包的世界市场瓦解了，因而现在就有了两个平行的也是相互对立的世界市场。"①这两大阵营和两大市场，是针锋相对、水火不容的。这样，社会主义阵营及其市场，不能也不应指望敌对阵营及其市场的帮助，只能建立一个在苏联领导下在政治体制和军事战略与指挥方面高度一致的集团，这就是华沙条约组织；相应地，又必须建立一个经济上自我封闭、自我循环的"社会主义市场"，通过内部的"国际分工"，统一规定生产目标，规定统一价格，服从于苏联的经济运行机制，这就是苏联和东欧的经济互助委员会（简称"经互会"）。一个基本脱离世界市场、自我孤立的社会主义"大家庭"就这样形成了。

（2）大中心。反法西斯战争的胜利，显示了苏维埃国家的力量，而斯大林却对此做出了不适当的评价。他要与西方资本主义争夺世界霸权，这固然与强化社会主义体制和积极推进国际共产主义运动的愿望有关，但由于把苏联视为"世界革命中心"，却引申出大国沙文主义和"老子党主义"，认为苏联的利益和目标全都天然地符合世界各国工人阶级和劳动人民的要求（所谓"天然盟友论"）。斯大林竟然把无产阶级国际主义原则歪曲为苏联至上论，说："谁决心绝对地、毫不动摇地、无条件地捍卫苏联，谁就是国际主义者。"这样，苏联要输出革命，而各国的社会主义力量都必须紧紧团结在苏联这个"世界革命强大而公开的中心周围"②，不得有任何异议，而违背苏联的意志就是社会主义的敌

① 斯大林. 苏联社会主义经济问题//斯大林. 斯大林文集. 人民出版社，1985：620.

② 斯大林. 斯大林全集：第10卷. 人民出版社，1954：208.

人。与此相关的是大俄罗斯民族主义。斯大林说，俄罗斯民族是加入苏联的各民族中“最杰出的民族”，是“苏联各民族的领导力量”[①]。战后苏联兴起了一股强烈的大俄罗斯主义的狭隘爱国主义思潮，这与斯大林的指导思想是有关系的。有一次，斯大林“顺便”批评了恩格斯，因为恩格斯曾特别称赞了巴克莱－德－托利（М. Б. Барклай-де-Толли）将军。斯大林说：“当然，恩格斯是错了，因为库图佐夫作为统帅来说，无可争辩地要比巴克莱－德－托利高明得多。”[②]当时，官方正在对沙皇时代的军事领袖大加褒扬。例如，许多军事院校以苏沃洛夫（А. В. Суворов）、库图佐夫（М. И. Кутузов）、纳希莫夫（П. С. Нахимов）等的名字命名，而巴克莱－德－托利虽然是俄国元帅，出任俄普联军总司令，但却是苏格兰人。斯大林对恩格斯如此评价俄罗斯军事将领的不满，令人想起1934年他写的《关于恩格斯的〈俄国沙皇政府的对外政策〉一文》。1890年，恩格斯在所写的这篇文章中，批判了大俄罗斯主义的扩张政策，说沙皇俄国是“全欧洲反动势力的最后堡垒”，斯大林对此十分不悦，公然说，恩格斯写这篇抨击沙皇政府的文章时，是“写得有点兴奋了，由于兴奋，所以一时忘记了某些最基本的、他非常清楚的事情”[③]。在斯大林看来，恩格斯似乎不应在列强中单独指责沙皇政府的扩张行为。在这种大俄罗斯主义思想的指导下，继续扩军备战，视国防工业和国防科技为重中之重，就是苏联理所当然的基本战略。

（3）大跨跃。斯大林认为，在伟大卫国战争胜利后，苏联可以在经济上实现更快的发展，迅速赶超美国，并在一国建成共产主义。苏联在20世纪30年代，借助斯大林模式的高度集中功能，在短期内调动全国的各项资源，组织大规模的攻坚战，在不到三个五年计划期间，以年16.8%的工业增长速度，使工业产值达到整个国民经济的84%，居欧洲第一，世界第二，并依靠这样的物质基础，赢得了反法西斯战争的胜

① 斯大林. 在克里姆林宫招待红军将领时的讲话//斯大林. 斯大林文集. 人民出版社，1985：459.

② 斯大林. 给拉辛同志的复信//斯大林. 斯大林文集. 人民出版社，1985：491.

③ 斯大林. 关于恩格斯《俄国沙皇政府的对外政策》一文//斯大林. 斯大林文集. 人民出版社，1985：5.

利。所谓“对胜利者是不能裁判的”[①]，胜利使斯大林坚信苏联现体制是“更优越的社会形式”，“是有充分生命力的”。同时，斯大林认为，过去列宁关于“资本主义的发展比从前要快得多”的观点，和他本人关于“资本主义总危机时期市场相对固定”的观点，都已经过时；相反，两大市场的形成，使资本主义的资源空间缩小，市场条件恶化，从而加深了国际资本主义的危机，这必然使社会主义战胜资本主义的速度大大加快。因此正如当年他坚决主张一国可以建成社会主义一样，现在则进一步提出：“‘一个国家内的共产主义’，特别是在苏联这样的国家内，是完全可能的。”[②]而实现这一可能性的道路，当然是“按既定方针办”，继续推行斯大林模式。他在 1946 年特别强调了“苏维埃的国家工业化政策”和农业集体化政策这两个中心点，并进一步提出“两条工业化道路”的理论，否定了“通常的”即从轻工业开始的工业化道路，肯定了“从发展重工业开始来实行国家工业化”的道路。[③]

斯大林不顾世界形势的新发展，不深入研究资本主义社会经济的深刻变化，也无视斯大林模式已经暴露出来的种种弊端，反而把它进一步教条化、凝固化和神圣化。这似乎和他对理论联系实际的多次强调，和他一再反对“教条主义”的理论主张，形成了巨大的反差。例如，斯大林晚年时曾严厉斥责说：“书呆子和死啃书本的人把马克思主义、马克思主义的结论和公式看作教条的汇集，这些教条是不顾社会发展变化，而‘永远’不变的。”[④]怎样理解在斯大林身上发生的这种明显的悖论呢？这是一个值得深入讨论的问题。出于本书的主题，我们仅从斯大林思想的哲学层面切入，试图提示这种断裂在哲学世界观上的根源。由于斯大林所持的特殊的哲学立场在很长的历史时期内对苏联自然科学哲学研究

---

① 斯大林. 在莫斯科市斯大林选区选举前的选民大会上的演说//斯大林. 斯大林文集. 人民出版社，1985：483.

② 斯大林. 答《星期日泰晤士报》驻莫斯科记者亚历山大·沃斯先生问//斯大林. 斯大林文集. 人民出版社，1985：510.

③ 斯大林. 在莫斯科市斯大林选区选举前的选民大会上的演说//斯大林. 斯大林文集. 人民出版社，1985：480.

④ 斯大林. 马克思主义和语言学问题//斯大林. 斯大林文集. 人民出版社，1985：586.

具有决定性的影响，这使我们更有必要专门对其进行分析。在我看来，斯大林在两个根本哲学问题上的错误，对苏联理论思想造成了极为严重的危害。

一个是辩证法问题。在《论辩证唯物主义和历史唯物主义》这篇名著中，斯大林对辩证唯物主义哲学做了一个独特的诠释，可以称之为“理论—方法的二元论”。斯大林说：“辩证唯物主义是马克思列宁主义党的世界观。它所以叫作辩证唯物主义，是因为它对自然现象的看法、它研究自然现象的方法、它研究这些现象的方法是辩证的，而它对自然现象的了解、它的理论是唯物的。”①国内外一直有人指出斯大林把方法和理论割裂开来，是哲学上的重大错误。但是，对这一错误的本质却没有做深入的分析。我认为，斯大林的这个特殊的二元论，恰恰是抛弃了唯物辩证法的精髓。前面说过，恩格斯认为，辩证法包含着更广大的世界观的萌芽；而列宁则进一步建立了辩证法也就是马克思主义的认识论的经典命题。斯大林把世界观和方法论割裂开来，把辩证法和认识论割裂开来，实际上也就是把认识世界和改造世界割裂开来，从而把马克思主义哲学的灵魂——实践抽掉了。马克思认为自己在哲学中完成的伟大变革的基础是实践，他说：“人的思维是否具有客观的真理性，这并不是一个理论的问题，而是一个实践的问题。人应该在实践中证明自己思维的真理性，即自己思维的现实性和力量，亦即自己思维的此岸性。关于离开实践的思维是否现实的争论，是一个纯粹经院哲学的问题。”②在苏联长达 70 年的哲学发展史上，我们不断听到官方舆论对理论联系实际的强调，如俄罗斯学者安德烈耶娃（И. С. Андреева）所说：“虽说奇怪，但却是事实：苏联官方在所有的时候都在同经院教条做斗争。”③前面说过，斯大林晚年甚至更加强调批判“书呆子”作风。可是词句并不说明问题，在斯大林的思想深处，有一种把辩证法先验化的理念倾向。

---

① 斯大林. 论辩证唯物主义和历史唯物主义//斯大林. 斯大林文集. 人民出版社，1985：200.

② 马克思. 关于费尔巴哈的提纲//马克思，恩格斯. 马克思恩格斯全集：第 3 卷. 人民出版社，1960：3-4.

③ А. И. Паченко. Русская философия во второй половине XX веке. ИНИОН РАН，2001：6.

斯大林在《论辩证唯物主义和历史唯物主义》这本全面论述马克思主义哲学的著作中，竟对实践只字不提，这当然不是偶然的。在斯大林那里，辩证法的规律以及一切客观规律，都似乎先验地存在着，人们只要掌握了马克思主义哲学的原则，就可以自然地对它们做出说明，这里没有在实践和认识的复杂的关系中，不断趋近于真理的辩证认识过程。南斯拉夫哲学家穆尼什奇（Zdravko Munisic）正确地指出，斯大林“硬把方法和理论割裂开来，并把这两者同社会实践分开，而把哲学归结为对现成客体的原原本本的阐释。它完全闭眼不看实践对（人类）世界产生的作用”[①]。列宁根据实践，不断地审视马克思主义的理论原理，认为具体问题具体分析是马克思主义活的灵魂；斯大林却根本无视实践的发展，而是把自己主观认定的原则作为出发点，用理论教条去匡范现实。例如，关于阶级斗争不断尖锐化的观点、关于商品生产和价值规律本质上与社会主义不相容的观念，斯大林都是从原则出发进行推论的。他在反驳雅罗申克（Л. Д. Ярошенко）的经济观点时，概括自己的论据说：“如果用一句话来评定雅罗申克同志的观点，那就应该说，他的观点是非马克思主义的，因而是极端错误的。”[②]斯大林的这一哲学立场，使马克思主义理论完全成了为各种决策进行辩护的引文集合，而不是认识世界的思想指南。这种思想导向长期左右着苏联思想界，成为一种风尚，对此，斯大林是难辞其咎的。

另一个是唯物史观的问题。斯大林背离了历史的辩证法，歪曲了经济基础和上层建筑的辩证关系，认为资本主义的经济基础既然被消灭了，那么耸立于其上的全部上层建筑，包括政治、法律、宗教、艺术、哲学的观点也就轰然坍塌了。他说：“上层建筑是某个经济基础存在和活动的那一个时代的产物。因此上层建筑的生命是不长久的，它是随着这个基础的消灭而消灭，随着这个基础的消失而消失。”[③]这样，斯大林

① 兹·穆尼什奇. 今日苏联哲学的正统思想.《苏联问题译丛》编辑部编译. 苏联问题译丛：第十辑. 生活·读书·新知三联书店，1982：278.

② 斯大林. 苏联社会主义经济问题//斯大林. 斯大林文集. 人民出版社，1985：642-643.

③ 斯大林. 马克思主义和语言学问题//斯大林. 斯大林文集. 人民出版社，1985：550.

就完全否定了意识形态的相对独立性，也否定了人类精神文化进步中的间断性和连续性的辩证关系，完全否定了文化传统和文化传承对文明进步的意义。恩格斯指出："但是，每一个时代的哲学作为分工的一个特定领域，都具有由它的先驱者传给它而它便由此出发的特定的思想资料作为前提。因此，经济上落后的国家在哲学上仍然能够演奏第一小提琴。18 世纪的法国对英国（而英国人哲学是法国人引为依据的）来说如此，后来的德国对英法两国来说也是如此。"①有人辩解说，斯大林所说的"消灭"，指的是退出历史舞台，是指辩证的否定，是扬弃而不是简单的抹去。如果说有问题，也只是用语不准确而已。②如果我们从 20 世纪 40 年代末到 50 年代初苏联主流意识形态的基本指向看，就会发现，从本质上说，斯大林对马克思主义以外的文化是采取极端排斥态度的。按照斯大林的指导思想，在社会主义革命胜利后，无产阶级必须割断与历史上一切旧的意识形态的联系。在哲学领域，当时苏联理论界流行的看法是，自从马克思主义哲学产生以后，所有的西方哲学流派都是反动的，反对这种立场就是"资产阶级客观主义"。对这一点，马斯洛夫（Н. Н. Маслов）的评论是很有道理的："这条路线也是为开展群众性运动反对'崇拜'资产阶级科学和否定对它进行研究甚至简单了解的必要性作某种准备。所以'旧的'和'新的'资产阶级哲学统统被宣布为反动的和完全与马克思主义敌对的意识形态。"③发生在战后年代的声势浩大的反世界主义的思想运动，正是这一指导思想的产物。

按照列宁主义的观点，无产阶级在夺取政权之后，不仅在经济上要实行对外开放，而且在文化上也必须面向世界，学习和借鉴世界各民族的先进文化。列宁说过："哲学史和社会科学史已经十分清楚地表明：在马克思主义里绝没有与'宗派主义'相似的东西，它绝不是离开世界

---

① 恩格斯. 威廉·施米特（1890 年 10 月 27 日）//马克思，恩格斯. 马克思恩格斯选集：第 4 卷. 人民出版社，1972：436.

② 叶卫平. 千秋功过，谁人评说？西方"斯大林学"研究. 中国人民大学出版社，1993：390.

③ 尼·尼·马斯洛夫. 斯大林主义意识形态：形成的历史及其实质//马尔科维奇，塔克，等. 国外学者论斯大林模式：下册. 中央编译出版社，1995：860.

文明发展大道而产生的故步自封、僵化不变的学说。”[①]他明确指出：“无产阶级文化应当是人类在资本主义社会、地主社会和官僚社会压迫下创造出来的全部知识合乎规律的发展。”[②]当然，在对外开放中，出现无批判地接受西方资产阶级意识形态的倾向，这是应当警惕的；但是，不能因噎废食，更不能把西方乃至整个世界文化遗产都说成是一堆糟粕，而是要处理好继承和批判的辩证关系。

应当指出，当时斯大林对西方文化的态度也有矛盾之处。面对当时世界范围内科学技术的迅猛发展，在与西方科学发展的差距中，他已经感觉到有必要放手让科学家自由探索科学问题。况且政治上的反对派已经被粉碎，形势和 30 年代已大不相同，如何在与以美国为首的西方世界的综合国力竞争中取胜，已经成为头等大事。战争刚刚胜利，斯大林就说：“我不怀疑，如果我们对我国的科学家们给以应有的帮助，他们在最近期间就不仅会赶上，而且会超过国外科学的成就。”[③]当时，苏联科学技术与西方的差距已经开始表现出来。据英国学者戴维斯（R. W. Davies）的研究，从计算机、核能、数控机床等八个关键技术领域的创新水平比较，从 1940 年到斯大林逝世后的 50 年代中叶，苏联有七个领域落后于美国 2～17 年[④]。斯大林想必已经认识到毕竟不能通过政治命令达到这一目的。就在 1948 年，斯大林在修改李森科在农业科学院 8 月会议的报告时，亲手删去了关于“资产阶级生物学”之类的提法。但是，在这个问题上，斯大林似乎不无顾虑，他始终没有公开明朗地直接否定自然科学的阶级性，当时只有最高层的极少数人才了解斯大林思想的这一新转向。两年后（1950 年）斯大林的著作《马克思主义和语言学问题》发表，也只是把语言排除在上层建筑之外，不过也正因如

---

① 列宁. 马克思主义的三个来源和三个组成部分//列宁. 列宁选集：第 2 卷. 人民出版社，1972：441.

② 列宁. 青年团的任务//列宁. 列宁选集：第 4 卷. 人民出版社，1972：348.

③ 斯大林. 在莫斯科市斯大林选区选举前的选民大会上的演说//斯大林. 斯大林文集. 人民出版社，1985：483.

④ R. W. Davies. 苏联工业的技术水平. 科学与哲学（研究资料），1983（5）：78.

此，人们才敢于设想社会中还有各阶级共有的要素。但是，仍然很少有人想到斯大林对语言超阶级的论断也适用于自然科学。所以，尽管斯大林有意淡化“自然科学的阶级性”的政治理念，但就连主管意识形态的中央书记日丹诺夫都没有理解，遑论他人。因此，战后苏联社会思想领域从总体上说并没有发生根本变化。同时，如上所述，斯大林的基本哲学观点是一贯的，他始终坚持认为西方文化和意识形态完全是反动的和腐朽的。而且由于战后两大世界体系的形成，文化孤立主义的倾向迅速发展起来。在战争期间，通过在反法西斯的斗争中与同盟国的广泛合作，东西方国家和人民之间的交往密切起来，苏联的一批敏感的知识分子对西方文化、特别是西方先进的科学技术有了深入的了解，从而产生了与西方进行文化交流并向西方先进文化学习的强烈愿望。但是，这与斯大林对战后世界历史进程的认识是完全对立的，因为按照两大世界体系的理论，这种对话和交流是对西方腐朽的社会体系的容忍、接纳、认同和投降，是对苏联先进的社会主义制度和苏维埃祖国的背叛。正如罗西亚诺夫（К. О. Россиянов）所指出的：“在政权对科学的态度上，强调的新的重点是强化国家主义和民族主义的倾向。”[①]这就是党的高层决策者提出反对世界主义口号的背景。世界主义（космополитизм）源于希腊文 κοσμοπολιτηζ，词根的本意是世界公民[②]。这一说法被用来指称那些主张向西方实行文化开放的人们。按照官方的定义，世界主义的表现是：“崇拜反动的资产阶级文化，否定苏维埃文化的伟大成就，贬低和忽视俄罗斯民族和它所创造的先进科学、文学和艺术的卓越作用，轻视苏联其他民族的先进的民族传统。”[③]问题在于这些泛泛的提法并没有规定明确的政策界限，于是和过去的思想运动一样，只要是对西方文化

① К. О. Россиянов. Сталин как редактор Лысенко. Вопросы философии，1993（2）：56.

② 按照斯多葛主义者爱比克泰德（Epictetus）的说法，是苏格拉底创造了“世界公民”这个术语：“如果哲学家对上帝和人之间的亲缘关系的断言是正确的，那么就应当用苏格拉底的一句话来回答有关祖国的问题：我不是雅典人，也不是科林斯人，我是世界公民。”

③ 罗森塔尔，尤金. 中共中央马克思恩格斯列宁斯大林著作编译局译. 简明哲学辞典. 人民出版社，1958：72.

做了正面评价，而对俄罗斯及苏联文化做了某种批评（甚至只是做了低于西方的评价），都一律被斥为“世界主义”，立即受到围攻。

反世界主义的运动最初是从文艺领域开始的。1946 年 8 月，苏共中央就连续发布关于《星》《列宁格勒》杂志和话剧院剧目的决议，批判文艺界“崇拜现代西欧资产阶级文化”。1946 年 9 月，在列宁格勒党的积极分子和作家会议上，负责意识形态的苏共（布）中央书记日丹诺夫做了长篇报告，猛烈抨击了诗人阿赫玛托娃（А. А. Ахматова）、作家左琴科（М. М. Зощенко）和音乐家肖斯塔科维奇（Д. Д. Шостакович）。而哲学界清算世界主义则是发端于批判格·亚历山德罗夫的《西欧哲学史》。亚历山德罗夫并非无名之辈，当时是苏共中央宣传鼓动部部长，被称作苏联“马克思列宁主义哲学的天才代表者”。他这本《西欧哲学史》是苏联高等教育部审定的高校教材，在苏联部长会议斯大林奖金评审委员会上，受到官方哲学家们的高度赞誉，被说成是“最深刻的哲学研究”，并由斯大林亲自批准授予斯大林奖金。但是，形势很快就发生了变化。一位专门研究战后苏联哲学领域思想斗争的学者叶萨科夫（В. Д. Есаков），在其专题论文《1947 年哲学争论的历史》中指出：“作为党的机关的一位领导者，作为斯大林最亲密的走卒之一，亚历山德罗夫已经意识到，斯大林领导集团的政策指向发生了重大的改变，和不久以前的盟友的相互关系紧张起来，国家间的交往开始减少了，也就是说，显示出即将形成的‘冷战’政策的趋势。只不过他未必预见到自己会成为这一改变的头一批牺牲者罢了。”①正是这本《西欧哲学史》被当局选定为哲学社会科学战线反世界主义的突破口。

早在 1946 年 11 月 18 日，莫斯科大学教授别列茨基（З. Я. Белецкий）就上书斯大林，指责亚历山德罗夫的书没有从“思想政治方面”评价德国古典哲学的代表康德、黑格尔等，对哲学史做了“蛮横粗暴的学院式说明”。这位教授进言说：“我认为，对当前我国意识形态战

① В. Д. Есаков. К истории философской дискуссии 1947 года. Вопросы философии，1993（2）：85.

线的哲学领域必须给予特别的关注。”[1]这显然引起了斯大林的注意，从而使这本书在苏共中央最高领导那里挂了号。果然，12月26日苏共中央书记处就做出《关于组织亚历山德罗夫同志〈西欧哲学史〉一书讨论会的决议》，责成苏联科学院哲学研究所筹办。根据书记处的决定，会议参加者为哲学和社会科学的研究人员和教师，中央党和国家部委办局的工作人员，宣传、文化、教育和新闻单位的负责人，还包括武装力量和莫斯科市的有关人员，总共300人，名单由中央书记处圈定，发言提纲事先送交中央书记处书记日丹诺夫审阅。显然，最高当局并不是要开一次普通的学术会议，而是要借题发挥，召开一次最高规格的政治会议。会议按计划于1947年1月14、16、18日如期召开，但结果却没有实现“预定目标”。3月14日，中央书记处开会讨论《关于亚历山德罗夫〈西欧哲学史〉一书出版的哲学讨论会总结》，并形成决议指出：中央委员会得出结论，“按照那种形式所进行的讨论是苍白的、浅薄的、无成效的，因此没有得出应有的结论。所以中央委员会决定组织新的讨论。”[2]随即中央书记处指定由中央书记日丹诺夫组织第二次讨论会，日期定在1947年6月。这次会议的组织更加慎重，仅会议代表名单就做了两次补充，特别是责成日丹诺夫在会上做基调报告。会议于6月16～25日在列宁格勒举行。6月23日，在做报告的前两天，日丹诺夫将讲话草稿送交斯大林审查，斯大林逐字逐句做了审阅，在总共41页的文稿上做了21处修改，这就是著名的《日丹诺夫在亚历山德罗夫〈西欧哲学史〉一书讨论会上的讲话》。

日丹诺夫的报告是一篇难得的“经典性”文献，它集中表现了在社会主义民主被扼杀的政治体制下，哲学和自然科学的学科性质、研究对象、发展方向、思考方式是怎样被扭曲的。归纳起来，日丹诺夫讲话的主题主要是：

---

① В. Д. Есаков. К истории философской дискуссии 1947 года. Вопросы философии，1993（2）：85-87.

② Дискуссия по книге Г. Ф. Александрова История западноевропейской философии. Вопросы философии，1947（1）：5.

（1）强调哲学和自然科学的党性。讲话批评《西欧哲学史》说“教科书中对哲学观点的说明是抽象的、客观的”，斯大林在修改时又加上了“不偏不倚的”[①]，亦即所谓“客观主义”，因此是“不问政治”和“无视党性原则”。报告强调，不仅哲学和社会科学是有党性的，自然科学也是一样，并给西方科学带上“资产阶级科学”的帽子[②]，说：“现在资产阶级科学供给宗教和神学以新的论证”。

（2）号召在所有知识领域开展反对一切非马克思主义、非无产阶级思想的斗争。报告对马克思主义以外的文化遗产不加区分，一律视为斗争对象：“马克思主义在同各派唯心主义蒙昧的所有代表的斗争中产生、成长和胜利。”此处“蒙昧”一词是斯大林所加。报告严厉批判了“崇拜外国”“奴颜婢膝崇拜资产阶级哲学”的倾向，号召“由完美的马克思主义理论所武装起来”的“战斗哲学家组成的队伍”，“向国外敌对思想，向国内苏联人的意识中资产阶级思想的残余作全面的进攻”。

（3）鼓吹大俄罗斯爱国主义。报告抨击《西欧哲学史》“没有包括俄国哲学发展史”，反对“人为地把哲学史分为西欧哲学史和俄国哲学史”，反对“把文化划分为‘西欧’文化和‘东方’文化”，认为这是对俄罗斯文化的贬低。

经过斯大林亲自修改的日丹诺夫报告，“把发言草稿转变为得到‘最高层’认可的党的方针”[③]，它立即产生了巨大的反响，在自然科学领域也迅速掀起了反对世界主义的斗争狂澜，报刊和各种媒体上发出阵阵喧嚣。“在自然科学中坚持党性原则”，“世界上根本没有无党性的科学”，“阶级社会中没有也不可能有统一的世界科学”等极左的口号满天飞。同时，毫无根据地贬低西方自然科学的成就，竟然编造出“资产阶级科学的总危机”的荒诞命题，说什么“资产阶级科学在这个或那个有限部门还能做一点积极工作，但已经不能解决最重要的原则问题了”。

---

① В. Д. Есаков. К истории философской дискуссии 1947 года. Вопросы философии，1993（2）：92.

② 这里可以看出，至少在1947年时，斯大林尚未改变自己在30年代坚持的“自然科学的阶级性”的观点。下面将看到，直到在准备1948年8月农业科学院会议时，他才修正了这一提法。

③ В. Д. Есаков. К истории философской дискуссии 1947 года. Вопросы философии，1993（2）：92.

尽管当时一些头脑清醒的人也曾提醒主管意识形态的党内高级领导，注意掌握理论和政策界限，但由最高领袖鼓动起来的思潮和舆论，已经势不可挡，理智的声音如蚊声细语，迅即被这雷鸣般的“主旋律”淹没了。苏沃洛夫（С. Г. Суворов）是当时的苏共中央宣传鼓动部部长格·亚历山德罗夫的助理，也是该部的科学秘书，是一位物理学家。他针对日丹诺夫报告中对现代物理学所做的错误哲学解释，写信直抒己见。日丹诺夫报告中说，现代资产阶级原子物理学家的康德主义歪曲，导致**用不带能量的某种波的总和代替物质**的结论。苏沃洛夫认为上文用黑体标出的提法是错误的：“现代物理学指出，与实物一起并与之相互作用的是各种物理场的存在——电磁的、引力的、也许还有介子的场。这些场和具有原子－分子结构的实物一样，是物质的一种物理形态。”他深刻地指出，日丹诺夫的提法会导致一种误解，似乎“辩证唯物主义只承认物质的特定的（原子形式的）结构形式”，从而将造成一种十分有害的结果，即使人错误地以为“辩证唯物主义力图把物理学‘纳入自己的公式’而阻碍它的发展”。他预感到当前由高层领导发动的这场思想斗争，将威胁到科学的健康发展，因而忧心忡忡地说：“那样一些物理学家并没有销声匿迹，他们顽固地同现代物理学进行徒劳无益的斗争，否认其成就，不顾事实，拒绝相对论、量子力学，虽说现在没有这些结论甚至无法建造强大的回旋加速器和稳相加速器以及其他原子核裂变装置。”[①]这位苏沃洛夫确有真知灼见，他不幸而言中了，不久这股意识形态的祸水果然流向了相对论、量子力学等现代科学理论领域。可是，这番逆耳之言与最高当局的意向是大相径庭的，所以日丹诺夫根本听不进去，结果是在报告正式发表时，只不过把“不带能量的”这个定语去掉了事[②]。马姆丘尔、奥伏钦尼科夫（Н. Ф. Овчинников）和奥古尔佐夫（А. П. Огурцов）等在《国内科学哲学：初步总结》中总结了

① В. Д. Есаков. К истории философской дискуссии 1947 года. Вопросы философии，1993（2）：95-96.

② В. Д. Есаков. К истории философской дискуссии 1947 года. Вопросы философии，1993（2）：95-96.

战后时期意识形态领域斗争的本质。一位是美国研究苏联自然科学哲学的专家格雷厄姆，他认为这段历史是科学内部“真正的学者和无知的干进务入之徒及意识形态狂热分子”之间的斗争；另一位是俄罗斯学者佩琴金（А. А. Печенкин），他认为当时在科学中发生的事情具有一种宗教仪式的性质：“人们的思想是宣誓效忠于战无不胜的马克思—恩格斯—列宁的学说和本国科学的传统。”[①]下面列举的一系列事件证明，这两种说法至少在现象学上是有事实根据的。

一、哲学：凯德洛夫（Б. М. Кедров）被罢黜

在苏联哲学界，凯德洛夫是一位不寻常的人物，是充满智慧而又毕生追求真理的学者。1993 年 11 月，苏联解体之后，俄罗斯《哲学问题》杂志编辑部召开会议纪念凯德洛夫诞辰 90 周年。杂志主编列克托尔斯基（В. А. Лекторский）在发言中，把凯德洛夫的学术成就和英美科学哲学的历史社会学派代表人物库恩（T. Kuhn）等做了比较，然后指出，两者的不同在于：“博尼法季・米哈依洛维奇（凯德洛夫的名字和父称——作者注）是坚定的马克思主义者。在政治上，意识形态上，社会实践上，他对我国社会生活中的很多做法都不赞成。但他相信民主社会主义是必要的和可能的，相信马克思的人道主义的和科学的原理是最富成效的。”[②]的确，凯德洛夫的整个学术生涯表明，他与极左的教条主义和文化专制主义是根本对立的，始终坚持不懈地为维护科学真理的独立性和科学探索的自由而斗争。因此，1947 年，凯德洛夫首当其冲，成为哲学界批判世界主义的头号靶子。

在亚历山德罗夫《西欧哲学史》一书讨论会召开时，凯德洛夫就表现了与主流意识形态不同的立场。凯德洛夫在会上所做的情绪激昂的发

---

① Е. А. Мамчур，Н. Ф. Овчинников，А. П. Огурцов. Отечественная философия науки：предварительныеитоги. РССПЭН. М.，1997：167.

② Б. М. Кедров. Путь жизни вектор мысль. Вопросы философии，1994（4）：35.

言中，表达了战后苏联哲学界对解放思想的渴望，反复强调开展“创造性的讨论”“创造性的研究”。日丹诺夫讲话后，米丁等竞相表态效忠，而凯德洛夫却立即写信给日丹诺夫，直言不讳地说：“如果您能听我的意见，那么我同样也可以举出一些重大的事实，表明有通过阉割马克思主义的创造性而对它进行特别修正的种种迹象。”[①]凯德洛夫此时强调“马克思主义的创造性”，说明他对哲学领域的教条主义、思想僵化深恶痛绝。就在这次会后，联共（布）中央决定创办《哲学问题》杂志，一些觊觎主编位置的人纷纷毛遂自荐，甚至提出“刊登斯大林同志的马克思主义哲学学派带头人的先进论文”的编辑方针来打动最高领导，以求谋得这个重要职位。不知苏共领导层是如何考虑的，1947 年 7 月 19 日苏共中央书记处通过决议，最后确定的主编人选却是凯德洛夫。

凯德洛夫上任后，主要工作是落实头两期杂志的出版。当时这份杂志非同小可，不仅编委的组成和办刊的方针等原则问题由联共（布）中央书记处或中组部敲定，就连每印张稿酬 5000 卢布也是书记处确定的。凯德洛夫虽然权力有限，但却在可能范围内尽量为创造性的研究开绿灯，贯彻自己的哲学主张。按书记处的决定第 1 期主要发表《西欧哲学史》讨论会的有关文件和发言，但凯德洛夫认为其中三篇发言观点偏颇，言辞过激，给现代科学理论胡乱扣上意识形态的帽子，为此他于 7 月 26 日（即上任仅仅一周后）致信日丹诺夫，不同意发表这些稿子。例如，他指出季米里亚捷夫的发言把苏联物理学家说成是“马赫主义者”，诬蔑他们“按国外的指示行事”，甚至说“我国所有的杂志和出版社都是哥本哈根学派的代表掌权”。凯德洛夫坚决主张：“所有这些对苏联科学过分尖刻和不分青红皂白地攻击都必须无条件地删除。”[②]日丹诺夫对此也做不了主，他写信向斯大林请示，而斯大林只同意撤下一篇，包括季米里亚捷夫的另两篇经斯大林的首肯照发不误。如果说第 1 期的

---

① В. Д. Есаков. К истории философской дискуссии 1947 года. Вопросы философии，1993（2）：93.

② В. Д. Есаков. К истории философской дискуссии 1947 года. Вопросы философии，1993（2）：100.

出版凯德洛夫只是提了不同意见，那么第 2 期的组稿和发刊他却大胆地自行其是了。其中马尔科夫（М. А. Марков）的《论物理知识的本性》一文，对现代物理学知识的辩证性质做了完全不同于当时苏联主流观点的说明；施马尔豪森的论文《现代生物学中的整体概念》主张生物个体发展具有自主性，有机体的发育存在内在的规律性，实际上是挑战李森科的理论。显而易见，这些文章都是"离经叛道"的，很快就引起了意识形态领导的注意。1947 年 12 月 16 日，日丹诺夫等三位中央书记处书记发出《关于哲学战线的形势》的指示信，就《哲学问题》第 2 期的问题，严厉批评了杂志编辑部。书记们指出："一些重点论文使杂志偏离了迫切的现实问题"，指责在第 2 期的发稿计划中，甚至看不到诸如哲学的党性这样的哲学工作的基本问题，相反，"杂志的编辑们却一再重申自己的'信条'"。指示信说："杂志重新把哲学工作形式化了，不是把重心指向研究与建设共产主义的根本任务相关的当代现实问题上，不是积极地参与同资产阶级势力的意识形态斗争，而是去建构完全'体系化'、'总体化'、'概括化'的鸿篇巨制。"中央要求杂志根据哲学讨论会的精神重新审查第 2 期的内容。但是，凯德洛夫采取了巧妙的斗争艺术，例如他利用正在筹办物理学讨论会的机会，在马尔科夫的论文下面加上由苏联科学院主席团成员斯·瓦维洛夫（С. И. Вавилов）亲自撰写的脚注——"供讨论用"，并通过中宣部的科学秘书苏沃洛夫通融新上任的中央宣传鼓动部部长谢皮洛夫（Д. Т. Шепилов），结果第 2 期虽然迟至 1948 年 2 月 2 日才出版，但包括马尔科夫和施马尔豪森的文章在内的重点论文终于得以发表[①]。

但是，当局对凯德洛夫的异己行为是不能置之不理的。从 1948 年《哲学问题》第 3 期起，凯德洛夫被免职。与此同时，对他的批判逐步升级。他在哲学讨论会前后发表的四部著作：《论自然界的质量变化》《恩格斯与自然科学》《论自然科学发展之路》《从门捷列夫到当代元素

① В. Д. Есаков. Миф и жизнь. Наука и жизнь，1991（11）：117-118.

概念的发展》，都被定性为“世界主义的完整理论表现”。正统观念的卫道士米丁再次充任主力打手。1949 年 3 月 9 日和 16 日，米丁在他自己主编的《文学报》上，发表了长篇连载的文章《论苏联哲学中的世界主义“理论”》，集中火力批判凯德洛夫。

米丁从三个方面批判了凯德洛夫的“世界主义”。

第一个方面是攻击凯德洛夫鼓吹资产阶级客观主义和唯心主义，说：“凯德洛夫的世界主义观点是和他反马克思主义的唯心主义观点密切地结合在一起的。”理由首先是，凯德洛夫只关心科学发展的逻辑过程，“他的言论中一字不提社会中所反映的阶级斗争，一字不提科学中唯心主义和唯物主义的斗争。”其实，凯德洛夫正是抓住了马克思主义认识论研究中的薄弱环节，特别致力于科学发展的内部史（internal history）研究，填补了这一领域的空白。而且，这不是一个单纯的学理问题。凯德洛夫之所以不遗余力地倡导“认识论主义”，恰恰是因为他看到三十年代苏联哲学界主流意识形态的痼疾——用先验的教条代替对活生生的人类社会实践的研究，封杀创造性的思想。在战后苏联哲学界强烈要求冲破教条主义的束缚、渴望思想解放的普遍气氛中，凯德洛夫一马当先，把认识论问题提到了哲学研究的中心地位，而这是对主流意识形态的公然挑战。1947 年，拟议召开全苏哲学大会，在凯德洛夫的倡议下，会议增设了自然科学哲学组。这段历史的研究者巴特金（Г. Г. Батыгин）和杰维亚特科（И. Ф. Девятко）指出，凯德洛夫的目的是要“体现哲学工作者包括一些著名的物理学家、化学家和生物学家的新观念。其实是对哲学家在跨学科的大杂烩中所起的作用心存疑虑”，其矛头直指把哲学研究所当成科学院的“政治部”的方针①。在政治上极端敏感的米丁立即嗅出了凯德洛夫的异端倾向及其矛头所指，所以他以“擒贼先擒王”的策略上纲上线，说凯德洛夫当之无愧地是“搬运世界

① Г. С. Батыгин，И. Ф. Девятко. Дело академик Г. В. Алексадрова эпизоды 40-х годов//В. А Лекторский. Философия некочается…. Из истории отечественнной философии XX век. 1920～1950-е годы. РОССПЭН，1998：202.

主义思想和侵害我们哲学战线的集团的‘思想感应者’”[①]。

第二个方面则是攻击凯德洛夫是“资产阶级意识形态的偷运者”。米丁认为，在苏联的物理学界中，“有一个明显地充满着世界主义情绪的苏联物理学家集团，许多年来在他们的活动中完全以西方科学家马首是瞻”。米丁点出这些“反动科学家”的名字——弗伦克尔（Я. И. Френкель）、海金（С. Э. Хайкин）、马尔科夫和金兹堡（В. Л. Гинзбург），指责他们贩运西方权威海森堡（W. Heisenberg）、波尔、狄拉克（P. Dirac）和薛定谔（E. Schrödinger）等的唯心主义、不可知主义和非决定论。米丁认为，凯德洛夫“以他的‘科学’活动来支持和感召这个集团，供给他们‘理论的’、哲学的武器”。在生物学领域，米丁攻击凯德洛夫“不但不揭发魏斯曼和摩尔根派的唯心主义反动观念，实际上反而是支持他们的”。在米丁看来，凯德洛夫支持西方资产阶级意识形态的罪证除了他本人的著作外，更严重是他主编的《哲学问题》杂志“并没有在保卫唯物主义和反对现代唯心主义反动派方面显露过战斗的党性”，却发表“‘哥本哈根派’物理学家的忠诚的拥护者和追随者”马尔科夫和“我国魏斯曼和摩尔根派的领袖”施马尔豪森的论文，分明是和斯大林的路线对着干：“是为我们那些崇拜哥本哈根‘大师’的物理学家说话”，“不但不揭发魏斯曼－摩尔根派的唯心主义反动观念，实际上反而是支持他们的”[②]。

第三个方面是攻击凯德洛夫的“欺宗灭祖的虚无主义”。凯德洛夫认为，自然科学的内容是客观自然界的规律，因此是价值中立的，不受阶级性和民族性的囿限，具有普遍性，从这个意义上说，科学无国界，应当提倡“科学中的国际主义”。凯德洛夫以科学进步的客观标准，比较了俄罗斯学者和西方学者在某一具体科学问题上的成就，针对当时流行的大俄罗斯主义的沙文主义思潮，实事求是地指出：“这些人有时从

① 米丁. 论苏联哲学中的世界主义“理论”//龚育之，柳树滋. 历史的足迹. 黑龙江人民出版社，1990：269、286.

② 米丁. 论苏联哲学中的世界主义“理论”//龚育之，柳树滋. 历史的足迹. 黑龙江人民出版社，1990：287-288.

很好的动机出发，企图把有些发现归在这个或那个俄罗斯科学家的名下，但是这些发现不但不是他们所完成的，而且根本不可能在那个时代完成。”他具体指出，拉瓦锡（A. L. Lavoisier）独立于罗蒙诺索夫（M. B. Ломоносов）发现了质量守恒定律，为定量化学奠定了理论基础。后来，凯德洛夫曾在另外的地方指出，罗蒙诺索夫阐述质量守恒定律的独创性需要进一步考证[①]。但在米丁看来，这些科学史的实证研究是为了“阻止对于祖国科学所创造的一切精神财宝的发掘工作”，就是“媚外”和“反爱国主义”[②]。米丁认为，凯德洛夫不肯随声附和任意夸大俄罗斯科学家的成就，并肯定西方科学家具有世界历史意义的贡献的言论，“对于一切不爱自己祖国、不爱自己社会主义文化的坏坯子，是一种‘理论基础’”，甚至“是有利于美国间谍的呓语”[③]。

凯德洛夫的下台是一个信号，表明最高决策层决心不仅在政治领域，而且在思想领域实行“全面专政”。1948 年出版的《哲学问题》第 3 期果然改弦易辙，号召对自然科学唯心主义开战。薛定谔、爱丁顿（A. S. Eddington）、赖兴巴赫、卡尔纳普（R. Carnap）、弗兰克（P. Frank）等受到了集中的批判，而这一期杂志就成为苏联自然科学哲学史上官方正统观点处于鼎盛时期的一个标志。对苏联自然科学哲学来说，反世界主义的一个严重后果就是在自然科学中发动了一场前所未有的意识形态讨伐，当代科学一系列最新成果遭到粗暴的否定，给苏联自

① 见凯德洛夫为《科学传记辞典》所写的条目“罗蒙诺索夫”。参见洛伦 · R. 格雷厄姆，叶式辉、黄一勤译：《俄罗斯和苏联科学简史》，复旦大学出版社，2000 年，第 19 页。科学史家大都肯定罗蒙诺索夫确实已经有了质量守恒定律的思想。但是，正如莱斯特（H. M. Leicester）所说，西方对罗蒙诺索夫的大部分著作不甚了解，“因而他在这一方面对科学思想的进步没有产生什么影响”。况且罗蒙诺索夫和 17 世纪以来许多化学家一样，都只是“提到”这一思想（只不过罗蒙诺索夫的表述更加清楚），而拉瓦锡却是基于氧化燃烧实验，立足于科学的元素理论，使用了化学方程式的规范表达方式，使这一定律成为严格的科学定律，从此，“化学科学开始进入一个新纪元，取得了令人几乎难以置信的进步”（亨利 · M. 莱斯特. 化学的历史背景. 商务印书馆，1982：162.）。

② 米丁. 论苏联哲学中的世界主义“理论”//龚育之，柳树滋. 历史的足迹. 黑龙江人民出版社，1990：275.

③ 米丁. 论苏联哲学中的世界主义“理论”//龚育之，柳树滋. 历史的足迹. 黑龙江人民出版社，1990：273.

然科学和技术的发展带来了不可估量的损失。

二、物理学：反哥本哈根学派和批判爱因斯坦相对论

20 世纪理论物理学的最高成就是相对论和量子力学，这是举世公认的。经过近半个世纪的发展，到世纪中叶，物理学的这两大分支在理论上已经成熟，同时，不仅在实验上，而且在技术应用上都取得了光辉的成就。可是，作为现代物理学最大光荣的这两个理论，在 20 世纪 40 年代到 50 年代之交的苏联却成为思想斗争的牺牲品，这真是科学史上罕见的咄咄怪事。

的确，在苏联物理学界的巨擘中，许多人与量子力学的创始人有很深的学术渊源。如诺贝尔奖得主卡皮查出身于卡文迪什实验室，是卢瑟福（E. Rutherford）的弟子；另一位诺贝尔奖得主朗道则在丹麦哥本哈根直接师从波尔，以致他和也是诺贝尔物理学奖获得者的塔姆以及布龙斯泰因（М. П. Бронштейн）一起被称作哥本哈根学派的“苏联分部”；专门研究相对论和量子力学的著名物理学家福克院士与波尔和海森堡等西方学者，毕生保持着密切的学术联系，也是所谓“苏联分部”的重要成员。可以说，苏联物理学家在理论物理学的前沿领域有高深的造诣，他们一直是以自己的独创性成果与本学科的世界级大师进行平等的对话。不幸的是，恰恰是这一点，成了他们的罪状，因为他们的国外同行都是被苏联意识形态主管定性的“英美反动科学家”，而与他们过从就是“充满着世界主义情绪”，介绍他们的观点则是充当“物理学唯心主义的传播者”。在这一领域发生了两起典型的事件。

第一个事件是在量子力学领域发生的“马尔科夫事件”。

马尔科夫是苏联著名的理论物理学家，专攻量子电动力学和相对论量子力学，后来（1966 年）成为苏联科学院院士。如前所述，他的题为“论物理学知识的本性”一文招来了大祸。马尔科夫不仅是量子物理学领域真正的专家，而且对唯物辩证法有深刻的领悟，可以说，这是当

时立足于实证科学最新成就阐述科学认识论的一篇力作。作者面对围攻，始终坚持自己的观点，在学术上是十分自信的。40 年后，此文收入作者的文集《物理学的沉思》，作者在题注中说，该文“发表于《哲学问题》1947 年第 2 期，是为讨论而发的。从那时起，过去了差不多半个世纪，国内外物理学家和哲学家发表了许多著作和论文，从诸多方面考察了这一问题。……但是我认为，本文所阐述的问题的一些方面，即使对现代的读者仍然是有一定意义的。我相信，文中出现的一些陈旧的词语不会对它的普遍意义造成多大影响。”[①]马尔科夫在论文的题头引用了马克思《关于费尔巴哈的提纲》的第一段：“从前的一切唯物主义——包括费尔巴哈的唯物主义——的主要缺点是：对事物、现实、感性，只是从客体的或者直观的形式去理解，而不是把它们当作人的感性活动，当作实践去理解，不是从主观方面去理解。”[②]这是大有深意的，表明作者的锋芒所向直指陈腐的自然哲学观念，而这种观念在当时的苏联哲学界一直占据主流地位。贯穿全文的基本思想是，随着现代自然科学革命的深入发展，经典科学的世界图景和认知范式已经崩溃，其中量子力学对微观世界本质的揭示和对微观客体的特殊认知方式，使固守经典观念的哲学家手足无措，这是唯物辩证法的胜利。马尔科夫从本体论和认识论两方面做了深入的分析。他首先从本体论上研究了测不准原理。海森堡公式 $\Delta x \cdot \Delta p \geqslant h$ 的物理意义是：“在量子领域中，粒子的‘动量’和‘坐标’是相互冲突的概念：如果粒子处于具有确定的亦即准确给定的动量值的状态，那么确定的位置的概念就不适用于这种实在。”[③]怎样解释“微观世界规律的奇异性”呢？马尔科夫从本体论和认识论两个角度做了深刻的阐释。马尔科夫对测不准原理等量子力学规律的物理本性所做的说明，有两个要点。第一，必须区分宏观层次和微观层次，这是自然界中两个不同质的层次。问题在于，“经典的宏观力学

① М. А. Марков. Размышляя о физике···. Наука，1988：7.

② М. А. Марков. Размышляя о физике···. Наука，1988：1.

③ М. А. Марков. Размышляя о физике···. Наука，1988：11.

已经不适用于微观世界了。”[①]第二，无论量子力学的规律多么奇异，但却和宏观的经典力学规律一样，都是客观的，是独立于人的主观意识的。“量子理论不仅不否认客观世界在任何实验之前的存在，而且和经典理论一样，也是以这种存在为前提的。”[②]但是，随着认识向微观层次的深入，科学认识方式也必须相应地发生变革。坐标和动量都是在宏观层次的经典力学中提出的概念，而在微观领域已经失去了它们的经典含义。于是，这两个量值在经典力学中具有并存的准确性，而在量子力学中，其“同时准确的值是互相排斥的”[③]。在宏观世界我们获得的是关于客体的确然形式的信息，而在微观世界我们所得到的却是以波函数出现的或然形式的知识。同时，作为宏观生物的人，借助仪器观察微观客体，使“测量和观察本身本质地反映在观察结果中”，实际上是“参与”和“创造”了微观状态，这突出地表现了微观认识的特点。马尔科夫立足于革命的能动的反映论指出：“形而上学唯物主义只是从客体的或者直观的形式上，而不是从人类活动的形式上，去考察对象和现实，从而不能唯物主义地分析主体和客体的这种复杂的相互关系。”[④]在这里，马尔科夫实际上是向当时苏联哲学界领袖人物所代表的僵化的“本体论”挑战，显示了大无畏的理论勇气。

马尔科夫的挑战当即引起了轩然大波，有十几位学者参加了争论。有少数人拥护马尔科夫的观点，如著名量子力学家布洛欣采夫。但更多的是反对者。斯托尔查克（Л. И. Столчак）认为，马尔科夫强调“观察者”的作用是在自然科学中贩卖“拟人观”（anthropomorphism）；克鲁舍夫（И. К. Крушев）和米哈依洛夫（В. А. Михайлов）攻击马尔科夫抹杀了党性[⑤]。批评者中调门最高的是那些“斯大林学者”，他们认为

---

① М. А. Марков. Размышляя о физике…. Наука，1988：9.

② М. А. Марков. Размышляя о физике…. Наука，1988：48.

③ М. А. Марков. Размышляя о физике…. Наука，1988：15-16.

④ М. А. Марков. Размышляя о физике…. Наука，1988：50.

⑤ Дискуссия о природе физического знания：Обсуждение статьи М. А. Маркова. Вопросы философии，1948（1）：203-232.

《论物理学知识的本性》是贩卖哥本哈根学派主观唯心主义的代表作，是配合了资产阶级世界主义思潮的泛滥。这些正统派的哲学家对量子力学一窍不通，唯一的本事就是挥舞大棒。打前锋的又是那个马克西莫夫。他批判马尔科夫的文章题为“论一个哲学上的半人半马怪”，说马尔科夫的理论是一个把西方唯心主义的自然科学哲学观点和对辩证唯物主义的膜拜结合起来的怪物。[①]米丁当然不甘落后，他不懂装懂，公然批判“测不准原理”说：“这条物理学原理的名字本身就已经带着作者们的唯心主义观点的明显痕迹。”毫无根据地捏造说：“海森堡、波尔、薛定谔根据这一原理否定了电子的物理实在，否定了微观现象中的因果关系。”硬说“肯定电子的位置和速度在客观上都是不确定的”，就是主张“电子的意志自由”。如前所述，量子力学从来没有说过“位置和速度在客观上都是不确定的”，而是明确指出“不能同时准确地测量动量和坐标”。这位官方权威连量子力学的 ABC 还没有弄懂，却望文生义地攻击马尔科夫的论文，说：“这篇论文大大地发挥了反科学的主观唯心主义和不可知主义的观念。马尔科夫是‘哥本哈根派’物理学家的忠诚的拥护者和追随者，他竟随随便便就在苏联的哲学杂志上发挥和宣传波尔关于物理实在性的观点。”受过专业化学训练的凯德洛夫是懂得量子力学的，对微观世界的辩证法也做了认真的研究。他在《恩格斯和自然科学》一书中，明确指出测不准原理不取决于我们认识的完善与否，而是“取决于微观物体自身的本质”。凯德洛夫理所当然地支持马尔科夫，力排众议，果断地决定发表他的这篇异端作品，这就使他的罪过更大了：“利用……在该杂志中的地位来支持我们一部分哲学家的唯心主义观点，这些哲学家的哲学观点是从波尔、海森堡、薛定谔之流的来源中借来的。”[②]这成了凯德洛夫被解除《哲学问题》主编职务的直接原因。他刚一离职，《哲学问题》编辑部立即发表《编者的话》，检讨说：

---

① А. А. Максимов. Об одном философском кенавре. Литературная газета，1948：3.

② 米丁. 论苏联哲学中的世界主义“理论”//龚育之，柳树滋. 历史的足迹. 黑龙江人民出版社，1990：285-287.

“本刊对量子力学没有站对立场，特别表现在对待马尔科夫削弱辩证唯物主义的论文上。”①

第二个典型事件是围绕相对论的哲学争论。

在20世纪三四十年代的苏联，科学界和哲学界的多数学者对相对论是持肯定态度的。老一辈物理学家曼德尔施塔姆（Л. И. Мандельштам）对相对论的阐释，影响了整整一代苏联学人，而他对相对论的理解是与国际物理学界普遍接受的观点一致的。曼德尔施塔姆1932～1944年在莫斯科大学从事理论物理学教学，他的讲义编成五卷出版。关于相对论的第五卷在他逝世后的1950年问世，其中介绍了西方学者围绕相对论问题所做的认识论解释，在苏联科学家和哲学家中产生了深刻的影响。1948年经苏联高教部审定的物理学教材也都采用曼德尔施塔姆的观点。②但是，1947年，日丹诺夫在《在亚历山德罗夫〈西欧哲学史〉一书讨论会上的讲话》中，就已批判爱因斯坦的继承者的相对论宇宙学是把有限宇宙的运动规律推广到无限宇宙。在对世界主义铺天盖地的声讨中，“1948～1949年间，尖锐地提出了同爱因斯坦在相对论中发展了的主观主义进行斗争的问题”③。开始时，这种批判只限于对向量的哲学解释，但不久就转向针对相对论的科学理论本身。用格雷厄姆的话说就是：“苏联的批判家们的严重错误在于，从批判相对论的非形式化解释转向批判相对论本身。”格雷厄姆指名道姓地说：“马克西莫夫干得最欢，他最后不仅否定爱因斯坦的相对论，甚至连伽利略的相对性也否定掉了。”④马克西莫夫在《哲学问题》1948年第3期上

---

① От редакции. Вопросы философии，1948（3）：231-232.

② 如帕帕列克西等编写的《物理学教程》对同时性的说明是：“爱因斯坦指出，空间上分离的事件的同时性是一个定义问题：仅须约定，按定义相离多远的事件将被认为是同时的，就像我们在了解长度时约定，两个分离的点之间的距离是量杆（长度仪）的多少倍一样……基于另外一些仪器并根据适合这些仪器的度量方式，可以给出其他的长度和时间间隔的定义……”（Н. Д. Папалекси. Курс физики. Гостехиздат，1948：539.）

③ А. А. 马克西莫夫. 为现代物理学的唯物主义而斗争//龚育之，柳树滋. 历史的足迹. 黑龙江人民出版社，1990：457.

④ Л. Р. Грэхэм. Естествознание，философияи науки о человеческом поведении в Советском Союзе. Политиздат，1991：353.

发表《马克思主义的哲学唯物主义和现代物理学》一文，矛头直指爱因斯坦，说："爱因斯坦在其关于相对论的著作中写道：'这个例子清楚地表明，不存在孤立的轨道，所有的轨道都相对于一定的计量物体。'这一论断得出的哲学结论是彻底反科学的：不存在任何不依赖于坐标系统选择的客观上给定的物体轨道。"①和他在30年代的作风一样，马克西莫夫对相对论批判一仍旧贯，不顾科学事实，从思辨教条出发进行推论，抓住片言只语，望文生义，乱扣帽子。马克西莫夫的批判不对长度、时间和同时性这些概念做出严格的科学界定，而是诉求于常识和直觉，结果是破绽百出，暴露出作者对现代科学的极度无知。对上面所引述的关于运动轨道相对性的一段话，连《哲学问题》的编者也觉得实在无法向读者交代，不得不加了个脚注说，尽管编者赞同马克西莫夫批判现代物理学唯心主义观点的意愿，但是编者认为，他关于轨道的说法"并没有涵盖这个问题的全部复杂性"②。但是，马克西莫夫却越走越远，1952年6月13日他在《红色舰队报》上发表题为"物理学中反动的爱因斯坦主义"的文章，干脆给相对论戴上了政治帽子。这掀起了一股歪风，在当时的苏联上演了一出批判相对论的极度庸俗化的丑剧，最终竟然呼吁彻底抛弃相对论而另起炉灶。连确有真才实学、哲学上造诣匪浅的库兹涅佐夫（И. В. Кузнецов）都说："高速运动物体物理规律的真正唯物主义观点，使爱因斯坦的狭义相对论声名狼藉，而发展出截然不同的物理理论。"这个取代狭义相对论的"物理理论"是什么呢？发表这番狂言的论文集的题目已经做了说明："为了唯物主义的快速运动论而斗争"。这样高明的"理论"堂而皇之地被收进1952年马克西莫夫主编的"绿皮书"——《现代物理学哲学问题》③。

---

① А. А. Максимов. Марксистский философский материализм и современная физика. Вопросы Философии，1948（3）：114.

② А. А. Максимов. Марксистский философский материализм и современная физика. Вопросы Философии，1948（3）：114.

③ Р. Я. Штейман. За материалистическую теорию быстрых двежений//А. А. Максимова. Философские вопросы современной физики. Изд-во Акад. наук СССР，1952：72.

对科学的粗暴践踏在学术界引起了普遍的不满，这首先因为相对论已经是经过无数科学实验检验并在工程实践中普遍应用的科学真理。正如格雷厄姆所说："当然，直接摒弃相对论难以使人信服。当时物理学家们从各个方面运用狭义相对论，就像工程师使用牛顿力学一样随便。"[①]面对意识形态的高压，当时大多数苏联科学家只是希望继续正常进行科学研究而对"斯大林学者"从哲学上的粗暴干预十分反感。1951年，爱沙尼亚学者纳安在《论物理学中的相对性原理问题》一文中，就撇开哲学争论，从纯粹的科学角度尖锐地批评了马克西莫夫。纳安挖苦说，马克西莫夫断言狭义相对论的方程式是正确的，同时又说存在着绝对的轨道，这就等于说，乘法表是对的，但又否认 8×11＝88[②]。但是，敢于针锋相对与这股反科学逆流做斗争的也不乏其人，其中福克就是一个突出代表。福克在《哲学问题》1953 年第 1 期上发表了一篇旗帜鲜明地保卫相对论的论文——《反对对现代物理学的无知的批判》。福克坚持把爱因斯坦相对论的科学内容和他对相对论所做的哲学诠释严格区分开来。福克承认爱因斯坦的认识论确有实证主义的色彩，但他明确指出，相对论和量子理论一样，"在大量的实验材料中已被光辉的证实了，而且能够对一系列新的物理现象和规律做出非常重要和完全合理的预见"[③]。相对论是现代许多技术计算的基础，如果没有根据相对论原理所进行的计算，原子能和粒子加速器等工程技术的成功是不可想象的。福克以这样的证据雄辩地指出，相对论完全经得起实践标准的检验。福克认为，马克西莫夫等的错误首先是由于在科学上的无知，对此他们不但缺乏自觉，反而蛮横地抓住自己幼稚的日常经验不放。福克讽刺说："尽管马克西莫夫在评价物理学理论方面有多年的经验，但却未

---

① Л. Р. Грэхэм. Естествознание，философия и науки о человеческом поведении в Советском Союзе. Политиздат，1991：354.

② D. D. Comey. Soviet Controversies Over Relativity. The State of Soviet Science. MIT Press，1965：191.

③ В. А. Фок. Против невежественной критики современных физических теорий. Вопросы философии，1953（1）：174. 中译文参见龚育之，柳树滋. 历史的足迹. 黑龙江人民出版社，1990：444.

曾腾出空来研究相对论和它赖以建立的实验基础。”[①]福克认为，这些科盲的另一个错误是不懂辩证法，他们不能正确区分客观性和绝对性，不懂得运动的相对性也是客观世界的属性；他们也不懂得，相对性和相对主义并不是一回事。福克的这篇文章在科学上是有理有据的，在哲学上也的确体现了辩证法的精神。但是，奇怪的是，就在同一期，同时编发了马克西莫夫对福克此文的答辩文章，显然编辑部事先已把福克论文的底稿交给马克西莫夫，让他做了充分准备撰文进行“消毒”。这篇答辩文题为“为现代物理学的唯物主义而斗争”，文章除了重复那些建立在常识经验之上的陈词滥调和概念游戏之外，只是更加提高了政治调门，竟然说：“爱因斯坦及其拥护者不是在物理学中宣传唯物主义，而是鼓吹和传播唯心主义、形而上学和数学形式主义，向机械论观点倒退。物理学发展中的这些过程是帝国主义时代资本主义反动势力进攻的明显表现。”这样一来，爱因斯坦及其相对论就成了帝国主义反对派的反革命“第五纵队”，如此“科学”评价真是无以复加了[②]。

三、化学：对共振论的围剿

从1949年起，苏联在化学领域开展了对共振论（theory of resonance）的批判。这场批判运动很有特点，因为它不是从上面发动起来的，而是由下面某些人出于某种动机而挑起的。当然，其社会背景是当时苏联反世界主义和鼓动俄罗斯沙文主义的大气候。正是由于这种特殊性，我们可以看到，一种文化霸权话语一经形成，就会造成强大的社会冲力，它的影响甚至超出这种霸权话语操纵者的主观意图。所以，研究这段历史公案，是颇有教益的。

① 龚育之，柳树滋. 历史的足迹. 黑龙江人民出版社，1990：453.

② А. А. Максимов. Борьба за материализм в современной физики. Вопросы философии. 1953（1）：175-194. 中译文参见龚育之，柳树滋. 历史的足迹. 黑龙江人民出版社，1990：471. 此处译文作者有所改动。

共振论的思想渊源可以上溯到凯库勒（F. A. Kekule），他在发现苯的环状结构式时已经认识到，双键没有固定位置，而是来回不停地移动的。1916 年路易斯（G. N. Lewis）揭示了化学键的本质是不同原子进行键合的电子对，1927 年海特勒（W. H. Heitler）和伦敦（F. W. London）在量子力学基础上建立起价键理论，用量子力学变分法解决氢分子问题并提出了电子配对法。在这些工作的基础上，鲍林（L. Pauling）于 1928 年提出了共振论的思想，此后数年，他一直致力于完善这一理论，并于 1938 年发表《化学键的本质》一书，使共振论在有机化学中产生了广泛的影响。我国化学家邢其毅概括共振论的基本思想说："共振论实质上是把价键理论的方法用于更为复杂的分子。当一个分子可以写出一个以上的 Lewis 结构式时，则任何一个结构都不能圆满地表示它的结构。这就需要写出越多的结构式越好，每一个合理的结构，代表一个实际上不存在的极限式，并且假定真正的分子就是这些极限式的杂化体。于是分子的波函数就是以一定比例参加到总的结构中去的每一个极限结构的权重和它的波函数之和。"对这一理论，化学界历来有不同的看法，但近年来，多数人认为，共振论是化学结构理论发展的一个阶段，有一定合理性，也有错误和不足。由于 20 世纪 50 年代以来，人们注意到在研究某些分子时共振论与分子轨道理论（MO）具有一致性，因此库尔森（C. A. Coulson）等认为："VB（价键——作者注）法（至少在它的共振论译本中）近来得到了复活，哪怕是有限的。"①

问题在于鲍林一再声明共振结构是假想的，他断言："应用共振论来描述一个分子，例如苯时，所用的数个结构是构想出来的，而并不真正存在。但如果用这个理由作为对共振论的驳斥……那么，为了一致起见，也必须抛弃有机化学中的整个结构学说，因为古典结构学说中所用的结构要素，如碳—碳单键、碳—碳双键、碳—氢键都是唯心的，也并

① 邢其毅，等. 共振论的回顾与瞻望. 北京大学出版社，1982：7，11.

不真正存在。”[①]既然是一种虚构，为什么还要使用它呢？鲍林认为这是因为它是一种方便而有价值的方法。鲍林说：“借助共振论的概念，通过直接而简单地利用其他一些分子的性质，我们就能解释某种分子的属性。出于实践的理由，谈论几个电子结构之中的分子的共振，对于我们是方便的。”[②]姑且撇开鲍林的用语，应当说，他对共振论性质的认识并无不当之处。在科学上，构拟近似的结构模型去模拟真实的结构，是常用的研究方法。当年麦克斯韦就曾先后用不可压缩流体的模型和惰轮（idle wheel）模型去模拟电磁场，取得了巨大的成功。关键是模型理论能否合理地说明实验现象，能否预见客体的可观察性质。共振论以近似的经典结构的杂化即多种经典结构的叠加，来模拟真实的分子，确实对许多有机化学的实验现象和反应做出了合理的说明。我国学者戴乾圜指出：“近来发现，根据共振论的基本概念，可以用十分简洁的算术方法，得到复杂有机分子的能量及电荷分布等参数”，而且“达到高级分子轨道法的精度”[③]。这表明共振论在认识论上是无可指责的。至于鲍林使用“唯心”“方便”之类的语词，不符合我们的意识形态语境，那是不能苛求的。

但是，正是因为共振论的方法论特点和鲍林的特殊表达方式，在20 世纪 40 年代末苏联的意识形态背景上，引发了某些人的政治敏感，在本来平静的化学领域自发地掀起了阵阵风波。本来，苏联化学界几乎所有主要专家包括科学院院长涅斯米扬诺夫（А. Н. Несмеянов），都在自己的研究工作和著作中采用了共振论，并援引了鲍林的著作。1946年，瑟尔金（Я. К. Сыркин）和佳特金娜（М. Е. Дяткина）的著作《化学键和分子结构》出版，书中对共振论做了阐发。鲍林称赞此书是一部“优秀的著作”，并说两位作者是“现代俄罗斯（化学家）中的佼佼

① 黄化民. 对苏联在 1951 年批判共振论的看法//邢其毅，等. 共振论的回顾与瞻望. 北京大学出版社，1982：60.

② L. Pauling. The Nature of the Chemical Bond. Cornell University Press，1960：186.

③ 戴乾圜. 有机化学中分子轨道法的普及和共振论的发展//邢其毅，等. 共振论的回顾和瞻望. 北京大学出版社，1982：21.

者”。该书经苏联高教部审定为大学化学系的教材，并译成英文在美国出版。他们二人还是鲍林的代表作《化学键的本质》俄文版的译者。此时正值批判世界主义的思想运动如火如荼的时候，化学界的形势显得颇不协调。也许正是这一点刺激了伏罗希洛夫军事科学院教授、化学战专家切林采夫（Г. В. Челинцев），在其出版于1949年的著作《有机化学概论》中，他首先发难，断言共振论不仅是无效的，而且是把机械论概念导入化学，用非实在的东西来填补人类知识的空白。格雷厄姆认为："切林采夫著作的出版，把共振论抬到了苏联意识形态狂热时代的哲学争论的高度上。"①于是，一批化学家和哲学家一哄而上，一场批判化学中反动思潮的运动终于发动起来了。其中，最有代表性的文献有两篇。一篇是塔切夫斯基（В. М. Татевский）的《论共振论》，是作者在苏联化学会物理化学组1949年11月3日会议上的报告和在苏联科学院普通化学和无机化学研究所1949年11月25日会议上的报告，后经作者加工发表于《物理化学杂志》。此文提出了批判共振论的两个思想纲领。第一，共振论的哲学内容是马赫主义而不是机械论。理由之一是，"按照共振论，认识实际存在的分子的过程在于认识种种想象的、虚构的'状态'或'结构'的性质与关系"，因此是用研究主观意识内容代替对客观实在的研究。理由之二是，"按照鲍林的说法，便利与方便就是衡量理论的准绳所在"，因此就是主张马赫的"思维经济原理"。②第二，宣扬共振论就是鼓吹世界主义。这主要是因为共振论否定了俄国化学家布特列洛夫的观点。由于布特列洛夫主张分子的化学结构的基本特征可以通过一个确定的结构式来表示，而共振论却主张所采用的共振着的结构是可以任意选择的。瑟尔金和佳特金娜背叛了布特列洛夫，贬低门捷列夫及其周期律，只字不提天才的罗蒙诺索夫，"这是一条拜倒在国外科学面前的路线，是抹杀祖国科学的路线"。另一篇是这位塔切夫斯基

① Л. Р. Грэхэм. Естествознание，философияи науки о человеческом поведении в Советском Союзе. Политиздат，1991：297.

② 塔切夫斯基. 论共振论. 商燮尔，龚育之译. 科学出版社，1954：141-142.

与哲学家沙赫帕洛诺夫（М. И. Шахпаронов）合写的《论化学中的一种马赫主义理论及其鼓吹者》，进一步做出结论说："共振论可以成为一个例证表明，敌视马克思主义世界观的马赫主义认识论方针，引导资产阶级学者及其追随者在解决具体物理学和化学问题时，得出伪科学的结论。"①他们发出号召，要求消除苏联科学特别是化学中的缺陷。

在这样的气氛下，苏联科学院已经不能不表态了。于是，在一年半的时间里，苏联科学院连续召开了两次批判共振论的会议。第一次是苏联科学院有机化学研究所1950年1月2～7日召开的现代化学理论学术讨论会。由库尔萨诺夫（Д. Н. Курсанов）做了题为"化学结构理论的现状"的主题报告，指出这次讨论同生物学中围绕摩尔根主义的争论有着直接的联系："联共（布）中央关于意识形态问题的决议和全苏列宁农业科学院会议号召苏联学者，解决批判地分析所有知识领域理论观念的现状这一任务，同敌视我们的资产阶级观念进行斗争。"报告针对化学领域的实际说："同资本主义体系总危机相联系的资产阶级科学的危机，也表现在资产阶级学者所发展的有机化学的理论思想上，从而导致错误的方法论观念，阻碍了科学的发展。"②会议按照这样的基调，彻底否定了共振论，但是还是接受了多数学者对量子力学的肯定评价。根据格雷厄姆的总结，这次会议得出了四条基本原则：①布特列洛夫是化学结构理论的真正奠基人；②共振论是唯心主义的，因而是不能接受的；③尽管共振论的观点是应当摈弃的，但量子力学却是科学研究必不可少的，可以在共振论和量子力学之间划出一条明确的界限；④切林采夫不是一个内行的学者。

第二次会议是由苏联科学院化学部于1951年6月11～14日召开的，由切列宁（А. Н. Теренин）做大会主题报告。报告人承认自己和他所领导的集体在共振论问题上犯了错误，把共振结构当作理想的、事实

---

① В. М. Татевский, М. И. Шапаронов. Об одной махистской теории в химии и ее пропагандистах. Вопросы философии，1949（3）：176-177.

② Д. Н. Курсанов. К вопросу о современном состоянии теории химического строения. Успехи химии，1950（5）：532.

的结构使用。与会的 44 名代表的发言尽管也有争论，但没有任何人为共振论做辩护，就连瑟尔金也承认自己在写《化学键和分子结构》那本书时，“不知道化学发展的正确方向”。

从表面看来，共振论及其拥护者已经被彻底打垮了。但是，事情并不是这样简单。深入分析当时苏联化学界的形势可以发现，围绕共振论其实分成两派：

第一派是否定派，代表人物是切林采夫，自诩为化学界正确路线的代表。在 1951 年的会议上，他指责会议领导压制他，“为共振论开脱”，说会议多数代表主张的“相互影响论”是鲍林等的中介论—共振论的变种。他声称自己有责任点出那些宣扬共振论的人的名字，历数了苏联科学院院长涅斯米扬诺夫以下共 27 位化学家，甚至刚刚批判过共振论的塔切夫斯基和沙赫帕洛诺夫也名列其中。当一位与会者问切林采夫：“您列举了苏联化学界的唯心主义拥护者，那么在您看来，在整个苏联化学界谁是辩证唯物主义的代表呢？”切林采夫回答说，他不可能列举每个拥护辩证唯物主义的人，因为在座的只有二三十人，他点名的是那些忽视辩证唯物主义的人。只有寥寥数人同情切林采夫，就连与会的意识形态代表人物马克西莫夫都说：“按照切林采夫教授的论断，人们得知，他扮演着化学中的李森科的角色，而被他点名的那些鲍林－英戈尔德[①]分子则是化学中的魏斯曼－摩尔根主义者。”[②]这是事实，因为作为科学家，他们真的没有弄清自己错在哪。佳特金娜在发言中说，过去一段时间里，她曾试图从辩证唯物主义观点为共振论辩护，“谈论共振论的量和质的方面”。她承认自己没有成功，是“混淆了不同的事物”[③]。事实上，他们始终没有放弃作为科学理论的共振论。

---

① 英戈尔德（C. K. Ingold），英国化学家，1926 年提出中介论。

② К. Т. Порошин. Состояние теории химического строения в органической химии：Всесоюз. совещание 11-14 июня 1951 г. Изд-во Акад. наук СССР，1952：270. См. Л. Р. Грэхэм. Естествознание，философия и науки о человеческом поведении в Советском Союзе. Политиздат，1991：303. 在这一页的脚注中，格雷厄姆详细列出切林采夫点名的那些化学家。

③ Л. Р. Грэхэм. Естествознание，философия и науки о человеческом поведении в Советском Союзе. Политиздат，1991：301.

第二派是调和派，大多数化学家持这种立场。一方面，迫于形势的压力，不能不在形式上按照标准的意识形态语言在哲学上表态，对共振论做一点无关痛痒的批判；另一方面，却在科学上始终坚持共振论所遵循的一些方法论原则。他们认为，不能因为批判共振论而导致“分子的静态机械模型”。在两次会议上，多数与会者都主张“相互影响论”，同时坚决反对切林采夫对量子力学的拒斥，几乎一致反对他的伪科学。科学院院长涅斯米扬诺夫著文表明了科学院领导的态度：“我国化学应当坚决清除腐朽的资产阶级哲学和科学的不健康的影响，也应当清除土生土长的庸俗科学。”[①]列乌托夫（О. А. Реутов）在《有机化学的一些理论问题》一文中，抬出布特列洛夫作护身符，说“肯定原子间存在相互影响”是布特列洛夫理论的一个方面，认为在最近关于共振论的争论中，强调了唯物论，却忽视了辩证法[②]。也有一些科学家有意回避意识形态的批判，而像他们的一些西方同行一样，从纯科学的角度，依据实证材料，评价共振论的得失，在这方面，索科洛夫（Н. Д. Соколов）的论文《论化学键理论的物理基础》就是一篇代表作。文章通篇没有一个字提及哲学问题，作者的主张很明确：“随着抛弃鲍林的理论一道，应该全力发展和深入研究现代化学键理论，一方面以大量实验材料，特别是有机化学材料的概括为基础，另一方面以量子力学运用的结果为基础。”[③]如此而已。

对共振论的批判使我们看到当时苏联思想斗争的另一个侧面。由于意识形态斗争的整个态势所决定，实证科学的每个领域都不能不顺应潮流，根据标准的言说规范对本身的话语体系做出调整，但是，只要科学家们并不直接触及官方的政治路线，不反对现行体制，就不会动用组织

---

① А. Н. Несмеянов. О котатактных связях и новой структурной теории. Известия АН СССР Отделение химических наук，1952（1）：200.

② О. А. Реутов. О некоторых вопросах теории органической химии. Журнал общей химии，1951（1）：187.

③ 索科洛夫. 论化学键理论的物理基础//塔切夫斯基. 论共振论. 商燮尔，龚育之译. 科学出版社，1954：44.

手段自上而下地干预学者们的具体科学工作。倒是学者队伍中总会涌现出一些先锋分子，利用政治形势进行投机。所以，公平地说，当时许多学科领域出现的批判运动，并不都是官方发动的，而是由这些先锋分子自下而上鼓动起来的。由于反世界主义的大局，官方也不便于阻止这些人的活动，但对其中一些帮倒忙的愚蠢行径，有时也不得不给予警告。在1951年讨论共振论的会上，马克西莫夫等官方意识形态代表的出席曾引起与会一些代表的反感，沃尔肯施坦就对《哲学问题》杂志的编辑里沃夫（В. Е. Львов）与会提出质问："为什么让这个编辑参加会？"但是出乎意料，这些意识形态打手这次却站在多数科学家一边。马克西莫夫尖锐地批评了切林采夫打击一大片的发言，说："您点名的那些会上的'鲍林－英戈尔德分子'我都认识。我认为他们是肩负繁荣苏联化学真正希望的光荣的苏维埃化学家。"[①]从这里也可以看到，在斯大林的著作《马克思主义和语言学问题》一书发表后，苏联决策层在对待实证科学的态度上发生了某种微妙的变化。

四、生物学：全苏农业科学院八月会议

20世纪40年代中叶到50年代初，正是遗传学取得革命性成就的关键时刻。1944年，物理学家薛定谔发表了《生命是什么？》一书，提出基因是破解生命之谜的关键，认为基因荷载某种类似莫斯电码的生命基本信息。几乎同时，艾弗里（O. T. Avery）等用实验证明遗传特性是通过纯化的DNA（去氧核糖核酸）分子传递的。1948年，查尔加夫（E. Chargaff）等发现了组成核酸的各种嘌呤和嘧啶的含量不同并存在复杂的比例关系。就在这一时期，威尔金斯（M. H. Wilkins）推测核酸分子呈螺旋状结构。1953年，克里克（F. H. C. Crick）和沃森（J. D. Watson）划时代地设计出DNA一级双螺旋分子结构模型。

---

① Л. Р. Грэхэм. Естествознание，философия и науки о человечеслом поведении в Советском Союзе. Политиздат，1991：304.

早在 20 年代，苏联学者切特维里科夫（C. C. Четвериков）就在和国外摩尔根学派的密切交往中，独立开展了关于遗传基因的研究。提出基因库（genepool）理论的谢布罗夫斯基就是切特维里科夫学术共同体的成员，而世界知名的遗传学家杜布赞斯基（T. Dobzhansky）也是在这一共同体中成长起来的。在 30 年代的大清洗中，这一群体风流云散，分子遗传学的研究随之完全中断。第二次世界大战后，随着国际学术交往的恢复，苏联遗传学者对国际分子遗传学领域的进展已经有了较多了解，也亲眼看到西方根据现代遗传学理论所做的育种工作取得了卓越的成就。例如，1947 年苏联从美国引进的一部分自交系作物，比李森科的种间杂种作物每公顷增产 13.8 公担[①]。事实胜于雄辩，战后苏联生物学界对李森科理论及其学阀统治的不满已经一触即发。

根据茹拉夫斯基的研究[②]，围绕西方遗传学问题，苏共中央宣传部农业处和科学处一直存在着不同意见。农业处从农业增产的实用目的出发，鼎力支持李森科，而科学处较多地听到科学家们的反映，倾向一种二元的立场，对西方遗传学表现出一定的兴趣，一方面主张批判西方遗传学的唯心主义思想，另一方面又肯定其中包含“科学财富”和“有价值的东西”。这种分歧，可以追溯到战前。据遗传学家谢列布洛夫斯基披露，科学处曾指定他的研究组检验孟德尔定律。[③]战后学术界要求重新审查“大转折”时期文化领域的极左方针的气氛相当浓厚，相应地对李森科的积怨也浮出水面。当李森科于 1946 年发表《自然选择与种内斗争》一文，抛出否定种内斗争的理论观点时，激起了生物学界的一片反对之声。1947 年 11 月和 1948 年 1 月，在莫斯科大学相继召开了两次关于遗传学问题的会议；同时，苏联科学院生物学学部也于 1947 年 12 月 11 日召开了同样主题的会议。在这些会议上，李森科的理论受到严厉的批判。其中，1947 年的莫斯科大学会议，宣读了 40 多篇反对李

① 1 公担 = 100 千克。

② D. Joravsky. The Lysenko Affair. Harvard University Press，1970.

③ Под знаменем марксизма. 1939（11）：96.

森科的论文，还通过决议给李森科定性为拉马克主义者。苏联科学院甚至拟议由摩尔根主义者热布拉克（А. Р. Жебрак）另组一个遗传研究所——遗传学与细胞学研究所，与李森科领导的研究所分庭抗礼，只是由于上面的反对而未能成立。值得注意的是，这三次会议都是得到联共（布）中央书记处同意的。这些会议虽经上级指示严格保密，但对李森科的批判材料甚至已交科学院出版局，准备公开出版。恰在此时，苏共中央科学处负责人 Ю. А. 日丹诺夫（Ю. А. Жданов，中央书记 А. А. 日丹诺夫的儿子）于 1948 年 4 月 10 日，在党的州委书记会议上，发表了题为“现代达尔文主义的争论问题”的讲话。讲话直接驳斥了李森科关于遗传学的两个学派是两个阶级的对立这个核心论点，指出：“认为我国似乎进行着两种生物学学派的斗争，其中一个是代表苏联的达尔文主义观点，另一个是代表资产阶级的达尔文主义观点，这是不正确的。我认为应该摈弃这一对立，因为争论是在苏联生物学内部进行的学派之争，无论是哪一派都不能说成是资产阶级的。”[①]他把在自然科学中开展阶级斗争的做法称作“‘左倾’怪胎”（левацое уродство），并说李森科在遗传理论上的标新立异是“伪新潮”（лженоватор）[②]。

面对反对派咄咄逼人的攻势，特别是来自上面的压力，作为政治斗争的老手，李森科采取以守为攻的策略，致信农业部和斯大林本人，以辞去农业科学院院长职务相要挟。果然，1948 年 7 月 7 日苏共中央起草了一个通知支持李森科。这个决议修改后，由中央书记日丹诺夫和马林科夫（Г. М. Малинков）签署，以《关于苏联生物科学的现状》为题，于 7 月 10 日发布。通知称：“生物学中米丘林学派和孟德尔－摩尔根学派的斗争，是苏联学者和国外有民主倾向的学者反对资产阶级生物学的斗争，资产阶级生物学为了帝国主义资产阶级的利益鼓吹世界不变性的反动思想。”[③]中央同时还决定召开全苏农业科学院会议。根据已解

---

① К. О. Росиянов. Сталин как редактор Лысенко. Вопросы философии，1993（2）：62.

② 1936 年 1 月《真理报》发表《喧嚣代替音乐》一文，其中使用了“伪新潮”一语批判西方流行音乐，有证据表明，这些文字是联共（布）中央书记 А. А. 日丹诺夫的手笔。

③ К. О. Росиянов. Сталин как редактор Лысенко. Вопросы философии，1993（2）：64.

密的档案材料，是斯大林的幕后作用，促使中央书记处改变了态度。但是，斯大林之所以在这个时候支持李森科，目的却不在（至少主要不在）意识形态的诉求，而是出于振兴农业的实用考虑。前文提到过罗西亚诺夫的一篇很有见地的文章《斯大林为李森科当编辑》，该文就此指出："斯大林看重的是李森科认真的学术实践，而不是研究室里的乌托邦。人所共知，斯大林的一个弱点是偏爱那些立竿见影的发明。"[①]美国学者索伊弗尔（V. N. Soifer）说："在战后年代斯大林相信，李森科能搞出新种多穗小麦。"1946 年 12 月 31 日斯大林曾转送李森科两公担特种多穗小麦种子，可见斯大林对他期望之殷。据索伊弗尔说，就在李森科四面楚歌的时候，斯大林终于接见了他，并就所关注的解决苏联农业产量低下的问题，征询李森科的意见。李森科当即宣称米丘林生物学可以增产，并举出自己的多穗小麦说，该品种的产量可以高出普通品种 5～10 倍。他还提议把这一良种命名为"斯大林多穗小麦"，并得到了斯大林的认可[②]。

正是由于斯大林的干预，苏共中央决定召开全苏农业科学院会议。莫洛托夫（В. М. Молотов）事后曾公开宣布："关于生物学问题的科学讨论是在我党指导性的影响下进行的。这里，斯大林同志的指导思想也起着决定作用，为科学和实际工作开辟了崭新和宽广的境界。"[③]这话是他以苏共中央领导人的身份在 1948 年 11 月 6 日莫斯科十月革命 31 周年庆祝大会上讲的，可见党的最高领导对此事的重视。中央责成李森科做会议的主题报告，斯大林亲自动笔对报告的草稿进行修改。从斯大林对草稿的改动中，可以看出斯大林此时对李森科的支持与 30 年代相比，出发点已经主要转向经济目标。斯大林似乎产生了这样一种印象：米丘林学派注重物质生产实践，强调外界环境对物种形成和改变的作用，主张获得性可以遗传，这是符合唯物主义方向的，在实践上也是有

① К. О. Росиянов. Сталин как редактор Лысенко. Вопросы философии，1993（2）：63.

② 洛伦・R. 格雷厄姆. 俄罗斯和苏联科学简史. 叶式辉，黄一勤译. 复旦大学出版社，2000：149.

③ 龚育之，柳树滋. 历史的足迹. 黑龙江人民出版社，1990：231.

前途的；而摩尔根学派专注于内在神秘的遗传物质的研究，脱离农业生产的实践，这是与唯物主义路线相悖的。斯大林一向同情拉马克主义，他的早期著作《无政府主义还是社会主义？》就明显地倾向于新拉马克主义。在修改李森科报告的草稿时，斯大林加上了一段话："绝不能否认，在20世纪初魏斯曼主义者和拉马克主义者的争论中，后者是比较接近于真理的。因为当魏斯曼主义陷入神秘主义并背离科学的时候，是拉马克主义者捍卫了科学的利益。"[①]但是，李森科并没有理解领袖的意图，他仍然固守大转折时代形成的科学观，把报告的主旨定位在阶级斗争上，说："我们无论什么时候都不应该忘记，任何科学都是阶级的。"他断言，资产阶级遗传学和辩证唯物主义的米丘林生物学的冲突是"不可调和的斗争"，而且二者之间的矛盾归根结底是敌对阶级对抗性关系的结果。报告草稿的第二章标题就是"资产阶级生物学的基础是虚假的"。大概完全出乎李森科的意料，斯大林并不同意这些提法。在"任何科学都是阶级的"这句话旁边，斯大林批注说："哈哈！！那么数学呢？达尔文主义呢？"他把草稿中关于科学的阶级性以及资产阶级生物学之类的提法全部删掉了，而代之以"反动的（唯心主义的）和进步的（苏维埃的）"新划界标准。[②]斯大林在批注中提出一个问题："那么，达尔文主义的缺点呢？"李森科在修改稿中就此回答说："决不容许接受达尔文理论的错误方面，这些错误是植根于马尔萨斯的公式，似乎从种内斗争发生了人口过剩。"[③]这一结论得到斯大林的首肯，在最后定稿中保留下来。显然，斯大林想从认识论上界定生物学上的学派之争，并与倡导爱国主义的思想导向联系起来，突出学理性而淡化政治色彩。

但是，无论是生物学界的李森科分子，还是哲学界的许多头面人物，似乎都没有深刻理解斯大林思想的这一微妙变化。恩格斯说过：

---

① К. О. Росиянов. Сталин как редактор Лысенко. Вопросы философии，1993（2）：65.

② К. О. Росиянов. Сталин как редактор Лысенко. Вопросы философии，1993（2）：65.

③ О положении в биологической науке：Стенографический отчёт сессии ВАСХНИЛ. 31 июля-7 августа 1948 г. ОГИЗ—Сельхозгиз，1948：9.

“……在一切意识形态领域内传统都是一种巨大的保守力量。”[①]在1948年8月的全苏农业科学院会议上，大转折时期形成的处理科学问题的极左路线，依然是多数人的思维方式。不同的地方是，已经开始有一些学者起来向主流思潮挑战。李森科在主题报告中点名攻击了科利佐夫（Н. К. Кольцов）、扎瓦多夫斯基、施马尔豪森、杜比宁的观点和工作，但除了重复拉马克主义的获得性可以遗传的老调之外，并没有什么新东西，而一些严肃的学者却试图从哲学和科学两个方面驳斥李森科对正统遗传学理论的攻击。李森科援引恩格斯的话攻击达尔文的种内竞争学说是“把马尔萨斯的人口论从社会搬到生物界”，遗传学的耆宿扎瓦多夫斯基针锋相对地引述了恩格斯在《反杜林论》中的三段话予以驳斥，指出李森科的说法是杜林的陈词滥调，恩格斯在批判杜林时明确指出“其实达尔文根本没有想到要说生存斗争的观念的起源应当到马尔萨斯那里去寻找”[②]，因为在恩格斯看来生存竞争是自然界中盛行的客观规律。扎瓦多夫斯基甚至在马克思的《剩余价值理论》中找到了一段话，证明马克思的说法与李森科恰恰相反，因为马克思在这部著作中说，达尔文“在动物界和植物界发现了‘几何’级数，就是把马尔萨斯的理论驳倒了”[③]。扎瓦多夫斯基以其人之道，还治其人之身，显示了在与科学领域的政治掮客的长期周旋中学会的斗争策略，使一贯挥舞大棒压人的李森科狼狈不堪。这引起了与会者的极大兴趣，甚至会议唯一一次破例允许扎瓦多夫斯基超时发言。

另一些遗传学者则以遗传学的理论和实验证据捍卫孟德尔－摩尔根主义的科学性。阿利哈尼扬（С. И. Алиханян）在8月会议的发言中，就毫不含糊地断言：“基因是客观存在的生命细胞中的物质微粒”，并指出：“决不能由于个别学者的反动言论而否定遗传学健康的有益的内

---

① 恩格斯. 路德维希・费尔巴哈和德国古典哲学的终结//马克思，恩格斯. 马克思恩格斯选集：第4卷. 人民出版社，1972：253.

② 恩格斯. 反杜林论. 中共中央马克思恩格斯列宁斯大林著作编译局译. 人民出版社，1970：66.

③ 马克思. 剩余价值理论：第2册（上）. 中共中央马克思恩格斯列宁斯大林著作编译局译. 人民出版社，1975：128.

核，要汲取科学所取得的全部事实。”[①]拉波波特（И. А. Раппопорт）支持阿利哈尼扬的发言，指出每一个基因本质上相当于一个酵素系统，这已为关于细菌和真菌的试验所证实。茹科夫斯基（П. М. Жуковский）院士为了证明染色体学说和孟德尔定律的可靠性，特别介绍了苏联细胞学家发明的染色体着色法，指出用这种方法已经从实验上“为孟德尔的关于杂交中配子的纯一性的定律提供了确实的证据”。他明确宣布：“如果那些被戴上孟德尔－摩尔根主义帽子的遗传学家们，从此就放弃染色体遗传学说，那将是可叹的事情，我并不准备这样做。”[②]李森科及其追随者继续挥舞政治的和意识形态的大棒，对持摩尔根主义观点的遗传学家进行围剿。他们不仅把这些遗传学家和政治反对派挂上钩，说现在这场争论是“反孟什维克唯心主义斗争的必然延续”；而且把他们打入国际帝国主义势力的营垒，给他们加上“军国主义的资产阶级的奴仆”的罪名。李森科分子的政治喧嚣和科学家们耐心的说理形成了鲜明的对比。例如，热布拉克院士谈到自己在实验中用多倍体方法培育小麦新品种，使自然界中最多 42 个染色体的小麦，增加到 56 个染色体，这无可辩驳地证明了基因理论的科学性。在对手的强大攻势面前，连李森科自己也觉得这些色厉内荏的发言难以服人。但是，他当时实在拿不出更有力的武器来应付局面，仍然只能在科学以外寻求支持。他从哲学武库中找到了“偶因论”这一法宝，宣称多倍体的工作“是建立在偶然性的基础上的”，并说：“为了把我们的科学从孟德尔－摩尔根主义中解放出来，我们就要把偶然性从科学中驱逐出去。”于是，李森科就独出心裁地杜撰了一个科学哲学上著名的伪命题——“科学是偶然性的敌人”[③]。这个可以称之为“李森科命题”的伪命题流毒甚广，应当用专文进行批驳。限于篇幅，这里我们只是指出，“李森科命题”割裂了必

① О положении в биологической науке：Стенографический отчёт сессии ВАСХНИЛ. 31 июля-7 августа 1948 г. ОГИЗ—Сельхозгиз，1948：359.

② О положении в биологической науке：Стенографический отчёт сессии ВАСХНИЛ. 31 июля-7 августа 1948 г. ОГИЗ—Сельхозгиз，1948：384.

③ 龚育之，柳树滋. 历史的足迹. 黑龙江人民出版社，1990：241.

然性和偶然性，因为按照辩证法，必然性是偶然性的交叉点，必然性通过偶然性为自己开辟道路，因此从科学认识论上说，只有通过对偶然性的认识，才能把握必然性。李森科把必然性绝对化，其实是宣扬形而上学的机械决定论。除了哲学上的诡辩之外，李森科拿不出任何科学上的证据为自己辩护。直到1950年11月3日，他在《真理报》上抛出《生物物种学的新进展》一文，才用"种内无斗争论"与达尔文自然选择理论和摩尔根主义的基因论相对抗，但这已经是后话了。

当然，李森科对付敌手的撒手锏还是行政权力的支持。在会议闭幕那天，李森科编导了一幕好戏。他指使某人递了一个条子，然后自问自答说："一个条子问我，中央委员会对我的报告是什么态度。我回答说，中央委员会审查了我的报告，并且表示赞同。"罗西亚诺夫指出："这个神秘的条子和对它的答复都是李森科捣的鬼，而且是由斯大林导演的。"[①]更有戏剧性的是，就在同一天（1948年8月7日），《真理报》公布了尤·阿·日丹诺夫7月12日写给斯大林的检讨信。小日丹诺夫做检查说："我对李森科院士的尖锐和公开的批评是一个错误。"他承认，试图调和生物学中的两派斗争，是折中主义的错误；李森科"在资产阶级遗传学家的进攻下保卫米丘林和他的学说"，是"公认的生物学中米丘林方向的领袖"，因此必须维护而不是削弱他的工作。他承认摩尔根主义"在理论上采取了宗教神秘的形式"，"否定人类改造动植物本性的可能"，而他试图从中寻求"合理内核"是犯了客观主义的错误。不过他辩解说，他主要是对李森科"没有很好利用米丘林学说的宝库"、培育出卓越的农作物新品种感到不满，只不过是"恨铁不成钢"而已[②]。斯大林学者米丁在会上公开宣示这次会议的宗旨说："本次会议的根本意义在于：最终结束这场旷日持久的争论，最终揭露并粉碎孟德尔－摩尔根分子的反科学的学说，从而为进一步发展米丘林的研究，为

① К. О. Росиянов. Сталин как редактор Лысенко. Вопросы философии，1993（2）：64-65.

② 龚育之，柳树滋. 历史的足迹. 黑龙江人民出版社，1990：228-230.

了使生物学中的米丘林学派进一步取得成就奠定基础。”[①]在官方强有力地直接操纵下，会议确实是沿着这一方向进行的。会议闭幕前，在会上发言的 56 个人中，六七个公开为西方遗传学辩护的人后来都做了检讨，被迫宣布由于自己是共产党员，要服从组织决定，既然中央委员会已经表了态，因此不能不放弃自己的观点。会议做出了《关于通过李森科的生物科学的现状的决议》，李森科在会议结束时宣布：“本届会议已表现了米丘林路线对孟德尔－摩尔根主义的全面胜利。”从组织上和行政上说，李森科的确是“全面胜利”了。会后的 8 月 24～26 日，苏联科学院召开了主席团扩大会议，通过了 12 点决议，对所有持摩尔根主义观点的学者和同情他们的各级领导，采取组织措施：解除奥尔别利（Л. А. Орбели）的生物学部院士秘书和施马尔豪森的西维尔卓夫进化形态研究所所长的职务，解散由杜比宁领导的细胞遗传学实验室以及进化形态研究所所属的形态发生学实验室，清除生物学部各研究所学术委员会和《生物学》杂志编委会中的摩尔根主义者，按米丘林路线修改生物学所属各机构的研究方向和工作计划。李森科的这种“胜利”创造了科学史上以“力”胜“理”的典型案例。我们很快就会看到，李森科的这种胜利仅仅维持了不到两年，新一轮的斗争又在遗传学领域中爆发了，而这一次斗争终于把李森科钉在了历史的耻辱柱上。

就自然科学领域说，苏联战后这场反世界主义的运动引发的直接后果首先是伪科学的泛滥。一些学术上的投机分子，效仿李森科的做法，炮制五花八门的“理论”，试图一鸣惊人。上文谈到的反共振论的英雄切林采夫就是一个代表人物。此人不仅坚决反对共振论，而且反对把化学结构理论建立在量子力学的基础上。他带有当时苏联自然科学领域那些极左派投机分子的典型特征。切林采夫是伪科学的炮制者，他反对使用量子力学的逼近法来说明分子结构，认为每个化合物能用一个公式来描述，宣称苯的结构式不是共价键，而是电价键或离子键，甚至胡说苯

① О положении в биологической науке：Стенографический отчёт сессии ВАСХНИЛ. 31 июля-7 августа 1948 г. ОГИЗ—Сельхозгиз，1948：233.

的结构式中不存在双键。只不过他的“独创”立即受到几乎所有化学家的反对，投机未成。另一位是苏联农业部兽医研究所的波希扬（Г. М. Бошиан），他在国家农业出版社出了一本名为《论病毒和细菌的本性》的书，宣称病毒可以“转化”为细菌，细菌也可以“转化”为病毒，两者又都可以结晶，“创造性地”提出所谓“使晶体蛋白转化为细菌”[①]；他还宣布从死菌苗、免疫血清和抗生素中分离出活菌。根据这些“实验成果”，波希扬声称，传统生物物种理论必须根本修改，他攻击现在的经典微生物学“是为现代的法西斯化的资产阶级学者欺骗人民服务的”。这项“发现”被大肆宣扬成为“先进的苏维埃科学中的瑰宝”，“标志着微生物学的真正革命，而且也是生物学科学其他领域中的真正革命”。但是，各种实验都未能证明波希扬的“发现”，而应用他的“研究成果”却造成了爆发性的牲畜感染。最后苏联医学科学院组织专家检查团进行全面检查，彻底揭穿了波希扬的骗术[②]。最有代表性的伪科学“大师”是勒柏辛斯卡娅。她于 1945 年出版了《细胞起源于生活物质和生活物质在有机体中的作用》一书[③]，该书的第一版由李森科作序，后几次再版并获斯大林奖金。1952 年她又推出新著《细胞：它的生活和起源》。勒柏辛斯卡娅的“创新”在于，用实验证实了细胞来源于非细胞的“生活物质”，这种“活质”是一切生命系统的基本结构要素，从而“驳倒”了由微尔和（R. Virchow）开创的正统细胞学。微尔和认为“细胞之外无生命”，而勒柏辛斯卡娅说她证实“远比细胞低级的没有形成细胞的生活物质，甚至于简单的蛋白质都是活的，都是有能力演化到细胞阶段的”；微尔和认为“有机体是细胞的总和”，而勒柏辛斯卡娅说她证明“有机体不是细胞的总和，而是不仅由细胞组成，同时也是由尚未形成细胞的生活物质组成的复杂的系统”。这一所谓发现引起细胞学领域专家们的怀疑。1948 年茹科夫－韦列日尼科夫（Н. Н. Жуков-

① Г. М. Бошиан. О природе вирусов и микробов. Медгиз，1949.

② 傅杰青. 第三位闪光的“科学英雄”——波希扬. 自然辩证法通讯，1982（1）：57-61.

③ О. Б. Лепешинская. Происхождение клеток из живого вещества и роль живого в организме. Изд-во Акад. наук СССР，1945.

Вережников）已经对此表示怀疑，后来迈斯基（И. Н. Майский）等 18 名学者联名撰文批评勒柏辛斯卡娅的理论。但是，苏联当局却为她大造舆论，召开专门会议为她捧场，一些官方哲学家也一哄而上，对反对“新细胞学说”的人进行围剿。他们当然提不出任何科学论据，只能像斯焦宾所说的那样：“为‘新学说’而斗争所使用的是久经考验的武器——罗织罪名：勒柏辛斯卡娅的对手被贴上生理学唯心主义者和辩证唯物主义思维方式的敌人等恶毒标签。”[①]1950 年 5 月，苏联科学院生物学学部专门召开了“非细胞形态生命会议”并做了决议；1952 年 4 月 22～24 日，苏联医学科学院和苏联科学院生物学部再次举行“关于细胞的和非细胞的生活物质的演化会议”，又通过了一项决议。这个决议有一个冗长的名字，叫作《苏联医学科学院以及苏联生物学部并有高等学校和苏联卫生部的研究所参加的依据 О. Б. 勒柏辛斯卡娅理论的关于细胞的及非细胞的生活物质的演化问题会议决议》，并于 1952 年 7 月 4 日作为苏联科学院主席团第 393 号决议附件下发。决议全面肯定了勒柏辛斯卡娅的“新细胞学说”，并把反对这一学说的人说成是魏斯曼主义、摩尔根主义和微尔和主义分子[②]。勒柏辛斯卡娅致会议的结束语，说：“这次会议对于我以及所有的生物学家来说是一个节日。”[③]学术骗子凯旋。但是，假的就是假的。1953 年以后，对勒柏辛斯卡娅提出的鲟鱼卵细胞发育中的无核阶段、水螅匀浆离心后非细胞活质形成细胞、鸡卵黄球发展成鸡内胚层细胞等实验“成果”进行检验，结果没有一项得到证实，表明勒柏辛斯卡娅二十年间的工作全部都是错误的。

反世界主义造成的第二个直接后果是大俄罗斯科学沙文主义的畸形膨胀。上文已经指出，凯德洛夫出于对科学史的尊重，对历史上俄罗斯

---

① В. С. Стёпин. Анализ исторического развития философии науки в СССР//Л. Р. Грэхэм. Естествознание，философия и науки о человеческом поведении в Советском Союзе. Политиздат，1991：429.

② И. Н. 马依斯基. 关于生活物质的细胞和非细胞形态演发问题的新资料. 科学出版社，1956：326-331.

③ И. Н. 马依斯基. 关于生活物质的细胞和非细胞形态演发问题的新资料. 科学出版社，1956：321.

科学家的成就实事求是地做了评价，因而被戴上“欺宗灭祖”的“民族虚无主义”的帽子。苏联高层领导有组织有计划地进行研究和宣传活动，从西方人手里“抢夺”科学技术成就的首创权和优先发明权。例如，罗蒙诺索夫就被捧为几乎是所有重大科学成就的鼻祖，说他是“物质守恒和能量守恒定律的发现者”①，“第一个驳斥燃素的科学家”，“第一位描述绝对零度的科学家”，“物理化学的创建人”，“分子和原子差异的确立者”等。当时，凯德洛夫有一个观点，认为科学史上关于首创权的争论没有特殊的意义。米丁对此表示非常愤慨，说这是“媚外”的表现，慨叹“对于祖国科学所创造的一切精神财宝的挖掘工作还做得这样少”。果然，这样的“挖掘工作”迅速开展起来，世界发明史的记录差不多被全盘改写了。从当时苏联的各种著作、教科书和媒体上我们得知：发明第一台蒸汽机的不是英国人纽可门（T. Newcomen），而是俄国人巴祖诺夫（А. Ф. Базунов）；发明电灯的不是美国人爱迪生（T. A. Edison），而是俄国人罗金（А. Н. Родин）；首创炼钢法的不是英国人贝塞麦（H. Bessemer），而是俄国人切尔诺夫（Д. К. Чернов）；发明铁路机车的不是英国人斯蒂芬森（G. Stephenson），而是俄国人切列潘诺夫父子（Е. А. Черепанов，М. Е. Черепанов）；发明电报的也不是意大利人马可尼（G. Marconi），而是俄国人波波夫（А. С. Попов）……这种狂热的大俄罗斯科学沙文主义，不是偶然的感情冲动，而是为了配合冷战时代对抗西方阵营的政治需要。斯大林明确提出科学评价的“爱国主义”标准，把“进步的”和“苏维埃的”看成是同义词。在这样的政治导向下面，学术界和舆论界开始全面伪造科学技术史，任意抬高俄罗斯和苏联科学技术成就在世界历史上的地位，完全背离了历史唯物主义的原则，在文明史上留下了笑柄。

---

① 实事求是地说，罗蒙诺索夫确实已经有了能量守恒和物质不灭的观念。但是，从科学史的角度说，提出一种简单的猜想和建构起严格的科学假说或理论，其价值当然是不能等量齐观的。这一点有普遍的方法论意义。例如，我国明末清初学者王夫之曾提出“生非创有，而死非消灭”（《周易内传》卷五）的观点，有人据此认为王夫之已经发现了能量守恒定律。显而易见，即使船山此语确实是对能量守恒定律的天才猜想，难道能和迈尔（J. R. Meyer）、焦尔（J. P. Joule）和赫尔姆霍兹（L. Helmholtz）等的工作相提并论吗？

第三章
调整时期（1953～1985年）

斯大林逝世后，苏联国内外形势发生了巨大的变化，以美苏两国为首的两大阵营的对峙，逐渐演变成冷战的局面，双方经济、政治、军事、科技的实力较量成了国际舞台各种事务的中心内容。同时，在传统的斯大林模式中积累起来的矛盾完全暴露出来。苏联的决策层开始探索体制改革的途径，在赫鲁晓夫和勃列日涅夫执政的时期，先后进行了两次改革的尝试。但是，由于指导思想的模糊和混乱，这些改革都没有取得真正的成功，原有的矛盾不仅没有得到解决，反而进一步激化，埋下了日后酿成重大事变的种子。

在对斯大林模式的审视中，一直被奉为正统的主流意识形态，受到来自各方面的挑战。一方面是由于解放生产力的需要，另一方面也是由于思想解放的需要，对科学和政治以及哲学的关系进行调整，已经成为全社会的共识。但是，围绕如何认识科学技术的本性和马克思主义哲学的本性，从而在何种范围和多大程度上进行这种调整，在政界和学术界却出现了原则性的分歧。在自然科学哲学领域，这种分歧直接表现为学派的分化，一场旷日持久的争论开始了，一个非主流的而又充满生命力的思想导向在苏联兴起了。

第一节 两次不成功的改革尝试和新旧思想的更迭

斯大林逝世后，率先进行改革尝试的是赫鲁晓夫。

在西方，对赫鲁晓夫的上台，流行的说法是“宫廷阴谋”（intrigue）。由于历史的原因，国内一些作者也有意无意地对赫鲁晓夫个人的品质做了过分的渲染。从唯物史观出发，对作为历史人物的赫鲁晓夫进行评价，还是应当着眼于特定的历史环境。马克思在《路易·波拿巴的雾月十八日》中，特别强调指出，使路易·波拿巴“这个平凡而可笑的人物”扮演了英雄角色的是当时阶级斗争所创造的“一些条件和形势”[①]。当然，这里无意拿赫鲁晓夫和路易·波拿巴做类比。但是，历史尘埃落定，我们也应摆脱雨果式的历史人物评价观，不再从人物的品质和个性出发，对历史事件的发动人做“辛辣的和诙谐的詈骂”，而是着眼于苏联社会演进的必然趋势，在20世纪50年代苏联社会错综复杂的矛盾运动中，客观定位赫鲁晓夫的历史作用和功过是非。风云际会，赫鲁晓夫在那个时代登上历史舞台，无论如何都是一种历史的选择。1994年4月18日，在赫鲁晓夫100周年诞辰纪念会上，戈尔巴乔夫说：“在斯大林死后掌权的那些人，已经意识到维持他所建立的体制是不可能的”，而赫鲁晓夫“是斯大林周围唯一一个在生活需要的时候能够突破意识形态教条禁令的人”[②]。不管戈尔巴乔夫这个人应当怎样“盖棺定论”，他的这番话倒是很公正的。

在帝国主义的包围和法西斯主义的侵略威胁下，立足未稳的苏维埃

---

① 马克思. 路易·波拿巴的雾月十八日. 中共中央马克思恩格斯列宁斯大林著作编译局译. 人民出版社，1963：iv.

② М. С. Горбачев. Сильнее воль политиков. Свободная мысль，1994（10）：18.

国家，凭借高度集中的计划经济模式和中央集权的政治体制所固有的动员性机制，实现了高速工业化，积累了战胜德国法西斯的物质基础。但是，苏联领导集团被第二次世界大战的胜利冲昏了头脑，把斯大林模式神圣化，视之为社会主义的本质规定和划界标准，变本加厉地推行和贯彻这一模式，给苏联社会的发展留下了危险的隐患。粗放式的高速增长和极权式的高度集中，在战后年代里，使苏联的经济和政治出现了结构性的断裂。经济上，增长速度和经济效率错位，为速度牺牲效率，高增长、高投入、高消耗、低产出、低效益，是典型的粗放式增长方式。1951～1955 年资本投入的增长率是 9%，国民生产总值增长率为 6%，而资本的要素生产率却是-2.7%[①]；1945～1953 年，基本建设投资年均增长率高达 17.3%[②]，而国民生产总值的增长率 1946～1950 年为 14.2%，1950～1955 年则为 10.8%[③]。1950 年和 1929 年相比，每 1 卢布基建投资增加的国民收入生产额降低了 44%，每 100 卢布工业固定生产基金的产值率下降了 10%[④]。1950 年苏联的劳动生产率只相当于美国的 30%弱[⑤]。到 1955 年，苏联的国民生产总值实际上只有美国的 25%左右[⑥]。英国学者莫舍・卢因指出："斯大林留给他的接班人的是一支巨大的工业力量和没有效率的经济。"[⑦]与此同时，在产业结构中农轻重倒置，从 1929～1952 年重工业投资相当于轻工业的 8.86 倍，农业的 6.78 倍，日常生活用品短缺，市场供应紧张，1950 年与 1929 年相较，物价上涨了 11 倍。由于重生产、轻生活，综合计算的结果，到 50 年代初，

① 美国国会联合经济委员会．苏联经济新剖视：中册．邱年祝，等译．中国财政经济出版社，1980：63-64.

② 王跃生．苏联经济．北京大学出版社，1989：246.

③ 周荣坤，郭传玲，等．苏联基本数字手册．时事出版社，1982：22.

④ 复旦大学世界经济研究所苏联经济研究室．苏联经济若干问题．复旦大学出版社，1983：14.

⑤ 周荣坤，郭传玲，等．苏联基本数字手册．时事出版社，1982：395.

⑥ В. М. Кудров. Совтский Союз-США：к сравнение экономии мощи. Свободная мысль，1991（17）：92.

⑦ 莫舍・卢因．苏联经济论战中的政治潜流——从布哈林到现代改革派．倪孝铨，张多一，王复加译．中国对外翻译公司，1983：105.

职工实际收入反而比战前下降了5%[1]。所有这一切，根子在于体制。斯大林在30年代大转折时期建构的中央计划经济和集权政体，由于战争的需要而进一步强化，战后却没有丝毫改变。在所有制方面，一味追求“一大二公三纯”，不仅工业早已实行全盘国有化，农业也强制缩小甚至取缔农民的自留地和其他私有经济，并且大规模合并集体农庄，到1951年已将战前30万个集体农庄合并成12.3万个。斯大林虽然在1952年发表的《社会主义经济问题》中，承认社会主义时期存在商品交换关系，但却把这种关系局限于两种所有制形式（国家的和集体的）之间。于是，整个经济行为，从计划、生产、流通、分配到消费，完全由国家（而且主要是由中央）行政系统统一支配。这样的体制使计划脱离实际需求，无法根据需要调整经济运行；地方、企业和个人完全丧失了主动性、积极性和创造性，抑制了科技创新能力，造成效率低下，根本无法实现经济资源和社会资源的优化配置。高度集中的指令性经济体制是以专制极权的政治体制为支柱的。如前所述，战后由于冷战格局的形成，这种专制不是缓和了，而是变本加厉了。

斯大林逝世后，整个苏联社会孕育着一股要求实行变革的潜流。这在经受过战争洗礼、渴望和平幸福生活的复员军人中，在战后一代的青年知识分子中，表现得尤为强烈。宣泄不满情绪的“蓝色多瑙河”咖啡馆大受欢迎，涌现出如“青年共产党”“革命事业斗争协会”“雪酒诗社”等挑战主流思潮的青年社团。这些团体和活动虽然遭到镇压，但它们所代表的社会思潮却不可遏止地发展起来，甚至在主流社会和上层领导中，变革的春潮也在涌动。就在斯大林逝世刚刚三个月，即1953年6月10日，《真理报》就发表《共产党是苏联人民的领导力量》一文，批评个人崇拜是“反马克思主义的残余”；8月，苏共中央的理论刊物《共产党人》第12期，更以显著位置发表了《人民群众是历史的创造者》一文，严厉批判个人崇拜。1954年4月30日，苏共中央为“列宁格勒案

① 复旦大学世界经济研究所苏联经济研究室. 苏联经济若干问题. 复旦大学出版社，1983：23.

件”这个大冤假错案平反，引起了巨大震动；1955年底苏共中央主席团又成立审查1937～1938年被无辜枪决者案件委员会，这标志着政治思想领域的拨乱反正已经启动。经济上的调整措施也开始陆续出台，成为以后经济改革的先导。马林科夫1953年8月在最高苏维埃第五次会议上提出的施政纲领和一个月后赫鲁晓夫在中央全会上所做的主题报告，都提到产业结构的调整问题，虽然没有否定优先发展重工业的方针，但强调了加快发展轻工业、食品工业和日常消费品的生产，尤其是对改变农业生产面貌给予特殊关注。同时，还把商品流通提高到战略的高度，注意到企业的成本核算和增加赢利的问题。赫鲁晓夫甚至倡导了物质利益原则，反对无视各个集体农庄在经济效益上的差异，实行一平二调。所有这些都表明，斯大林模式的坚硬地基已经开始松动，改革已经成为大势所趋，人心所向，只是需要一种明确的指导思想和具体的战略方针，需要一个强有力的领导核心。美国学者汤普森（James C. Thompson）在谈到这一时期苏联的形势时说：“随着斯大林于1953年3月5日逝世，苏联庞大的经济机器正在急剧地崩塌：增长速度下降，短缺日甚，供给不足，多数人对极权中心能控制住经济已经丧失信心。同时决策者显然需要某种理论框架和分析原则，而专家们却忧心忡忡地断言，他们没有合适的概念语言去描述经济弊端，更不要说开出处方了。”①

赫鲁晓夫就是在这样的形势下成了历史的风云人物。赫鲁晓夫改革是苏联社会主义历史上的一次冲击式的改革，大致可分为前后两个阶段。

第一阶段是1953～1958年的前五年。以赫鲁晓夫为首的决策集团，从行政权力和意识形态的改革入手，采取“放”的方针，从经济基础到上层建筑对斯大林模式发起了冲击。经过策划和准备，以1956年2月14～25日召开的苏共第二十次代表大会为标志，在批判对斯大林的个人崇拜的主题下，他们从不同角度对斯大林时期的路线进行了清

① J. C. Thompson. Administrative Science and Politics. Bergin & Garvey Publishers Book，1983：136.

算，一个最重要的结果就是批判地审查斯大林的政治话语体系，冲破禁锢思想的藩篱。在政治领域，批判“随着社会主义的胜利阶级斗争日益尖锐化”的估计，理顺社会关系，大规模地平反冤假错案，扩大民主，健全法制；在经济领域，质疑极端的中央集权的指令性体制，适当放权，在某种程度上强化了商品货币关系，利用物质利益的杠杆，调动地方、企业和个人的积极性；在思想领域，对意识形态垄断的恶果进行揭露，清理社会科学和文化艺术领域的是非，重新定位政治和学术、哲学和科学之间的关系。撇开当时苏共反对个人迷信的种种局限性和错误不说，这一重大政治行动确实是一场思想解放运动的开端，走上了改革之路。

但是，从总体上说，这次改革是在没有正确而完整的理论基础的情况下启动的，改革的发动者对社会主义的本质、目的、规律和途径缺乏科学的认识，在一些基本原则问题上，仍然没有脱离斯大林模式的窠臼。事实上，以赫鲁晓夫为首的苏共领导集团，始终有四个不能放弃：一是不能放弃超越历史阶段的“直接过渡论”，不能科学地分析社会主义发展现阶段的特殊矛盾和特定任务，急躁冒进，违背客观规律，奉行唯意志论；二是不能放弃社会主义就是计划经济的教条，不能真正引进市场机制，走社会主义市场经济的道路；三是不能放弃生产关系决定论，追求“一大二公三纯”，违背生产力标准，不断放大公有制特别是全民所有制；四是不能放弃中央集权的政治体制，少数中央领导而且主要是一把手主宰一切，权力缺乏约束、制衡和监督。因此，尽管赫鲁晓夫的改革在初期阶段取得了明显的成效：1954～1958 年苏联国民生产总值年均增长速度为 7.8%，1958 年达到顶峰，增长率达 10%以上，而美国同期的增长速度只有 2.4%；1954～1959 年间，农业年均增长率高达 70%①；1957 年 10 月 4 日，苏联发射了世界第一颗人造地球卫星，更是锦上添花。但是，传统体制基本框架却始终没有从根本上受到触

① 美国国会联合经济委员会. 苏联经济新剖视：中册. 邱年祝，等译. 中国财政经济出版社，1980：34，40，65.

动，所谓体制改革只是条块之间的关系调整，把中央的指令性计划模式改为地方的指令性计划模式，形成地方割据，“条条专政”变成了“块块专政”，从而也就无法真正解决斯大林模式的结构性矛盾，而在成就后面，新的矛盾又积累和发展起来。

第二阶段是1959～1964年的后五年。前五年的成就使赫鲁晓夫及其决策班子忘乎所以，对形势做出了完全错误的判断，在1959年1月27日召开的苏共第二十一次非常代表大会上，提出了两个纯属乌托邦的目标：一个是要“全面展开共产主义社会建设”，宣布在今后15年内把苏联过渡到共产主义社会；一个是要在按人口计算的产品产量上赶上和超过最发达的资本主义国家，具体地说，就是“大约在1970年，就可以超过美国”。为了实现这个超越，追求急剧的外延扩张，赫鲁晓夫集团采取“收”的方针，重复斯大林的动员体制，再度强化中央指令性的计划体制，按行政命令强行集中配置资源。在管理体制上，不是搞“经济分权”，而是搞“行政分权”。1962年11月19日的苏共中央全会通过了《关于苏联经济的发展和改组党对国民经济的领导》的决议，按所谓“生产原则”把党一分为二，一个是管理工业的党，另一个是管理农业的党，这不仅切断了工农业之间的有机联系，造成组织机构恶性膨胀和责权混乱，而且使以党代政和用行政手段管理经济的弊端更加严重。在农业中旧体制也急剧回潮，为迅速把集体所有制提升为全民所有制，把大量集体农庄改组为国营农场，到1961年已经改组了18441个农庄；扩大了农庄的积累率，规定自留地和牲畜的限额，限制个人副业的发展。同时，政治上的集体领导愈来愈形同虚设，赫鲁晓夫的个人专断和权力意志，使刚刚萌芽的社会主义民主被扼杀在摇篮里。

改革方针的失误，带来了严重的后果。经济增长率明显下降，50年代国民生产总值的年均增长率为7.6%，1961～1965年下降到5.8%；国民收入的增长率从1958年的12.4%，下降到1962年的5.7%；劳动生产率的增长率则从1958年的6.2%，下降到1962年的5.5%。按规定1959～1963年农产品的年均增长速度应达到8%，实际上仅为1.7%。

1962 年和 1963 年竟出现了连续两年的负增长[①]。实践迫使人们重新思考体制问题。1961 年 10 月 17～31 日召开的苏共第二十二次代表大会，已经在反思前期改革的得失，试图修正“收”的方针，提出“必须根据商品货币关系在社会主义时期所特有的新内容，对商品货币关系充分加以利用”，强调运用经济核算、货币、价格、成本、利润、贸易、信贷、财政等经济手段。1962 年 9 月 9 日《真理报》发表了哈尔科夫工程经济学院教授利别尔曼的文章《计划・利润・奖金》，提出利用价值杠杆调动企业积极性、促进经济发展的改革新思路。文章主张加强利润刺激，制定随赢利率而变化的奖金比例表，“赢利率愈高，奖金也就愈多”。由于该文抓住了苏联改革的关键问题，一石激起千层浪，引发了学术界的讨论热潮。利别尔曼的建议得到了赫鲁晓夫的首肯，他于 1962 年 11 月 19 日在中央全会上的报告中说：“利润作为企业活动效率的经济指标具有重要意义。”他建议有关部门对这一建议进行研究。1963 年初他还成立了研究经济核算和物质刺激问题的专门委员会，并提出了九项具有可操作性的建议。但是，整个讨论，包括其中最激进的观点，仍然在传统经济理论的平台上转圈子，没有突破斯大林模式的基本架构，只是把市场要素当作计划经济的补充。尽管如此，这些改良性的建议仍然基本上属于纸上谈兵。1964 年 10 月赫鲁晓夫下台，由他推动起来的改革没有成功，但毕竟是对传统体制的第一次挑战，它把一系列新的因素带进苏联社会，成为以后重大社会变化的起点。戈尔巴乔夫说：“赫鲁晓夫不仅第一次‘自上而下地’而且公开地对存在了几十年的秩序的‘正确性’表示怀疑，他还以自己的行为有意无意地指出了改变这些秩序的可能性。”[②]这一评价是很公允的。

勃列日涅夫取代赫鲁晓夫后，从 1964 年到 1982 年执政长达 18 年，他以迥然不同的方式接续了赫鲁晓夫的改革事业，实行了一种虎头蛇尾的修缮式的改革模式。勃列日涅夫的改革也可以分为前后两个阶段。

① 陆南泉，姜长斌，徐葵，等. 苏联兴亡史论. 人民出版社，2002：562-563.

② М. С. Горбачев. Сильнее воль политиков. Свободная мысль，1994（10）：19.

第一阶段从60年代中叶到70年代初，改革的主导方向是调整生产关系，包括两个侧面。一是批判和否定赫鲁晓夫急躁冒进的错误。勃列日涅夫指出："凡是以主观主义和随心所欲的决定来偷换对事情应采取的科学态度的地方，挫折是不可避免的"①，因而着手调整、理顺和修补搞乱了的经济秩序，克服已经出现的混乱局面，例如撤销各地区国民经济委员会、合并工业党组织和农业党组织等。二是对赫鲁晓夫改革的合理方面进行完善和发展，建构"新经济体制"。在1965年9月27～29日的苏共中央全会上，部长会议主席柯西金做了题为"关于改进工业管理、完善计划工作和加强工业生产的经济刺激"的报告，并通过了决议，形成了勃列日涅夫改革的基本思路，核心是两个结合：行政手段和经济手段相结合，国家计划和企业自主相结合。在勃列日涅夫改革的前期，侧重点是在后者，即强调经济手段和企业利益，把总产值指标改变为产品销售量指标；"拨改贷"，将无偿拨放的基建资金改为贷款，并建立基金付费制，企业占用国家资金要按固定的付费率将部分利润上缴国家，并改革工业品的价格体系；改变调拨式的资源配置方式，试行生产资料批发贸易、中间人供货和自由买卖；建立经济刺激基金，用于企业职工的奖励、集体福利和扩大再生产。在强调企业自主方面，缩减给企业的计划指标，从改革前的30个减少到9个；扩大企业的计划管理权、物资管理权、劳动工资管理权；完善民主管理原则，吸收职工参加生产管理。柯西金说，新经济体制的目标，"只有在集中的计划领导同企业和全体职工的经营主动性相结合、同加强发展生产的经济杠杆和物质刺激相结合、同完全的经济核算相结合的情况下，才能达到"②。显然，"集中的计划领导"是不可改变的前提，尽管当时的着眼点是使僵死的体制有所松动，以便渡过难关，但改革伊始就已显示其指导思想仍然限于局部改良的范围。

---

① 勃列日涅夫. 勃列日涅夫言论：第一集. 上海人民出版社，1974：20.

② A. 柯西金. 关于改进工业管理、完善计划工作和加强工业生产的经济刺激//北京大学苏联东欧研究所编译. 勃列日涅夫时期苏共中央全会文件汇编（1964年11月—1976年2月）. 商务印书馆，1978：79.

第二阶段是从70年代初到80年代初，改革的主题是转变生产力的性质，核心是试图通过推进科学技术进步，突破经济发展的瓶颈。主题的转换是与前一时期的改革没有取得预期成效直接相关的。苏联的传统体制根深蒂固，积重难返，而勃列日涅夫的改革设计并不是指向体制的整体结构和根本机制的转换，而且就连最初制定的改革原则，也未能坚持到底，而是逐步后退，直至回到出发点。改革的初期，一些局部修缮措施缓解了赫鲁晓夫执政末期激化起来的矛盾，经济出现了回升的势头；但是，体制的弊端没有彻底消除，高度集中的指令性模式仍然起着主导作用，主要经济指标还掌握在国家手里，资源的配置无法按市场原则实现优化，企业没有法人地位，改革继续前进的阻力越来越大。1969年经济形势已经出现恶化的征兆，国民收入仅增长4.8%，而前三年的平均增长率为8.3%。1971年是个关节点。“八五”计划期间（1966～1970年）社会总产值的增长率为7.4%（比“七五”计划期间提高了0.9个百分点），而“九五”期间（1971～1975年）却陡降至6.3%；1970年国民收入的增长率为9.0%，虽略低于1964年的9.3%，但却是五年来最高的，而1971年却突然降到5.6%，并从此一蹶不振，再也没有超过6个百分点[①]。但是，僵化的改革设计师们根本没有认识到问题是出在改革的根本理念上，一位学者在20年后一针见血地指出，1965年改革以失败告终的原因是，不坚决、不彻底和不能把事情进行到底，用一只手给了企业权力，却又用另一只手收了回来[②]。在这样的形势下，苏共领导集团试图另寻出路。

这时，西方发达国家正处于方兴未艾的最新科学技术革命的进程之中，以计算机为标志的最新技术革命已见端倪，而苏联对此却反应迟钝。赫鲁晓夫1960年提出20年内在主要产品的产量上赶超美国的目标，在勃列日涅夫改革的前期取得了重大进展（到80年代初已经实现）；但是，虽然苏联在钢铁、石油、煤炭、水泥、化肥等产品的产量

① 王跃生. 苏联经济. 北京大学出版社，1989：214-216.

② 陆南泉，姜长斌，徐葵，等. 苏联兴亡史论. 人民出版社，2002：614.

上确实超过了美国，而美国在电子、化学、制造、航空、航天、信息等领域的突破性进展，却把苏联远远甩在了后面。到 80 年代，美国计算机行业的发展指数是 9.9，日本是 7.3，西欧是 4.4，而苏联仅为 1.5①。初级水平的产业结构，生产和产品的科技含量小，集约化程度甚低，使苏联的经济增长方式继续呈现出典型的粗放式特点。在整个 60 年代，苏联的劳动生产率仅及美国的一半，而农业劳动生产率还不到美国的 1/15。结果从 1958 年到 1973 年的 25 年间，苏联的 GNP 始终徘徊在美国的约 40%的水平上。在体制改革走入困境的时候，这种现象使苏联领导集团萌生了从科技进步切入，改变被动局面的想法。美国学者科宁厄姆（William J. Conyngham）正确地指出："（苏联）从 1965 年到 1969 年，各项经济改革都优先考虑改变结构关系及触动因素。在大幅度地提高工业组织的效率遭到明显失败以后，重点开始转移。勃列日涅夫在 1969 年 12 月中央委员会全体会议上宣布，合理化的过程转向采取科学技术战略。"②1970 年 4 月 12 日，勃列日涅夫在哈尔科夫州的讲话中称，加速科技进步并广泛用于生产是"经济战略上极其重要的任务"；同年 11 月 6 日，苏共中央书记苏斯洛夫在十月革命庆祝会上发表讲话说："当前一个迫切问题，就是在科学技术进步的基础上，在国民经济所有部门采用科学成就、最新技术和最新工艺，不断完善生产结构，改进劳动组织，在充分利用现有一切设备的基础上，进一步提高我们的社会生产效率。"1971 年 3 月 30 日～4 月 9 日召开的苏共第二十四次代表大会制定了"把加速科技进步提到首位"的方针，表明勃列日涅夫的改革进入了以转变经济增长方式为主轴的新阶段。苏联著名科学史家米库林斯基（C. P. Микулинский）认为，苏联是在苏共第二十四次代表大会以后，才"坚决采取并坚决贯彻执行"了"科学集约化发展方针"③。1974 年苏联制定了历史上第一个科技发展长期规划——《1976～1990

① C. Bylinsky. 国际高科技竞争事态. 江世亮译. 世界科学，1987（3）：1.

② 威廉 · J. 科宁厄姆. 苏联工业管理的现代化. 科学技术文献出版社，1989：87.

③ C. P. 米库林斯基，P. 里赫塔. 社会主义和科学. 史宪忠，刘石丘，王秉钦译. 人民出版社，1986：320.

年科技进步纲要》；1976～1979 年，又进一步制定了到 2000 年的 20 年科技进步综合纲要。可以看出，苏联领导对科技进步和科技革命寄托着何等殷切的希望。1989 年，美国学者哈利·鲍尔泽（Harly D. Balzer）总结 20 年来苏联历届领导的指导思想时指出："苏联领导对科学技术解决经济困难的能力，一直怀有极大的信心。不断地乞灵于作为人类发展新阶段的'科学技术革命'，就是他们相信科学技术这帖万应灵药的例证。近 20 年来，官方声明愈来愈强调科学技术革命的重要性。"①

这一时期，苏联从上到下的确采取了许多切实的措施推进科技进步，使之发挥第一生产力的作用，促进经济发展。概括起来说，这些措施主要有：①瞄准世界科技前沿，抓住信息化这个龙头，大力开展新型计算机的研制工作，加紧建设巨型和超巨型的信息网络，从 1971～1975 年的"九五"期间，计算机的数量就增加了 1.6 倍，并特别重视生产的全盘自动化，到 1977 年自动化生产单位增加了 2.73 倍。②改变闭关自守的技术政策，积极引进国外先进技术，"九五"期间购买许可证和专利权的数量增长额是整个外贸的 10 倍。③改革科技管理体制，建立企业发展科学技术基金，作为企业创新的经济补偿；各类科学机构一律实行经济核算制，拨款与任务挂钩，从科研获取的经济效益中提取经济刺激基金；设立新技术奖励基金，由新技术的经济效益中提取，以鼓励企业开展技术创新。④建立科学生产综合体实行科研和生产的横向和纵向结合，消除科技转化为生产的障碍，缩短转化周期②。这些措施不可谓不周密，也确实取得了一定效果。但是，它们并没有根本改变苏联经济每况愈下的窘境，苏联国民生产总值的增长率从"九五"计划期间的年均 6.3%，下降到"十五"期间（1976～1980 年）的 4.2%，到 80 年代初竟降到了 3.7%。看来，勃列日涅夫的"唯科技进步论"并不是

① H. D. Balzer. Soviet Science on the Edge of Reform. Westview Press，1989：102.

② 孙慕天. 面向科技革命的超级大国——苏联//黄顺基，李庆臻. 大杠杆——震撼社会的新技术革命. 山东大学出版社，1985：386-400.

万应灵药。问题还是出在体制上。没有市场机制，企业必须完成国家按指令下达的总产值指标，任何创新都会带来打乱生产秩序、破坏生产定额的风险，因此企业没有创新动力，连勃列日涅夫也不能不承认，企业家们“像魔鬼害怕正神一样”回避创新。至于创新所需资源的计划配置，知识产权的缺乏法律保障，创新效益的不合理分配等，盖出于体制的痼疾。但是，勃列日涅夫的改革根本不想彻底改变中央集权的计划经济体制，完全不能接受市场经济的概念。经济学家列昂节夫（Л. А. Леонтьев）等指出不能把计划和市场生硬地对立起来，主张在社会主义条件下，价值规律仍然是生产的调节者，结果马上遭到围攻，被扣上“市场社会主义”的帽子。苏共第二十四次代表大会发出号召说：“要批驳主张用市场调节来取代国家集中计划的指导作用的各种错误观点。”[①]从此以后，主张发展社会主义市场经济的人，噤若寒蝉。70年代后的苏联，对内由于力求恢复过去经济发展的高速度，却又拒绝市场模式，而试图以行政手段强行推进经济的集约化，结果只能走加强中央集权的老路；对外则坚持霸权主义，大搞军备竞赛，需要集中资源支持庞大的军费开支，因而必须有一个极权主义的体制予以支撑。于是，个人迷信、思想垄断等都以新的形式再度盛行起来。勃列日涅夫之所以特别强调“稳定”，本质上就是要稳住传统模式，实际上是悄然地重新斯大林主义化，也就是西方学者所说的“渐进的重新集权化”。勃列日涅夫执政期间，被称作“停滞时代”，因为改革的灵魂被阉割了，社会内在的活力已经丧失殆尽，这使苏联走到了衰亡的十字路口。

两次改革都半途而废了。但是，改革毕竟是巨大的冲击波，它震撼了传统体制，是一次关于社会主义的启蒙，使苏联社会的思想生活，发生了革命性的嬗变。这一变化主要表现在以下几个方面。

---

① Правда. 7 Апрель 1971г.

一、对正统思想的怀疑

赫鲁晓夫对斯大林式的社会主义模式的挑战，振聋发聩，引发了全民性的反思，不仅对长期以来奉为天经地义的教条产生了动摇，而且开始考虑其他的可能性。对于赫鲁晓夫为什么会提出挑战，澳大利亚学者里格比（T. H. Rigby）提出了三个原因：一是“赫鲁晓夫执政期间对马克思列宁主义的相对否定，国内不同意见风起云涌”；二是“国际共产主义运动中‘修正主义’思想的传播”；三是“意识到必须保持和西方密切的思想接触，唯恐苏联落在重大科技进步的后面，进一步打开了异质观念和见解的渗透渠道”①。这里还应当补充一个原因，那就是大规模的疾风暴雨式的革命和战争已经成为历史，人们接受动员性体制的动机和热情已经消失，在社会经济发展的同时，公众的物质需求和精神需求迅速增长，相应地他们对保护和发展个人权利的关注也愈来愈强烈，这必然与高度集权和思想垄断的传统体制发生冲突。苏联主流社会学家、戈尔巴乔夫的前顾问扎斯拉芙斯卡娅（Татиана Заславская）在《第二次社会主义革命》一书中指出，到了70年代，苏联人民就不一样了。此时，他们中大多数人成了教育良好、成熟老练、生活达到中等水平的城市居民。自上而下、高度集权、只要求劳动力唯命是从的体制，越来越与苏联人民的现实要求相冲突，他们现在要求一定的独立性和自主性。以往管理劳动过程的有效体制，现在也失去了效用②。

1956～1964年，正是在赫鲁晓夫执政的年代，苏联出现了第一批不同政见者，他们被称作“文化反对派”或“政治文化反对派”，其活动宗旨主要是人权方面的诉求。这一运动是20世纪30年代残酷的政治迫害的历史回声。1956年帕斯捷尔纳克（Б. Л. Пастернак）写出《日瓦

---

① T. H. Rigby，R. F. Miller. Political and Administrative Aspects of the Scientific and Technical Revolution in the USSR. Australian National University Press，1976：23.

② 大卫·科兹，弗雷德·威尔. 来自上层的革命——苏联体制的终结. 曹荣湘，孟鸣歧，等译. 中国人民大学出版社，2002：64-65.

戈医生》，表现了传统的宗教价值观念、人道主义和革命理想的结合。虽然此书是翌年在意大利出版的，但因 1958 年作者获诺贝尔文学奖及被迫拒绝接受该奖，引起一场激烈的批判运动，结果反而使此书的一些思想不胫而走。1962 年，索尔仁尼琴（А. И. Солженицын）的小说《依万·杰尼索维奇的一天》由于赫鲁晓夫的支持得以在《新世界》杂志上发表。这部作品直接描写了集中营的生活，控诉了反人道的专制极权主义，引起了极大的轰动效应。这部中篇小说发表时，适值苏共中央举行全会，与会者争购登载这篇作品的杂志，甚至代表们一手拿着红色的会议文件，一手拿着蓝色封面的《新世界》。正是在这样的气氛中，一些知识分子开始建立组织，提出政治民主的要求。1966 年初，针对国内出现的要求为斯大林恢复名誉的舆论，苏联著名物理学家萨哈罗夫（А. Д. Сахаров）同诺贝尔奖得主塔姆、卡皮查等 24 位[①]科学界和文化界的名人，联名致信苏共中央，表示反对，认为如果给斯大林恢复名誉"将是一场巨大的灾难"。关于社会主义改革的理论思想也在发展。伦理社会主义的倡导者斯米尔诺夫（Левитин Смирнов）宣称："社会主义——它首先是人类的内心醒悟。社会主义应培养出一代新人，他们相亲相爱，相互同情，他们是纯正和有高度教养的。"历史学家罗伊·麦德维杰夫（Р. А. Медведев）在《论社会主义民主》一书中，认为"没有真正的民主，也就不可能有真正的社会主义"，为此就必须打破苏联现有的"国家领导人所有制"或"国家机关所有制"，亦即官僚所有制。1968 年 4 月 9～10 日召开的苏共中央全会上，勃列日涅夫就意识形态问题做了专门讲话，号召"向资产阶级意识形态进攻"。国外一些研究苏联问题的专家认为，这是苏联重新回到斯大林思想垄断路线的标志。但是，尽管此后苏联领导层加强了思想战线的控制，整个社会思潮却已经不可逆转地倾向于改革，没有什么力量能把人心拉回到 30 年代的出发点上去了。正如德国评论家柯尼希（H. König）所说："在苏联

① 一说为 25 人。Z. A. Medvedev. Soviet Science. Norton，1978：107.

已经发生了巨大的积极的变化，苏联人民不再那么害怕了。今天，'人民的敌人'也不再像斯大林政权时期那样孤立了，笼罩一切的恐惧消失了。"[①]当然，民主改革的思潮与反社会主义的势力有着千丝万缕的联系，而且这的确是后来苏联改革走入歧途的社会基础。但是，这一时期出现的向僵化的教条主义意识形态的挑战，却是苏联历史发展的必然逻辑。

二、多元思想和兼容意识的勃兴

1948年，日丹诺夫提出了一个著名的命题——资产阶级文化彻底腐朽论，认为现代是"资产阶级文化腐朽和瓦解的时代"[②]。有人甚至把这个命题进一步演绎为：马克思列宁主义诞生以后，资产阶级文化的进步性已经完全丧失。按照这种观点，苏维埃文化只能是绝对一元的、纯而又纯的，西方文化的任何影响都必须荡涤干净。据说这一思想是根据列宁关于帝国主义的"寄生性和腐朽"的论断得出的。姑不论列宁对帝国主义所做的经济分析是否正确，至少列宁从来没有把整个西方文化一棍子打死，相反，他倒是说过："无产阶级文化应当是人类在资本主义社会、地主社会和官僚社会压迫下创造出来的全部知识合乎规律的发展。"[③]但是，无论是在赫鲁晓夫时代还是勃列日涅夫时代，苏联的官方意识对西方文化始终持绝对否定的态度。勃列日涅夫在1968年4月9～10日的苏共中央全会上的讲话，颇具代表性，他认为，"资本主义和社会主义之间的意识形态斗争的极端尖锐化"，是"现代历史发展阶段"的特点；他要求各级党组织"同资产阶级意识形态进行公开的斗争，坚决反对滑向与苏联人民的社会主义意识形态敌对的形形色色文

① 赫尔穆特·柯尼希. 七十年代末和八十年代初苏联人民的思想动态//《苏联问题译丛》编辑部编译. 苏联问题译丛：第七辑. 生活·读书·新知三联书店，1979：92.

② 日丹诺夫. 在联共（布）中央召开的苏联音乐工作者会议上的发言//日丹诺夫. 日丹诺夫论文学与艺术. 人民出版社，1959：70.

③ 列宁. 青年团的任务//列宁. 列宁选集：第4卷. 人民出版社，1972：348.

学、艺术和其他作品的倾向”[①]。里格比称这段话为“苏联现政权关于意识形态问题的最重要的纲领性表述”[②]。

但是，经济改革必然伴随着思想解放，一成不变地维持斯大林时代的绝对思想垄断是不可能的。社会舆论强烈要求广开言路，容许不同的思想并存和互相争论。索尔仁尼琴就主张马克思主义“应在各种思想的竞争中显示它的论点是驳不倒的”[③]。实际上，学术界的一些有识之士已经在悄悄地密切注视西方世界在各个文化领域的重大进展，并把它们引进苏联，并努力使之适应苏联特殊的文化语境。在这方面，成效最显著的是管理科学。一个突出人物是格维什阿尼（Д. М. Гвишани），此人当时是国家科学技术委员会主席，是苏联部长会议主席柯西金的女婿。格雷厄姆认为，他是同西方合作最积极的拥护者之一，他清醒地看到，“同西方在管理人员和计算机专家的合作存在着意识形态的困难”。但是，格维什阿尼却巧妙地绕开了这些障碍，终于把西方管理科学引进了苏联。美国的另一位研究苏联的专家汤普逊，在其《苏联和美国的管理学与政治学》一书中，对此做了详细的评述。他认为，美国的管理观念并不是自发地流入苏联的，而是有目的策划的结果。格维什阿尼对苏联领导层进行了强有力的游说，并于 1962 年在莫斯科大学建立了管理学研究室，出版了《经营社会学》的著作，该书“是美国管理学主要流派的概述，是苏联管理研究转型的真正分水岭”。汤普逊说：“格维什阿尼尽管在言辞上屈从于正统马克思主义，但他并没有否定美国（管理）理论和实践的先进地位。他通过强调美国在这门学科上的成就的客观性质，指出产业技术和组织形式在不同社会制度之间是可以转移的。”格维什阿尼随心所欲地引用知名管理学家德鲁克（P. Drucker）、孔茨

---

① В. П. Малин. Справочник партийного работника. Вып. 9. 1969：10.

② T. H. Rigby. The soviet communist party and the scientific and technical revolution//T. H. Rigby，R. F. Miller. Political and Administrative Aspects of the Scientific and Technical Revolution in the USSR. Australian National University Press，1976：24.

③ 海因茨·布拉姆. 苏联持不同政见者的各种流派及其目标//《苏联问题译丛》编辑部编译. 苏联问题译丛：第二辑. 生活·读书·新知三联书店，1979：249.

（H. Koontz）等的论述，并指责说，苏联的“心理学家、社会学家、数学家、甚至经济学家都几乎不读管理专家和管理工程师的权威著作”。格维什阿尼正是通过学习美国的管理理论，使作为一门独立学科的管理学在苏联确立起来[①]。即使在更加敏感的领域，与西方世界的这种交流也出现了较为理性的趋向，政治上的攻讦少了，学术的探讨多了。1961年3月英国著名逻辑实证主义哲学家艾耶尔（A. J. Ayer）访苏，他的文章《哲学与科学》试图从新实证论的立场证明马克思列宁主义哲学“缺乏根据”，苏联《哲学问题》杂志于1962年第1期全文予以发表。艾耶尔回国后，在英国《新观察家》报上撰文说，苏联哲学家“比较着重强调他们能够同意我的地方，甚于他们不同意之处。我感觉他们非常急于要证明，对于我和对于他们来说，我们之间的争论并不是不可解决的。”[②]

学术界舆论一统的时代结束了，激烈的争论时有发生，例如关于自然辩证法本性的争论、关于历史唯物主义研究对象的争论、经济学界关于围绕利别尔曼建议及市场社会主义的争论等。值得注意的是，在一些社会科学领域还出现了学派分化，这些学派在学术立场和理论观点上存在着重大的分歧，而且这些分歧是苏联社会结构性矛盾的深刻反映。例如，据美国学者的研究，根据苏联经济学家同现行经济制度的关系可以把他们分成三大派：第一派是保守派，力图恢复过去严厉的斯大林体制，主张以行政方式管理经济；第二派是现状维持派，企图竭尽全力维护现行经济制度；第三派是现代派，包括主张在西方民主基础上重组苏联经济的极端激进派，希望通过限制政治权力改变经济机制的反对派，力求在保持政治权力完整无损的前提下改革经济制度的改良派[③]。至于

① J. C. Thompson，R. F. Vidmer. Administrative science and politics in the USSR and the United States：Soviet responses to American management techniques 1917-present. Bergin & Garvey Publishers，1983：86-87.

② A. J. Ayer. Philosophy and science. Soviet Studies in Philosophy，1962（1）：19.

③ 阿隆·卡斯登尼林布埃根. 斯大林时代以后苏联经济学中互相斗争的思潮//《苏联问题译丛》编辑部编译. 苏联问题译丛：第九辑. 生活·读书·新知三联书店，1981：187-190.

哲学界的本体论派、认识论派和发展论派下文将做详论，此处不再赘述。

三、科学精神的觉醒

为了实现高速发展，苏联决策集团并没有按科学精神行事，而是遵循了一条与科学精神背道而驰的思想路线。这集中表现为一个相互联系的双重命题：人可以而且应当不受限制地向自然索取，科学必须无条件地为人的利益服务。柯尼希在谈到苏联的教育导向时说："千百万苏联人民所受的教育是对自然力量、科学技术应持批判态度，但对教条思想不得持批评态度。"[①]所谓"批判态度"，就是以人为的目标划线，也就是说，凡是符合领导人意志的科学、技术、工程就是合理的，正确的；反之就是有害的，错误的。因此，从哲学上说，问题的本质在于如何对待客观自然规律，如何认识科学的价值中立性。对科学的功利主义态度，驱使科学为既定的政治目标服务，结果必然是把科学变成意识形态的婢女。英国学者雷蒙德·哈钦森（Raymod Hutchison）曾提出一个耐人寻味的观点，他认为列宁的口号"共产主义就是苏维埃政权加全国电气化"[②]，后来演变成苏联特有的发展模式，这就是不需要通过经济手段，而是纯粹借助政治和技术的结合来实现发展，从而形成了一个普遍公式——"政治加技术"（politics-cum-technology）。哈钦森指出："电气化只是所依赖的技术灵药单子上的头一副，在不同的时期，各种东西纷纷被提了出来。机械化，化学化，后来的自动化和控制论，都曾扮演过同样的角色。"他认为，在苏联，意识形态和"俄罗斯/苏联的唯科学

① 赫尔穆特·柯尼希. 七十年代末和八十年代初苏联人民的思想动态//《苏联问题译丛》编辑部编译. 苏联问题译丛：第七辑. 生活·读书·新知三联书店，1979：95.

② 列宁是在全俄苏维埃第八次代表大会上提出这个著名口号的，意在指出现代大生产是以新技术为基础的生产，这当然是完全正确的。就在这篇讲话中，他说，要改变"小经济"，"只有一种办法，那就是把国家经济，包括农业在内，转到新的技术基础上，转到现代大生产的技术基础上。"显然，列宁这里谈的是生产力性质的转变问题，并不是抛开经济，单纯依靠技术去实现现代化。这和后来苏联领导人的唯技术论是不同的。

主义”（Russian/Soviet scientism）相结合，成为国家和社会进行目标设计的标准，就会出现这样的悖论：“由于附加了对技术的客观要求，无论是技术、科学还是经济，都不能符合已经明确的指导路线”，结果是置技术客观性于不顾，指导路线决定一切。作者举例说，一个生态上有益的项目，由于不能从政治上得到支持，“在苏联就没有追随者”①。这使人想起尼采的名言：“一向最为严加禁制的总是真理。”

在这样的思想指导下，从斯大林时代开始，苏联“改造大自然”的工程，开展得热火朝天，一项接着一项，同时，大自然的报复也愈来愈严厉。1948 年在苏联草原地区开始了大规模的营造防护林计划，预计种植总长 5320 公里、面积 117900 公顷的八大林带。学术投机者李森科马上提出密植法迎合这一运动，理论根据就是他提出的有机界无种内斗争，只有种间斗争的伪科学理论。其实，营造防护林的那些地区极度干旱，根本不适合树木生长，苏联林业部就不赞成这一做法，尖锐地指出，造林史上还没有听说过在这样的条件下植树的先例②。结果，斯大林去世后，这一计划就偃旗息鼓，不了了之了。1954 年《林业经济》杂志发表了《上一个五年计划营造农田防护林的几点总结》，该文做出结论说，李森科根据有机界没有种内斗争的理论提出密植植树法，总结五年来使用这一方法的结果表明，这个方法“给国家带来了重大的损失，而通过营林同土壤侵蚀做斗争的观点也是值得怀疑的”③。1954 年初，刚刚当上第一书记的赫鲁晓夫急于出政绩，试图通过大规模开垦荒地一举解决困扰苏联多年的粮食问题。农业专家事先已经发出严正警告，指出：“要慎重考虑研究，以便不再重复先辈因开垦生荒地破坏了肥力的无意识的错误。”但是，赫鲁晓夫却不顾一切，一味蛮干，短短

① R. Hutchings. Soviet Science，Technology，Desing. Oxford University Press，1976：116-119.

② А. Бовин. На трассах государственных лесных полос. Правда，1950，8 мая. См. Л. Р. Грэхэ. Естествознание философия и науки о чековеческом поведении в Советском союзе. Политиздат，1991：145.

③ В. Я. Колданов. Некоторые итоги и выводы по полезащитному лесоразведению за истекшие пять лет. Лесное хозяйство，1954（3）：10-18.

四年间，国家对垦区的投资占全部农业投资的1/5；两年内调往垦区的拖拉机占全国提供的农业拖拉机总数的1/3。但他逆天行事，只求不断扩大垦荒面积，却不知涵养水土，反倒穷竭地力，罔顾专家劝阻，一意孤行，取消了草田轮作和休耕制。因而尽管头两年成绩不菲，但是到了60年代初，垦区的生态环境严重恶化，飓风卷走了沃土，地下岩石裸露，沙尘暴频繁肆虐，连垦区以外的良田也横遭破坏。到1964年，苏联的耕地面积减少了600万公顷。①此时还有一件更严重的生态事件。1957年底或1958年初，在南乌拉尔地区的车里雅宾斯克州，核废料掩埋场突然爆炸，引发了大面积的核污染，掺和了尘土的放射性物质，随风飘散，覆盖了村庄和乡镇。由于苏联政府事先没有相应的防止此类突发事件的预案和得力的防范措施，没有及时进行人口疏散，结果造成几百人患放射病死亡，受害者数以万计（这些数字从未公布过）。这些核废料中的放射性同位素^{137}Cs（铯）和^{90}Sr（锶）半衰期约30年，其中^{90}Sr可以在土壤中保留几百年，被看作是核工业最危险的产物。而在苏联这次核事故中，最具讽刺意味的是，由于苏联领导集团对分子遗传学研究一直抱有意识形态的偏见，苏联没有放射遗传学，全国没有一家实验室能够对辐射所致染色体畸变进行诊断，也没有为此设置的骨髓储备②。

凡此种种，足以说明，在长期致力于工业化的苏联领导集团的主流意识形态中，人与自然、科学与政治的关系是扭曲的。鲍尔泽根据美国苏联东欧研究会和哈佛大学俄罗斯研究中心的一项计划所进行的调查得出结论："绝大多数应答者宣称，直接或间接知道苏联对环境的破坏而且对苏联政权肆意滥用大自然确信不疑。"③事实上，苏联的知识界已经逐渐认识到这种扭曲，对其危害感受日深，大有不能已于言之势。早在1942年，卡皮查就拒不参加有关原子弹的研究；苏卡切夫（B. H.

① 徐隆彬. 赫鲁晓夫执政史. 山东大学出版社，2002：76-82.

② Z. A. Medvedev. Soviet Science. Norton，1978：94-97.

③ H. D. Balzer. Soviet Science on the Edge of Reform. Westview Press，1989：103.

Сукачев）院士从一开始就坚决反对在苏联南部和东南部造林的计划；萨哈罗夫在50年代末做过极大努力，试图劝阻苏联领导取消在大气层进行核试验。

但是，最典型的案例仍然是粉碎李森科伪科学的艰苦斗争，这场斗争表明，苏联知识界决心尊重自然界的客观规律，维护科学的尊严，排除对科学工作的政治干扰。如果说20世纪30年代苏联知识界与李森科的斗争是第一回合，战后40年代是第二回合，那么从50年代到60年代则是同这个科学骗子的决战，而这最后一个回合一波三折，充满了戏剧性。如前所述，李森科为了邀宠，提出密植造林法，大肆宣扬他杜撰的"种内合作"论。还在1952年底，斯大林尚在人世，苏卡切夫主编的两本刊物《植物学杂志》和《莫斯科自然研究者协会公报》，就发表了围绕李森科"种内合作"论的争论（包括支持和反对两方面的）文章，引起了强烈反响。这两本杂志是学术团体办的，与官方机构不同，在学术上有独立倾向。此后两年间，仅《植物学杂志》就收到50多篇文章，作者们提出的大量确凿的实验证据，不仅反驳了李森科的"种内合作"论，而且批判了他自30年代以来炮制的其他理论。李森科及其追随者的对策还是老一套，直接诉求于行政干预，上书科学院主席团，申请用行政命令停止这场讨论。官方控制的《普通生物学杂志》主编、副主编一齐上阵，亲自撰文攻击反对李森科的人是"马尔萨斯分子，主观主义者，唯心论者，形而上学者"等。这样一来，这场争论已经演变成如何对待科学真理和是否应当维护学术自由的问题。有人在《文学报》上撰文指出："在遗传学和农学等学科领域已经形成的态势，应当看作是不正常的。"[①]苏卡切夫更是直截了当地宣布："生物学中压制批评的时代已经过去了。"[②]批评李森科的声浪日甚一日，1955年底，三

① И. Кнунянц, Л. Зубков. Школы в наука. Литературная газета, 1955-01-11. См. Л. Р. Грэхэм. Естествознание, философия и науки о человеческом поведении в Советском Союзе. Политиздат, 1991：148.

② В. Н. Сукачев, Н. Д. Иванов. К вопросы взаиммоотношений организмов и теории естественного отбора. Журнал общей биологии, 1954（4）：303-319.

百多人联名呼吁撤掉李森科全苏农业科学院院长的职务。1955 年 4 月，在舆论的强大压力下，李森科被解除了院长职务。但是，事情还没有结束。由于赫鲁晓夫的特殊青睐，加上精妙绝伦的骗术，李森科竟然如不死鸟一样复活了。他瞄准苏联工业无法满足农业对矿物肥料的需求这个空子，提出使用他发明的“有机矿物混合肥”的建议，并大肆吹嘘他的高尔克·列宁斯基农场通过运用这种肥料获得了空前丰收。1957 年 4 月，赫鲁晓夫在国营农场工作者会议上，为李森科撑腰打气说：“三年前我到过高尔克·列宁斯基，李森科同志指给我看过那片堆满有机矿物混合肥的田地。我们很多人都到那里去过……为什么有些学者偏要反对李森科的方法呢？我不知道毛病出在哪里。我认为，理论上的和学术上的争论应当在田野里解决。”于是，李森科重又得势。1958 年 9 月 29 日，苏联最高苏维埃主席团给李森科颁发了列宁勋章；1961 年，他又重新当上了农业科学院院长。这时，他再展骗术，宣布发现了解决牲畜杂交育种后代性状退化问题的方法，培育出牛奶产量和脂肪含量均高的优良母牛品种。但是，此时的学术界甚至公众对李森科已经失去了信任感，关于列宁斯基经营危机的消息，在社会上传得沸沸扬扬。1963 年，李森科的死对头、诺贝尔化学奖得主谢苗诺夫（Н. Н. Семёнов）院士倡议对科学院进行改革；萨哈罗夫院士建议，鉴于已经发生的争论，在投票选举院士时，应号召学者们拒投“李森科分子”的票。虽然由于政治领导的干涉，科学院仅仅做了一个轻描淡写的决议，认为李森科领导的遗传研究所的工作“不能令人满意”，但是，李森科毕竟已经声名狼藉了。时隔不久，他的保护人赫鲁晓夫下台。苏联科学院主席团组成八人小组对列宁斯基农场进行检查，一些调查结果披露出来，原来李森科在其实验农场的“业绩”完全是通过高出其他农场若干倍的投资和种种优惠政策获得的，和他的“理论创造”毫无瓜葛。1965 年 9 月 2 日，苏联科学院主席团、农业部和农业科学院的联席会议公布了这些结果，李森科的末日终于到了，一场纠缠这个大国 1/3 个世纪的噩梦终于结束了。

第二节　调整科学和哲学的关系

在世界历史上，恐怕没有任何一个国家的科学和哲学的关系，像在苏联那样冤亲百结，恩怨纠缠。在赫鲁晓夫的“解冻”（оттепель）时期，为了解开这个死结，苏联做了一系列努力，从斯大林逝世的 1953 年起到 20 世纪 60 年代初，是苏联自然科学哲学调整方针和指导思想，在哲学和自然科学的关系中重新摆正位置的时期。

从当时的社会外部环境说，对斯大林体制的清算带来的思想解放，直接要求冲破压制理论界长达 1/4 个世纪的意识形态教条。当时占主导地位的口号是反对教条主义和坚持理论联系实际。1954 年 4 月的《哲学问题》第 2 期，发表社论《理论和实践的统一》；同年 9 月，《共产党人》第 14 期发表社论《要创造性地研究辩证唯物主义问题》；1955 年 1 月，《党的生活》第 1 期发表社论《理论和实践的统一是列宁主义的最主要特点》；同年 9 月，《共产党人》第 14 期发表社论《理论同实践的联系和党的宣传工作》。这些官方舆论有两个内容，一个是强调实践观点，倡导理论联系实际，反对教条主义、“书呆子习气”和把马克思主义庸俗化；另一个就是批判斯大林的个人迷信，具体分析了个人迷信在哲学领域的表现。随着 1956 年 2 月苏共第二十次代表大会的召开，对斯大林时期的哲学思想开始全面进行清理。斯大林的《论辩证唯物主义和历史唯物主义》是《联共（布）党史简明教程》第四章第二节，这表明斯大林对马克思主义哲学的诠释，已经成为党的指导思想的理论基础，是不可动摇的经典。因此对斯大林哲学的分析批判的中心是围绕这部著作进行的，这涉及对苏联哲学特别是自然科学哲学今后的发展有重大影响的一系列基本问题。

（1）如何正确理解唯物辩证法的本性。列宁认为：“辩证法是活生生的、多方面的（方面的数字永远增加着的）认识”[①]，斯大林的《论辩证唯物主义和历史唯物主义》一书表明，他对唯物辩证法的根本性质缺乏了解。他把辩证法归结为四个特征，而这以后的苏联正统哲学解释从未超出这个范围。20世纪50年代的批评者认为，斯大林辩证法观的错误在于：第一，把辩证法贫乏化了。斯大林所概括的四个特征，“并没有包括马克思主义方法的全部财富和所有方面”，这就要求突破斯大林的教条，“从辩证法的全部复杂性和多方面性来研究辩证法”。第二，不懂得辩证法也就是马克思主义的认识论。前文已经说过，这一点体现了马克思主义哲学的精髓，斯大林把辩证法当作先验的本体论教条，不能把辩证法当作认识的规律和行动的指南，从而也就抛弃了具体问题具体分析，抛弃了马克思主义活的灵魂。1954年10月《哲学问题》第5期社论《要创造性地研究辩证唯物主义问题》就强调：“不仅要完整地研究客观辩证法，同时要研究逻辑思维的辩证法，认识的辩证法。”[②]这一点成为以后苏联哲学中改革派的理论出发点。

（2）如何正确理解对立统一规律。斯大林认为，对立统一规律的本质是对立和斗争：“从低级到高级的发展过程不是通过现象和谐的开展，而是通过对对象、现象本身固有矛盾的揭露，通过在这些矛盾基础上活动的对立趋势的‘斗争’进行的。”[③]他只字不提对立面的统一和转化。如一些研究者所指出的，斯大林这样定义矛盾规律，目的是“通过植根于事物本性的对立，给阶级斗争提供本体论的证明”[④]，这是斯大林关于阶级斗争不断尖锐化这一观点的世界观根据。“解冻”时期，在重新评价历史上的“大清洗”与平反冤假错案的背景下，苏联哲学界对社会主义社会的矛盾问题展开了热烈的讨论，这一讨论尽管分歧很大，

---

① 列宁. 谈谈辩证法问题//列宁. 列宁全集：第38卷. 人民出版社，1959：411.

② 贾泽林，王炳文，徐荣庆，等. 苏联哲学纪事（1953—1976）. 生活·读书·新知三联书店，1979：18.

③ 联共（布）中央特设委员会编，联共（布）中央审定. 联共（布）党史简明教程. 中共中央马克思恩格斯列宁斯大林著作编译局译. 人民出版社，1975：121.

④ С. П. Дудель，Г. М. Штракс. Закон едининства и борьби противоположностей. Москова，1967：65.

但在肯定矛盾不仅存在斗争性而且也存在同一性这一点上却是一致的。1956年，苏联哲学家就建议重新表述对立统一规律，主张回复到恩格斯的原始定义——“对立的相互渗透的定律”[①]。

（3）如何正确理解否定之否定规律。斯大林在《论辩证唯物主义和历史唯物主义》中，根本不提否定之否定规律，此后很长一段时间内，这一规律被看作是黑格尔主义的残余。20世纪50年代中叶，哲学界普遍主张恢复这一规律的理论地位。1956年，凯德洛夫在《共产党人》第13期发表《否定之否定规律》一文，次年又专门出版了《否定之否定》的小册子，系统阐述了这一规律在辩证法中的地位及其与其他规律的关系。值得注意的是，凯德洛夫明确指出，恢复这一规律的理论地位有着重大的意识形态意义，因为它关系到能否正确理解哲学上的党性原则。凯德洛夫认为，党性原则的含义是“两位一体”的，这就是：“保留、汲取和改造在资本主义时代和更早的时代所积累起来的一切有价值的东西，并消除一切反动的、敌视唯物主义和先进科学的东西。”[②]因为辩证的否定是联系和中断的辩证统一。这与当时哲学界重新审视哲学史的研究方针是一致的，斯大林时代全盘否定人类历史文化遗产的做法是不符合马克思主义的，哲学必须向世界开放。

一个新的哲学时代开始了。相应地，苏联自然科学哲学的研究也进入了一个最有生气、最富创造性的时代。俄罗斯近年出版了一部总结20世纪60年代到80年代苏联国内哲学的新著《哲学并未终结》，列克托尔斯基在为这本书所写的序言中说：“从60年代赫鲁晓夫的‘解冻’时期开始，涌现出整整一代哲学家（这批哲学家当时还是年轻人），他们认真地从科学的和人本主义的观点出发来解释马克思的一系列思想。关于科学知识的争论表明了，这是他们在当时那种条件下，为改变他们不满意的社会现实所能采用的唯一可行而且也是唯一可靠的方式。”[③]

---

① 恩格斯. 自然辩证法. 于光远，等译编. 人民出版社，1984：3.

② 庞・米・凯德罗夫. 否定之否定. 郭力军译. 上海人民出版社，1958：104.

③ В. А. Лекторский. Философия не кончается…. РОССПЭН，1998：3.

在斯大林时期官方的主流观念中，哲学是党性极强的意识形态部门，是和政治一样的上层建筑，哲学甚至就是政治。哲学统帅自然科学，是因为哲学代表阶级和党的最高利益，因此为了贯彻党的意图，自然科学必须接受哲学的指导和裁判。在这种观点指导下所造成的科学悲剧，早已使科学家深恶痛绝。最先向其发难的正是科学界人士。1954年7月2日，著名数学力学家索波列夫（Сергей Львевич Соболев）院士就在《真理报》上发表题为“论科学中的批评、革新精神和教条主义”的论文，尖锐地指出：“科学进步的死敌是教条主义，是以教条偷换真正的科学探讨。这个敌人在我们的科学界至今尚未绝迹。”另一位院士是著名的有机化学家克努尼扬茨（Иван Людвигович Кнуняц），他与人合写的论文《科学中的学派》（1955年1月11日）也批评哲学家对科学研究横加干预说：“我们还有一些哲学家与学者们，他们随时准备把得出他们所不赞成的结论的学派简单地宣布为‘唯心主义’的学派。”[①]哲学是这样的意识形态教条、还是认识真理的工具，这涉及如何认识哲学的本性问题，这个问题不解决，就不可能摆正哲学的位置。于是，五六十年代苏联哲学界围绕哲学本性的争论就有了深刻的时代意义。美国研究苏联哲学的专家斯坎兰指出：“对很多苏联哲学家来说，60年代关于哲学主题的争论完全可以描述为一场围绕哲学应当是科学还是意识形态的争论——哲学是对普遍规律的探索，还是为某一经济上的阶级提供思想和实践指针的社会意识形态。”[②]其实，早在1957年，凯德洛夫就开始强调哲学规律的客观性，特别引用恩格斯的话，指出辩证法规律“是自然界、社会和思维发展的最一般的规律”[③]。他的这一

① С. Л. 索波列夫. 论科学中的批评、革新精神和教条主义//《哲学研究》编辑部编. 外国自然科学哲学资料选辑：第一辑，上册. 上海人民出版社，1966：89；И. 克努年茨，Л. 祖布柯夫. 科学中的学派//《哲学研究》编辑部编. 外国自然科学哲学资料选辑：第一辑，上册. 上海人民出版社，1966：95.

② J. P. Scanlan. Marxism in the USSR：A Critical Survey of Current Soviet Thought. Cornell University Press，1985：36.

③ 庞·米·凯德罗夫. 否定之否定. 郭力军译. 上海人民出版社，1959：3.

看法，得到库兹涅佐夫等哲学家的热烈赞同[①]，也遭到坚持哲学党性的正统派哲学家的猛烈抨击，凯德洛夫后来也声明他并不否认哲学的世界观性质和意识形态上的指导作用。但是，他所强调的哲学的科学性是要维护哲学独立于社会集团（包括统治集团）利益的客观性和真理性。尽管他们的观点没有得到普遍的认同，但是至少党性和科学性必须统一起来的观点却被肯定下来。既然如此，哲学的普遍结论就必须植根于各门具体科学所揭示的特殊规律，而不能把原则当作出发点，而把某些权威——特别是斯大林——所规定的教条当作裁判自然科学研究的标准，就失去了理论根据。所以，这场关于哲学本性的争论是调整哲学和科学关系的思想前提。

在这样的形势下，苏联意识形态主管部门开始制定处理科学与哲学关系的新方针，总的指导思想是重提列宁关于哲学与自然科学联盟的思想，恢复和重建这个联盟。1955年，《共产党人》杂志第5期发表编辑部文章《哲学科学的迫切问题》，宣称："共产党过去和现在都采取同所有先进科学家（包括资本主义国家的自然科学家在内）结成联盟的唯一正确的和坚决的方针。"[②]此后，《哲学问题》连续发表专论论述联盟问题，主要有1957年第3期的社论《关于自然科学哲学问题的研究》、1959年第3期的社论《加强自然科学和哲学的联盟》和1962年第8期的社论《再论哲学家和自然科学家的联盟》。为了正本清源，促进联盟的形成和发展，1958年11月21～25日召开了全苏自然科学哲学问题会议。出席会议的科学家和哲学家600余人，几乎囊括了苏联科学界和哲学界的精英，仅苏联科学院和各加盟共和国科学院的院士和通讯院士就有近百人。会上做主题报告的主要是物理学、化学、生物学和生理学领域的学术权威，体现了自然科学家对哲学的关注。苏联科学院院长涅斯米扬诺夫在会议的开幕词中指出："这次会议的基本任务是加强哲学

① J. P. Scanlan. Marxism in the USSR：A Critical Survey of Current Soviet Thought. Cornell University Press，1985：28.

② 《共产党人》编辑部. 哲学科学的迫切问题//《哲学研究》编辑部. 外国自然科学哲学资料选辑：第一辑，上册. 上海人民出版社，1966：114.

家和自然科学家之间创造性的联盟，以便提高自然科学的理论水平和促使最重要的科学问题得到最迅速的解决。”[①]

为了确立处理科学哲学关系的新方针，首要的任务是揭露个人迷信在自然科学哲学领域造成的危害，批判其对列宁主义的背离，肃清其恶劣影响。官方舆论认为，这条错误路线的主要表现是：“对一系列重大科学问题的创造性研究被要求绝对执行的‘训令式的指示’所代替；对真理的探寻时而归结为把斯大林著作中的、已成为一种‘解决’任何科学问题的刻板公式的某些常常是不准确的、甚至是错误的说法加以教条化……与此相应的是由个人迷信造成的给具体自然科学学说贴上各种各样诋毁性标签，结果这些学说的任何一个捍卫者就自然而然地被归入反动思想意识的代表和鼓吹者之列，即被归入辩证唯物主义世界观的敌人之列。”[②]如何建立哲学和自然科学的联盟呢？基本原则有三：

第一，要在两条战线上作战，既要反对代替论，又要反对虚无论。不能用哲学结论取代自然科学的研究，不能把哲学的结论强加于科学家。数学家、相对论物理学家、通讯院士亚历山德罗夫（А. Д. Александров）写道：“过去和现在的一些论述自然科学的哲学问题的作者对科学没有表示应有的尊重，他们轻视被证明了的客观材料，实际上是用符合自己意见的这个主观标准来顶替试验和实践的客观标准。”[③]具体说来，这个客观标准就是涅斯米扬诺夫所指出的：“第一个标准就是科学活动的实践效果”“第二个评定标准是科学活动打开的远景”[④]。但是，一些科学家由于对个人迷信时代教条主义对科学研究的粗暴干预极度反感，产生抵触情绪，而对哲学世界观和方法论抱虚无主义态度，这

① A. H. 涅斯米扬诺夫. 全苏现代自然科学哲学问题会议开幕词//《哲学研究》编辑部. 外国自然科学哲学资料选辑：第一辑，上册. 上海人民出版社，1966：255.

② 《哲学问题》编辑部. 再论哲学家和自然科学家的联盟//《哲学研究》编辑部. 外国自然科学哲学资料选辑：第一辑，上册. 上海人民出版社，1961：488.

③ A. 亚历山德罗夫. 辩证法与科学//《哲学研究》编辑部. 外国自然科学哲学资料选辑：第一辑，上册. 上海人民出版社，1961：117.

④ A. H. 涅斯米扬诺夫. 苏联科学院工作的主要方向//《哲学研究》编辑部. 外国自然科学哲学资料选辑：第一辑，上册. 上海人民出版社，1966：147.

也是必须克服的。第二，自然科学的发展正在走向辩证法的思想领域，自觉地接受唯物辩证法的指导，是科学发展的内在需要。问题的提法仅仅是：不是接受正确哲学观点的指导，就是陷入坏的“时髦”哲学的泥坑。1957年《哲学问题》第3期社论《关于自然科学哲学问题的研究》引用了爱因斯坦的著名言论：“科学没有认识论就会是肤浅的、没有条理的”，并指出：“自然科学提出的哲学问题的研究之所以必要，不仅仅因为它是为科学认识扫清道路，清除唯心主义障碍的手段。正确解决这些问题还会提供新的动力来推动自然科学前进。”[①]第三，要深入研究自然科学的成果，跟踪现代自然科学的最新进展。20世纪的前半叶，正是理论自然科学范式转换的关键时期，以相对论和量子力学为中心的物理学革命，彻底改变了经典的世界图景。但是，这段时间也是苏联个人迷信最猖獗的时期。1956年，研究自然科学哲学的权威学者奥密里扬诺夫斯基（М. Э. Омельяновский）撰文总结苏联的自然科学哲学研究，他特别对斯大林时期的哲学界提出尖锐的批评。他指出：“在相当短的时期内（最近50～60年），自然科学，尤其是物理数学，曾以卓越的发现和理论丰富了起来，而这些发现和理论标志着自然科学发展的新时代的来临。”可是，自20世纪30年代以来，苏联哲学家却不能与时俱进，跟上科学发展的新时代，“哲学家的缺点，特别表现在他们对于现代自然科学发展中所提出的问题注意很差，常常忽视它们的成就”。在1957年2月召开的苏联科学院年会上，科学院主席团学术秘书长托普契也夫（А. В. Топчиев）也批评说：“至于讲到我们负有研究辩证唯物主义理论任务的哲学家，则大大落后于自然科学特别是物理学的成就，对自然科学上的新东西研究的也不够。”[②]奥密里扬诺夫斯基警告说：“马克思主义哲学若不与现代物理学、生物学的成就相联系、而跟现代科学知识相脱节，它就不能发展，因为它将丧失自己的创造性，不

① 《哲学问题》编辑部. 关于自然科学哲学问题研究//《哲学研究》编辑部. 外国自然科学哲学资料选辑：第一辑，上册. 上海人民出版社，1966：157.

② А. В. 托普契也夫. 进一步改善苏联科学院的工作//《哲学研究》编辑部. 外国自然科学哲学资料选辑：第一辑，上册. 上海人民出版社，1966：150.

再成为马克思主义哲学了。”①

正确态度是要正确对待西方科学家在实证科学领域取得的成果，应当把学者在科学上的成就和他们的政治立场及哲学观点严格区分开来。《共产党人》杂志的编辑部文章提醒人们注意，不要重犯历史上无产阶级文化派的错误，指出：“某些抱有‘左’倾思想的‘理论家’甚至试图把资本主义国家的科学说成是‘完全的朽木’。这种对待资本主义国家科学的态度迷惑着社会力量，并阻碍着科学的发展。”《哲学问题》杂志的社论也批判了对待西方科学的“庸俗社会学”态度，指出：“科学家在专门自然科学问题上的立场，同这些科学家所居住的那个帝国主义国家的政策，被混为一谈了。”②这些新的提法，与斯大林时期关于自然科学具有阶级性的理论针锋相对，肯定了自然科学的价值中立性。

总的说来，在赫鲁晓夫的“解冻”时期，在对哲学与科学的关系问题上，上层领导、学者和社会舆论在某种程度上达成了共识，这就为具体清理各个具体学科领域的历史积案，重新确立科学和自然科学哲学研究的方向奠定了思想基础。一场几乎遍及所有实证科学领域的大规模拨乱反正运动，轰轰烈烈地开展起来了。

一、相对论问题

20 世纪 40 年代末到 50 年代初，苏联官方支持的主流舆论是反相对论的。A. A.日丹诺夫 1947 年 6 月 24 日在出席 Г. В. 亚历山德罗夫《西欧哲学史》一书讨论会时的发言中，已经对相对论定了调，认为爱

---

① Э. М. 奥密里扬诺夫斯基. 研究辩证唯物主义和现代自然科学问题的任务//《哲学研究》编辑部. 外国自然科学哲学资料选辑：第一辑，上册. 上海人民出版社，1961：131-132.

② 《共产党人》编辑部. 哲学科学的迫切问题//《哲学研究》编辑部. 外国自然科学哲学资料选辑：第一辑，上册. 上海人民出版社，1966：118；《哲学问题》编辑部. 关于自然科学哲学问题的研究//《哲学研究》编辑部. 外国自然科学哲学资料选辑：第一辑，上册. 上海人民出版社，1966：170.

因斯坦及其追随者“不懂认识的辩证过程，不懂绝对真理和相对真理的关系”。官方学者如 A. A. 马克西莫夫之流立即紧紧跟上，尽管他本人在1923年对爱因斯坦及其相对论曾明确表示肯定，但现在却摇身一变高喊“反对反动的爱因斯坦主义”了[①]。直到1952年，像И. В. 库兹涅佐夫这样比较有独立见解的哲学家，也写出了《揭露物理学领域中反动的爱因斯坦主义——苏联物理学家和哲学家最迫切的任务》这样的文章。[②]如前所述，直到斯大林去世前，只有纳安和福克两位科学家对来势汹汹的“反相对论公司”表示了不同意见。

但是，随着“解冻”时代的到来，对相对论的重新评价很快成为科学界拨乱反正的突破口。1954年3月，乌克兰科学院哲学研究所和哈尔科夫物理技术研究所联合召开了“物理学哲学问题讨论会”。时任苏联科学院自然科学史与技术史研究所副所长的И. В. 库兹涅佐夫在会上就相对论做了主题报告，报告人改变了把相对论定性为“反动理论”的调子。按奥密里扬诺夫斯基的报道，会上对相对论的认识已经有了基本共识。首先，大家都承认，相对论“在物理现象的知识中树立了新的里程碑；这个理论的出现，代表了科学进步”，并且认为，“相对论反映了经典物理学中所不知道的新的现象，修改了关于空间、时间、运动、质量的旧的物理学表象，使它们变得更为精确，并且使它们依从比旧物理学概念更为深刻、全面地反映客观现象的新的物理学概念。”但是，同时又说，相对论是资产阶级科学危机时代的产物，因此其内容和资产阶级学者对它所做的哲学解释“不能越出资产阶级的樊笼”，例如，爱因斯坦就表现出马赫主义的观点[③]。一时之间，这一看法成了关于相对论问题的主流意见。例如前引索波列夫于1954年7月2日的文章就发表

① A. A. Максимов. Теория относительности и материализм. Под знаменем марксизма，1923（4～5）：140-156.

② И. В. Кузнецов. Разоблачение реакционанное эйнштейнианства в области физичесой науки—одна из найболее актуальных задач советских физиков и философов//А. А. Максимов. Философские вопросы современное физики. Изд-во Акад. наук СССР，1952：47.

③ M. Э. 奥密里扬诺夫斯基. 物理学哲学问题会议述评//《哲学研究》编辑部. 外国自然科学哲学资料选辑：第一辑，上册. 上海人民出版社，1966：101.

了同样的看法："有些科学家批评爱因斯坦的糊涂的、唯心主义世界观，这是十分正确的。可是他们却不愿意也不能够看见那些包含在爱因斯坦的具体物理学研究中的合理部分，他们甚至徒然想要推翻相对论的物理内容。"①。显然，对相对论的认识已经开始摆脱了意识形态的枷锁，转向了客观的科学评价。

1955年2月，《哲学问题》第1期发表编辑部文章《相对论讨论总结》，提出"制定关于相对论哲学评价的原则"这一基本目标。这一原则是什么呢？通观全文，实际上作者是提出了三个原则：

第一，区分相对论的物理内容和对相对论所做的哲学诠释。相对论是现代物理学时间和空间理论，正确反映了与光速相近的速度的运动过程；它是现代基本粒子理论的基础之一，也是一系列新的技术领域的物理基础；相对论所使用的数学工具是正确的和有效的；相对论已被物理学实验和技术实践所证实。马克西莫夫否认相对论的物理结论，把它们看作是由爱因斯坦的唯心主义引申出来的，这"表明了他在解决哲学和自然科学关系的最重要问题上的庸俗看法"。

第二，批判对相对论所做的唯心主义解释。从20世纪初开始，围绕相对论就存在着两条哲学路线的斗争，物理学唯心主义以主观主义的精神解释相对论，而"爱因斯坦本人对相对论一系列原理的表述及对它的解释，都反映了他的马赫主义倾向"。西方学者金斯（James Jeans）和爱丁顿以观测者取代参考系的主观主义，苏联学者曼德尔施塔姆把相对论效应视为测量的操作定义的度量主义，都是对相对论的错误哲学解释，应予摈弃。

第三，完善和发展作为物理理论的相对论。相对论是相对真理，"应当揭露一些值得争论的、没有解决的、在物理学领域中和在哲学领域中都需要进一步研究的问题"，甚至连相对论这个名称也值得斟酌。决议特别提出 А. Д. 亚历山德罗夫和福克的观点，认为他们在相对论

① С. Л. 索波列夫. 论科学中的批评、革新精神和教条主义//《哲学研究》编辑部. 外国自然科学哲学资料选辑：第一辑，上册. 上海人民出版社，1966：88.

（狭义的和广义的）和惯性参考系的关系问题上，所提出的与爱因斯坦不同的观点，是值得进一步讨论的[①]。

为相对论正名，使真正的物理学家获得了解放。格雷厄姆描述当时的形势说："一些著名的苏联物理学家和数学家决定参与哲学争论，以捍卫相对论抗击用意识形态武装起来的哲学家和不学无术的物理学家的攻击。"[②]以亚历山德罗夫和福克为代表的这批真正的科学家，在保卫相对论的学术斗争中，形成了苏联科学家研究自然科学哲学的极具特色的研究导向，很值得注意。这些学者真心服膺辩证唯物主义哲学，自觉地维护马克思主义的基本立场，但是坚决反对斯大林式的教条主义。和西方有些评论家的看法相反，他们并不是迫于压力，违心地迎合官方的意识形态需要，敷衍地用马克思主义的词句伪饰以求自我保护，而是诚心诚意地把辩证唯物主义视为科学的世界观和方法论。科米（David D. Comey）曾特地告诉格雷厄姆，亚历山德罗夫曾说过这样一段话："我的专业工作主要是证明新的定理。而对我来说，马克思列宁主义哲学无疑是思考本专业一般问题的指导。当然，辩证唯物主义并没有给出具体的数学解题法，但它指出了探索科学真理的正确方针，提供了阐释理论的真正意义和科学概念内涵的方法。"[③]福克在物理学上的代表作是1955年出版的《空间、时间和引力的理论》，这是一部使他赢得广泛国际声誉的著作。而这本书的引论却以这样一段话作为结语："我们对空间、时间和引力理论的哲学观点是在辩证唯物主义特别是在列宁的巨著《唯物主义与经验批判主义》的影响下形成的，辩证唯物主义指导我们批判地对待爱因斯坦对自己理论的观点以及重新理解这些理论。辩证唯物主义也帮助我们正确地理解与阐明我们的新成果。"[④]福克始终坚持这

① 《哲学问题》编辑部. 相对论讨论的总结//龚育之，柳树滋. 历史的足迹. 黑龙江人民出版社，1990：474-481.

② L. R. Graham. Science，Philosophy and Human Behavior in the Soviet Union. Columbia University Press，1987：362.

③ Правда. 1966. 4. Октябрь//L. R. Graham. Science，Philosophy and Human Behavior in the Soviet Union. Columbia University Press，1987：364-365.

④ B. A. 福克. 空间、时间和引力的理论. 周培源，朱家珍，蔡树棠，等译. 科学出版社，1965：9.

一信念，10 年后，在回答美国记者关于辩证唯物主义和自然科学的提问时，他深刻地阐述了他对辩证唯物主义的理解："辩证唯物主义的本质不过是辩证方法同承认外部世界客观性的结合。没有辩证法，唯物主义就回归到了机械唯物论，而机械唯物论即使在 20 世纪初已经是过时的，现在就更加过时了。另一方面，运用辩证法规律使唯物主义哲学随着科学的进步而一起发展。甚至像存在完全独立于感觉的可能性这样一些经典唯物主义论断，也将会被重新审视，当然是在不改变辩证唯物主义本质的前提下被重新审视。与科学同步前进的能力是这种哲学形式的特点之一。辩证唯物主义是活生生的而不是教条主义的哲学。它有助于提供某一学科领域所积累的经验，并提供可以应用于其他领域的如此普遍的表达方式。"①

对辩证唯物主义的真诚信念，突出地表现在他们实际运用这种哲学指导自己的研究实践。亚历山德罗夫主要研究狭义相对论，亚历山德罗夫认为，爱因斯坦确实受了马赫实证主义的影响，对时空相对性的客观性和相对与绝对的辩证法缺乏明确的概念。亚历山德罗夫把空间—时间连续统（space-time continuum）作为理论基石，认为时空连续统（不同于单独的时间和空间）的绝对性，揭示了世界的物质性和因果性的结构。他指出："相对性原理并不是表述为物理定律，作为原理它所表述的是自然规律独立于任意选择的参考系……而参考系是某种客观的东西，本质上是有关物体和过程的各种现象的客观坐标，而这些物体和过程是参考系、坐标的基础，它们归根结底是由物质的相互作用决定的。"②亚历山德罗夫强调遥远空间距离上事件的同时性，不是假设的实

① V. A. Fock. Quantum Mechanics and Dialectical Materialism：Comments. Slavic Review，1966：412//L. R. Graham. Science，Philosophy and Human Behavior in the Soviet Union. Columbia University Press，1987：368.

② А. Д. Алексадров. Теорияотносительности как теория абсолютного пространства-времени. И. В. кузнецов и М. Э. Омельяновский，вопросы современной физики. Изд-во Акад. наук СССР，1959：282//L. R. Graham. Science，Philosophy and Human Behavior in the Soviet Union. Columbia University Press，1987：365.

验者的观察结果，而是自然过程的客观结果，是物体之间的“背景辐射”或“信号交换”决定了空间和时间的相互坐标。“因此物体的坐标和相对于该物体的过程是客观的事实，从而与此物体相关的参考系也完全是实在的。”①

福克和亚历山德罗夫的哲学立场是相同的，但是他主要致力于广义相对论或引力论的研究。福克以辩证唯物主义关于内容决定形式的原理为指导，研究了作为广义相对论基础的引力场，而与爱因斯坦不同的是，他强调的不是引力场的数学形式，而是其物理内容。福克审视了广义相对性原理（其数学表达就是在所有参考系中物理方程的协变性），认为解决这一问题的关键是等效性原理（数学上就是惯性质量和引力质量的相等）。在福克看来，相对性原理和等效性原理都是近似的，它们和实际存在的引力场的性质是矛盾的。福克后来于1964年在意大利佛罗伦萨所做的报告中，提出了所谓“双短语”（two short phrases）：“①物理相对性不是广义的；②广义相对性不是物理的。”②问题在于，爱因斯坦不理解作为“整体”的空间—时间的重要性，而只关注空间—时间连续统内的局域。福克认为，等效原理的实质是，借助与引进适当的局部短程线计算系（自由落体），由这个原理可以在无穷小空间内恢复均匀的伽利略空间。他由此指出：“因此，虽然等效原理在狭窄的意义上是成立的（近似地和局部地），但它不能在扩大的意义上成立。虽然引力和加速度的作用在‘小范围’内是没有区别的，但是在‘大范围’内无疑是有区别的（就是考虑到加在引力场上的边界条件）。因引进匀加速计算系而得到的引力势是坐标的线性函数，因而就不满足无穷远的条件（在无穷远处引力势应趋于零）。”③这里福克从引力场的物理

① L. R. Graham. Science，Philosophy and Human Behavior in the Soviet Union. Columbia University Press，1987：360.

② L. R. Graham. Science，Philosophy and Human Behavior in the Soviet Union. Columbia University Press，1987：370.

③ B. A. 福克. 空间、时间和引力的理论. 周培源，朱家珍，蔡树棠，等译. 科学出版社，1965：290.

性质出发，以有限和无限的辩证法思想为指导，说明了广义相对性具有“近似的性质而不是普遍的原理”[①]。福克由此得出，由“谐和坐标系”来描述的各向同性的无限空间，存在着最优参照系的结论[②]。不仅苏联学者，包括许多西方学者都表示支持福克的引力论观点，如伦敦大学皇家学院的应用数学教授邦迪（Hermann Bondi）就同意福克对惯性的观察者和加速的观察者之间存在所谓物理等效性的批评，但也有不少人反对福克的理论。不管怎样，福克提供了一个自觉地在唯物辩证法启发下，认真进行实证科学研究并取得重要成果的范例，是苏联后斯大林时期以来自然科学哲学研究路线转换的一个标志。

思想的解放带来了学术的繁荣，此后在苏联的相对论研究中派别林立，出现了百家争鸣的局面。据苏联学者德什列维（П. С. Дышлевый）的研究，到20世纪60年代末，苏联物理学界和自然科学哲学界在相对论理论解释上，分化出三大学派：第一派是原本派，主张爱因斯坦的广义相对论是完善的理论，除了个别细节外，完全接受爱因斯坦对相对论的解释，这一派的代表是博戈罗茨基（А. Ф. Богородский）和金兹堡等。第二派是修正派，主张重新审查广义相对论的基本立论，并对爱因斯坦表述的概念结构进行修正，其主要代表是福克，还有彼得洛夫（А. З. Петров）、密茨凯维奇（Н. В. Мицкевич）等。第三派是更新派，主张把量子论和相对论结合为统一的量子引力论，并据此对广义相对性重新进行表述。代表人物是伊万宁科（Д. Д.

---

① В. А. Фок. О роли принципов относительности и этвивалентности в теории тяготения Эйнштейна. Вепросы философии，1961（12）：51.

② 贾泽林，周国平，王克千，等编著的《苏联当代哲学（1945～1982）》（人民出版社1986年）中，对福克有如下评论：“福克否认引力场和广义相对性的存在，认为‘加速参考系’不是物质系统，这个概念只能作为数学坐标系。它所引起的引力场不能认为是真实的。”（见该书第344页）这一说法恐怕不完全符合福克的原意。福克并未一般地否认引力场的存在，他只是说：“在旋转的计算系中，离心力势的增加与距旋转轴距离的平方成正比；此外还有科里奥利力。根据这些特点立刻可以发现，在这个计算系中‘引力场’是虚设的。”（B. A. 福克. 空间、时间和引力的理论. 周培源，朱家珍，蔡树棠，等译. 科学出版社，1965：200.）这只是说，加速系和引力场从物理性质上说是两个东西，其等效性只是在无穷小的空域中成立，换言之，只是引力场的边界条件问题。

Ивоненк）等[①]。

二、量子力学问题

在斯大林时代，量子力学也是意识形态激烈斗争的战场。1947 年 6 月 24 日，А. А. 日丹诺夫在“Г. Ф. 亚历山德罗夫《西欧哲学史》一书讨论会”上，曾对量子力学做了政治定性，他说：“现代资产阶级原子物理学家的康德主义扭曲，使他们得出电子‘自由意志’的结论，导致企图把物质描述成仅仅是波的总和等奇谈怪论。”[②]但是，也许这一领域与苏联的核事业有关系，虽然有如此明确的官方评价，对科学家的意识形态限制似乎比其他领域宽松一些。例如，库尔恰托夫（И. В. Курчатов）领导的高能物理研究所肩负着原子弹试验的重任，据说就这个研究所的工作，斯大林曾对负责科学界政治思想工作的官员做过专门的指示：“不要用政治学习去打扰我们的物理学家。让他们把一切时间都用到专业上去。”[③]因此，和其他学科不同，一些研究量子物理学的大牌专家，当斯大林还健在的时候，就敢冒天下之大不韪，起来向官方的观点发难。前文提到的马尔科夫的论文《论物理知识的本性》，就是和日丹诺夫的讲话在同年同月发表的。他敢于这样做，是对形势做了分析的。格雷厄姆认为：“马尔科夫也许明明知道，他这篇论文会引起多大争论，但他相信：第一，论文会得到支持；第二，即使他的观点遭到拒绝，只要他坚持自己的立场，最终很多物理学家会同意妥协。况且，马尔科夫会从职业哲学家们的内讧中得到某种好处。”[④]果然，他的观点虽

---

① П. С. Дышлевый. В. И. Леннин и философские преблемы релятивистской физики. Наук. думка，1969：143//L. R. Graham. Science，Philosophy and Human Behavior in the Soviet Union. Columbia University Press，1987：376.

② А. А. Жданов. Выступление на дискуссии по книге Г. Ф. Александрова “История западноевропейской философии” 24-го июня 1947 г.，Госполитиздат，1947：43.

③ Z. A. Medvedev. Soviet Science. Norton，1978：46.

④ L. R. Graham. Science，Philosophy and Human Behavior in the Soviet Union. Columbia University Press，1987：326.

然受到主流学者的围剿，但却得到真正的量子力学专家的支持。首先是布洛欣采夫，1949 年再版《量子力学原理》，增加了第 129 节“几个认识论问题”，1951 年又在《物理学成就》上发表了《批判对量子论的唯心主义理解》，从哲学上捍卫了量子力学的理论核心。1951 年，福克也在《物理学成就》上发表了题为“批判波尔的量子力学观点”的文章，次年还在《哲学问题》上发表《论所谓量子力学系综》。这表明，量子力学领域冲破思想禁锢的斗争，早在“解冻”前就已由科学家自己发动起来了。

量子力学领域的思想解放运动有一个显著特点，那就是它是一个漫长的自我解放过程。与遗传学等学科的情况不同，量子力学领域前沿的科学巨擘们，从一开始就没有对官方学者的批评买账，而是公开挑战，各抒己见。问题是他们自己的思想也打上了时代的烙印，一时无法完全摆脱传统的思维定式。传统是巨大的惰力，这些在实证科学研究中取得卓越成就的科学家，也只有通过长期的反思，才能获得解脱。苏联物理学界在量子力学理论观点上的演变，是一个走向思想独立的特殊历史过程。

从 1948 年开始，到 1960 年左右，对苏联量子力学来说，是思想的“半独立”时期，学者们不同程度地固守着某些先验的前提，这直接影响到他们对一些科学结论的评价。这些学者确实从量子力学自身的规律出发，认识到自然界的客观辩证法，并且找到了一种足以与官方意识形态专家抗衡的思想武器。一方面，他们是本专业的大行家；另一方面，他们又熟谙辩证唯物主义的基本观点，这使他们即使在 20 世纪 40 年代末那种严酷的思想环境中，也能公开同马克西莫夫这样的意识形态打手较量，并发展了系统的物理学哲学体系，为量子力学的理论内核进行辩护。一般说来，他们的做法是成功的，量子力学在苏联始终没有像遗传学的命运那样悲惨，科学家实际上掌握着自己学科的主动权。但是，与此同时，他们在论证自己观点和与批评者论战时，本身也常常有意无意地照顾到主流意识形态的提法，甚至刻意地选择哲学立场来包装自己的科学理论。

总体来说，这种辩护体系有两大导向。

一个是布洛欣采夫的系综论解释。早在1944年，布洛欣采夫就在《量子力学原理》的初版中，提出了系综（ensemble，ансембль）的概念。1949年该书再版，作者在第二版导言中说："在这新版中也讨论了量子力学的方法论的问题，并批判了现在国外流行着的量子论的唯心观念。"[①]两年后，他又在《批判对量子力学的唯心主义理解》一文中，进一步阐发了自己的量子力学哲学观念。布洛欣采夫对量子力学的哲学诠释有三个要点：第一，系综是粒子的集合，这些粒子彼此独立地处于波函数（Ψ函数）所描述的同一状态中；第二，粒子的状态应当仅仅看作是粒子从属于一定的系综；第三，波函数与单个粒子无关。海森堡的测不准关系通常被用于单个粒子，而在布洛欣采夫看来，其实是对属于一个系综的粒子进行测量的结果。"量子力学通过研究集群现象的统计规律性来研究单个粒子的性质"[②]。测量操作改变了单个粒子的态，把该粒子转换为另一个系综，但是，所有那些留在初始系综中的粒子仍然处于它们先前的态中。因此，学者可以借助整体性或系综的概念来描述客观实在。量子统计学具有客观实在性，无论在任何情况下都不依赖于观察者。基于这样的立场，布洛欣采夫批判哥本哈根学派说："哥本哈根学派把量子力学仅仅应用于统计系综这一事实贬抑到次要地位，而集中分析单个现象和仪器的相互关系。这是重大的错误，按照这样的解释，全部量子力学都具有'仪器'的性质，而问题的客观方面却被模糊了。"[③]

另一个是福克的实在论解释。福克基本上采用了哥本哈根学派的科学思想内核，但反对其哲学结论。他根据辩证唯物主义的观点对量子力

---

① Д. И. 布洛欣采夫. 量子力学原理：上册. 叶蕴理，金星南译. 人民教育出版社，1956：6.

② Д. И. Блохинцев. Критика идеалистического понимания квантой теории. Успехи физических наук，1951（2）：213.

③ Д. И. Блохинцев. Критика идеалистического понимания квантой теории. Успехи физических наук. 1951（2）：210.

学的科学内涵重新做了实在论的诠释，明确宣布："量子力学和唯物主义相矛盾的命题是唯心主义的命题。"[①]福克同意波尔的观点，认为波函数是描述"状态的消息"，但后来又进一步指出，波函数本质上是微观客体"实在状态"的描述[②]。根据这种唯物主义实在论的立场，福克批评了布洛欣采夫的系综论。他认为，根据统计理论，统计集合是具有不同指标的要素系列，这些要素可以根据此等指标进行分类。这些要素是同时测量得到的物理量值或物理量群的值。但是根据量子力学，微观粒子可以选择确定集合的物理量值，因此布洛欣采夫就不能标出系综的组成，这就使系综实际上成了一种"推理的结构"。福克认为，布洛欣采夫是转向借助经典仪器（这些仪器是为测量指定量而建造的）测量微观客体所得出的统计论断，而系综掩盖了这一转向。福克批评布洛欣采夫和波尔一样，在对待微观统计规律方面，犯了否定客观实在的实证主义错误："与辩证唯物主义的教导相对立，统计观点不是从自然客体出发，而是从观察出发；不是从微观客体的状态出发，而是从观察结果的统计集合出发。"[③]但是，福克的观点也受到同样的指责。1952 年，在量子力学解释方面，一度追随布洛欣采夫的奥密里扬诺夫斯基发表《辩证唯物主义和所谓波尔的互补原理》（收入马克西莫夫主编的自然科学哲学著作《绿皮书》中），批判福克的观点说："很遗憾，我国的一些学者……迄今仍未从苏联科学对哥本哈根学派的反动思想的批判中得出全部必要的结论。例如福克实质上就没有在自己过去的著作中，对测不准关系和互补原理做出区分。"[④]

---

① В. А. Фок. К дискусси по вопросам физики. Под знаменем марксизма，1938（1）：159//L. R. Graham. Science，Philosophy and Human Behavior in the Soviet Union. Columbia University Press，1987：339.

② В. А. Фок. О так называемых ансамблях в квантовой механике. Вопросы философии，1952（4）：142.

③ В. А. Фок. О так называемых ансамблях в квантовой механике. Вопросы философии，1952（4）：173.

④ М. Э. Омельяновский. Диалектический материализм и так называемый принцип дополнительности Бора//А. А. Максимов. Философские вопросы современной физики. Изд-во Акад. наук СССР，1952：404.

由此可见，即使这些自觉维护科学独立性的学者，也无法摆脱意识形态的纠缠。福克在 1938 年时曾坚持认为波尔的互补原理是“量子力学的一个不可分割的部分”，是“确定不移的客观存在的自然规律”[①]。但是，1951 年，面对强大的舆论压力，福克做了一些让步，用格雷厄姆的话说，就是：“这种批评迫使福克改变了自己的用语，并且暂时停止了对互补原理的维护。”[②]他表示由于互补原理初始定义的模糊性，他完全可以摒弃它。福克认为，本来互补原理是直接从测不准关系出发的，互补性只与坐标和动量的不确定性有关，互补原理被理解为测不准关系的同义语。但后来波尔把这一原理泛化，变成适用于生物学、心理学和社会学等所有学科的普遍原则，“失去了自己的初始意义”，所以放弃它是有理由的[③]。显然，福克的这些说法只是遁词，表面看来他似乎放弃了互补原理，但并不认为量子力学中的互补原理有什么错误，只不过反对将其泛化罢了。

20 世纪 50 年代末到 60 年代初，量子力学争论的意识形态色彩大为淡化，学者们已经不再为选择思想立场伤脑筋了，而转向了真正的学理性探讨。

布洛欣采夫在 1966 年出版了《量子力学原理问题》，此书从科学上说仍然坚持系综解释，但是其着眼点却主要是讨论量子领域的因果论和决定论问题（美国出版英文版时，将书名译作《量子力学哲学》，*The Philosophy of Quantum Mechanics*，倒是名副其实）。布洛欣采夫根据量子力学的发展，分析了经典决定论的局限性，指出对系统未来所做的严格预见，必然受到三个前提条件的限制：①初始资料的不精确性；②偶然力量的不可预期性；③完全孤立系统的不可能性。而由于量子力学的

---

① В. А. Фок. К дискуссии по вопросам физики. Под знаменем марксизма. 1938（1）：159//L. R. Graham. Science，Philosophy and Human Behavior in the Soviet Union. Columbia University Press，1987：339.

② L. R. Graham. Science，Philosophy and Human Behavior in the Soviet Union. Columbia University Press，1987：340.

③ В. А. Фок. Критика взплядов Бора на квантовую механику. Успехи физических наук，1951（1）：13.

发展，表现出或然性自然描述对微观客体的必要性，因而经典决定论的错误就昭然若揭了。但是，摈弃拉普拉斯决定论是否意味着否定因果性呢？当然不是，这不过是要用新的因果观取代旧的因果观。布洛欣采夫认为，因果关系是空间和时间中的事件秩序化的确定形式。在统计理论中，因果性以双重形式表现出来：一是统计规律性是完全有秩序的，而描述系综的量本身是严格决定性的；二是个别要素事件因而也是有秩序的，以致其中一个事件可以影响到另一个事件，只要这些事件在时空中的配列不破坏因果性而能做到这一点。这样来理解因果性，可以发现，在量子力学中薛定谔方程就表现了因果性，因为它描述了量子系综的运动是"根据因果方式进行的，亦即时间在先的系综状态决定了它的后继状态"[①]。同时，他也肯定了互补原理的科学价值，只是不满意波尔解释这一原理时所采取的哲学立场。他觉得如果用"分立原理"（exclusive principle）这一术语代替互补原理，也许更好一些："动力学参量定然分解为不能同时在现实的系综中出现的相互分立的参量群。"但是，布洛欣采夫认为，出于"对伟大的波尔的尊敬"，也无妨继续保持这一用语习惯[②]。可以看出，布洛欣采夫完全从追求真理的目的出发，立足于实证科学研究，对量子世界的本质寻求合理的哲学解释。格雷厄姆对此时的布洛欣采夫有一段精彩的评语："尽管这本书出版于1966年，此时自然科学家已经不再蒙受来自意识形态专家方面的强大压力了，而布洛欣采夫仍然在实际上继续着而且推进了他过去的议论。这种继承性不是出于政治，而是出于解释自然的那些基本哲学问题对布洛欣采夫的吸引。"[③]

应当说，福克毕其一生始终是哥本哈根解释的拥护者，只不过在思想垄断最严酷的时期有所顾忌而已。随着形势的发展，20世纪50年代后期福克完全摆脱了思想束缚，自由地表达自己的学术见解。1957年

① Д. И. Блохинцев. Принципиальные вопросы кватовой механики. Наука，1966：45.

② Д. И. Блохинцев. Принципиальные вопросы кватовой механики. Наука，1966：31.

③ L. R. Graham. Science，Philosophy and Human Behavior in the Soviet Union. Columbia University Press，1987：334.

2～3 月，福克访问哥本哈根，在波尔家中和波尔的理论物理研究所就量子力学的哲学解释与波尔进行了多次交谈。福克在 1963 年发表的《我生活中的尼尔斯·波尔》一文中写道："波尔一开始就说，他不是实证主义者，他力求只是按其所是来考察自然。我指出，他的一些表述给人以口实，从实证主义的意义上来解释他的说法，而看来他根本不想赋予此种意义……我们的观点不断地接近；尤其令人恍然大悟的是，波尔完全承认原子及其属性的客观性，承认应当拒绝的只是拉普拉斯式的决定论，而不是一般地否定因果性；'不可控制的相互作用'这一术语并不令人满意，事实上，所有的物理过程都是可以控制的。"[①]福克于 1959 年发表《量子力学解释》一文，详细而深入地讨论了量子力学哲学问题的主要疑难。他反对任何向经典解释的回归：反对德布洛意（de Broglie）和薛定谔把波函数看成是如同电磁场等已知经典场中的空间分布；反对玻姆（D. Bohm）试图保留轨道概念的隐参量理论；反对维热（J. P. Vigier）把粒子视为点或场的聚集，等等。他认为微观层次有自己独特的性质和规律。对于互补性问题，他认为迷误在于把互补性原理和因果性对立起来了，其实这里关键是如何对待经典描述和因果性的互补问题。使用经典描述是不可避免的，因为我们还没有合适的微观语言。但是，对宏观粒子的经典描述不适用于微观粒子因此就要重新定义因果性，使之适用于宏观和微观两个层次。因果性是与时空的一般性质相联系的客观自然律，和作用速度的有限性以及不可能对过去发生作用的这些客观制约性有关，无论表现为决定论的形式，还是表现为或然性的形式都是如此。波尔试图通过强调互补性概念和仪器的作用来解释微观层次的特殊性，而福克认为也许可以找到另一条道路，即定义"潜在可能性"的概念，从而把它和物理上实际实现的结果区分开来。潜在可能性不同于企图准确描述微观客体的隐参量，它是或然性的。福克认为，波函数的客观意义就在于，它是对微观客体和仪器相互作用的、不依赖于

---

① В. А. Фок. Нильс Бор в моей жизни//М. Д. Миллионщиков. Наука и человечество. Знание, 1963：519.

观察者的客观的潜在可能性所做的描述。波函数与单个粒子有关，在实验的最后阶段上，得到具体的量值，其潜在可能性之一就向现实性转化了。正是由于福克的努力，60 年代以后，苏联的量子力学理论思想逐渐与这一学科的国际公认观点趋同，这也是科学领域思想解放的直接结果。

作为专业的自然科学哲学家，奥密里扬诺夫斯基的思想包袱更为沉重。直到 1956 年，他仍然强调："互补性概念是从马赫主义—实证主义反动哲学中生长起来的。这个概念同量子力学的科学内容是格格不入的……难怪约尔丹要和弗兰克、赖兴巴赫及其他一些反动的现代资产阶级哲学家联合起来，援引波尔和海森堡，'消灭唯物主义'。"[①]他认为，互补原理产生于波尔和海森堡对测不准关系的意义的过分夸大，他因此拒绝使用"测不准原理"这一术语，而代之以"海森堡关系"。奥密里扬诺夫斯基指出："波尔和海森堡通过分析某些思想实验建立的关系——我们称之为海森堡关系——并没有物理意义，而是一个本着互补性的主观主义概念模糊了量子力学内涵的'原理'。"[②]他之所以长期附骥布洛欣采夫，反对福克，也许正是出于福克对哥本哈根学派的强烈认同。有意思的是，不久奥密里扬诺夫斯基的观点就发生了转向，从布洛欣采夫的支持者变成了福克的支持者。这事发生在 1958 年召开的全苏现代自然科学哲学问题会议上，他发言称"波函数刻画单个原子客体的作用概率"，而不再认为波函数只适用于量子系综。1962 年奥密里扬诺夫斯基在系统地研究了哥本哈根学派对量子力学的哲学解释之后，写出了题为"哥本哈根学派物理学家们在哲学上的演化"的论文。这篇论文不再下抽象的哲学结论，而是具体分析西方学者的具体科学观点和他们对此所做的哲学解释，着重挖掘其合理内核。文章认为："从互补观点出发，可以对同一原子客体做出同样正确的两个相互排斥的对立结论。

---

① M. Э. Омельяновский. Филосовские вопросы квантовой механики. Изд-во Акад. наук СССР, 1956：27.

② M. Э. Омельяновский. Филосовские вопросы квантовой механики. Изд-во Акад. наук СССР, 1956：71.

互补观念对物理学理论的严格哲学意义在于，按照这一观念，对于同一对象不仅可以而且在一定条件下甚至必须应用对立概念。”[①]因此，互补原理不仅不是反动的哲学唯心主义，而且是以辩证的思维方式为基础的。1963 年，在参加第八届世界哲学大会时，他在提交的论文《辩证矛盾的概念和量子物理学》中，进一步指出：“我们有权对一个原子客体做出两个对立的、相互排斥的论断。”[②]

苏联量子力学哲学的发展是一个典型案例，它不仅表明在意识形态偏见的左右下，哲学会对科学家的学术思想产生多大的扭曲作用，也表明挣脱某种习惯思维定式的束缚，即使对有坚定科学信念的学者来说也并非易事。同时，苏联物理学界的泰斗们自觉运用辩证唯物主义研究量子力学的重大疑难，独立取得有价值的成就，创造了马克思主义哲学史上宝贵的记录。

三、遗传学问题

李森科及其学派的兴衰，前文已经做了说明。这里想进一步研究一下，在思想解放的过程中，苏联哲学界和科学界，如何围绕李森科问题进行反思的。后李森科时代正值赫鲁晓夫和勃列日涅夫尝试进行改革和改革中断夭折的时代，而围绕重建遗传学的思想反复，有许多更加耐人寻味的地方。

1965 年 4 月 5 日，就在李森科最后失势的时候，《哲学问题》编辑部召开了苏联著名生物学家和部分哲学家的联席会议，论题是“现代生物学的迫切问题”。会上杜比宁发言彻底否定了李森科理论的科学性，

① М. Э. Омельяновский. Философская эволюция копенгагенской школы физиков. Вестник Академии наук СССР，1962，(9). 中译文参见《哲学研究》编辑部. 外国自然科学哲学资料选辑：第一辑，上册. 上海人民出版社，1966：450.

② M. E. Omelianovski. The Concept of Dialectical Contradiction and Quantum Phisics. Philosophy, Science and Man：The Soviet Delegation Reports for the XIII World Congress of Philosophy. L. R. Graham. Science，Philosophy and Human Behavior in the Soviet Union. Columbia University Press，1987：347.

认为它完全背离了现代生物学的观念，阿利哈尼扬根本不同意生物学中有米丘林阶段的提法。会议特别强调生物学正面临转折时期，而主导这一转折的恰恰是遗传学和分子生物学，可以说，这是一次为正统遗传学恢复名誉的会议，有一定权威性，时任主编的米丁也表态说这次会议是“意义重大的”。

但是，正和苏联社会改革始终无法彻底冲破传统结构的坚冰一样，在生物学领域中，即使李森科已经倒台，仍然有人坚持没有李森科的李森科主义，在20世纪60～70年代，保守派和革新派的斗争仍然十分激烈。

1965年持保守立场的《十月》杂志，发表了普拉东诺夫（Г. В. Платонов）的论文《旧教条和新教条》。作者抬出米丘林作为旗帜，说他感到不安的是，“在反对教条主义地推行李森科错误观点的旗号之下，有些学者开始反对米丘林学说的基础，甚至反对达尔文主义的一系列原理，似乎它们是和现代科学成就相对立的。”[①]格雷厄姆还找到了这一年莫斯科大学的一篇学位论文《马克思主义哲学和遗传学相互关系的迫切问题》，作者平捷尔（Ф. Пинтер）主张，李森科的观点是在“个人崇拜”的背景下产生的，要从李森科的幼稚观念中拯救“米丘林生物学”，而悲剧在于，1948年以后，除了李森科之外，苏联再也没有别的“米丘林生物学”的代表了[②]。直到1978年，普拉东诺夫还写作出版了《生命，遗传性和变异性》一书，继续坚持所谓米丘林学派的立场。他仍然坚持李森科关于获得性遗传的理论，并引用阿瓦基扬1948年在李森科的《农业生物学》杂志上发表的论文《有机体的获得性遗传》，认为李森科关于“科学是偶然性的敌人”的口号是正确的，否则就是否定因果性从而“解除科学的武装”。

但是，面对分子遗传学取得的巨大成功和无可辩驳的实验证据，普

① Г. В. Платонов. Догмы старные и догмы новые. Октябрь，1965（8）：151.

② L. R. Grahem. Science，Philosophy and Human Behavior in the Soviet Union. Columbia University Press，1987：467.

拉东诺夫毕竟放弃了过去那些意识形态标签，而玩起了折中主义的把戏。他说："在分子水平上研究生命体有助于克服过去把生物学、特别是遗传学分裂开来的许多矛盾。这里所指的是达尔文-米丘林学派和魏斯曼-摩尔根学派之间的矛盾。"[①]他称第一个学派为"综合派"，第二个学派为"分析派"。他摆出一副不偏不倚的面孔，说自己只是反对"还原论的迷信"，反对"DNA 独断论"，而强调外在环境，例如"营养"和"温度"还是可以成为遗传因素的。

但是，这种折中主义的态度，当即引起了来自"左"和右两个方面的批判。普拉东诺夫过去的"战友"费金森（Н. И. Фигинсон）就曾撰文更坚决地"捍卫米丘林生物学和米丘林遗传学"，直截了当地指出："这种综合、调和两个学派的号召实在是太晚了……在这种情势下，无论是综合还是调和都谈不上……在我看来，一些人试图根据物理和化学领域的最新成就进行思辨，以求拯救已经破产了的种质遗传学，而他（普拉东诺夫）却不看问题的实质，不加批判地唯这帮人马首是瞻。"[②]费金森坚持苏联官方学者的一贯立场，属于苏联遗传学的"原教旨主义"。其实，就在《旧教条和新教条》一文发表前四年，普拉东诺夫还把遗传学的历史划分为两个阶段：遗传性的染色体理论"灾难"阶段和李森科主义者"凯旋"阶段[③]。普拉东诺夫用"达尔文-米丘林学派"搞投机，忘了自己当初正是把"魏斯曼-摩尔根主义"的"形式遗传学"定性为"反达尔文主义"的，费金森理所当然地要谴责这位"一个战壕的战友"的妥协行为。直到 1980 年，《乌克兰共产党人》上还有人发表题为"现代生物学的方法论问题"的文章，评论普拉东诺夫的新著《生命，遗传性和变异性》，谴责他"宽容了"孟德尔和摩尔根。

著名遗传学家杜比宁的思想转向，更典型地反映了苏联科学界学术观念新旧交替的复杂性和曲折性。早在 1929 年，杜比宁就坚决捍卫以

① Г. В. Платонов. Догмы старные и догмы новые. Октябрь，1965（8）：154.

② За партийную принципиальность в науке. Октябрь，1966（2）：163.

③ Г. В. Платонов. Диалектический материализм и вопросы генетики. Соцэкгиз，1961：10.

摩尔根主义为代表的正统遗传学，认为："在拉马克主义和摩尔根主义之间，不可能进行任何综合，因为遗传学的基本观念与拉马克主义是绝对对立的。"①以后，整个 30 年代和 40 年代在与李森科主义伪科学的激烈斗争中，他始终旗帜鲜明地捍卫正统遗传学。例如，在 1936 年 12 月举行的列宁农业科学院第四届会议上，杜比宁对李森科分子的抨击就是特别尖锐的，他说："用不着隐讳，必须直截了当地说，如果在遗传学领域——照李森科院士的说法——И. И. 普里津特的思想理论胜利了，那么现代遗传学就寿终正寝了。"②即使在李森科主义全盛的时代，他仍然为孟德尔-摩尔根主义辩护，认为 DNA 的发现证明了"生命最主要的特性之一——遗传性的物质本性"。③1948 年，在全苏列宁农业科学院八月会议后，杜比宁和他的遗传学研究室被遣散了，他本人被安排到林业研究所，到乌拉尔山区去研究鸟类，一直在这个岗位上干了五年。1965 年，李森科倒台后，原科利佐夫遗传研究所残留的人员又重新组建了普通遗传学研究所，杜比宁被召回任所长。但是，他的指导思想和所里的科学家们产生了严重的分歧。他大量写作遗传学方面的科普文章并拿遗传学和辩证唯物主义牵强地进行比附，出版了专门赞扬米丘林的著作，还撰写了自传《永恒的运动》，批判他的老师和领导科利佐夫④以及其他正统派的遗传学家。这使他在苏联遗传学界获得了与李森科分子沆瀣一气的名声，而这本自传私下也被讥讽地改名为《永恒的自我运动》，大家背地里甚至管他叫特罗菲姆·杰尼索维奇·杜比宁⑤。1972 年发生了所谓"黄瓜事件"，进一步玷污了杜比宁的声誉。他的一个同

---

① И. Т. Фролов. Философия и история генетики. Наука，1988：73.

② Спорные вопросы генетики и селекции：Работы IV сессии Акад. 19-27 дек. 1936 г. Изд-во Всес. акад. с. -х. наук им. В. И. Ленина，1937：336.

③ Н. П. Дубинин. Методы физики，химии и математики в изучении проблемы наследственности. Вопросы философии，1957（6）：151.

④ 科利佐夫（Н. К. Кольцов，1872～1940 年）是苏联实验生物学的奠基人，实验遗传学莫斯科学派的带头人，早在 1928 年就提出染色体的分子结构和样板复制（"遗传分子"）的假说，制定了现代分子生物学的一些基本观点。

⑤ 杜比宁的全名是尼古拉·彼得罗维奇·杜比宁，特罗菲姆·杰尼索维奇是李森科的名字和父称，加在杜比宁的姓前，是讽刺他成了第二个李森科。

事给了他一段引文，这段文字是从《化学与生活》抄来的 4 月 1 日愚人节的一个搞笑题目：让盐更容易地渗入黄瓜的膜，从而改善黄瓜的味道，并称之为遗传工程的辉煌突破。人们都知道杜比宁惯于在别人的论文上挂上自己的名字，这次他一如既往，又在两篇严肃的论文中把这项“突破”作为重大成就提出，结果贻笑大方[①]。杜比宁在苏联政治环境下的思想和作为是很有典型意义的。作为一位有成就的遗传学家，他曾与谢列布罗夫斯基一道发现了遗传因子的可分裂性，对李森科杜撰的所谓“米丘林遗传学”的伪科学性质是一清二楚的。但是，从一开始他就试图争取得到李森科的理解和宽容。在 1939 年 10 月的遗传学和育种学会议上，杜比宁用迎合官方口味的口气说：“遗传学对我国整个生物科学，对我们关于有机界的具体世界观，对实践活动，都具有重大的意义。”他甚至试图通过恭维李森科以取得官方对正统遗传学的宽容：“没有任何人像李森科院士那样以无与伦比的原则性提出了这一问题。”[②]这种态度和他的合作者谢列布罗夫斯基形成了鲜明的对照，就在同一个会上，谢列布罗夫斯基指斥李森科为“机械的拉马克主义”[③]。杜比宁和别的正统遗传学者不同，很早就学会了使用意识形态的“批判武器”。早在 1936 年 12 月举行的第四届列宁农业科学院会议上，他就谴责一些遗传学家犯了“不可饶恕的反动的错误”，还特别指出他的合作者谢列布罗夫斯基的人类遗传学就存在这样的问题。他还批判他的导师科利佐夫的优生学观点，导致科利佐夫在科学院院士的选举中落选，而他在自己的自传中却悻悻地说：“他（科利佐夫）对自己关于优生学所说过的话连一句也没有收回。”[④]作为科学家，面对政治和思想高压，采取某些策略，使用官方的话语体系，危行言逊，以保护自己的研究工作，当然无可非议。但是，科学家绝对不能放弃科学原则，更不应曲学阿世，用

① M. B. Adams. Science，ideology，and structure：the Koltsov Institute，1900～1970//L. L. Lubrano，S. G. Solomon. The Social Context of Soviet Science. Westview Press，1980：187，189.

② Под Знаменем марксизма. 1939（11）：181.

③ Под Знаменем марксизма. 1939（11）：97.

④ Н. П. Дубинин. Вычное дпижение. Политиздат，1973：71.

官方的政治话语作为武器，依附权力中心维护自己的权威地位。

在这样的情况下，原来科利佐夫的一些追随者，如化学诱变专家萨哈罗夫（В. В. Сахаров）等就都转到阿斯塔乌洛夫（Б. Л. Астауров）研究所去了。与杜比宁相比，阿斯塔乌洛夫是在意识形态高压下，采取另一种态度的科学家，是一个既有原则性，又有策略的科学领导人，用美国学者亚当斯（M. B. Adams）的话说，他调整策略，“通过改变意识形态的走向，从而得以保持其研究事业的完整性和连续性”，“他的意识形态语言是为唯一的一个目的服务的：面对刮起的意识形态风暴灵活应对以维护其研究工作的独立性。”[①]在正统遗传学受到全面压制的时代，他巧妙地选择了研究蚕的遗传和发育这一课题。蚕是研究单性生殖的理想客体，而且人工控制蚕的性别可以促进丝的增产，这使他的研究所可以继续坚持正统遗传学的研究。但是，阿斯塔乌洛夫又从不放弃原则，“他在任何讲话和论著中，从未否定过遗传学。”1958 年，他被遴选为参加第十届世界遗传学大会的苏联代表团成员，但是，考虑到代表团的其他成员都是李森科分子，他宣布拒绝参加这次在蒙特利尔举行的国际会议。在给党中央委员会的信中，他解释自己这样做的理由是，参加这个代表团“有损我的学术声誉”。阿斯塔乌洛夫是真正有独立思想和自由精神的学者，麦德维杰夫对他评价说：“鲍里斯·阿斯塔乌洛夫是一位具有高度智慧和勇气的人，为了科学原则甘愿冒任何风险。”[②]阿斯塔乌洛夫和他导师科利佐夫一样，特别喜爱普希金的一首诗，并经常吟诵，因为这首诗确实传达了一位永远以真理为生命的科学家的心声：

缪斯万岁，理性万岁，
你是光焰万丈的太阳。
朝向辉煌升起的晨曦，
夜灯是那么黯淡凄惶。

---

① L. L. Lubrano，S. G. Solomon. The Social Context of Soviet Science. Westview Press，1980：191.

② Z. A. Medvedev. Soviet Science. Norton，1978：144.

永远不落的理智之光，

你把阴霾照亮。

万岁，太阳！①

李森科随着赫鲁晓夫一起倒台，深刻地反映了苏联社会矛盾的发展。如前所述，面对西方科技革命与新一轮经济增长，苏联官方急于通过科技创新改变经济发展滞后的被动局面，特别是糟糕的农业生产。官方正式表示要大力发展正统遗传学，以促进国民经济的发展："在当前这个时期，生物学正经历着巨大的变化。在物理学—化学和数学方法的影响下，这门科学面貌发生了根本的改变。生物学已经推进到现代科学最前沿，它正处于辉煌发现的转折点上，生成了新的研究重点：阐明遗传的本质和对之进行控制，阐明蛋白质和核酸以及生活细胞其他最重要的生物化学成分的生物合成机制。"并特别强调遗传学的基础研究为控制农业中植物、动物和土壤微生物的生产率提供了前提②。

在这样的背景下，对正统遗传学的哲学基础重新进行诠释，就成了科学哲学家的迫切任务，而维护李森科主义的保守派尽管仍然有相当大的影响，但显然已经不合潮流了。不过，在官方意识形态的支配下，主导的倾向是把分子生物学的成就纳入到辩证唯物主义的理论框架中去，当然在这方面的思想突破是十分明显的，也是当时苏联自然科学哲学发生重大转变的主要的一翼。

这方面的代表作是弗罗洛夫的《遗传学和辩证法》（1968 年），以及他与帕斯图施内（С. А. Пастушный）合著的《孟德尔，孟德尔主义和辩证法》（1972 年）和《孟德尔主义和现代遗传学的哲学问题》（1976 年）。特别值得一提的是《遗传学和辩证法》一书。早在 20 世纪 60 年代初，弗罗洛夫对李森科主义的伪科学性质及其哲学本质已经做了深入的反思。1964 年，弗罗洛夫就在自己的博士论文《生物学研究

---

① И. Т. Фролов. Философия и историия генетики. Наука，1988：23.

② Г. Д. Комков，Б. В. Левшин，Л. К. Семенов. Академия наук СССР. Том III. Наука，345-346.

中的方法论问题》中，从哲学角度考察了遗传学领域这场长达 1/4 个世纪的斗争，他认为这篇论文是《遗传学和辩证法》一书的基础。应当说，这本书的出版是完全符合当时苏联主流科学家们的心愿的，也基本上可以代表他们的观点。但是，紧接着官方指示对此书下达禁令。1969 年 5 月 17 日的《农业生活》发表了沙伊金（В. Шайкин）的批判文章《一隅之见》，为李森科现象产生的制度原因和意识形态背景辩护。直到 20 世纪 80 年代中叶，弗罗洛夫的这本书才解禁，1988 年经作者增补后以《哲学和遗传学的历史：探索和争论》为题重新出版。

从哲学观点上说，弗罗洛夫的著作代表了当时苏联哲学界的“认识论转向”。弗罗洛夫的讨论是从重新认识辩证认识论的基本导向入手的。辩证法不是强使科学服从的先验原则，而是认识自然界的一种具有启发性的方法。他明确指出：“从 20 世纪 50 年代中叶开始，在制定科学研究的认识论、逻辑和方法论问题方面取得了决定性的进步（由于 Б. М. 凯德洛夫、М. М. 罗森塔尔、Э. В. 伊里因科夫、П. В. 科普宁等的工作）。尽管这一工作同分析生物学、特别是遗传学的哲学问题并没有直接的联系，但却在很多方面预先为以后的研究提出了生物学认识的方法论问题。”[①]弗罗洛夫在总结苏联围绕遗传学理论的思想斗争过程时，突出地抓住了两个基本哲学问题——决定论和还原论，应当说，这是十分准确的，也是非常深刻的。

20 世纪 30 年代的一批斯大林学者实际上是把决定论等同于机械论。李森科主义的生物哲学有两个教条：一个是外在环境决定论，另一个是偶然性排除论，而弗罗洛夫根据现代遗传学的实证材料，用深刻的哲学分析指出，这两个教条与唯物辩证法是背道而驰的。环境决定论的理论根据是“物质”和“属性”的二分法，遗传性被说成是纯粹的属性，因此可以由于外界环境的改变而不断被重塑。弗罗洛夫根据现代分子遗传学的成就指出，遗传性要么是“物质”、要么是“属性”的二难

---

① И. Т. Фролов. Философия и история генетики. Наука，1988：121.

推理是一个伪命题。他指出，基因的作用机制是复杂的关系系统，辩证的认识方法论否定了“混一”的遗传性概念，而是揭示了它的结构基础，即从整体性观念出发去理解“内在的遗传和外在的遗传的相互作用，建立遗传现象中结构和功能、实体和属性的辩证统一”。遗传现象不是单向发生的，不仅仅是基因型→表现型，而且还有可逆的通道即基因型↔表现型，同时还包括它们同环境的相互作用，具有分化和整合的双重性质。“达尔文就是这样理解这种相互作用的，在确定作用的效应时既要考虑条件的性质，也要考虑有机体本身的性质。”①

李森科主义机械决定论的第二个教条就是“偶然性是科学的敌人”，他断言：“作为有机界发展基础的不是偶然性的作用，而是历史地形成的必然性、有机界发展的规律性的作用。”②弗罗洛夫认为，李森科是把偶然性和必然性对立起来了。在李森科看来，“对生物体充分起作用的新条件对该生物体来说都是偶然性”。弗罗洛夫认为，这本身就是一个形式逻辑的悖论：如果对生物体起作用的新条件都是偶然性，而又必须作为“敌人”从生物学中驱逐出去，那么科学认识应该从什么时候开始呢？“也许在偶然性转化为必然性，新条件已经被有机体‘同化’之后吧？”③从遗传学史上说，达尔文和贝特森发现了不定变异；接着德·弗里斯建立了复等位基因的概念，提出了基因突变理论，确定了生物性状变化的不连续性质；最后，通过华生—克里克的工作，构建了DNA 分子模型，明确了遗传物质的改变与生物性状的改变是不同认识水平的事件，引起突变发生的原因和由此产生的生物学效应之间不存在必然联系，科学地制定了自发和诱发突变、突变率、突变频谱等概念，从而表明，在生物进化中确实存在着“必然性通过大量的偶然性为自己

---

① И. Т. Фролов. Философия и история генетики. Наука，1988：192. 弗罗洛夫在此处加了一个脚注，指出李森科分子完全无视达尔文的观点，认为有机体的变异完全是由条件决定的。他特地指出了达尔文这一论点的出处是《达尔文全集》，俄文版，第四卷，第 275 页。

② Т. Д. Лысенко. За материализм в биологии. Агробиология，1957（5）：6-7. См. И. Т. Флоров. Философия иистория генетики. Наука，1988：188-189.

③ И. Т. Фролов. Философия и история генетики. Наука，1988：189-190.

开辟道路”这一辩证规律。统计规律表现了辩证的决定论，是对机械决定论的否定。弗罗洛夫总结说：“在这个意义上，遗传变异虽然表现出适应的方向，但却是极为歧异的。这种适应的方向只是作为一般倾向而存在。其结果是复杂的众多客观的偶然因素——依赖于各个有机体的个体特性——的整合，这些偶然因素在不同的方向上发生作用并通过自然选择来调整，结果对于个别的特殊变异是偶然的东西，对于群体就可能是必然的。”①

遗传学领域的哲学思想斗争的另一个焦点是还原论问题。还原论（reductionism），在哲学上是指一种理论观点，认为可以通过分析组成复杂系统的各个简单要素，来解释系统的基本性质。在遗传学上，沙夫纳（K. F. Shaffner）在《华生—克里克模型与还原论》（1969 年）中，主张生命现象包括遗传都可以还原为化学的相互作用过程。对还原论思想的批判可以上溯到恩格斯。在《自然辩证法》中，他特别指出：“这绝不是应该说，每一个高级的运动形式不可以总是必然地与某个现实的机械的（外部的分子的）运动相联结；正如高级的运动形式同时还产生其他的运动形式一样，正如化学作用不可能没有温度变化和电的变化，有机生命不可能没有机械的、分子的、化学的、热的、电的等等变化一样。但是，这些次要形式的在场并没有把思维‘归结’为脑子中的分子的化学的运动；但是难道因此就把思维的本质包括无遗了吗？”②这里，“归结”一词德文原文是 reduzieren。但是俄译本并没有译成相应的俄语词 редукцировать，而是用的 свести。中译本《自然辩证法》按照俄译本的译法，不把 reduzieren 译作“还原”，而是译作“归结”③。这一译法，反映了科学哲学家们对还原论的批判态度。但是，怎样看待把物理学—化学的成果和方法运用于生物学的研究，特别是遗传性的研究呢？诺贝尔奖得主谢苗诺夫院士就曾专门讨论了化学和生物学的关系问题，

---

① И. Т. Фролов. Философия и история генетики. Наука，1988：198-199.

② 恩格斯. 自然辩证法. 于光远，等译编. 人民出版社，1984：151.

③ Ф. Энгельс. Диалектика природы. Изд. Литературы на иностранных языках，1976：308.

既强调了两者的密切关系，又划定了其间的质的界限。谢苗诺夫指出："研究生物体的物理学和化学是十分重要的，也是非常必要的。任何一个正常的人都不会认为不需要研究生物体的化学和物理学。我完全同意，没有物理学和化学相应地发展，作为一门科学的生物学本身是不可能的。但是，这并不意味着，生物学作为一门科学仅仅归结为生命化学和生命物理学。况且，尽管生物体的化学和物理学研究是完全重要的，但是这毕竟不是生物学科的领域。"[①]李森科对此表示坚决反对，他指名道姓地责问道："难道谢苗诺夫院士不明白，有许多例子证明，远非所有物质的、现实存在的东西都归属于化学和物理学规律的范围？难道没有专门的生物学的客观规律？世界上所有的一切都是可知的，而很多东西是不需研究的，但是要依据客体和研究的目的以不同的方式进行研究。而化学家和物理学家在生物体中寻找特殊的化学遗传物质却是徒劳无益的。那样的物质并不存在，也不可能存在。遗传物质是形而上学者杜撰出来的神话，或者说是唯心论者杜撰出来的脱离肉体的精神。"[②]

谢苗诺夫作为自然科学家当然不可能对还原论的哲学本质进行思辨的分析，而科学哲学家们却对此进行了长期深入的思考。在遗传学中，根据辩证法的思维方式，确定物理学和化学方法的适用范围和形式，是科学哲学家致力的目标，而要做到这一点——按这些学者的看法——关键在于分析把高层次的现象归结为低层次现象的手段，这就要正确阐释还原和归结的概念。凯德洛夫在《各门学科的相互作用和生物学的某些哲学问题》中，对还原论做过透彻的哲学说明："机械论者使用还原一词是在下述意义上，即否定高级运动形式的特点，认为低级运动形式的属性和规律完全穷尽了高级运动形式……而学者们在高级的和低级的形式之间建立结构的和遗传的联系时，他们赋予同一个词完全不同的意义。在结构和遗传关系上高级形式被还原为低级形式，却并没有被低级

① Н. Н. Семенов. О соотношении химии и биологии. Вопросы философии，1959（10）：98.

② Т. Д. Лысенко. К вопросы о взаимоотношениях биологии с химей и физикой. Вопросы филпософии，1959（10）：103.

的形式所穷尽……在这个——结构的和遗传的——意义上，生命还原为化学和物理学，因为生命运动是从化学运动和物理运动中发生和形成的，尽管化学运动和物理运动在质的方面并没有穷尽它们。在这一点上，没有一点机械论的意味，而李森科院士和他的追随者却似乎让我们不要相信这一点。由此应该得出结论：不必陷入那些打算用'还原'一词糊弄读者的人摆下的迷魂阵，似乎这个词本身就是机械论的证明。在每一场合都需要具体辨明：要是否定生命的特质，那就是实实在在的机械论；要是承认高级运动形式（生物的）同低级运动形式（化学的和物理的）的结构的和遗传的联系，那就是科学的进步，就是洞悉了生命的本质及其物理、化学的基础。"[①]后来，苏联学者进一步区分了机械的还原和辩证的还原，称前者为绝对的还原，即主张低级运动形式的属性和规律完全穷尽了高级运动形式；而后者则是相对的还原，认为生物系统复杂的因果解释，不是通过把生命规律简单地归结为物理、化学规律，而是一方面探索它的分子基础，另一方面通过自然选择规律即在历史方法论的基础上探索它的解释。

值得注意的是，弗罗洛夫根据系统科学的发展，把这一研究的方法论提高到了现代水平。他主张在遗传学的研究中引进系统论。他肯定了贝塔朗菲的普通系统论的普遍方法论意义，指出："系统方法既是沿着各门学科（尤其是专门的生物学）发展的普遍路线，又是在一般系统论的框架内从逻辑角度（贝塔朗菲等的工作）制定出来的。"[②]弗罗洛夫认为，系统方法解决了构成系统的组织、联系的秩序和各个要素的相互作用问题。应用系统方法，可以克服在生物学认识发展进程中，传统上存在的割裂生命系统的形态和机能的弊端。"根据系统论，这些系统是形态和机能的统一，从而生物系统不仅在结构学上，而且在动力学上都具有结构性和系统性。"[③]直到 20 世纪 80 年代，当把量子力学引进分子遗

① Б. М. Кедров. Взаимодействие наук и некоторые философиские вопросы биологии//С. И. Алиханяна. Актуальные вопросы современной генетики. Изд-во Моск. ун-та，1966：543-544.

② И. Т. Фролов. Философия и история генетики. Наука，1988：239.

③ И. Т. Фролов. Философия и история генетики. Наука，1988：240.

传学的尝试已经开始的时候，弗罗洛夫进一步提出了“生物学认识”的概念，全面回顾了生物学思维的发展历史，并指出，随着科学进步，历史上出现的各种认识的片面性逐一暴露出来，而其中的相对真理的成分，也正在或将会得到正确的评价。“乍一看来，我们得到的是相互排斥的趋势和‘生物学思维’准则的完整图景：有中心论的和种群的，还原论的和整体论的，决定论的和目的论的，不变量的和历史上可变的。但我们也看到了正是它们造成了什么叫作‘生物学思维’，在‘生物学思维’中，这些单个的特征不发生矛盾，不是机械地结合在一起，也不是单纯地作为‘互补的’东西，而是形成了辩证的统一。”[①]事实上，当时苏联有一批学者从哲学的角度致力于这一问题的研究，在方法论上确实取得了引人注目的成果，如索洛波夫（Е. Ф. Солопов）等的《物质运动形态（层次）的相互关系》（1976 年）、阿斯塔费也夫（А. К. Астафьев）的《还原论和科学方法论》（1978 年）、巴热诺夫（Л. Б. Баженов）的《物质进化及其层次结构》（1981 年）等。1983 年，萨多夫斯基（В. Н. Садовский）在《系统论方法和还原论问题》一文中，从理论上概括了这一领域研究的主要结论。他认为辩证唯物主义、突变论、整体论和系统论都对还原论进行过批判，但只要根据系统论进行辩证的反思，就会通过还原和突现的统一，澄清围绕还原问题的理论混乱。他把这个问题分成三个层面：第一个是发生论层面，是要弄清实在的低级形式能不能产生更高级的形式，实现突现，如果否认超自然因素的作用，对这个问题我们必须给予肯定的回答；第二个是本体论的层面，要弄清实在的一定领域是不是能被归结为其他的领域，这是一个具体的实证问题，如果从起源角度说这是一个肯定可以解决的问题，但是从突现属性的出现说，还原论的解决则是否定的；第三个则是认识论和方法论的层面，要解决在不同实在领域的统一语言问题，对于不同的科学体系说，其解决可能是肯定的，也可能是否定的，要找出普遍的程序

① И. Т. Фролов. Жизнь и познаиие. Мысль，1981：209-217.

是不可能的[①]。

在我们所讨论的这个时期（20世纪50年代后期～80年代前期），苏联的生物学特别是遗传学领域的哲学研究异常活跃，这当然不是偶然的。可以说，这一领域是受思想垄断危害最大的重灾区。其他学科早在斯大林逝世后的“解冻”时代，就已经基本实现了意识形态的转轨，对历史旧账做了清算。而生物学领域直到赫鲁晓夫下台、李森科倒台的60年代中叶，才真正走出历史的阴影。麦德维杰夫指出：“生物学上的问题还不体现在发展中拉下‘差距’上，而是体现在李森科统治下的30年间，许多研究方面形成的知识真空。至于其他学科方面的问题则没有这么尖锐。”[②]应当说，科学哲学家在生物学领域的思想解放运动中，是始终站在前沿阵地上，做出了重大贡献的。值得注意的是，不同运动层次的物质统一和不同学科的统一问题，也正是当时西方科学哲学界讨论的热点。例如，在本体论方面，1980年魏扎克（C. F. von Weizsäcker）出版了《自然的统一》一书，专门研究各种运动形式的相互关系，特别是高层次物质形态和低层次物质形态的还原关系。至于从认识论和方法论方向上讨论研究宏观世界的学科向微观层次的学科还原的问题，也是西方科学哲学的重要主题，奈格尔（E. Negel）的《科学的结构》、雷得黑德（M. L. G. Redhead）的《科学的统一》都是这方面的代表作[③]。从这里可以看到，苏联自然科学哲学的研究与西方科学哲学趋同演化的趋势[④]。

---

① В. Н. Садовский. Системный подход и вопросы редукционизм//И. Т. Фролов. Диалектика в науках о природе и человеке. Наука，1983：392-395.

② Z. A. Medvedev. Soviet Science. Norton，1978：105.

③ C. F. von Weizsäcker. The Unity of Nature. Farrar，Straus，Giroux，Cop. 1980；M. L. G. Redhead. Unification in Science. The British Journal for the Philosophy of Science，1984（3）：274-279；欧内斯特·内格尔. 科学的结构. 徐向东译. 上海译文出版社，2002.

④ 孙慕天. 论西方科学哲学中的科学统一问题. 北方论丛，1986（3）：98；科学统一问题的本体论探索——再论西方科学哲学中的科学统一问题. 求是学刊，1988（3）：7-13.

四、控制论问题

控制论在苏联的发展同样经历了一条曲折的道路，但与其他学科的否定—肯定两部曲略有不同，而是走过了从盲目否定，到狂热迷醉，再到低调降温的之字形道路，而这也与苏联社会的深层演化有着微妙的联系，十分值得寻味。

控制论作为一门独立的学科，是维纳在1947年创立的，而苏联知识界开始得知控制论不会早于20世纪50年代初，长达1/4个世纪的主流意识形态，使苏联知识界已经习惯以东西方两大阵营划界，所谓“凡是敌人拥护的我们都反对”。但是，那时对“世界主义”的批判已经开始降温，所以对控制论的批判并未造成太大的声势，当时对控制论的攻击文章只有寥寥三篇，参与者也缺乏权威性，连表面上的“理论深度”也未能制造出来。其中一篇是图加林诺夫（В. П. Тугаринов）、麦斯特洛夫（Л. Е. Майстров）的《反对数理逻辑中的唯心主义》（《哲学问题》，1950年第3期），另一篇是亚罗舍夫斯基（М. Г. Ярошевский）《控制论——蒙昧主义者的“科学”》（《文学报》，1952年4月5日），再一篇是《控制论为谁服务？》（《哲学问题》，1953年第5期）。而这其中最有代表性的是最后这篇，署名“唯物论者”，似乎是某位官方代言人所写，应当是传达了当时意识形态主管的看法。

这位“唯物论者”给控制论下定义说：“控制论是由现代帝国主义所产生而且在帝国主义死亡之前也注定要死亡的那些伪科学当中的一种。”①一年后出版的尤金和罗森塔尔主编的《简明哲学辞典》第四版，仍然把控制论定位为“机械论的、形而上学的伪科学，跟哲学中的唯心主义是气味相投的”②。斯大林学者们置控制论于死地的理由，归纳起

---

① Материалист. Кому служит кибернетика. Вопросы фикософии，1953（5）：210-219. 中译文参见龚育之，柳树滋. 历史的足迹. 黑龙江人民出版社，1990：495.

② М. Розенталь и П. Юдин. Краткий философский словарь. Госполитиздат，1954.

来，主要有以下三点。

第一，控制论是反巴甫洛夫学说的伪科学。控制论用机械模型比拟人脑，赋予计算机以人脑高级神经系统的属性，甚至宣称人工智能的研究已经超越了巴甫洛夫的工作，这引起了苏联正统哲学家的无比愤怒，斥之为“反对巴甫洛夫的冷战武器”。他们认为，按巴氏的两种条件反射和两个信号系统的学说，人脑有无限定向活动能力，使人的思维具有最灵活、最富于表现力的形式，能揭开自然界的秘密，阐明其规律，创造出人工环境和精神文明。控制论重复了行为主义的错误，把人看成是反应外界刺激的机器，抹杀了高级物质运动形式——脑的活动的质的特点。

第二，控制论试图取代社会科学。他们认为控制论的方法和原则适用于社会生活的一切领域，具有包罗万象的性质。控制论指望最新的计算机技术会引起社会的根本变革，从而否定不以人的意志为转移的社会发展规律，这是妄图否定历史唯物主义的反动伎俩。

第三，控制论是资本家敌视工人阶级、甚至试图消灭工人阶级的唯技术论。它把人分为两种，一种是从事有思想活动的创造者，另一种是与机器一样的工人；而有了用计算机控制的机器人，工人在未来社会就是不必要的了：“让一切其他人都毁灭，只剩下他们和为他们服务的机器。控制论者的貌似科学的妄想，反映了对劳动群众的这种恐惧。”[①]

这些批判，虽然调门之高不减当年，但其社会影响却与几年前物理学、化学、生物学等领域的大批判不可同日而语了。原因在于，斯大林死后，面对苏联社会的矛盾寻求改革的势力日渐壮大，思想控制的松动已经成为不可遏止的潮流。1954年春，苏共中央就提出对科学中的意识形态问题采取宽容的政策，评价科学问题的主要标准是科学理论应用的实验成果。所以，此前三篇批判控制论的文章已成强弩之末，再没有人起而效尤了。

但是，苏联官方对控制论态度的转变，更直接的原因是出自探寻经济体制改革道路的需求。起初，官方把苏联经济发展出现的各种混乱现

① 龚育之，柳树滋. 历史的足迹. 黑龙江人民出版社，1990：496.

象都归罪于斯大林推行的个人崇拜，但是正如格雷厄姆所说："到了1957 年，在斯大林去世四年之后，显然已经不能再把这些麻烦归罪于一个人了"[①]，所以 20 世纪 50 年代末到 60 年代初，苏联的一些经济学家开始对以往的国民经济管理模式提出怀疑，试图寻求新的道路，而且已经有人试图引进商品、价值和市场经济的概念。但是，官方决策集团始终没有突破传统政治经济学的计划经济教条，根本没有向社会主义市场经济转轨的想象力，因而他们转向管理技术层面。汤姆森指出："头一个可以认同的异变倾向和可以采用的模式是经济—数学方法"，而为此，"经济数学家和控制论学者在坚持不懈地和正统政治经济学进行斗争——这门'科学'被视为苏联官方社会主义意识形态的基础部分。"[②]苏联的一批控制论专家通过各种渠道，制造了规模宏大的舆论声势，力图使官方相信，应用控制论能够合理地管理苏联经济，大大提高它的运行效率。而当时的苏联领导层正面临着两难的困境：一面急于促进经济增长，一面又无法实行彻底的体制改革，因而通过控制论实行管理革命就成为希望之所在。但是，当时苏联在微电子革命面前已经严重滞后了：美国第一个电子控制器是 1949 年生产的，而苏联则到 1951 年才生产出来；美国晶体管控制器的商品生产是 1959 年开始的，而直到 1974年苏联这项技术仍然是空白。表 3-1 是苏美不同型号计算机制成年份之间的差距比较[③]。

表 3-1　同一类型计算机苏联和美国制成时间比较表

苏联计算机	相当美国制成年份	苏联制成年份	滞后时间
Ural 4	1955	1962	7
BESM 6	1962	1966	4
Nairi 1	1960	1964	4
ES 系列	1965～1966	1972～1973	6～8

① Л. Р. Грэхэм. Естествознание，философия и науки о человеческом поведении в Советском Союзе. Политиздат，1991：267.

② J. C. Thompson. Administrative Science and Politics in the United States and Soviet Union. Bergin & Garvey Publishers，1983：77-80.

③ R. W. Davies. 苏联工业的技术水平. 转引自：《科学与哲学（研究资料）》，1983（5）.

在这样的形势下，苏联决策集团对控制论的态度从敌视或漠视转而为热烈支持，在苏联迅即掀起了一阵控制论狂热。一个具有政治意义的标志是，1961 年 10 月 17～31 日召开的苏共第二十二次代表大会通过的苏共纲领，正式确定控制论是建设共产主义的主要手段之一①。以控制论和计算机手段编制经济计划和管理经济，已经成为一项政治任务。前文谈到当时的苏联国家科委首脑格维什阿尼推动的学习西方管理学的热潮，无疑对控制论的勃兴起到了重大的推动作用，他在莫斯科大学成立管理学研究室就是在 1962 年。在这样的气氛下，科学界迅速行动起来。早在 1958 年 4 月，苏联科学院就设立了以别尔格（А. И. Берг）为首的控制论学术委员会，该委员会集中了数学、物理学、化学、生物学、生理学、语言学和法学各领域的专家。科学院的其他研究所如自动化所、能源所等也都把大部分研究课题转向控制论的应用研究。教育部门也紧紧跟上，1972 年苏共中央和苏联部长会议通过《关于进一步改进我国高等教育的措施》的决议，特别强调高等学校学生深入掌握控制论的必要性。当时科学院能源所有 17 000 名大学生，其教学大纲中有近 1/3 的课程与控制论有关。1957 年，苏联只有几十名数理经济学家，到 1961 年，苏联已经有 40 多个应用数学经济技术研究所，而五年后，这类研究所已增加到 213 个。据统计，仅 1960～1963 年在苏联发表的有关控制论的论文和著作就达 250 种之多，就连美国商业部的联合出版研究局都把这些论著大量译成英语。典型的英语著作有科米和克施纳撰写的《苏联关于控制论的出版物和西方翻译的苏联关于控制论的出版物》，发表在瑞士出版的《苏联思想研究》1964 年 2 月号②。

不用说，在这样的形势下，围绕控制论的舆论潮流顷刻为之一变。1960 年，控制论之父维纳访苏，与苏联学者座谈，并在苏《哲学问题》1961 年第 7 期上发表题为“科学与社会”的专题论文。1962 年 6

---

① Программа КПСС. Госполитиздат，1961：71-73.

② D. D. Comey，L. R. Kerschner. Soviet publications on cybernetics and western translation of Soviet publications on cybernltics//Studies in Soviet Thought，1964（2）：142-177.

月，苏联科学院控制论学术委员会、苏联科学院自然科学哲学问题学术委员会和苏联科学院主席团党组主持召开了控制论哲学问题会议，讨论主要是围绕人工智能的哲学问题进行，主题有五个方面：①控制论的定义；②机器能否思维；③生物体的模拟和人工创造问题；④控制论的逻辑问题；⑤控制论和社会的关系。会上格鲁什科夫（В. М. Глушков）关于《思维和控制论》的报告引起了与会者强烈的兴趣。报告人认为，固然机器实施的程序表是人给予的，但机器实施程序表的结果却能发现人所未知的事实，因此应当辩证地看待“机器是否比人更聪明的问题”。这样的见解显然是彻底突破了传统的哲学观，可以说，在控制论哲学问题上，苏联哲学界已经为控制论彻底“平反”了。

但是，大量的新观点和新概念一下子涌入，苏联思想界一时似乎难以消化，无法一下子对这些问题做出合乎马克思主义的解释。一些人采取的态度是实用主义的，主要从促进经济发展和与社会主义制度的协调性出发，论证控制论的可接受性，而回避了更深层次的哲学问题。例如，控制论的首席学者别尔格主编的著作《为共产主义服务的控制论》就贯穿了这一基调。别尔格强调，无论哪一个国家，都不可能像苏联这样有效地运用控制论，因为控制论主要在于选择最优的方法进行操作，而只有社会主义经济才能普遍地运用这样的方法。他说：“社会主义的计划经济，为最有利地应用科学技术成就造福于社会所有成员提供了各种条件，而不是为某些垄断集团和少数寡头谋取私利。”[①]但是，在以马克思主义为指导的文化语境下面，一系列基本哲学问题终究是不能回避的，例如，怎样根据辩证唯物主义认识论解释控制论的原理？控制论的适用范围有多大亦即它是否能够代替辩证唯物主义世界观？如此等等。伊里因（В. А. Ильин）、科尔巴诺夫斯基（В. Н. Колбановский）和柯尔曼主编的《控制论的哲学问题》试图为控制论提供令人信服的马克思主义哲学解释。有的学者认为控制论覆盖了物质运动形式的各个领域，

① А. И. Берг. Кибернетика на службе коммунизма. Госэнергоиздат，1961：8.

因此具有世界观的意义。这使一些正统哲学家感到忧心忡忡，沙留丁（С. М. Шалютин）认为："控制论的研究对象是涉及意识领域的生命世界的、无生命（技术）世界的和社会的过程和现象……但这是否意味着，控制论是和辩证法相对立并试图取代辩证法的一种新的世界观？果真如此，那么问题就变成不是辩证法，就是控制论……因此，把控制论转变为某种普遍的哲学科学的企图是不合适的。马克思主义将把这类企图弃之如敝屣。"[①]而更多的苏联学者则努力把控制论和马克思主义哲学结合起来，对二者做出合理的划界。比较普遍的看法是，马克思主义哲学是关于自然、社会和思维的最普遍规律的科学，而控制论只是一门有关复杂系统的联系和管理的科学，两者处在不同的层次上。苏联科学院主管意识形态的副院长费多谢耶夫（П. Н. Федосеев）对此做过权威性的结论："没有理由认为控制论可以成为能解决科学一切问题和困难的'科学的科学'。尤其不能把控制论同辩证唯物主义并列认为是某种新的世界观方法。"[②]但是，总体上说来，在肯定马克思主义可以包容控制论的前提下，相关的各种哲学观点已经可以各抒己见，虽然很多作者仍然强调辩证唯物主义和历史唯物主义的哲学方向，但乱贴政治标签的现象毕竟成了历史的陈迹。当时，控制论哲学问题的争论焦点首先是人工智能问题。乐观派主张，计算机的发展创造的人工智能和通过自然进化产生的自然智能之间，没有不可逾越的界限，机器可以具有思维能力。主张这种观点的多数是技术专家，如著名数学家科尔莫洛夫（А. Н. Колмогоров）院士就认为："诸如意志、思维、情感之类的概念，还无法准确地定义。但是，在精密自然科学的层次上，这样的定义是可能的…… 根据完全离散的（编码的）机制制造出加工信息和管理的、具有完备生命活力的主体，进行这种创造的原则上的可能性，并不违背唯

① С. М. Шалютин. О кибернетике и сфере ее примениюю//В. А. Ильин，В. Н. Колбановский，Э. Кокьман. Философские вопросы кибернетики. Соцэкгиз，1961：25-27.

② П. Н. Федосеев. Диалектика современной эпохи. Наука，1975：528.

物辩证法的原理。”[①]但是，悲观派却坚决反对机器思维的概念。按别尔格的意见，人的思维是长期进化的结果，是通过自然选择建立起来的合理的技能系统，是大脑的物质、能量和信息过程的随机性决定的结果，而计算机却是程序性的，是以形式逻辑为基础的算法操作。茹科夫（Н. И. Жуков）断言：“电子计算机也只是实现形式化结果的技术装置。”[②]其实，发生在20世纪60年代苏联学术界的这些争论，也正是当时西方学者们正在热烈关注的问题。图灵（Alan M. Turing）早在1950年就在《计算机器与智能》一文中，明确提出了“这种机器能否思维”的问题。此后关于人工智能（artificial intelligence，AI）是否就是人类智能的争论始终未曾停息，同样也是在乐观派和悲观派之间进行的。前者认为AI与人类智能没有本质差别，不仅能代替而且将超过人类智能；后者认为，AI只是在表面上和局部对人类智能的模仿，根本没有深入到人类思维的本质[③]。从根本上说，这一争论是对人类精神活动的意志、情感等非智力维度的模拟问题。可见，60年代以后，苏联在控制论领域的学术讨论已经在相当程度上摆脱了意识形态的束缚。

但是，当时苏联关于控制论哲学问题的争论仍然具有自己的特色，这就是从唯物史观出发对智能机的本性所做的分析。按照马克思的定义，人“是一切社会关系的总和”，“实际上属于一定的社会形式的”[④]。机器，即使是智能机，也只是人类劳动的产品，不具有人在交往关系和特定社会组织中形成的人性和人格。安东诺夫（Н. П. Антонов）和科切尔金（А. Н. Кочергин）在《思维的本性及其模型化问题》一文中说：“必须强调指出，是人在劳动，而不是机器。可以说

---

① А. Н. Колмогоров. Автоматы и жизнь. Возможноеи невозможное в кибернетике. Цит. Л. Р. Грэхэм. Естествознание, философия и науки о человеческом поведении в Советском Союзе. Политиздат，1991：277-278.

② 尼·伊·茹科夫. 控制论的哲学原理. 徐世京译. 上海译文出版社，1981：179.

③ 玛格丽特·博登. 人工智能哲学. 刘西瑞，王汉琦译. 上海译文出版社，2001；另见休伯特·德雷福斯. 计算机不能做什么. 宁春岩译. 生活·读书·新知三联书店，1986.

④ 马克思. 关于费尔巴哈的提纲//马克思，恩格斯. 马克思恩格斯选集：第1卷. 人民出版社，1972：18.

机器工作，但决不能说机器在劳动……它不能成为劳动活动的主体，因为它没有也不能有必要去劳动，没有需要通过劳动去满足的社会需要。这是机器和人之间主要的原则性的区别。”[①]

格雷厄姆已经注意到，“到70年代末和80年代初，它（控制论）的地位已经大大下降了，虽说还继续保持着一定的声誉。”[②]但是，他却没有对这一现象出现的原因做出分析，而控制论狂热的突然降温，是有着极为深刻的社会政治原因的，它所反映出来的哲学和政治的关系也是科学哲学史上难得的案例。

如前所述，苏共领导人在20世纪60年代末和70年代上半叶，曾把改善经济状况和提高劳动生产力水平的希望，寄托在控制论和计算机技术的应用上。1970年4月13日，勃列日涅夫在哈尔科夫拖拉机厂的讲话中，曾亲口说：“管理工作正在变成一门科学，而对于这门科学是应当尽快地和尽可能深入地加以掌握的，是应当顽强地来学习的。我们现在特别也要用新方法来对待有关收集、迅速处理和分析情报的工作。在这方面正在广泛采用最新的电子计算技术和组织技术。我们认为加快情报系统和电子计算技术的发展速度具有重大意义。”[③]事实上，在70年代的大部分时间里，计算机化取代了60年代的经济改革，成为对苏联计划管理体制结构影响最大的因素。所拟定的经济职能系统结构合理化方案，核心是改组计划系统，预计建立世界上最大的人—机决策系统结构，包括算法形式区和探索性计划程序区两个子系统。1974年，包括所有专项纲要在内的最优经济职能系统的计划职能，综合成为由七个功能区组成的庞大结构。但是，这一工程的直接行政结果是把双刃剑：既可以提高集中化程度，降低职能部门和地方权力机构的作用，导致更

① Н. П. Антонов，А. Н. Кочергин. Природа мышления и проблема его моделирования. Вопросы философии，1963（2）：42.

② L. R. Graham. Science，Philosophy and Human Behavior in the Soviet Union. Columbia University Press，1987：266.

③ 北京大学苏联东欧研究所编译. 勃列日涅夫时期苏共中央全会文件汇编. 商务印书馆，1978：303.

全面的直接行政管理系统；又可以改组或促进建立新的权力模式，导致更大的分权和对决策更加广泛的参与。苏联经济学家、研究电子计算机在计划管理中的应用的首席专家、最优经济决策人—机决策系统的主要设计者费多连科院士（Н. П. Федоренко）还在 1965 年，就反对过分集中的中央集权制，主张在计划价格制定上分权，减少指令性的供应分配。在设计计划管理的人—机系统模型时，他特别注意到赋予每一个子系统在中央确立的指令中在应对特殊问题时的自由度。1977 年初，国家计划委员会计划核算自动化系统（ASPR）已有 51 个子系统，中央部门的权力被分散，各个子系统在技术、信息和程序方面互不匹配，因而遇到了难以解决的权力利益的分配问题①。

进入 70 年代后，恰恰是勃列日涅夫不遗余力地确立自己绝对权力的时期。1973 年的 4 月全会上，他把政治局内反对自己的人驱逐出去，而把主持国防、外交和安全的三位亲信拉进来。他把苏共第二十次代表大会以来出现的政治改革气氛扫荡一空，基本上恢复了斯大林的中央集权体制，1972 年 12 月全会，对柯西金主管的“新经济体制”做了否定性的评价，从此经济改革的各项措施逐一夭折。勃列日涅夫的名言是：“改革，改革……谁需要这个改革？而且，谁懂得这个改革？”②同时，由于计划经济体制的固有弊端，想依靠控制论和计算机技术的引入振兴衰颓的经济只是一厢情愿的幻梦。“八五”计划期间（1966～1970 年）苏联社会总产值增长率为 7.4%，“九五”期间（1971～1975 年）降为 6.3%，“十五”期间进一步降到 4.2%。这使苏共领导对控制论和计算机革命的指望落空了，反过来，只能回到强化动员体制的老路上去。1973 年 12 月 10 日勃列日涅夫在苏共中央全会的讲话中，就老调重弹：“我们不能从狭隘的经济立场，更不能从技术至上的立场处理经济领导工作和改进这种领导工作的问题。这对于我们来说是党的工作，政治工作，这项工作成功与否在很大程度上取决于我们社会各个环节的

① 威廉·J. 科宁厄姆. 苏联工业管理的现代化. 陈文林，等译. 科学文献出版社，1989：187.

② 陆南泉，姜长斌，徐葵，等. 苏联兴亡史论. 人民出版社，2002：617.

政治气氛。”[①]

面对这样的政治形势，长期受正统意识形态熏陶的一些以“跟风”为能事的“学者”，尤其是受官方严密控制的舆论界和媒体，对控制论的热情急剧降温就是理所当然的了。1979 年《哲学问题》的编辑部文章《人—机系统的社会哲学问题》对前一段时期的“某些哲学家和控制论专家”提出了批评，说他们所谈论的“使人类活动完全形式化和完全自动化的可能性”是错误的，认为：“控制论方法在某种意义上是‘片面的’方法，仅仅从信息角度考察研究客体并将其模型化。”[②]控制论专家格鲁什科夫院士（В. М. Глушков）甚至公开承认错误，否定了自己过去所主张的“‘思想’机器能同样完成人类的工作”的观点。[③]更有甚者，意识形态干预学术讨论的现象又出现了，一些人不断提高调门，宣称控制论背离了马克思主义。科学家们也开始谨慎从事，把控制论的适用范围严格限制在“只是研究生物界和社会领域的交往和管理过程”[④]。至于前一段出现的控制论热，官方的解释认为，这只不过是斯大林个人迷信时代压制控制论所造成的逆反心理罢了。

从后斯大林时代控制论哲学研究的曲折发展过程，特别是从勃列日涅夫时期的思想回潮中，我们可以看到，冲破旧体制实现社会的全面改革，的确是一场深刻的革命。当时的哲学（包括自然科学哲学）主要扮演权力中心思想仆从的角色，偶尔出现的自由思想的闪现，也是在政策转换的缝隙中，与当权者的意志一时接轨的结果，这是苏联后斯大林时代赝改革的性质造成的哲学悲喜剧。

---

① 北京大学苏联东欧研究所编译. 勃列日涅夫时期苏共中央全会文件汇编. 商务印书馆，1978：410.

② Социально-философские проблемы “человеко-машиных” система. Вопросы философии，1979（2）：51.

③ В. М. Глушков. Математизация научного знанияии теория//И. Т. Фролова，Л. И. Грекова. Философия，естествознание，Современность. Мысль，1981：115-116.

④ А. Д. Урсул. Философия и интегративно-общенаучные прогрессы. Наука，1981：211.

第三节 科学哲学在苏联的兴起

这个题目会令人想起赖兴巴赫写于1954年的名著《科学哲学的兴起》，不过他这个题目原文是“The Rise of Scientific Philosophy”，这里所说的科学哲学应译为“科学的哲学”。赖兴巴赫作为逻辑实证论柏林学派的代表，宣称：“写作本书的目的是要指出，哲学已从思辨进展而为科学了。”[①]出于这样的目标，他不能不集中“关切知识的现状并发展这种知识的理论”，其实已经把哲学研究的重心转向科学知识论了。只不过逻辑实证论仍然没有放弃传统哲学的奢望，如石里克坚持认定“哲学给科学大厦提供基础和屋顶”，并说：“（哲学）今后可以像从前一样，被尊为科学的女王”[②]，只不过是企图用逻辑—语言分析的方法达到这一目的罢了。但是，20世纪50年代后兴起的西方后逻辑实证主义的科学哲学，却放弃了这一奢望，而把主题转换为“探索从反思科学和科学实践中提出的各种问题”[③]，主要是：科学方法的特点是什么？科学知识的合理性或真伪的标准是什么？科学的理论的结构是什么？什么是科学解释？科学进展的动力和模式是什么？这样一来，新兴起的就不是“科学的哲学”（scientific philosophy），而是“科学哲学”（philosophy of science）。如果说，罗蒂（R. Rorty）定义了“由17世纪哲学采取的‘认识论转向’”，那么，科学哲学的兴起就是哲学的“科学认识论转向”。[④]半个世纪以后，人们在反思逻辑实证主义所推动的这场思想运动的功过时，特别强调了新科学哲学对科学和哲学关系的重构。1991年，弗里德曼（Michael Friedman）在《重评逻辑实证主义》一文

---

① H. 赖欣巴哈. 科学哲学的兴起. 伯尼译. 商务印书馆，1983：3.

② 石里克. 哲学的转变//洪谦. 逻辑经验主义：上卷. 商务印书馆，1982：9.

③ S. Blackburn. The Oxford Dictionary of Philosophy. Shanghai：Shanghai Foreign Language Education Press，2000：343.

④ 理查・罗蒂. 哲学和自然之镜. 李幼蒸译. 生活・读书・新知三联书店，1987：106.

中指出："哲学绝非处于从一个制高点上以某种方式确证各门具体科学的地位上，相反，必然成为问题的倒是哲学本身。也就是说，哲学必须根据各门实证科学的进化来检验自己，而且，如果需要的话，还要根据这些学科的那些必然的和更加确实的结果来调整自己。"①

问题是，这样的转向在苏联也发生过吗？如果说，苏联也曾有过科学哲学兴起，那么它的原因和背景是什么？而且，苏联学者所建构的科学哲学有哪些与西方同行不同的特点？由于本节的主旨在于说明苏联在20世纪60年代哲学领域出现的这一独特思想动向的语境，关于苏联科学哲学的理论内涵的分析，将在后文详述，这里不拟赘述。

恩格斯在谈到德国古典哲学时曾经说过："正像在18世纪的法国一样，在19世纪的德国，哲学革命也作了政治革命的先导。"他以质疑的口气说："在这些教授后面，在他们的迂腐晦涩的言辞后面，在他们的笨拙枯燥的语句里面竟能隐藏着革命吗？"恩格斯说，对于这一点，"至少有一个人在1833年已经看到了，这个人就是亨利希·海涅"②。海涅说，有一天，当他和黑格尔讨论"凡是现实的都是合理的"这句话时，黑格尔古怪地笑了笑，说："也可以这么说，凡是合理的都是现实的。"然后连忙转过身来看看，见只有一个人听到了这句话，于是"马上也就放心了"③。苏联自然科学哲学领域，在20世纪60年代出现的重大转向，虽然是在晦涩的哲学语言的重重包裹之下，但同样是一场思想革命，是哲学家对苏联体制率先采取的挑战行动，它反映了苏联社会矛盾的演进趋势和不可遏止的改革要求。列克托尔斯基指出，一批具有改革思想的哲学先驱——所谓"六十年代人"——他们把哲学看作认识论，"准确地说，是科学认识论。对认识论的不同解释，既是对马克思哲学—方法论思想的不同阐释，也同时决定了各个学术流派的产生。"④当然，作为一

---

① M. Friedman. The Re-evaluation of Logical Positivism. The Journal of Philosophy，1991（10）：508.

② 恩格斯. 路德维希·费尔巴哈和德国古典哲学的终结//马克思，恩格斯. 马克思恩格斯选集：第4卷. 人民出版社，1972：210.

③ 亨利希·海涅. 论德国宗教和哲学的历史. 海安译. 商务印书馆，1974：161.

④ В. А. Лекторский. Философия не кончается…，РОССПЭН. 1998：3.

场深刻的思想运动，科学哲学在苏联的兴起虽然是苏联社会内在变革趋势的观念反映，但其语境关联却是十分微妙和复杂的。奥古尔佐夫在《二十世纪俄罗斯科学哲学探秘》中，全面分析了科学哲学的复杂性质：

（1）在科学哲学中存在着许多不同的层面，分别反映科学发展和发挥作用的心理的、社会心理的、社会文化的侧面。

（2）研究科学的不同方式和不同的范畴机制，决定了科学哲学的多重目标。科学的基本哲学范畴本身就具有研究知识结构的目的（按照对知识的不同理解）。

（3）科学具有多范式性，科学中存在着若干理论和研究纲领，以便为解决不同的课题提供模式。相应地，科学哲学也具有多范式性，按照对科学的不同分析，其中存在着若干形而上学研究纲领，从实证主义到现象学，从传统哲学到马克思主义[①]。

但是，就后斯大林时代苏联的社会思想氛围说，科学哲学问题的主题，不论从何种角度和何种层面说，都必然集中于科学与哲学的关系问题上。斯坎兰指出："在后斯大林时代，有关哲学本质的核心问题是哲学同科学的关系问题。如果某种哲学体系被期许为提供对实在的客观真理性的描述，那么哲学怎样同科学区别开来？或者它本身就是一门科学？如果哲学是一门科学，那它同其他科学是什么关系并如何相互区分？而如果哲学不是一门科学，那它又是什么呢？"[②]但是，与西方科学哲学不同的是，苏联哲学界围绕科学与哲学关系的争论，是不同政治立场的选择。杜琴科（Н. В. Дученко）说："党性指导人们用共产主义世界观对待科学，指导人们获取最合适的知识，这样的知识本质上是为了从其对人的重要意义的角度正确地评价周围的实在。按照共产主义世界观，人们求得可靠知识的方向是由工人阶级的阶级利益决定的，而工人阶级的切身利益在于最有成效地改造自然的特别是社会

① А. П. Огурцов. Приключения философии науки в Росии в XX веке. Философия науки，2001（3）：29.

② J. P. Scanlan. Marxism in the USSR：A Critical Survey of Current Soviet Thought. Cornell University Press，1985：26.

的实在。”①这里所说的“从人的重要意义的角度正确评价客观实在”，当然是指“共产主义世界观”，也就是“无产阶级哲学”，它是由“工人阶级的阶级利益决定的”，而党的最高领导的意志当然是这一阶级利益的集中代表，是“党性”的最高体现。这就是说，哲学必须反映党的路线和意图，而科学则要接受哲学的指导、评判和监督。而哲学党性是以哲学基本问题——思维和存在的关系问题——为标准划界的，凡是主张存在第一性的，属于唯物主义阵营，凡是主张思维第一性的，则属于唯心主义阵营，这就是哲学上的“两军对战”，而哲学上的党性正是政治上无产阶级和资产阶级对垒的反映。科学路线反映哲学路线，哲学路线反映政治路线，因此科学家的学术立场代表了他们的政治倾向。这套逻辑成为苏联官方处理政治、哲学和科学之间关系的指导思想。尽管早在20年代苏联学界就批判过“阶级的科学”的“左”的思潮，但是差不多终苏联一世，在官方思潮中，“科学必须为政治服务”的方针却一直没有改变过，由此引发的无数惨剧已经成为社会主义历史不堪回首的悲歌。

如前所述，随着苏共第二十次代表大会以后的“解冻”潮流，实证科学各个领域成功地清理了历史旧案，而领导集团又急于通过科学发展实现经济跨跃。在这样的形势下，重新定义哲学（包括马克思主义哲学）的本质和功能，把自然科学研究从意识形态的禁锢中解放出来，就成了一批具有改革意识的哲学家自觉的目标。为此，60年代的苏联哲学界出现了两种相互联系的异端导向。

第一个导向可以称作凯德洛夫—库兹涅佐夫导向，即“普遍规律派”。凯德洛夫和库兹涅佐夫主张，哲学是一门科学，而任何一门科学的主题都是某一实在领域相关的规律，根据这些规律科学家可以对该实在领域的事件做出解释和预见。不过，各门实证科学或具体科学涉及的是有限局域的特殊规律，而哲学涉及的是适用于所有现象和事件的最普遍的规律。所以，哲学是一门“普遍的科学”。就在1962年，库兹涅佐夫发表

① В. И. Шинкарук. Диалектический и исторический материализм — Философская основа коммунистического мировоззрения. Наукова думка，1977：38.

了《哲学正是一门科学》一文，稍后凯德洛夫发表了同样观点的论文《哲学作为普遍科学》。两篇论文的经典依据是恩格斯的论断："这样，辩证法就归结为关于外部世界和人类思维的运动的普遍规律的科学"[①] 库兹涅佐夫写道："哲学是所有其他科学之上的一门科学，而且特别是一门关于自然、社会和思维的最普遍的发展规律的科学。"[②]这一导向的出现，反映了改革派哲学家对冲破"党性"囚笼的努力。他们强调哲学真理的客观性，主张哲学所反映的普遍规律是超越个人、集团和阶级利益之上的东西，"在真理面前人人平等"，因而即使最高的政治领袖也无权垄断真理，以自我意志对科学是非进行裁决。按照苏联主流哲学思想，辩证唯物主义是由两个部分组成的，即唯物论和辩证法，虽说苏联学者一再强调马克思主义哲学是一块整钢，是不可分割的整体。但是，斯大林关于唯物论是"理论"、辩证法是"方法"的观点，却产生了深远的影响。官方学者认为，哲学基本问题的本质是唯物论和唯心论的斗争，所以坚持唯物论似乎比坚持辩证法更加重要。斯坎兰说："普遍规律公式的拥护者通过扩展基本问题所宣示的本体论承诺，表示偏爱辩证法。基本问题立场的拥护者主张，本体论的取向应当优先，因此苏联哲学居第一位的和首要的是唯物论。"[③]这样，强调辩证法优先就有了离经叛道的意味。但是，在苏联的语境下面，关于哲学的任何定义，都无法回避哲学基本问题。为了解决这个问题，凯德洛夫在马克思主义哲学经典中寻求答案。根据恩格斯的观点，哲学基本问题还有第二个方面——思维和存在的同一性问题，而辩证唯物主义是肯定这种同一性的。因此，凯德洛夫认为，辩证法的规律同时也是思维的规律，它和"作为盛行于自然和社会的所有运动和发展的规律具有同等程度的普遍性"。辩证法的规律既是客观的，又是主观的：客观上，它描述了自然、社会和人类思维

① 恩格斯. 路德维希·费尔巴哈和德国古典哲学的终结//马克思，恩格斯. 马克思恩格斯选集：第4卷. 人民出版社，1972：239.

② I. V. Kuznetsov，But Philosophy is a science. Soviet Studies in Philosophy，1962（1）：36.

③ J. P. Scanlan. Marxism in the USSR：A Critical Survey of Current Soviet. Cornell University Press，1985：32.

发展中一般的实际过程；主观上，它是思维的规律，因为它表现了对这些一般过程的意识或认知。在凯德洛夫看来，普遍规律公式关于“主观辩证法反映客观辩证法”的命题，已经预先给定了“哲学基本问题的唯物主义解答”，所以在哲学的定义中没有必要再特别提出哲学基本问题了。这种观点的主旨在于强调哲学真理客观性以冲破“党性原则”的束缚，和把辩证法规律先验化的主张是不同的。值得注意的是，这一导向显然带有过渡性质，后来关于“普遍规律”的说法被放弃了，他们的观点已经转向下面的纯认识论派的立场。

第二个导向可以称作科普宁—伊里因科夫导向。以科普宁和伊里因科夫（Э. В. Ильенков）为代表的一批哲学家，从更彻底的立场出发，举起“反本体论倾向”的旗帜，把哲学的本质定义为认识论。从60年代起，这些所谓“认识论主义者”就在苏联哲学中，发动了一场“认识论革命”。科普宁发表了《作为逻辑的辩证法》（1961年）、《马克思主义认识论导论》（1966年）、《科学的逻辑基础》（1968年）、《作为逻辑和认识论的辩证法》（1973年）、《辩证法、逻辑、科学》（1973年）和《科学的认识论和逻辑基础》（1974年）等著作。他坚决反对离开人的认识去谈客观世界的存在规律，认为哲学不能直接同存在发生关系，如同具体科学那样同现实事物和过程打交道，而只能面对人类认识的成果——知识、概念和理论。科普宁认为，马克思主义哲学不是从“知性”上简单地区分存在的规律和思维的规律，而是要从“理性”上把二者结合起来，把思维和存在的一致性作为出发点。“因此，在辩证唯物主义中既没有本体论本身（离开存在对意识关系的存在学说），也没有认识论（离开认识对存在形式关系的认识学说）；思维对存在的关系乃是同时履行着本体论和认识论双重职能的辩证唯物主义全部哲学范畴的出发点。”[①]辩证唯物主义的范畴从内容上说，是来自客观世界、来自存在，它是本体论的；同时，这些范畴又是解决思维对存在的关系问题，

---

① П. В. 科普宁. 科学的认识论基础和逻辑基础. 王天厚，彭漪涟，等译. 华东师范大学出版社，1989：26.

所以又是认识论的。伊里因科夫于1960年发表他的成名作《〈资本论〉中抽象和具体的辩证法》，表达了自己独特的哲学观点，此后陆续写出《人道主义和科学》（1971年）、《个性的建立：科学实验总结》（1971年）、《列宁的辩证法和实证主义的形而上学》（1979年）等重要著作。伊里因科夫从研究《资本论》的辩证法出发，在苏联哲学中提出和解决了一系列当代认识论的前沿问题，包括理论知识的结构、经验陈述的理论荷载、科学认识的历史分析等等。伊里因科夫是最坚决的认识论主义者，他特别重视列宁关于辩证法、认识论和逻辑学三者一致的学说，认为思维规律从根本上和趋向上说，是同总的发展规律同一的，马克思主义辩证法把思维的普遍规律理解为科学认识所反映的自然历史的普遍发展规律，而科学认识是经过人类长期的实践所检验的，所以，不可能有关于整个存在本身规律的科学，而"哲学就是关于思维的科学"①。1977年9月，在阿拉木图召开了题为"唯物辩证法是现代科学认识的逻辑和方法论"的全苏第二次唯物辩证法学术讨论会，伊里因科夫在会上做了题为"辩证法和世界观"的学术报告。在报告中，他给马克思主义辩证法下了一个"最简明的定义"，认为辩证法是"思维对存在进行反映的一般规律"，并且与凯德洛夫不同，反对把唯物辩证法区分为主观辩证法和客观辩证法。在这次会议上，伊里因科夫的观点引起了许多哲学家的强烈共鸣，如阿拉木图的哲学家阿布季尔金（Ж. М. Абдильдин）等。列克托尔斯基等在总结20世纪60～80年代的苏联哲学发展时特别指出："在认识论领域伊里因科夫的思想影响了一系列哲学家。"②

在60年代的苏联，认识论主义的崛起是改革思潮在哲学领域最集中的表现。这首先是挣脱意识形态对自由科学思想束缚的努力。如前所述，长期以来，以斯大林哲学为代表的官方路线，强调哲学的世界观作用，其理论基础就是把辩证法本体论化，为此就必须赋予哲学两种特殊

① Комсомольская правда. 10 декабря 1967.

② В. А. Лекторский，А. П. Огурцов. Десталиннизация в философии. Формирование многообрания философских школ и направлений：60—80-е гг. Новая философская энциклопедия. Том 4. Мысль，2001：203.

的属性，一是它和具体科学不同，所研究的不是物质世界各个特定领域的问题，而是关于"整个"世界的学问；二是它是意识形态，按照回答物质和意识何者为第一性而划分成唯物和唯心两大党派。1965 年，舍普图林（А. П. Шептулин）在《辩证唯物主义》这本教科书中，就有针对性地给哲学下了一个有代表性的正统定义，认为哲学有两个突出特点："第一，它是关于整个存在的世界观；第二，它阐述了意识和存在的关系问题。"[①]于是，哲学当然就成为凌驾于各门科学之上的"科学的科学"，一般指导个别，既然辩证法揭示了整个世界的普遍规律，其他科学只不过是研究各局部领域的特殊规律，因此必须置于哲学的统帅之下。同时，哲学又是有党性的，只有真正继承了马克思列宁主义正统思想的官方哲学才代表了无产阶级的正确立场，而科学家们不可能自发地形成辩证唯物主义和历史唯物主义的哲学世界观，这使自上而下地"灌输"正统哲学思想、不断批判资产阶级哲学成为党在思想战线上的首要任务。而认识论主义者不承认哲学肩负构建"整个世界"综合图景的任务，而将其归结为认识论和方法论，使之成为历史的和相对的知识体系，这就无形中取消了哲学对科学的指导、评价和监察作用，实际上也削弱乃至剥夺了党在科学战线的统治地位。奥库洛夫指斥说："50 年代和 60 年代爆发的争论涉及马克思列宁主义哲学的主题。个别哲学家试图把这一主题仅仅归结为认识论问题，归结为纯粹思维研究，而与实践……与尖锐的、激烈的意识形态斗争，与构建苏维埃人的共产主义世界观的任务割裂开来。"[②]在正统哲学家看来，本体论主义和认识论主义的斗争，绝不是简单的学术争论，而是关系到马克思主义历史命运和捍卫马克思主义纯洁性的重大政治问题，正如加布里埃良（Г. Г. Габриэльян）所说，对苏联哲学的威胁并不是"本体论倾向，歪曲马克思主义哲学的危险在于认识论主义"[③]。难怪伊里因科夫不断遭到抨

① А. П. Шептулин. Диалектический материализм. Высшая школа，1965：3.

② А. Ф. Окулов. Советская философская наука и её проблемы：Краткий очерк. Мысль，1970：14-15.

③ Дискуссия о преблеме философии. Вестник московского университета. Серия 7. Философия，1971（2）：98-99.

击，被戴上“实证主义”、“客观唯心主义”和“黑格尔主义”的帽子，连苏共中央书记伊利切夫（Л. Ф. Ильичев）都亲自出马点名批判伊里因科夫把哲学仅仅归结为主观辩证法，指责认识论主义否定了哲学的世界观性质：“既然辩证唯物主义的权限只限于研究认识着的思维，那它就不是世界观了，因为从这个概念本身可以看出，世界观就是对自然和社会现实的一种完整的理解。”甚至暗示这是“马克思主义的思想敌人”歪曲唯物辩证法的手法[①]。还应指出，苏联的新一代哲学家提倡认识论主义，强调哲学是科学，回避哲学的党派性，也是对否定世界哲学遗产和当代西方哲学的反动。科普宁认为：“对世界过程的真正理解既不是他们（即西方），也不是我们。将来的某一时刻会产生第三方，而我们所能做的只是全力促进这一点。”[②]熟知世界哲学发展趋势和研究热点，成为这批年轻学者与正统派斯大林学者的明显区别，而东西方哲学的交流和碰撞，促使苏联哲学研究继20年代的第一次高潮后，在60年代出现了第二次高潮，在许多哲学课题的研究方面真正达到了世界水平。时隔30多年后，萨多夫斯基在评价这场思想运动时说：“当时号称年轻一代的哲学家们确实在苏联完成了一场极端重要的突破……应当既从苏联哲学内部发展的角度、又从世界哲学发展的角度，评价当时苏联哲学家取得的成果。”[③]这场思想运动在自然科学哲学领域的反响就是从60年代到80年代苏联哲学界围绕自然辩证法[④]问题展开的、旷日持久

① Л. Ф. 伊利切夫. 哲学和科学进步. 潘培新，汲自信，潘德礼译. 中国人民大学出版社，1982：95.

② В. А. Лекторский. Философия не кончается⋯. РОССПЭН，1998：415.

③ В. Н. Садовский. Философия в Москве в 50-е и 60-е годы//В. А. Лекторский. Философия не кончается⋯. РОССПЭН，1998：31.

④ 苏联哲学界和我国哲学界对自然辩证法的理解是有差别的。我国学术界对自然辩证法的理解是广义的，包括自然界本身的辩证法、自然科学认识的辩证法、科学与社会关系的辩证法，甚至更广义地把自然辩证法定义为一个学科群，以致涵盖了技术哲学、科学社会学等学科。我国学者编辑出版的《自然辩证法百科全书》给自然辩证法下的定义是：“自然辩证法既是辩证的自然观和自然科学观，又是自然科学研究的认识论和方法论，改造自然的实践方法论。”（《自然辩证法百科全书》，中国大百科全书出版社 1995 年，第 1 页）这一理解和恩格斯《自然辩证法》一书的定义域大体上是一致的。但苏联学者对自然辩证法的认识却异乎是，他们认为自然辩证法指的是自然界本身的辩证法。1983年出版的苏联《哲学百科辞典》的“自然辩证法”条目说：“由于辩证法规律首先是自然界的规律……因此它们必然对理论自然科学有效”（философский энциклопедический словарь. Сов. Энциклопедия，1983：157.）在苏联，论战双方对这一理解是有共识的。

的争论。论战以本体论主义者为一方，以认识论主义者为另一方，阵线分明，双方的立场毫不掩饰地反映出保守和改革两种思潮的对立。概括说来，这一特殊的哲学思想斗争持续了 20 多年，大致经历了三个发展阶段。

60 年代是第一阶段，是对立观点的形成时期。

1963 年 3 月，普拉东诺夫和鲁特凯维奇（M. H. Руткевич）在《哲学问题》上发表了题为“论自然辩证法是一门哲学科学”的文章，拉开了论战的序幕。到 60 年代中叶，争论出现了第一个高潮，仅《哲学问题》一家杂志，在 1964 年一年内，发表的有关论文和综述就达 12 篇之多。对立的一方是拥护派，主张自然辩证法是一门独立的哲学学科，主要代表是罗任（В. П. Рожен）、斯维捷尔斯基（В. И. Свидерский）和麦柳欣（С. Т. Мелхюхин）等，由于持这一主张最坚决的学人是列宁格勒大学的几位教授，因而有人把这一派称之为列宁格勒派；另一方是反对派，否认自然辩证法的学科独立性，主要代表是凯德洛夫、科普宁和列克托尔斯基等，其代表人物均是认识论主义者，并且是全苏第二次唯物辩证法学术讨论会上的主要发言人，因此有时也有人称之为阿拉木图派。

普拉东诺夫和鲁特凯维奇肯定自然辩证法是独立的哲学学科的论据是：

第一，辩证唯物主义所揭示的是整个世界最一般的规律，这些规律在自然、社会和思维领域，各有自己的作用特点。自然辩证法、历史唯物论和辩证逻辑就是分别反映这些特点的三个不同部门。既然历史唯物论有自己独立存在的权利，自然辩证法也应分化出来，这样就形成了马克思主义哲学的完整体系，即以辩证唯物主义为中心、包括自然辩证法、历史唯物论和辩证逻辑的“一总三分”的结构。

第二，自然辩证法能够承担建立“一个作为联系的整体的自然界一般图景”的任务，因为自然界各种现象存在着最普遍的联系，有自己不同于社会和思维的特殊规律。辩证唯物主义揭示了客观世界最一般的规律，而自然辩证法、历史唯物论和辩证逻辑则分别揭示了自然、社会和思维领域的规律，这个体系准确地表现了马克思主义哲学作为“整个世界”的哲学世界观的基本性质。

第三，现代科学的发展趋势是不断分化，这一总体趋势也影响到哲学，造成哲学科学自身的分化，产生出一系列相对独立的哲学部门，其中就包括自然辩证法。

普拉东诺夫和鲁特凯维奇的观点比较符合苏联传统官方哲学的思想方向，因而赢得了广泛的支持，许多人从不同的角度对他们的主张进行阐发，观点大同小异，其中罗任和麦柳欣虽然也持本体论主义的立场，但在论证角度上颇有特色，值得一提。罗任从哲学功能多元性的观点出发，认为马克思主义哲学有本体论、认识论、逻辑学、方法论和社会观等五种功能，而关于自然界本身的唯物辩证法学说即自然辩证法正是马克思主义哲学本体论功能的表现，因而完全有权作为一个相对独立的组成部分分化出来[①]。麦柳欣则肯定辩证唯物主义有“建立运动着的物质世界的整体观念的任务”，并认为：“要发展认识论、逻辑和方法论首先必须对存在规律、对各种物质系统的一般属性进行深入的研究，不懂这一点是一种浅薄之见。”这就是说，他和普拉东诺夫等的基本立场是一致的，即马克思主义哲学必须研究自然界本身的一般规律，他所坚持的也是本体论主义的立场。不过，与拥护派的一般观点不一致的是，他不同意将自然辩证法作为一门哲学学科独立出来，但所持的论据却与反对派并不相同。麦柳欣认为，自然辩证法在对象、规律、范畴和方法等方面，都和运用于无机界和有机界现象的辩证唯物主义没有区别。把自然辩证法独立出来，“会使辩证唯物主义贫乏化，使它失去世界观内容而只成为认识论和逻辑学。”[②]这就是说，麦柳欣是从本体论派的立场出发反对自然辩证法成为独立哲学部门的，他主张通过完善辩证唯物主义而

---

① В. П. Рожен. О структуре и функций марксистско-лениниской философии. Философские науки，1964（5）：10-16.

② С. Т. Мелюхин. О структуре диалектического мотериализма и месте философских проблем естествознания. Философские науки，1967（2）：112，114.

在唯物辩证法内部实现自然辩证法所应承担的任务。

凯德洛夫和科普宁等坚持认识论主义，反对从本体论立场出发诠释自然辩证法的学科性质，否定自然辩证法是独立的哲学学科。早在1961年，科普宁就在《辩证法是逻辑》一书中明确断言："马克思主义中没有单独存在的本体论"，由此推论，也就没有关于自然本体的存在规律的、外于认识论的独立哲学学科。当普拉东诺夫等撰文，主张自然辩证法是关于自然界一般存在规律的独立哲学部门时，科普宁当即表示坚决反对。科普宁的主要论据有二：

第一，唯物辩证法的普遍规律是人类社会实践的和社会历史发展的产物，是认识史的产物。所谓"普遍认识"是受历史发展限制的，因而寻求自然界本身的绝对普遍的一般存在规律的本体论，只能是一种抽象的思辨，因为人们"并不直接同物质过程发生关系，而是同关于这些过程的知识、同科学的理论和概念发生关系"①。按照列宁的观点，辩证法也就是马克思主义的认识论和逻辑学，因此根本不应当把统一的唯物辩证法分成关于自然界存在本体的自然辩证法、关于社会本体的社会辩证法（历史唯物论）和关于主观认识的思维辩证法。在1967年《哲学科学》第6期发表的论文《论哲学方法的客观基础及其同具体科学方法的关系》一文中，科普宁明确指出："除了作为科学的理论思维方法的辩证法之外，再也没有任何辩证法了。"他认为这种割裂唯物辩证法统一性的做法，会导致对辩证法的庸俗理解。既然可以划分出自然辩证法和社会辩证法，而自然辩证法又可以划分为无机辩证法和有机辩证法，那为什么不可以划分出医治牙病的辩证法和卖西瓜的辩证法呢？

第二，唯物辩证法规律的作用是"调节通向真理认识的思维运动"，是认识论性质的，不是凌驾于具体科学认识之上的先验的本体论教条。按照本体论派的主张构建独立的自然辩证法学科，扭曲了科学和哲学的关系，错误理解了哲学的功能，是向陈腐的旧自然哲学开倒车。

---

① П. В. Копнин. Философия и ее место в современном научном познании. Коммунисты Украины, 1966（10）：35.

一方面，是企图直接去解决各门科学疑难问题，而“哲学家本身探索的物质结构、有机体进化等秘密的一切尝试，只能复活早已被科学远远抛在后面的自然哲学观点”[①]；另一方面，是企图总括现有全部科学材料，构筑统一的世界图景，而这是旧自然哲学的，今天哲学已经放弃这个使命和任务了。

科普宁的上述观点得到以凯德洛夫为代表的认识论派的支持，也遭到罗任、斯维德尔斯基等本体论主义者的激烈批评。麦柳欣也批评科普宁把辩证唯物主义的任务仅仅归结为研究“知识的知识”，因而和逻辑实证主义划不清界线[②]。值得注意的是苏联官方的立场，须知按照苏联的政治传统，对如此敏感的意识形态问题，中央决策集团决不会不闻不问，在关键时刻一定要以某种形式表态和把关。这场论战的爆发正值勃列日涅夫的改革方向逆转的时候，斯焦宾在回顾这一时期苏联哲学的历史语境时说：“从60年代末到70年代，由于勃列日涅夫的意识形态专家们在社会科学中特别复活了斯大林主义，形势变得极其复杂。又出现了迫害，出版禁令，解除公职……《共产党人》杂志编辑部周期性地发表读者来信和专论，谴责‘马赫主义和实证主义’对苏联科学方法论研究的‘影响’。”[③]而在围绕自然辩证法学科地位的论战中，官方舆论明显地偏向于本体论派，压制和谴责认识论派。1970年3月，《共产党人》编辑部发表专论，不指名地批评科普宁等“忙于研究狭隘的认识论和逻辑学问题”，使“哲学研究的任务缩小了”[④]。与此同时，苏联科学院哲学法学部专门开会讨论科普宁的新著《列宁的哲学思想和逻辑》。会上普拉东诺夫发言直指科普宁取消自然辩证法的观点，认为这一立场

---

① Ф. В. Константинов. Диалектика и логика научного познания：Материалы Совещания по соврем. проблемам материалист. диалектики. 7-9 апр. 1965 г.，Наука，1966：131.

② С. Т. Мелюхин. О структуре диалектического материализма и месте философскиих проблем естествознания. Философские науки，1967（2）：110-111.

③ Л. Р. Грэхэм. Естествознание，философия и науки о человеческом поведении в Советском Союзе. Политиздат，1991：433.

④ Коммунистическая партийность-важнейший принцип марксистско-ленинской философии. Коммунист，1970（3）：65-79.

“否认了马克思主义哲学认识事物的可能性”[①]。

70 年代是第二阶段，是试图调和对立观点的时期。

进入 70 年代后，勃列日涅夫的执政地位已经巩固，领导集团关心的不是改革而是稳定，苏联历史上漫长的停滞时期开始了。在意识形态领域，总的说来尽管倾向于恢复斯大林主义的思想垄断，但毕竟苏共第二十次代表大会以后的形势和民心已经今非昔比，决策集团推行思想统治的方式不能不进行调整，在各个方面都有所收敛。斯焦宾也指出，在勃列日涅夫时期“压制行为没有斯大林时代的那种规模”[②]。反映在哲学上，官方对本体论派和认识论派的争论也在某种程度上采取息事宁人的调和方针，尽管基本立场仍然倾向于本体论主义。当时苏联学术界的一些领导人物和党的机关刊物《真理报》《共产党人》等，开始倡导一种综合观点，认为无论把自然辩证法看作是纯客观的辩证法，还是主张辩证法只是认识的方法，都是片面的，必须强调马克思主义哲学是客观辩证法和主观辩证法的统一。

1970 年初《共产党人》编辑部还在大声呵斥科普宁的认识论主义，到了年中却发表了纳尔斯基（И. С. Нарский）的一篇书评，批评讨论哲学对象时出现的片面性和简单性，说一些人把辩证唯物主义的对象只归结为认识论和方法论，另一些人则将其归结为客观辩证法，把它称之为“自然辩证法”或“本体论”，表现了一种似乎不偏不倚的态度[③]。同年 12 月，苏联科学院副院长费多谢也夫在第二次全苏自然科学哲学会议的闭幕词中指出：“如果没有对思维的分析，不以认识论态度来对待世界观问题，就不会有任何哲学。”但是，他接下去马上说：“不能把存在发展的最普遍规律从哲学中排斥出去。”他认为苏联科学院主

---

① Л. А. Владиславский，В. И. Кураев. Обсуждение книги П. В. Копнина⋯. Вопросы философии，1970（7）：116-129.

② В. С. Степин. Анализ исторического развитияфилисофии науки в СССР//Л. Р. Грэхэм. Естествознание，философия и науки о человеческом поведении в Советском Союзе. Политиздат，1991：433.

③ И. С. Нарский. Книга о развитии философского знания. Коммунист，1970（13）：122-124.

席团所属自然科学哲学委员会的中心任务就是“制定自然辩证法”①。这显然是官方话语，代表了苏联意识形态主管部门的原则立场。不过，看起来领导集团最担心的仍然是认识论主义所隐含的危险。1975 年 9 月 19 日《真理报》发表题为“苏联哲学家的崇高职责”的编辑部文章，批评前一时期哲学家们只把辩证法当作逻辑和认识论问题来研究，而“很少研究客观现实各领域的辩证法”②。时任苏共中央书记的伊利切夫也在翌年的一篇文章中批评贬低客观辩证法的倾向，认为：“要想在制定逻辑方法论和认识论问题上取得成果，在很大程度上取决于对客观辩证法的研究。”③他宣称，恩格斯的《自然辩证法》一书论述的首先是客观辩证法，并呼吁编写一部类似的新《自然辩证法》④。

然而，苏共第二十次代表大会以后，改革意识已经深入人心，哲学领域的变革之风也已成为大势所趋。虽然一些正统思想的卫士不断攻击认识论主义，但在自然科学哲学研究中，突出科学认识论和科学方法论的研究，却是难以阻挡的历史潮流。20 世纪 60 年代以来，苏联自然科学哲学研究的发展向科学哲学（科学认识论、科学逻辑和科学方法论）的重心转移，已是不争的事实。如果说，1958 年召开的第一次苏联自然科学哲学问题讨论会的中心议题仍然是传统的本体论问题，即各门科学研究的物质运动形式所表现的自然界本身的辩证法问题，那么，1970 年召开的苏联第二次自然科学哲学问题讨论会的主旨已经转换为科学认识论和科学方法论问题。费多谢也夫在前面引述的大会闭幕词中，明确认定这次会议标志着苏联自然科学哲学的研究，已经从某些具体自然科学观点的哲学阐释，转向科学认识和科学探索中的逻辑方法论研究。《哲学问题》1972 年第 6 期社论《唯物辩证法的现代理论问题》甚至从

① 贾泽林，王炳文，徐荣庆，等. 苏联哲学纪事（1953—1976）. 生活・读书・新知三联书店，1979：425.

② Высокий долг советский фикософов. Правда，1975，19 сентября.

③ Л. Ф. Ильчев. О соотношении филосовских и методологических проблем. Вопросы философии. 1976（4）：71-82.

④ Л. Ф. 伊利切夫. 哲学和科学进步. 潘培新，汲自信，潘德礼译. 中国人民大学出版社，1982：81，95.

科学认识论角度给唯物辩证法下了一个新的定义："辩证法是研究科学认识的本性和条件，科学认识对现实的关系，科学认识真实性的条件，科学认识的起源等。"①

当然，官方意识形态对认识论主义的这种首肯是迫于形势做出的让步，而这种让步也是有条件的，从来也没有真正放弃本体论主义的立场，而是像上面所说的那样，不时地对认识论派进行敲打。所以，这一时期的主导倾向是一种折中主义。虽说由于官方的倡导，综合论的观点似乎成了主流倾向，但却没有真正把对立的两派统一起来，双方都没有放弃自己的原则立场。凯德洛夫深刻认识到综合论是一种折中主义倾向，从 70 年代中期开始，他不断撰文抨击对"本体论主义"的容忍，认为那种满足于"说明客体"的狭隘观点，必然会导致康德的不可知论②。

80 年代是第三阶段，是对立思想进一步分化的时期。

进入 80 年代，勃列日涅夫体制已进入尾声。1982 年勃列日涅夫逝世，接替他的安德罗波夫和契尔年科又相继于 1984 年和 1985 年与世长辞。整个 80 年代的前半叶，苏联社会是在改革的期待中度过的，思潮分化的潜流日益发展，不同思想倾向的对立已经无法调和，这在社会生活的各个领域都有明显的表现。哲学领域也是如此，70 年代由官方倡导的调和本体论主义和认识论主义，已经不能再成为君临一切之上的唯一的指导方针；而 60 年代围绕自然辩证法学科独立性所形成的派别分化，重又明朗化，对立观点的论战在更高的水平上重新展开并进一步深化。

1981 年 12 月 11～12 日，《哲学问题》编辑部召开会议讨论辩证法问题，会上对立双方再度交锋。本体论者米丁、麦柳欣重申必须从自然、社会的客观辩证法出发，反对把唯物辩证法的对象规定为"反映现

① 贾泽林，王炳文，徐荣庆等. 苏联哲学纪事（1953—1976）. 生活·读书·新知三联书店，1979：468.

② Б. М. Кедров. Теоретические вопросы материалистической диалектик. Вопросы философии, 1976（12）：52-66.

实的概念而不是客观现实本身"，认为实在（自然、社会）的辩证法"不是辩证法普遍规律的简单变形，而是有着自己一般规律的特殊决定形式和发展形式"，进而主张"反映属性的相互联系和物质运动与发展普遍规律的自然辩证法具有自己的特点，不能和社会辩证法、认识辩证法混为一谈"[①]。相反，凯德洛夫和西特科夫斯基（Е. П. Ситковский）则坚持认识论主义的立场，坚决反对把马克思主义哲学或它的某一部分归结为关于存在的学说而不考虑精神因素（思维，意识）[②]；唯物辩证法既是人类思维的逻辑，又是包括自然界在内的客观存在本身的逻辑，这两者是统一的，绝非相互独立的两个部分。也有人持中立的观点，如杜布罗夫斯基（Д. И. Дубровский）等认为认识论主义和本体论主义两派都走了极端：把辩证唯物主义归结为纯认识论问题的企图，是复活黑格尔的思有同一论；而建立独立的"本体论王国"、纯本体论地理解物质、时空等等的企图，则是不懂一个起码的真理，即所有关于某种存在的论断必然要以认识论的反思为前提[③]，否则就会导致形而上学的平行论。

当然，80 年代以后，这场争论已经不是二十年前的旧话重提，而是在新形势下，反映着新的思潮走势。所讨论的问题无论在深度和广度上，还是在提法和论据上，都具有崭新的特点。

首先，对立各方已不再限于简单地申明论点，而是通过建立完整的唯物辩证法理论体系来实现自己的主张。80 年代以来，苏联出版了多种唯物辩证法专著，其中每一种都是根据撰著者的哲学观点，系统地阐述唯物辩证法的基本原理，建立起结构迥异的逻辑体系。其中，有些对自然辩证法学科地位所持的不同立场做了深入的论证。由康斯坦丁诺夫

① Материалы совещания по проблемам диалектического материализма в редакции журнала "Вопросы философии", Вопросы философии，1982（5）：26，18.

② Материалы совещания по проблемам диалектического материализма в редакции журнала "Вопросы философии", Вопросы философии，1982（7）：86.

③ Материалы совещания по проблемам диалектического материализма в редакции журнала "Вопросы философии", Вопросы философии，1982（4）：37.

（Ф. А. Костантинов）、马拉霍夫（В. Г. Марахов）等主编的五卷本《唯物辩证法》（莫斯科，思想出版社，1980 年版）的第二卷是《自然辩证法和自然科学辩证法》，自然辩证法是客观辩证法，自然科学辩证法是主观辩证法，二者都是一般辩证法的具体表现，因此相应地第四卷就是《社会辩证法》。该书主编之一布兰斯基（В. П. Бранский）明确指出："客观辩证法问题常常被称作辩证法的本体论方面。"[①]显然，作者是遵循本体论主义的方针写作的。认识论派原拟由凯德洛夫主持编写一卷本的唯物辩证法专著，阐明自己的主张，后虽因几位主要作者相继谢世而夭折，但写作意图和计划已公之于世，仍可从中窥见其主旨。本书计划以辩证法思想史（第一部分）为纲，以对立统一规律（第二部分）为纬，建构一个一元化的论述体系，表现辩证法、认识论和逻辑学三者的一致，从而贯彻认识论主义的基本主张。而伊利切夫主编的四卷本著作《作为一般发展论的唯物辩证法》（莫斯科，科学出版社 1982 年），则是以发展概念为中心线索，试图体现本体论和认识论统一的综合论观点[②]。阿希莫夫（М. С. Асимов）在该书书评中指出，一方面"决不应忽视作者克服抽象本体论态度的意图"，另一方面作者又"反对把三者一致原则视为简单的同一"，不承认自然界辩证发展的相对独立性，以致取消自然辩证法，而是要把自然界的辩证发展视为世界一般发展过程的一个领域或层次[③]。

其次，争论的参加者不再简单地各抒己见，而是在论战中表现出深刻的对话性，注意分析和参照对方的观点，修改和深化自己的论证。坚持本体论立场的普拉东诺夫在 60 年代认为自然辩证法是单纯的客观辩证法，而完全无视认识和思维的辩证法。但 80 年代后，他意识到这种

---

① Материалы совещания по проблемам диалектического материализма в редакции журнала "Вопросы философии", Вопросы фирософии，1982（4）：39.

② 贾泽林. 苏联对辩证唯物主义的研究//现代外国哲学编辑组. 现代外国哲学苏联哲学专集：第八辑，人民出版社，1986：88-89.

③ М. С. Асимов. Рецензия：Материалистическая диалектика как общая теория развития（В 4-х т.）. Вопросы философии，1983（3）：146-150.

立场的软弱性，并试图在坚持本体论的同时，考虑在自己的体系中容纳认识论的成分，以加强理论的逻辑力量。在 1982 年出版的《马克思主义哲学和具体科学》一书中，他重新定义自然辩证法说："自然辩证法是马克思列宁主义哲学相对独立的组成部分（部门），它研究物质及其属性，尤其是反映（意识的前提）和认识以及存在和认识的一般规律在自然界中的具体表现。"①在这里，他虽然仍然是首先从物质存在的属性这一角度谈到反映，但毕竟是给认识留出了位置。相应地，认识论派的观点也在争论中有所发展。凯德洛夫承认马克思主义哲学具有复杂多样的方面，认为它的不可分性不等于单一性、一面性、等同性、无形态性和无结构性、无差别性，而且也对"抽象的逻辑主义和认识论主义"表示谴责。但是，他认为应当立足于当代科学发展的总体趋势，重新认识马克思主义哲学的分化问题，应当有时代感。凯德洛夫认为，当代科学的分化有两种形式，一种是离散式的，一种是交汇式的，而后一种形式是主要的趋势，即在各门学科相互交叉的整体化过程中产生出新的学科。而科学的整体化也有两种类型，一是局部的整体化，而是普遍的整体化（即所谓"大科学"的出现）。与科学的分化和整合这种现代形式和类型相适应，马克思主义哲学也只能以完整的而不是支离破碎的形态出现，这可以称之为马克思主义哲学的外在整体化要求，至于内在的整体化要求则是指辩证法、认识论和逻辑学三者一致的原则。所以，在凯德洛夫看来，现代科学发展趋势的要求是，"到辩证唯物主义中去寻求所提出的哲学问题的答案，而不是臆造什么脱离辩证唯物主义的自然哲学"②。

形势比人强。正是在勃列日涅夫执政的 60 年代中叶，世界舞台上的新科技革命如火如荼地发展起来，西方发达国家的经济发展登上了新的台阶，信息革命已见端倪，科学和技术创新成为生产发展的主要杠

① Г. В. Плагонов. Марксистско-ленинская философия и частные науки. Высшая школа，1982：83.

② Б. М. Кедров. Марксистская философия：её предмет и роль в интеграции совремнных наук. Вопросы философии，1982（1）：55.

杆。科技创新研究首先成为经济学的主题，国家科技政策平台的构筑成为综合国力竞赛的关键。如库姆斯（R. Coombs）等所指出的："20世纪60年代和70年代是科技政策出现的年代：这是国家将研究同经济和社会目标更具体地沟通起来的明确努力。如果研究和发展难以指望自动地导致经济增长，那么科技的投入可以被经济系统加以利用的机制是必须给予远为更精确的理解了。"[①]相应地，哲学特别是科学哲学也开始关注与科学创新关系密切的科学发现、科学革命和科学评价等重大问题。如前文所述，苏联自60年代起，在与西方的经济竞赛中暴露出的差距，首先被直接归咎于科技进步政策上的失误。对科技发展的关注被提到意识形态的高度。早在60年代初，就有人"重新发现"了马克思关于科学技术是生产力的论点。谢苗诺夫院士早在1960年就喊出响亮的口号："当代科学不再是生产的奴隶，而成了生产的母亲。"[②]

但是，为了推动科学的发展，特别是解决科学向生产的转化问题，关键在于解放科学生产力，完善科学发展的动力机制，而这却不是一个本体论问题，而是科学与人的认识、与社会体制的关系问题，核心是正确认识科学知识的独特地位，真正按照科学认识的固有规律办事。这是60年代科学哲学在苏联兴起的深层社会原因。苏联意识形态的主导者本来一直强调马克思主义哲学的本体论功能，对认识论派实际上采取压制的态度。面对时代的发展，官方的观点也在悄悄地发生变化，在主流舆论中，对科学认识问题的关注日甚一日。到后来，就连伊利切夫也说："苏共第二十七次代表大会要求制定新的科学认识方针……在客观实在的内部矛盾、多样性的运动和多方面的发展中，作为认识和改造现实一般方法的唯物辩证法起着主导作用。"[③]还有一个重大的刺激因素，那就是面对70年代以来在全球方兴未艾的最新科学技术革命，苏联明

---

① R. 库姆斯，P. 萨维奥蒂，V. 沃尔斯. 经济学与技术进步. 中国社会科学院数量经济技术经济研究所技术经济理论方法研究室译. 商务印书馆，1989：3.

② Н. Н. Семёнов. Наука и общество в век атома. Вопросы философии，1960（7）：24.

③ Л. Ф. Ильичев. Материалистическая диалектика и социальная политика（в условиях социализма）. Вопросы фикософии，1986（8）：9.

显地落后了。随着计算机技术的进步，以生产自动化为核心的新一轮产业革命席卷而来，这就是所谓“3A”革命，即工厂自动化（factory automation）、办公自动化（office automation）、住宅自动化（house automation）。苏联的计算机技术发展严重滞后，1974年美国计算机装机数量是16万台，日本是3万台，苏联只有2万台，这就从根本上制约了苏联实现自动化革命的步伐。努力跟上世界科技革命的步伐，成为当时苏联的共识。美国苏联问题专家布洛克（H. Block）说：“赫鲁晓夫立足于发展玉米和化学品，勃列日涅夫和柯西金则争着搞计算机。”[①]这样，科学技术革命一时成为舆论关注的中心，缩写词HTP（Научнно-Техническая Революция）则成了关键词，正如西方学者里格比和密勒所说：“尽管西方对存在一次所谓‘科学技术革命’曾经鼓噪一时，但是只有少数有远见的科学家和著作家注意到了这场革命的特殊本质及其对经济和社会的意义。相反，科学技术革命在苏联却受到极其广泛的注意。共产党和政府的领导人、自然科学家、社会科学家、著作家、艺术家都欢呼这场革命，它作为新历史时代的推动力，并以其全部物质的、社会的和文化的意义而在马克思列宁主义理论中占有自己的位置。”[②]尤其是在哲学领域，关于科学技术革命的性质、结构、作用、过程、模式和类型的研究和讨论，蓬勃地开展起来，而这恰恰是科学认识论的研究域，是当代科学哲学的核心主题。哲学改革的先锋科普宁对此有十分超前的认识。1970年12月，他在第二次全苏自然科学哲学问题会议上做了《马克思列宁主义认识论和现代科学》的专题报告，总结了最新科技革命所引起的当代科学认识的八大变化：

（1）直观映像在科学认识中的价值和作用的概念发生变化，远离直观的人工语言系统发展起来；

（2）理论在向新结果的运动中的作用增强，成为生成新观念的有利

① 美国国会联合经济委员会. 苏联经济新剖视：中册. 邱年祝，等译. 中国财政经济出版社，1980：37.

② T. H. Rigby，R. F. Miller. Political and Administrative Aspects of the Scientific and Technial Revolution in USSR. Australian National University Press，1976：1.

因素；

（3）知识的数学化和形式化的趋势加强，同时直觉因素又成为冲破逻辑演绎框架、提出新观点、新概念的重要手段，研究知识发展逻辑形式和直觉形式的联系成为重要课题；

（4）以研究知识本身的发展规律为对象的元理论和元科学的研究兴起；

（5）科学整体化、综合化的趋势强化，横断不同现象域的方法论概念（如信息、结构、反馈等）得到广泛应用；

（6）同常识背离的“悖论”性知识日益渗入科学认识；

（7）以系统方法把对象分解为最简单的结构和关系；

（8）概率概念在理解客观世界和理论体系方面的作用不断增大。

所有这一切都表明，对现代科学认识、特别是科学理论知识进行逻辑—认识论分析，已经是哲学面临的迫切任务，而此前的苏联哲学没有形成适应现代科学知识的性质和发展的认识论概念，因此也无法对科学认识实践产生积极的影响。一句话，必须大力推进科学认识论即科学哲学的研究①。

在社会主义发展史上，科学哲学在苏联兴起不仅具有重大的政治史的意义，而且具有深刻的思想史的意义。

这首先是一场重新认识自然科学哲学（实际上也涉及哲学包括马克思主义哲学）的本质和功能的思想运动，而在马克思主义诞生以后，还从来没有过这种大规模的、社会性的集体理论反思。苏联科学院院长亚历山德罗夫在1981年4月召开的第三次全苏自然科学哲学会议的开幕词中说：“自然科学哲学问题是对自然科学的方法论基础、对自然和人在自然界中的位置的普遍看法进行思考和探索的一个中心枢纽。”②这是自60年代以来，苏联哲学界和科学界经过激烈的

---

① 柳树滋. 苏联哲学和自然科学联盟三十年（1953～1983）. 自然科学哲学问题丛刊，1983（4）：91.

② Диалектика—мировоззрение и методология современного естествознания. Наука，1983：12.

思想斗争和艰苦的理论反思而得出的自然科学哲学定义，具有结论的性质。这一定义把自然科学哲学看作是建构自然和人与自然关系的“普遍观点”（即世界观）的“中心枢纽”，亦即导向性、启示性的原则，或思想生长点，而不是先验的、凌驾于科学之上的本体论教条。这是后斯大林时代哲学中改革派的胜利，难怪斯米尔诺夫认为，亚历山德罗夫的定义反映了一种“注意力的转移”，即“转移到与科学探索有关的问题上来，旧自然哲学的阴影被驱散了，它的功能在于提供可供参考的种种模式，发挥启发、对现代自然科学整体性相联系的一些问题上”[①]。传统的官方意识形态提倡一种“无人的哲学”，试图建立君临具体认识之上的“科学宪法”；现在，哲学被从“科学之王”的宝座上推了下来，对科学只是起到规范和调节的作用。从这样的认识出发，自然科学哲学的功能也必须重新定位。哲学不能站在各门科学之上指手画脚，不能用现成的教条去裁决科学的是非，哲学只能通过揭示认识固有的规律，总结已有科学认识过程的经验教训，并不是代替科学去直接认识自然，也不是对实际的科学认识活动进行指挥，而是为科学认识“划界”或提供规范。

更加超前的是，有一些学者已经开始认识到自然科学哲学人文化的发展方向。帕尔纽克（M. A. Парнюк）的论文《世界观与科学》的论点很有代表性，他对自然科学哲学功能的分析，把认识论派在 60 年代发展的哲学功能论推进到一个新的高度。帕尔纽克认为，自然科学哲学作为一种世界观，是学者同世界（自然、社会和人）所发生的实践关系和理论关系的中介。“世界观规定了现实存在的、可能存在的和不可能存在的事物的界限，规定了社会需要的东西和不需要的东西的界限，而且还规定了人们对科学与人类发展前景的理解。”[②]这就是说，旧自然科学哲学观完全抹杀了社会的人和文化的人在科学认识中的作用，实际上是

---

① Г. Л. Смирнов. Некоторые задачи философского осмысления нового этапа развития советского общества. Вопросы философии，1984（5）：15.

② Диалектика—мировоззрение и методология современного естествознания. Наука，1983：262-263.

把自然科学理论看作是对自然界的镜像反映，这是对实践唯物主义的曲解。新的自然科学哲学观特别突出了人在科学认识中的主体地位。库普佐夫（В. И. Купцов）在《自然科学哲学研究的新阶段》一文中对此做了深入的分析，认为自然科学哲学问题“是由于自然科学的发展而产生的，是同我们关于客观世界的概念、认识过程的概念、科学在社会生活中的作用的概念发生变化有关的”，而这三个方面的联系是：自然科学的任何成就都是作为认识活动结果的文化的组成部分，向我们提供了关于客观世界的知识，而与此同时也就有了社会意义[①]。当然，在自然科学哲学研究中真正贯彻这一路线，实现自然科学哲学的人文化转向，则是 80 年代中叶以后才发生的。但是，无论如何，这种超前性确凿无疑地表明，苏联自然科学哲学作为哲学改革派，始终是走在时代前列的。

应当说，苏联的“60 年代哲学家”对科学哲学的这种认识，同后逻辑实证主义的西方科学哲学十分接近。1969 年 3 月 26～29 日，在美国的厄巴那（Urbana）举行了主题为科学理论结构的讨论会，会议的中心议题是清算所谓公认观点（receive view），即以逻辑实证论为代表的正统科学哲学。美国科学哲学家萨普（Frederick Suppe）会后编辑出版了一本重要文献《科学理论的结构》，明确肯定了科学哲学作为世界观的启示性作用。萨普指出：“简言之，科学是在一种世界观（Weltanschauung）或生活世界（Lebenswelt）中工作的，而科学哲学家的职业就是分析科学世界观的特点是什么，科学活动内在的语言—概念体系的特点是什么。理论是用世界观来解释的；因此理解理论就必须理解世界观。科学认识论分析的这样一种世界观方式，显然必须对影响科学的世界观的发展、结合、应用、接受或拒斥的科学史和社会学的因素给予密切的注意。”[②]

---

① Диалектика—мировоззрение и методология современного естествознания. Наука，1983：255-256.

② F. Suppe. The Structure of Scientific Theories. University of Illinois Press，1979：126-127.

东西方科学哲学的这种趋同演化，是特别值得注意的，这表明哲学思想的发展有其自身的规律。20 世纪科学哲学发展的一个总的趋向是理性精神的复兴。1958 年，汉森（N. R. Hanson）发表《发现的模式》一书，振聋发聩地提出经验的“理论荷载”（theory-loaded）的命题，开启了由历史社会学派发动的西方科学哲学中的“60 年代革命”，理论知识的主导地位成为后逻辑实证主义知识论的主题，“科学事业是理性的事业”的口号大行其时。而 60 年代苏联哲学的认识论转向似乎与此遥相呼应，出现了一种可称之为“新理性主义”的倾向。1962 年，伊里因科夫引人注目地提出“观念物”范畴作为知识论的重大论题。他说：“因此，从柏拉图开始就把理念世界（从而对‘理念世界’的概念本身）看作是规律、规则和图式的某种稳定的、有内在组织的世界，个人的、‘个体心智’的心理活动是据此而实现的，它是某种特殊的自然之上的、超自然的‘客观实在’，与每一单独个体对立并在特定环境中支配着个体的行为方式。”①显然，在恢复理性的权威这一点上，东西方在 60 年代可说是不谋而合，不同的只是西方科学哲学是针对正统解释的经验还原论，苏联改革派哲学针对的是意识形态的蒙昧主义。无论如何，一个理性知识论的新研究域被开辟出来了。如伊里因科夫所说：“观念物问题一直是知识客观性（‘真理性’）问题的一个方面，也就是说，它不是个人心理的奇思妙想，而恰恰是由超乎个人心理之上的、全然不依赖于它的更重大的东西所制约和解释的那样一种知识形式问题。”②

可以看到，自 60 年代后，苏联哲学界对知识论特别是科学认识问

① Э. В. Ильенков. Философия и культура. Политиздат, 1991：247-248. См. Е. А. Мамчур, Н. Ф. Овчинников, А. П. Огурцов. Отечественная философия науки：предварительные итоги. Росспэн, 1997：203.

② Е. А. Мамчур, Н. Ф. Овчинников, А. П. Огурцов. Отечественная философия науки：предварительные итоги, Росспэн, 1997：203. 另，观念物，идеальное，通常译作“理想的”，但此处这一译法并不合适，因为本词的主要含义是“观念中所包含的东西”。该词词根是 идея，源出希腊文的 ιδεα，即英语的 idea，意为观念、理念。伊里因科夫使用观念物概念，意在强调理论、概念在认识中的主导地位，别有深意。

题的研究，打破了自然本体论的垄断地位，蓬勃兴起，蔚为大观。概括起来说，有下述几个重要的研究方向。

第一个是凯德洛夫代表的科学史—哲学方向。凯德洛夫首先注意的是，研究马克思主义自然科学哲学著作的经典文本，追索其本义，试图系统建构马克思主义科学哲学的理论基础，先后发表了《列宁和二十世纪自然科学革命》（1969 年）、《恩格斯和自然科学的辩证法》（1970 年）、《列宁和二十世纪自然科学的辩证法》（1971 年）、《列宁思想的实验室（列宁〈哲学笔记〉概论）》（1972 年）、《恩格斯论化学发展》（1979 年）、《列宁和科学革命·自然科学·物理学》（1980 年）等。同时凯德洛夫还立足于科学史的实证材料，提出科学方法论问题，发展了科学知识分析的历史方法，这和西方科学哲学的历史社会学派有相同的理论路向，只不过凯德洛夫是从唯物史观出发的。这方面的代表作有《原子论的三个视角》（1969 年）、《周期表的现代问题》（1974 年）、《门捷列夫对原子论的预见》（1977～1979 年）、《马克思主义的十九世纪自然科学史论》（1978 年）等。

第二个是科普宁代表的科学逻辑—方法论方向，这是 60 年代初科普宁在基辅倡导的研究导向，所以也被称作“基辅学派”。科普宁强调科学哲学研究的基础是作为认识论和逻辑学的辩证法，并特别着力分析科学认识的实际过程和总结科学认识的经验，认为：“不去分析各门科学知识和构成它们的理论的基本理论与方法，就不能成功地发展科学逻辑。”[①]科普宁所说的“科学认识的逻辑”或“科学研究的逻辑”是广义的逻辑，是一种“内涵丰富的逻辑—认识论系统”，它和科学方法论是同义词，不仅包括分析已有知识结构的“静力学”，而且包括科学知识形成和发展的动力学。科普宁的方向和西方科学哲学的结构—动力学分析具有可比性，而且显然受到当时西方同类研究的启发。基辅学派的骨干波波维奇（М. В. Попович）后来回忆说：“至于说到同西方逻辑—哲

① П. В. Копнин. Диалектика как логика и теория познания：Опыт логико-гносеологического исследования. Наука，1973：39.

学文献的关联，那当然是有的。科普宁使我们熟悉了波普尔的著作《科学发现的逻辑》，此书造成了一定的影响。”[①]但是，从总体上说，科普宁的理论观念和方法毕竟遵循的是马克思主义的传统，他反对文化先验（a priori）的科学知识建构原则，认为理论观念或猜想要比解释标准、图式、模型或范式广大得多。科普宁确定了进一步研究科学认识问题的战略，指出其中的四个基本环节：一是充实和丰富科学哲学的范畴机制；二是发展具有人工语言的形式逻辑手段；三是深入理解和把握包括科学创造在内的知识运动过程；四是认识各门科学知识的逻辑基础和逻辑结构。

第三个是斯焦宾为代表的科学知识结构—发生学方法论方向，也称“明斯克学派”。这一方向的学者们在各种不同的世界图景、理论图式、形式化手段、实践的和观念的运作的相互作用框架内，研究理论知识的发生，并制定了与库恩的范式不同的元理论概念——科学活动的理想和规范。这一研究是理论与经验、逻辑与历史、结构与动力的统一。斯焦宾建立了理论的系统—层次分析法，在基础理论图式和特殊理论图式之间做了划界，深入研究了基础理论图式向特殊理论图式的还原（редукция）机制，并提出了一个二元模式：理论语言符号的形式运算和抽象理论客体的思想实验。斯焦宾的代表作有：《认识的实践本性和现代物理学的方法论问题》（1970 年）、《论科学理论的结构和发生问题》（1972 年）、《科学理论的形成》（1976 年）、《理论知识的结构和进化》（1979 年）。

上述研究实际上已经形成了当代科学哲学的苏联学派，这是一个范围广大、主题多样、内涵丰富、观念独特的精神生产。不妨概述一下当时苏联科学哲学所涉及的研究主题：奥伊则尔曼（Т. И. Ойзерман）和什维列夫（В. С. Швырев），经验和理论的相互关系；丘金诺夫（Э. М. Чудинов），科学理论和科学假说；巴热诺夫，科学理论的结构和功

---

① М. В. Попович. П. В. Копнин：человек и филисоф. Цит. В. А. Лекторский. Философия не кончается…，Из отечественной философии. XX век：В 2-хкн. РОССПЭН，1998：421.

能；高尔斯基（Д. П. Горский）和苏博京（А. Л. Субботин），理想化和形式化；尼基金（Е. П. Никитин）、格里雅兹诺夫（Б. С. Грязнов）和施托夫（В. А. Штофф），解释和描述及模型化问题；梅尔库洛夫（И. П. Меркулов）和佩琴金（А. А. Печинкин），科学发展的假说—演绎模型；鲁扎文（Г. И. Рузавин），理论建构的公理化方式；尼基弗洛夫（А. Л. Никифоров），作为历史过程的知识；马姆丘尔，理论的可通约性；彼得洛夫（М. К. Петров）、尤金（Б. Г. Юдин），科学知识发生的社会文化分析[①]。

20 世纪 60 年代中到 80 年代初在苏联发生的这场壮观的哲学思想运动，不仅涵盖了当时西方科学哲学讨论的几乎所有的论题，而且在深度和广度上都有所突破。可以说，科学哲学在苏联的兴起和科学哲学在西方的革命性转型，是 20 世纪中叶世界哲学史上突起的双峰。由于历史的隔膜，一种颇为流行的看法是，苏联自然科学哲学只是一些黑格尔旧自然哲学的陈词滥调，而对苏联哲学史上这一段创造性的思想大爆发一无所知。对苏联自然科学哲学如数家珍的格雷厄姆也恰恰忽视了这一主题。看来这是历史留给我们的课题。

---

① В. С. Степин. Новая философская энциклопедия，Том 4. Мысль，2001：204.

第四章
转型时期（1985～1991年）

1985年3月11日，米哈伊尔·谢尔盖耶维奇·戈尔巴乔夫在苏共中央非常全会上当选为苏共中央总书记，拉开了苏联历史上一个新的，也是最后一个时代的序幕。1982～1985年，短短的三年间，苏联的三位年迈多病的领导人勃列日涅夫、安德罗波夫、契尔年科相继辞世，给人的印象是，苏联这个社会主义超级大国已经进入了“极度萧条衰退的时期”[①]。苏联人民渴盼国家振兴如大旱之望云霓，因此对戈尔巴乔夫抱有极大的希望，老资格的政治家葛罗米柯（А. А. Громыко）说，戈尔巴乔夫是“一位在国家如此关键的时刻对担任这一职务当之无愧的人选”[②]。果然，他上台伊始就开始了大刀阔斧的改革。但是让苏联人民和整个世界瞠目结舌的是，这场声势浩大的改革却是“一场不知其归宿的旅游”[③]。六年之内，改革的进程波诡云谲，苏维埃国家一步步走向

① 格·阿·阿尔巴托夫. 苏联政治内幕：知情者的见证. 徐葵，张达楠，等译. 新华出版社，1998：391.

② 阿·切尔尼亚耶夫. 在戈尔巴乔夫身边六年. 徐葵，张达楠，等译. 世界知识出版社，2001：28.

③ S. White. “Democratization” in the USSR. Soviet Studies，1990，42（1）：20.

深渊，1991 年 12 月 25 日晚 7 时 38 分，缀有镰刀和锤子图案的苏联红色国旗从克里姆林宫上空黯然降落，历史上第一次社会主义实验以失败告终，给新世纪的人类留下了深长的思索。

戈尔巴乔夫时代是马克思主义思想体系经受严峻考验的历史关口。在“新思维”的口号下，传统和现代、革新和守旧、东方和西方、俄罗斯与世界、社会主义和资本主义、真诚探索和政治投机、新生事物和沉渣泛起，可谓光怪陆离，跌宕起伏。一个核心问题是：马克思主义向何处去？在这样的形势下，经济的、政治的、法律的、文化的等人文科学领域空前活跃起来，而此前由于可以通过隐晦的话语表达变革要求而始终得风气之先的自然科学哲学，却似乎边缘化了。这一部门在与时俱进的努力中，虽然研究主题也在调整，而且同样泛起一些趋时的泡沫，但总的说来，与其他领域相比，确实较少浮躁，并确立了新的生长点。

第一节　改革的歧路和理论的迷思

1985 年 4 月 23 日，苏共中央政治局召开四月全会，上台刚刚一个半月的戈尔巴乔夫在会上提出了雄心勃勃的“加速战略”，提出了“根本改革经济体制”的指导思想。后来的历史进程表明，这种“根本改革”并不限于经济体制，而是要彻底“解构”社会主义的经济基础和整个上层建筑。改革一词选用俄语词 перестройка 而没有使用 реформа，前者词根 стройка 意为建构，因此 перестройка 意为重建、重构；后者词根 форма 意为形式，于是 реформа 就不是根本性的变革，而是修补式的完善性工作了。当然，这有一个思想发展过程。戈尔巴乔夫在《对过去和未来的思考》中反省说，一开始他曾经认为“改革是十月革命的继续”，后来认识到这是一种迷误：“说是迷误，是在于当时我，正如我们中多数人一样认为，这可以通过完善现存制度来实现。但是随着经验的积累，变得明确了：在 70 年代末和 80 年代初袭击我国的危机具有并非局部的，而是整个制度的性质。发展的逻辑导致这样的认识，即应该不是完善这个制度，而是攻入它的基础。”[①]

这是一段极其重要的自白，它一语道破天机，戈尔巴乔夫的六年改革正是走入了“攻入”社会主义制度的“根本”的致命误区。

从 1985 年 4 月全会到 1988 年 6 月苏共第十九次全国代表会议，是改革的前期。这是以经济改革为中心的阶段。1985 年戈尔巴乔夫接任时，勃列日涅夫执政后期发展停滞的恶果已经充分暴露出来。戈尔巴乔夫说：“在三个五年计划期间，国民收入增长速度下降了一半还多，在 80 年代初期之前又将降到使我们接近经济停滞的水平。”[②]1975～1980 年国民生产总值（GNP）年均增长速度为 3.4%，而 1980～1985 年却降到 2.5%[③]；社会劳动生产率的增长速度 1976～1980 年为 3.3%，1981～1982 年下降到 2.9%[④]。1983 年，美国学者伯尔曼（I. Birman）就指出：“没有重大的结构性变革，亦即不对整个经济进行彻底的改革，苏联经济就不会再增长了。按人口计算的生产增长几乎已经停止，产量眼看着下滑，国家已进入负增长期。”[⑤]面对这样的形势，戈尔巴乔夫发动的改革直接目标自然是指向经济领域。在苏共第二十七次代表大会上，戈尔巴乔夫提出要在 15 年内实现 5 个（包括生产潜力、国民收入、工业产值、劳动生产率、居民人均实际收入）翻一番的硬指标。而实现这一目标的改革措施归结起来就是两大战略，即加速科技进步和根本改变经济体制。

还在 1985 年苏共中央四月会议上，戈尔巴乔夫就提出了在科技进步基础上加速发展苏联社会经济的战略。同年 6 月 1 日，苏共中央专门召开了“关于加速科技进步问题会议”，戈尔巴乔夫在会上做了《党的

① 米·谢·戈尔巴乔夫. 对过去和未来的思考. 徐葵，等译. 新华出版社，2002：71.

② 米·谢·戈尔巴乔夫. 改革与新思维. 岑鼎山，等译. 世界知识出版社，1988：9.

③ 大卫·科兹、弗雷德·威尔. 来自上层的革命——苏联体制的终结. 曹荣湘，孟鸣歧，等译. 中国人民大学出版社，2002：55.

④ 陆南泉，姜长斌，徐葵，等. 苏联兴亡史论. 人民出版社，2002：642.

⑤ В. М. Кудров. Советский Союз-США：к сравнению экономической мощи. Свободная мысль，1991（17）：94.

经济政策的根本问题》的报告，指出要“进一步发展和有效利用科学技术潜力”，“完善科学技术进步的管理”[①]。1986 年 2 月，他在苏共第二十七次代表大会上进一步号召，“必须更加坚决地使科学转向满足国民经济的需要”。1987 年，他又在一系列文章和讲话中一再强调推进科技进步的决定性意义，警告说：“也许最值得我们注意的事情是，我们开始在科学技术方面落后了……这不是因为我们没有科学基础，而主要是因为经济对创新无动于衷。”[②]所拟定的措施一是调整科技进步的结构，把主攻方向转向能迅速提高生产科技含量的高新技术领域，重点是微电子、自动化、核动力、新材料和生物工程；二是制定新的科技进步管理政策，集中使用资金，发展科学生产联合公司，通过物质刺激促进新技术的推广。

但是，值得注意的是，这项促进科技进步的战略却流产了，直到 80 年代末苏联科技进步的状况并没有根本的改善。据统计，到 1989 年，苏联学者在尖端科学和高新技术领域学术论文的被引用率仍然远远低于美国，具体地说，生物工程学是 14.5%，计算机科学是 15.1%，新材料科学是 48.4%，光电子学是 38.9%；专利许可证出售仅为美国的 1/58。尽管有加大科研经费投入的许诺，但是改革以来科研经费的增长速度却明显下降了，1970～1980 年的 10 年间国家科研经费增加了一倍，而 1980～1988 年的 8 年间却仅增加了不到 30%（如果考虑到通货膨胀的因素，实际上还远低于这一比例）。戈尔巴乔夫在苏共二十八大的政治报告中，坦白地承认：“苏共第二十七次代表大会规定了克服轻视整个文化领域、轻视科学尤其是教育的任务……但应直率地说，这方面成效甚微。其原因是没有落实就这些重要问题通过的决议。”[③]对科技进步的指望落空，这是戈尔巴乔夫改革列车的第一个轮子“空转”。

---

① 戈尔巴乔夫. 戈尔巴乔夫言论选集（1984—1986 年）. 苏群译. 人民出版社，1987：46、102.

② 大卫・科兹、弗雷德・威尔. 来自上层的革命——苏联体制的终结. 曹荣湘，孟鸣歧，等译. 中国人民大学出版社，2002：86.

③ З. Н. Осадченко. Является ли наша наука производительной силой общества? Философские науки，1991（11）：37.

“加速战略”的另一翼是根本改革经济体制，这是 1986 年 2 月苏共第二十七次代表大会确定的方针，1987 年苏共中央 6 月全会通过的《根本改革经济管理基本原则》的决议和随后苏联最高苏维埃通过的《苏联国营企业（联合公司）法》，集中体现了戈尔巴乔夫经济改革在起始阶段的战略要点：一是扩大企业自主权，实行经济核算、自负盈亏和自筹资金，按经济原则实施民主管理；二是利用商品货币关系，完善价格体系和信贷制度。其实，这一切并没有超出勃列日涅夫“新经济体制”改革的范畴。改革的头两年，所采取措施都是修缮性的：拨改贷，根据经营状况不同发放贷款；1986 年 1 月 19 日通过《个体劳动活动法》，允许在 29 个行业中从事个体生产；1987 年 1 月实行吸收外资的合资企业细则，进一步扩大引进外资的规模；与此同时，实行由奖励个人改为奖励集体最终成果、在集体内部根据成员贡献系数分配的劳动工资制度；1988 年 1 月 1 日起实施《国营企业法》，改行完全经济核算和自筹资金，并正式实行国家供货制度。

可以看出，戈尔巴乔夫改革的初期，根本没有向市场经济体制全面转型的理念，一些局部改良虽然不无小成，但积重难返，没有触动中央指令性经济体制的结构性痼疾，不但使许多改革措施不能到位，而且引发了新的矛盾，潜伏下引发更大危机的祸根。例如，实行财务自理的是经济力量雄厚的大企业，但由于市场机制尚未真正启动，价格不稳定，自筹资金往往是一句空话，到 1987 年只有 23%的国营农场和合作农场被认为有能力实行财务自理，而那些实行自理的企业有 2/3 效益恶化了，1986 年就有 13%的企业亏损，60%的企业利润下降[①]。由于计划体制没有根本改变，各部和主管部门给企业下达订货指标不是市场导向的，往往用超出国家规定的订货比例下达任务指标，其额度竟高达企业生产能力的 80%～90%。在市场价值规律尚未真正发挥作用的情况下扩大企业收入分配自主权，由于缺乏相应的约束机制，结果使居民收入的

① 科伊乔·佩特罗夫. 戈尔巴乔夫现象——改革年代：苏联东欧与中国. 葛志强，马细谱，等译. 社会科学文献出版社，2001：76-77.

增长大大超过劳动生产率的增长幅度，导致总需求远远超过总供给，1986年家庭可支配收入增长率比可得到的消费品增长率高1.8%，而1988年却高达5.4%[①]；市场供应紧张，财政赤字、通货膨胀处于失控状态，1986～1988年年均财政赤字是1966年的1.4倍，1988年的通货膨胀率比1981～1985年的年均通胀率高出2.7%[②]。虽然1986年主要由于农业丰收的原因国民生产总值增长率达到4%，但1987～1988年年均GNP增长率却锐减为1.7%[③]；1981～1985年收入的年增长率为3.8%，改革后两年的1987年却降为3.2%[④]。这就是说，1985年4月全会后推进的各项经济体制改革措施并未真正奏效，这是戈尔巴乔夫改革列车的第二个轮子“空转”。

从1988年6月苏共第十九次全国代表会议到1991年2月苏联解体，是改革的后期。这是以政治改革为中心的阶段。通过深入研究可以发现，戈尔巴乔夫政治改革指导思想的演变经历了一个三部曲。

第一部曲，1985年四月会议到1987年1月苏共中央全会，是以经济改革为主、政治改革为辅的阶段。戈尔巴乔夫的改革无疑是从经济改革入手的，他后来回忆说：“只要看一下改革事件的纪事表就可以知道，从一开始多数中央全会讨论的正是经济问题。”[⑤]但是，戈尔巴乔夫从一开始就提出了政治改革问题，当时的口号是“公开性”。1986年2月召开的苏共第二十七次代表大会的政治报告专门讨论了公开性问题，强调“使公开性成为不断起作用的制度”。但是，当时改革设计和操作的主体是在经济领域，政治上的改革还处在一般号召的阶段。

第二部曲，从1987年1月全会到1988年6月苏共第十九次全国代

① 大卫·科兹，弗雷德·威尔. 来自上层的革命——苏联体制的终结. 曹荣湘，孟鸣歧，等译. 中国人民大学出版社，2002：108.

② 张伟垣，曹长盛，杨阴滋. 苏联兴亡和社会主义前景. 新华出版社，1999：68-69.

③ 大卫·科兹，弗雷德·威尔. 来自上层的革命——苏联体制的终结. 曹荣湘，孟鸣歧，等译. 中国人民大学出版社，2002：104.

④ 科伊乔·佩特罗夫. 戈尔巴乔夫现象——改革年代：苏联东欧与中国. 葛志强，马细谱，等译. 社会科学文献出版社，2001：85.

⑤ 李兴耕，等. 前车之鉴：俄罗斯关于苏联剧变问题的各种观点综述. 人民出版社，2003：17.

表会议，是以政治改革为主的阶段。美国作者怀特（S. White）评论说："虽说激进的政治改革从 1985 年戈尔巴乔夫就任伊始就急切地提出来了，但 1987 年 1 月苏共中央全会以后才有了特别的紧迫性。"①一月全会原定主题是讨论干部工作，但因戈尔巴乔夫思想的变化，才决定把会议主题改为民主化问题。会上戈尔巴乔夫明确指出，经济改革只有和政治体制的广泛"民主化"结合起来才是可以想象的，因此苏联社会的进一步民主化，是党"最迫切的任务"②。在同年召开的苏共中央六月会议上，他再次强调，民主化是"重建的核心"，改革的命运甚至整个社会主义的命运都取决于民主化。③1987 年 1 月，戈尔巴乔夫的改革理论著作《改革与新思维》出版，这本书对经济改革并没有提出多少新东西，注意力主要放在政治改革上，引人注目地提出"走民主化的道路"的口号，不过他尚未放弃列宁的旗帜，表示"向列宁请教是改革的思想源泉"；宣称"我们将走向更美好的社会主义，而不是离开它"；还强调"最高的权威是党，党在政治上起决定作用。改革只能更加巩固党的阵地"④。

第三部曲，从 1988 年 6 月苏共第十九次全国代表会议到 1991 年 12 月苏联解体，是政治改革走向歧途的阶段。1985 年开始启动的经济改革并没有取得预期效果，相反经济发展陷入了更严重的困境。澳大利亚学者佩特罗夫（Koytcho Petrov）指出："早在 1987～1988 年，他（戈尔巴乔夫）的'改革'就已把经济组织和管理引到灾难的状况，使它成为不能运转、无能为力的系统。当时有些改革者自己承认，'我们已走到死胡同了。'"⑤这种状况理所当然地引起了普遍的不满情绪，但改革的决策者却不去检讨指导思想的错误，反而把问题一股脑归之于现

① S. White. "Democratization" in the USSR. Soviet Studies，1990，42（1）：3.

② Материалы пленума ЦК КПСС января 1987 года. Политиздат，1987：24-25.

③ М. С. Горбачев. Избранные речи и статьи. Том 5. Политиздат，1988：410-412.

④ 米・谢・戈尔巴乔夫. 改革与新思维. 岑鼎山，等译. 世界知识出版社，1998：110.

⑤ 科伊乔・佩特罗夫. 戈尔巴乔夫现象——改革年代：苏联东欧与中国. 葛志强，马细谱，等译. 社会科学文献出版社，2001：107.

行的社会主义政治体制。戈尔巴乔夫说："那几年我国发展的辩证法是，没有社会在政治上的解放，不保障自由，也就是不打破极权主义的政治结构，就不可能在经济领域进行认真的改革。"[①]1988年6月28日召开的苏共第十九次全国代表会议是一个转折点，从此全面的政治转向开始了。

起初，在第十九次全国代表会议上，戈尔巴乔夫已经提出了"民主社会主义"的概念，虽然所制定的党政分工、建设法治国家等改革措施，似乎仍然是以社会主义"崭新状态"为目标，但把"全部权力归苏维埃"作为纲领，实行从党向政的权力重心转移，放弃了党是政治体制核心的提法，这当然是心怀叵测的。削弱和抛弃党的领导是一个严重的信号，它宣告颠覆社会主义制度的危险游戏紧锣密鼓地开场了。1989年11月26日，戈尔巴乔夫在《真理报》上发表了《社会主义思想和革命性改革》一文，这是一篇标志性文章，表明戈尔巴乔夫已决心以"民主社会主义"取代科学社会主义。文章诠释了"民主社会主义"。他认为，从列宁开始就没有一个"完整的在我国建设社会主义的纲领"，苏联的整个体制就是"专制社会主义"，是一种"官僚主义制度"，因此过去认为改革是"完善"这个制度的看法是错误的，现在应当改弦易辙，动手砸烂这个制度。戈尔巴乔夫直言不讳地说："如果说初期我们认为这基本上指的只是纠正社会机体的部分扭曲现象，只是完善过去几十年间形成的、已经完全定型的制度的话，那么，现在我们说，必须根本改造我们的整个大厦：从经济基础到上层建筑。"[②]这个口子一开，一发不可收拾，苏联社会主义的基本阵地很快就完全被丢弃了。1990年2月，莫斯科举行了20万人的示威集会，喊出了"打倒共产党人垄断政权"的口号。上下呼应，在2月5日召开的中央全会和3月11日为苏共第二十八次代表大会做准备的中央工作会议上，以戈尔巴乔夫为代表

① 李兴耕，等. 前车之鉴：俄罗斯关于苏联剧变问题的各种观点综述. 人民出版社，2003：17.

② М. С. Горбачев. Социалистическая идея и революционная перестройка. Правда. 26. Ноябрь. 1989.

的主流派迅即竖起了白旗。戈尔巴乔夫在会议的报告中指出，这次会议提出了许多相应的建议，而“这些建议的思想归结到一点，那就是去掉关于苏共的领导作用、政治体制核心的原则，而在苏联共产党的基本章程中规定苏共与其他政治和社会组织平等地参与——当然是以合法的、民主的形式——社会政治生活，为实现自己纲领的目标而斗争。”①苏联人民代表大会随即取消了宪法第 6 条关于苏共领导作用的条款。1990 年 7 月召开的苏共第二十八次代表大会通过了《走向人道的民主的社会主义》的纲领性声明，确立了社会民主主义的原则；宣告苏联的社会主义制度的瓦解；通过了新党章，正式宣布苏共由“无产阶级先锋队”向“议会党”转变，一党制变成多党制，规定：“民主化的目标将促进政治争论，围绕党纲的自由联合……党员有权相信无神论或信仰宗教。”无产阶级专政的社会主义国家变成三权分立的、实行西方式民主的国家。如果说 1988 年 6 月苏共第十九次全国代表会议前，戈尔巴乔夫改革之车的两个后轮——科技进步和经济体制改革——“空转”，那么，此后这部三轮车的前轮——政治改革——则是在“疯转”。

戈尔巴乔夫的改革，以“完善社会主义”的许诺始，以蜕化为“人道的民主的社会主义”即资本主义终，实际上是一场赝改革（pseudo-reform）。也许这场改革的发动者起初并没有这样明确的预定目标，正如俄罗斯学者达欣（В. Н. Дахин）在《俄罗斯“自由化革命”的社会后果》一文中所说：“甚至在过去掌权的改革者中，无论对新一轮现代化周期的最终目标，还是对其实现方法，都没有清晰的概念。正因如此，也就不可能有、也谈不上什么具体的革新纲领，有的只是对现代化和改革的必要性的笼统看法。”②对这场改革失败原因的反思，将会长久地继续下去，它是所有献身共产主义事业的人心中永远的痛。当然，对如此深刻的巨变，人们正在从不同的角度进行审视，可说是仁者见仁，

① Материалы пленума центрального комитета КПСС. 11，14，16 марта 1990 г. Политиздат，1990：9.

② В. Н. Дахин. Социальные последствия《либеральное революцие》в России. Свободная мысль，1994（10）：5.

智者见智，但最根本的是要抓住促成这一重大历史事变的本质动因。戈尔巴乔夫改革走了一条与社会主义渐行渐远的路线，离社会主义越远，所导致的危机越深，终至于取消了改革自身存在的根据，把改革变成了解体。改革的这一隐含的阴暗动机，连西方人士也始料未及。阿拉托（Adrew Arato）说，对俄罗斯大厦来说，“体制会赢，因为体制总是赢家”[①]。其实，从 1985 年改革发动之日起，领导集团和社会精英中就存在两种改革模式：在社会主义框架内进行改革和向资本主义制度转轨。一批激进的自由派改革家毫不含糊地接受了“华盛顿共识”，而且这一思潮逐步主流化，转而在组织上攫取了改革的领导权。俄罗斯学者梁赞诺夫（B. Рязанов）指出：“在苏联开始的在社会主义口号下进行的改革，在后来的俄罗斯已经变成了放弃社会主义经济要素的政策，并由与之相对立的资本主义来代替。从理论上说，在俄罗斯也可以提出演进的、阶段性的改革来实现这种更替，但是，这并不符合新的俄罗斯政治精英作为武器提出的反社会主义的最高任务。”[②]此语正中鹄的。要指出的是，早在改革发动的初期，这批人物已经在从事这项“最高任务”，而且他们的纲领也得到了当时主张改革的最高决策者的首肯。

政治方针的转向使原有的机制失灵，加剧了经济秩序的混乱，使形势更加严峻。原有的高层经济结构和管理机构不断被重组，为应付不断出现的经济问题涌现出各种超级机构，以新的行政命令代替旧的行政命令；不同的是没有统一的指令了，而是各自为政，仅各地方主管部门就通过了 800 多个法案。反过来，市场经济的调节机制却根本没有建立起来，银行利率、税收、债务、价格等的经济杠杆不能发挥作用。这就出现了经济领域的“动力真空”，社会经济运行完全失序。1990～1991 年，苏联经济陷入危机，出现了经济紧缩。1990 年 GNP 下降了 2.4%，而 1991 年更陡降 13%。居民生活水平更是急剧下降，1989 年居

① A. Arato. Introduction//F. Feher，A. Arato. Gorbachev：The Debate. Humanities Press，1989：4.

② B. 梁赞诺夫. 中俄市场经济转轨：改革的战略选择//程恩富，李新，B. 梁赞诺夫，等. 中俄经济学家论中俄经济改革. 经济科学出版社，2000：23.

民实际生活水平下降了 7%，1990 年失业人口已经高达 2000 万[1]。表 4-1 反映了戈尔巴乔夫改革后期苏联经济形势恶化的严重程度。

表 4-1　戈尔巴乔夫改革后期苏联各项经济指标变化

项目＼年份	1989	1990	1991	1992
国内生产总值	1.5	−3.0	−12.0	−10.0
工业生产总值	2.4	−1.2	−8.0	−6.0
农业生产总值	1.0	−2.3	−10.0	−4.0
消费品价格	5.0	8.0	150.0	300.0
零售商业额	7.1	16.7	−10.0	−5.0
工业劳动生产率	3.1	1.5	−10.0	−5.0

资料来源：The Economist Intelligence Unit：USSR Country Report. 1991（4）：13.

以资产阶级自由化为基本政纲的改革很快进入了恶性循环的怪圈：改革的发动者把揭露和谴责苏联社会主义实践中的失误，作为推进改革的唯一的发动机，结果不断激起公众对党和社会主义制度的反感，扩大了反对派的阵地，加剧了局势的混乱，深化了经济危机；反过来，不断恶化的形势和公众生活境遇的日益窘迫，又使公众对现体制更加反感，刺激了他们的逆反心理，把他们推向反对派的怀抱。社会主义的形象被完全丑化，共产党的威信消失殆尽，仅 1990 年就有 300 万苏共党员退党，这就挖空了社会主义的根基。改革的发动者一旦公开举起资产阶级自由化的大旗，就把动乱和分裂的魔鬼从魔瓶中召唤出来，一发不可收拾。自由化的魔瓶一经打开，形势立即急转直下。政治多元化毁掉了社会主义国家的权力中心，社会生活顿时失重。1990 年 2 月会议后，苏共内部出现了“民主纲领派”“马克思主义纲领派”等，到 1991 年，苏共内部有多少派别，连当时的苏共中央副书记伊瓦什科（В. Ивашко）都说不清楚，仅主要派别就有十多个。党外组织更是多如牛毛，1989 年底是 6 万个，到 1990 年 3 月，苏联人民代表大会宣布取消宪法第 6 条关于苏共领导地位的条款后，党外政治组织猛增到 9 万个，其中多数

---

① 张伟垣，曹长盛，杨阴滋. 苏联兴亡和社会主义前景. 新华出版社，1999：67-69.

是公开反共反社会主义的。与此同时，社会失序，法制荡然，无政府主义猖獗，形形色色的游行、示威、集会、罢工此起彼伏，仅 1989 年前 8 个月每天平均就有 3.2 万人罢工；1990 年比上年刑事案件增长 12.3%，盗窃国家财产案件增长 30%。在这样的形势下，苏共的威信一落千丈，而各种反社会主义的党派却大受欢迎。民意调查显示，1991 年 3 月，对苏共仍然表示信任的只占莫斯科市民的 14%，而对“民主俄罗斯”表示信任的却高达 44%[①]。表 4-2 是另一项民意调查结果。

表 4-2　对苏共和新政党及运动的信任度比较

占被调查人数的%

政党和运动	在全国居民中的信任度	在各共和国和地区居民中的信任度	总的不信任度	实际不信任度	难于回答
苏　共	2	5	39	47	7
其他政党	4	22	25	27	22

资料来源：Н. Кузнецов，Доверие—недоверие.《Вечерняя Москва》. 28 марта 1991.

自由化使民族沙文主义和民族分立主义高涨，多年积累的民族矛盾如喷发的火山一样，最终为苏联敲响了丧钟。1990 年 3 月后，立陶宛、爱沙尼亚、拉脱维亚、摩尔多瓦、亚美尼亚相继独立，连苏联最大的加盟共和国俄罗斯也发表《主权宣言》。尽管 1991 年 3 月 17 日就是否保留苏联举行了全民公决，做出肯定回答的占投票公民总票数的 80%，但各种保留联盟的努力终于宣告无效。无可奈何花落去，12 月 8 日，白俄罗斯、俄罗斯、乌克兰三国领导人签署建立独立国家联合体的《明斯克协议》，3 天后 11 个加盟共和国的领导人又签署《阿拉木图宣言》，明确声明：“苏维埃社会主义共和国联盟将停止存在。”苏联解体了，戈尔巴乔夫的改革之车也随之倾覆。

戈尔巴乔夫从 1985 年上台伊始，就宣称“改革就是革命”，并表白：“我一贯的愿望是，以民主的方式不流血地完成改革，就是想在这个国家革命的历史上有一次避免流血的变革。”也就是他所谓的“炸弹没有爆炸，子弹也未纷飞”。但是，人们始料未及的是，虽然没有大规

① А. Возмитель. Кризис в партии. Коммунист，1991（13）：16.

模的武装冲突和战争，社会主义的苏联却土崩瓦解了。改革所许诺的目标是："混合经济，多种形式的所有制，民主体制，严格划分权力的新联盟，一句话，社会民主改革，以使苏联整合为一个和平的共同体而引导国家进入先进文明的行列。"这一切却随着"革"社会主义苏联之"命"而成为一堆泡沫。硝烟散去，人们不禁要对改革发动者的真实动机和他们的思想体系提出疑问。《自由思想》杂志的编辑安季波夫（А. И. Антипов）在题为"胜利的苦果"的评论员文章中问道："难道如此清楚的、具体的、本质上简单的而又具有全民性的观念，竟然不能作为普遍的民主化观念被接受？难道还需要某种动荡，以使我国多灾多难的人民意识到民主是自己的责任，并着手进行建设性的、协同一致的、文明的工作？"[①]以戈尔巴乔夫为首的激进改革派，包藏祸心，他们那些前后矛盾、含混不清、变动不安的思想纲领，导致了社会意识形态的分裂，而在全民性的思想迷思中，反社会主义观念浸润扩散、恶性膨胀，终于把改革引向歧途。

如果追踪戈尔巴乔夫等人改革思想的演化轨迹，可以发现，其基本倾向并不是社会主义，而是社会民主主义。当然，戈尔巴乔夫曾一再宣称自己是坚定的社会主义者和列宁的继承者。直到 1989 年 2 月，他还信誓旦旦地说："要从列宁的学说出发，去理解我国社会主义发展的前景。但这恰恰是社会主义，而不是别的什么社会。对此我比任何时候都更加坚信不疑。"[②]但是，声明归声明，戈尔巴乔夫所理解的社会主义，从来就不是马克思主义的科学社会主义。当时的苏联国家安全委员会主席克留奇科夫（Ф. Я. Крючков）后来回忆说："戈尔巴乔夫自己承认，比起共产主义，他更倾向于社会民主主义"。[③]戈尔巴乔夫的智囊雅科夫列夫（А. Н. Яковлев）在苏联解体后的《共青团真理报》上公开承认，还在戈尔巴乔夫当农业部部长时，他就与戈找到了共同语言，即必须消

① А. И. Антипов. Горокие плоды победы. Свободная мысль，1991（18）：4.

② Бесед М. С. Горбачёва с А. Оккетто（28 Февраля 1989 года）. Свободная мысль，1993（4）：37-38.

③ 李兴耕，等. 前车之鉴：俄罗斯关于苏联剧变问题的各种观点综述. 人民出版社，2003：123.

灭苏联制度[①]。就是这位雅科夫列夫在其 1991 年出版的讲话、学术和政治报告集《解读生存的痛苦》中，直言不讳地说："我国的'共产主义'是渴望好运的和正直的千百万人的错乱的和畸形的幻想。"[②]其实，当西方研究者大多认为这次改革"不会被容许影响到国家的基本体制，其目的是强化而不是削弱共产党的地位"时，敏感的西方观察家已经看出了戈尔巴乔夫一伙的基本思想倾向。还在 1990 年，英国爱丁堡大学的历史学教授古丁（John Gooding）就指出："西方的分析家们都有低估戈尔巴乔夫激进主义的倾向。"他认为，与前此俄罗斯那些致力于现代化的统治者们不同，"戈尔巴乔夫卓然独立于他的前驱者之处在于，他是在真正的意义上认同民主的，而不是迄今对这个词的苏联式的误读。"[③]他还说，戈尔巴乔夫关于民主的观点是受了苏联持不同政见者麦德韦杰夫（Рой Медведев）的影响，后者 1975 年就在英国出版了《论社会民主》（*On Social Democracy*）一书，极力鼓吹在苏联推行西方民主。

上有好者，下必甚焉。否定社会主义的思潮甚嚣尘上，而马克思主义成为"先锋分子"的主要攻击目标。当时的反马克思主义思潮大致有三种论调。

一、否定论

戈尔巴乔夫提出的方针是"通过历史的思考来理解改革的前提"，强调苏联历史"不应当有被遗留的人物和空白点"，实际上是为全面否定和丑化苏联社会主义的历史大开方便之门，把持不同政见者的极端政见主流化。从否定斯大林模式开始，否定十月革命，继而否定列宁，否定马克思、恩格斯，甚至彻底否定马克思主义整个思想体系。戈尔巴乔夫的主要谋士雅科夫列夫宣称，苏联史就是马克思主义的"造神史"：

① 李兴耕，等. 前车之鉴：俄罗斯关于苏联剧变问题的各种观点综述. 人民出版社，2003：118.

② А. Н. Яковлев. Муки прочтения бытия. Новости，1991：13. См. А. Разумов. Оправдание историей. Свободная мысль，1991（18）：115.

③ J. Gooding. Gorbachev and democracy. Soviet Studies，1990，42（2）：195-196.

“马克思主义不是别的，就是一种打着科学幌子的新宗教……我们曾试图为建立真正的宗教和确立真正的耶稣而破坏教堂，但同时我们已模模糊糊地感觉到：我们的宗教本来是错误的，我们的耶稣是假造的。”[①]这一派的论证逻辑是，斯大林主义代表了马克思主义的基本理论主张，所以斯大林的政治路线就是马克思主义理论的实现，而苏联的社会主义实践所出现的种种历史问题，只能算到马克思主义的账上，马克思主义的奠基人马克思、恩格斯及其继承者列宁，都难辞其咎。

该派一位理论代表齐普林（А. Цыплин）在《科学与生活》1988年11～12期和1989年1～2期上，发表长篇论文《斯大林主义的根源》，矛头直指马克思主义奠基人的科学社会主义理论，认为斯大林式的社会主义模式的根子在于马克思主义的基本出发点是错误的。他追溯马克思主义的本源，说马克思在《哥达纲领批判》中提出了“完全以全民所有制为基础的、无商品、无市场的纯社会主义观”，认为这就是科学社会主义的核心，而这正是斯大林主义的理论根源。齐普林说：“从基本原则上说，社会主义的命令模式，生产资料的全盘公有化，最充分体现了科学社会主义的实质。”他不同意说斯大林不懂马克思主义，也不同意说斯大林歪曲了马克思主义；相反，在他看来，斯大林主义产生于马克思主义的环境中，斯大林的著作没有越出马克思主义基本真理的范围。既然如此，责任就不在斯大林了，问题出在马克思主义理论本身。齐普林区分了社会主义实践中的三种错误：一是革命工人运动的迷误，二是对社会主义事业设计过程中的迷误，三是出发点和原始规划的迷误。显然，他认为苏联社会主义的问题属于第三种。他说：“在任何情况下，在所有国家里，只要反对商品货币关系，必然导致独裁主义，侵犯人权和人的尊严，加强行政体制，强化官僚机构。”并问道：“在取消商品，取消市场的基础上，还能建设非兵营式的、民主的社会主义吗？”[②]

通过否定马克思主义的人道主义和人本主义性质以丑化马克思主

① А. Н. Яковлев. Предисловие，обвал，залючение. Новости，1992：127.

② А. 齐普林，池超波，伊丛. 斯大林主义的根源. 哲学译丛，1989（5）：6.

义，成为极具煽动力的时髦论调。雅科夫列夫说："马克思主义中最邪恶的教条是关于暴力革命的教条，以及构筑于其上的阶级斗争观点。"[①] 须知，苏联公众曾经深受"左"的路线统治下肃反扩大化之苦，对这一话题十分敏感。不加分析地把"独裁""暴力""镇压"等说成是马克思主义的本质，确实具有很强的迷惑性。相当一部分苏联普通公众对马克思主义产生反感，与舆论的煽惑有密切的关系。

二、趋同论

趋同论是苏联转向时期的一种颇具代表性的思潮，是社会民主主义的基本理论根据，也是马克思主义过时论的思想出发点。趋同论并不是苏联激进改革派的发明。早在 1961 年，荷兰经济学家廷伯根（Jan Tinbergen）就认为，在新的经济形势下，正产生一种摆脱资本主义和社会主义两极对立的运动，而形成一种在经济运行模式等主要方面类似的统一的社会模式。以后美国经济学家加尔布雷思（J. K. Galbraith）和罗斯托（W. W. Rostow）等，进一步发展了趋同论，指出长期对立的两种社会制度——资本主义和社会主义，在经济、政治、思想和意识形态上的差别正在消失。

趋同论者的第一个论据是最新科技革命使当代社会进入了后工业时代，从而使两种社会制度殊途同归。一些苏联学者认为，最新科技革命使西方社会实现了向高度集约型、资源储备型和科技投入型的生产方式的转变，带来了巨大的社会变革和震荡，引发了一系列全球性的革命事件，在资本主义国家造成了根本性的进步。舍什科夫（Ю. В. Шишков）在《社会主义和趋同论的幽灵》一文中说："我们岂不是产生于 20 世纪的风暴之中、而为马克思主义未能预见到的资本主义向新社会形态转型方案的目击者吗？"[②]趋同论者认为，现代发达国家的资本主义已经

---

① 亚·尼·雅科夫列夫. 一杯苦酒. 徐葵，张达楠，等译. 新华出版社，1999：38.

② Ю. В. Шишков. Социализм и призрак конвергенции//М. И. Мелкумян. Драма обновления. Прогресс，1990：143.

“不完全是资本主义了”，在他们看来，现代资本主义的变化是全方位的，所发生的质的转型包括：所有制关系，经济机制，社会结构，社会阶级成分，人在生产关系中的地位，生产动机，劳动和资本的关系，资本主义自我发展的机制，国家及其功能。西方发达国家的社会生活正在超越旧的社会组织原则，具体表现为：克服了群体性的生产和需求，而代之以生产和需求的个性化；持续不断的生产进步，组合成现代的信息化活动；从市场支配原则过渡到后工业价值和主动的社会调节；劳动的过程、性质、组织和雇佣劳动的作用正在改变；个人和社会的智慧占有优先权；虚拟交往关系发展起来，出现了新的“信息民主”[①]。“总而言之，就是资本主义的社会、政治关系，社会经济和政治性质改变了。”[②]

那么，这里所说的“社会政治和经济性质改变”究竟是向什么方向的“改变”呢？趋同论者明确指出，这种改变恰恰是向着社会主义方向的转化。克拉辛（Ю. А. Красин）断言：“在西方发达国家的社会生活中，正在进行的是资本主义某些性质转变为自己对立面的过程，包括剩余价值私有化转向社会化的运动趋势。也就是说，在现代资本主义社会中，已形成一系列社会主义社会结构的集团、节点和机制：无论是在经济上，在社会保障上，还是在政治的上层建筑上。”[③]在这些苏联的趋同论者看来，资本主义在当前的发展阶段上，表现出社会主义倾向和力量的最新增长，其结果是资本主义的“自我否定”，就是熊彼得（J. Schumpeter）所说的“创造性的自我破坏”。舍什科夫（Ю. В. Шишков）给这种“新资本主义”定位说，按社会形态标准说，它是“带有混合的过渡的性质的社会”[④]。

---

① В. Л. Иноземцев. Капитакизм，социализм или постиндустрриальные общества? Коммунист，1991（4）：32-40.

② С. Л. Агаев. Новая реформация или революция будущего. Мировая экономика и международные отношения，1990（8）：17-20.

③ Ю. А. Красин. Ленинское наследие：потребность в новом видении. Мировая экономика и международные отношения，1990（4）：13.

④ Ю. А. Борко. Капитализм и общесвенний прогресс//М. И. Мелкумян，Драма обновленния. Прогресс，1990：191.

既然如此，苏共走西方社会民主化的道路就是世界大势所趋，是走历史必由之路，趋同论似乎为激进改革派的资产阶级自由化主张提供了理论根据。1991 年苏共二十八大的《苏联共产党纲领（草案）》提交党内讨论时，确有一些党员担心苏共正在着手搞社会民主化。趋同论的鼓吹者加尔金（А. А. Галкин）和克拉辛撰文《论社会民主化的莫须有的危险》，说："社会民主党人不是我们的敌人，而是探索社会主义复兴的新力量，在制定社会主义新理论以应对行将到来的 21 世纪的现实方面，他们是我们的同盟军。"他们劝苏共党员们放手去搞社会民主化："没有任何值得重视的理由使苏联共产党人害怕社会民主化。"①

三、特殊论

从 20 世纪 80 年代中期起，俄罗斯特殊论就在苏联不胫而走。关于在苏联居于主导地位的俄罗斯文化的本质究竟是什么，有的说是斯拉夫主义，也有的说是拜占庭主义，还有的说仍然属于"大西洋主义"即欧洲的范畴，真是众说纷纭，莫衷一是。一时间，沙俄时代的思想家索洛维约夫、别尔嘉耶夫等关于俄罗斯民族特殊性的话语"返魅"，其主要指向是认为十月革命以后的道路背离了俄罗斯的历史特点。人们拾起别尔嘉耶夫的话，反复玩味："俄罗斯的共产主义是倒错的俄罗斯弥赛亚观念……共产主义尽管是马克思主义意识形态，却是俄罗斯现象。共产主义是俄罗斯的命运，是民族内在命运的一部分。但它却应当用俄罗斯民族内在的力量去铲除。共产主义应当被克服，而不是被消灭。"②俄罗斯就是俄罗斯，"俄罗斯注定负有某种伟大的使命，俄罗斯是一个特殊的国家，它不同于世界上任何别的国家。"③

在这一思潮导向上，欧亚主义占有特殊地位。前文提到过的欧亚主

① А. Галкин，Ю. Красин. О мнимых опатностях социал-демократизация. Коммунист，1991（13）：13.

② Н. А. Бердяев. Русская идея. Вопросы философии，1990（2）：151.

③ 别尔嘉耶夫. 俄罗斯灵魂//别尔嘉耶夫. 别尔嘉耶夫集. 上海远东出版社，1999：3.

义，是 1917 年十月革命后一个侨居国外的俄罗斯知识分子团体提出的主张，集中体现在 1921 年出版的一本纲领性的文集《走向东方：成就和展望，欧亚主义者的主张》中。就在苏联解体前夕的混乱中，这一 60 年前的“梦幻”和“神话”突然走俏，学者们纷纷撰文鼓吹吸纳欧亚主义的思想资源，为俄罗斯开辟新路。1991 年第 12 期的《共产党人》发表了伊萨科夫（И. А. Исаков）的论文《欧亚主义：神话还是传统？》，1991 年第 12 期的《哲学科学》则连续发表了诺维科娃（Л. И. Ноавикова）等的《欧亚主义考察》、萨维茨基（П. Савицкий）的《欧亚主义》、基泽韦特尔（А. Кизеветтер）的《欧亚主义》等三篇文章。

这样集中地宣传欧亚主义，当然不是抒发思古之幽情，而是有直接的现实针对性。伊萨科夫认为，是欧亚主义世界观的性质“在今天赋予了它特殊的现实意义”。是哪些性质符合了激进改革派的需要呢？诺维科娃和西泽姆斯卡娅（И. Н. Сиземская）将欧亚主义哲学的范式概括为：①断定俄罗斯的特殊发展道路是在欧亚大陆；②生活立足于基督教原则；③人类文明的精神基础第一性的信仰；④国家至上的观念[①]。至于为什么这些范式在苏联国家转向时代有着特殊的意义，伊萨科夫作了更加明确的诠释：欧亚观念是理论主轴，俄罗斯—欧亚大陆是独一无二的地理和文化世界，这是俄罗斯民族发展的总体出发点；西方文化进入俄罗斯是缓慢的，而且没有触及民族灵魂的深处，俄罗斯精神的本质是基于信仰而不是理性，是对上帝、领袖、传统的信仰；而“唯意念主义（идеократичность，ideocracy）要求强有力的国家观念”[②]。从欧亚主义出发，是对共产主义的“克服”。按萨维茨基的观点，包括马克思主义在内的欧洲文化的精髓（quintessence）是物质主义和无神论，而由此引申出来的正是“竞斗的经济主义”（воинствующий экономизм）[③]。“历史唯物主义是这种理论的最终和最激烈的表现”[④]。欧亚主义坚决否

① Л. И. Новикова，И. Н. Сиземская. Евразийский искус. Философские науки，1991（12）：104.

② И. А. Исаков. Евразийство：миф или традиция? Коммунист，1991（12）：115.

③ А. Кизеветтур. Евразийство. Фикософские науки，1991（12）：133.

④ П. Савицкий. Евразийство. Фикософские науки，1991（12）：115-116.

定欧洲中心主义，认为一个新的“组织时代”和“信仰时代”即将到来，而从“精神尺度”出发看问题，“对欧亚主义者来说，在政治实践领域也就扬弃了‘右’的或‘左’的政治和社会决策”[①]。

也许可以把这些醉心于欧亚主义的人称作新欧亚主义者，他们其实是试图从欧亚主义的陈仓中搜寻摆脱改革困境的药方。伊萨科夫认为，欧亚主义提出了三个对俄罗斯的未来至关重要的问题：

第一，欧亚主义意识形态所反映的俄罗斯—欧亚大陆民族意识的真实内容，在多大程度上是合理的?

第二，俄罗斯的国民意识面向欧亚主义的地缘政治前景（如果这一点得以实现），将把整个世界、特别是俄罗斯引向何方?

第三，我们是否相信——用现代语言说——与其进入泛欧洲之家，不如在某个时候开始建立欧亚之家？[②]

可以看出，新欧亚主义者事实上是把欧亚主义看作俄罗斯改革的思想纲领，而不是把它当作神话或幻想。他们并不掩饰自己的这一意向，伊萨科夫直言不讳地说：“欧亚主义有两面性和双重向度。除了幻想成分之外，在欧亚主义中蕴涵着强有力的和精确的直觉、预感和预见。反思过去，欧亚主义已纳入到活生生的现实结构之中，这不仅仅是隐喻，而是乌托邦能在某种程度上转化为现实的明证……因此对欧亚主义不要像对待一个无法摆脱的神话和信仰一样，它有巨大的、虽说是隐蔽的现实性，它本身培育了人们对新世界诞生的期望，特别是在这艰难的过渡时期。”[③]

马克思在《路易·波拿巴的雾月十八日》中说过：“一切已死的先辈们的传统，像梦魇一样纠缠着活人的头脑。当人们好像只是在忙于改造自己和周围的事物并创造前所未闻的事物时，恰好在这种革命危机的时代，他们战战兢兢地请出亡灵来给他们以帮助，借用他们的名字、战

---

① П. Савицкий. Евразийство. Фикософские науки，1991（12）：120.

② И. А. Исаков. Евразийство：миф или традиция？Фикософские науки，1991（12）：107.

③ И. А. Исаков. Евразийство：миф или традиция？Фикософские науки，1991（12）：118.

斗口号和衣服，以便穿着这种久受崇敬的服装，用这种借来的语言，演出世界历史的新场面。”[①]20 世纪 80 年代末至 90 年代初，当戈尔巴乔夫的改革走入绝境的时候，苏联社会中五花八门的反社会主义思潮浊浪滚滚，各种陈旧的观念被翻腾出来，兴风作浪，把公众的思想搞乱。这是社会主义历史上一段特殊的时期，马克思主义和坚持马克思主义的人经历着严峻的考验。

第二节 人道主义和自然科学哲学的人文化转向

20 世纪 80 年代，世界哲学舞台上后现代哲学思潮方兴未艾。随着西方工业文明向知识经济时代转型，对技治主义的批判逐渐成为主流话语，相应地，以逻辑实证主义为代表的西方科学哲学的公认观点（receive view）是一种纯逻辑主义的导向。尽管维也纳学派的一些头面人物主观上也曾明确表示过“科学世界概念服务于生活，而生活也接受科学的世界概念”，并特别批评了“甘于退居逻辑的冰峰之上”的倾向[②]。但是，逻辑实证主义的主旨是通过语言逻辑分析澄清命题意义的活动，因而是与社会文化无关的“无人的哲学”，正是孤倨于“逻辑的冰峰”之上。自 20 世纪 60 年代历史社会学派崛起以后，社会文化语境对科学知识的前提性作用逐渐成为西方科学哲学的新共识，价值观念被引入科学认识论。按照劳斯（J. Rouse）的说法：“20 世纪的哲学是规范和自然以各种形式共同昭示的历史。”[③]而由历史社会学派肇始的后现代西方科学哲学则认为文化的尺度、人的尺度，即所谓“规范”（norm）的尺度，支配甚至决定了因果的尺度、物的尺度，即所谓“自

① 马克思. 路易 · 波拿巴的雾月十八日. 人民出版社，1963：1.

② M. Watofsky. Positivism and politics：The Vienna Circle as a social movement//S. Sarkar. The Legacy of the Vienna Circle：Modern Reappraisals. Garland Publishing，Inc，1996：59.

③ J. Rouse. How Scientific Practices Matter：Reclaiming Philosophical Naturalism. University of Chicago Press，2002：183.

然”（nature）的尺度。哲学是为人的和人化的，如罗蒂所说，哲学的功能不是要把问题弄得水落石出，而是要使人们变得更快乐、更自由。“我们不再追问‘在我们之外，存在我们并未发现的真理吗？’而追问‘存在我们尚未考察的谈论和行动方式吗？’我们不应再追问实在的内在本性是否仍被看见，而应追问在各种文化中，我们所使用的对实在的各种描述中的每一个是否是我们能够想象的最好描述——达到那些活动为之服务的目标的最好的手段。”[①]可以说，20世纪后半叶西方科学哲学的主流思潮正转向文化相对主义。

20世纪80年代，苏联自然科学哲学的研究也出现了类似的新的动向——人文化的动向。纵观历史，苏联自然科学哲学的研究主题，可以说经历了三次转换：60年代以前是本体论阶段，60年代以后是认识论阶段，80年代中叶以后则是人文化阶段。笔者早在1987年就已经指出：“60年代中叶，苏联自然科学哲学研究曾发生过一次重心转移，即从研究自然界本身的辩证法转向研究科学认识论和科学方法论。20年后的今天，苏联自然科学哲学研究又发生了新的转折，即转向着重研究科学技术进步的社会—哲学问题和关于人的综合研究。”[②]

1985年苏共中央四月会议刚刚落幕，弗罗洛夫就撰文《决定性转折的时刻》提醒说：“可以从许多具体自然科学和技术学科的专家学者那里看到一种倾向，即忽视科学和技术发展的社会的、世界观的、伦理—人道主义的问题”，并且认为苏联自然科学哲学领域对科学技术进步的社会问题重视不够是其重大缺陷[③]。1987年2月召开的全苏第四次

---

① 理查德·罗蒂. 真理与进步. 杨玉成译. 华夏出版社，2003：6.

② 孙慕天. 苏联自然科学哲学研究的新转折. 自然辩证法报，1987（12）。国内很多学者注意到了这一变化。1989年，贾泽林指出：“1985年以前，人的哲学探讨经过漠视、抵制、批判和顺应（世界潮流）的曲折艰难的过程，而在1985年之后则发生了转向、跟进、复旧和超越（形成统一的人的科学蓝图和设想）。在一些具有敏锐时代感和现实感的哲学家……的顽强奋斗下，苏联哲学终于出现了这种向哲学人学转向的重要动向。”（贾泽林. 改革·哲学·人的问题——第三次全国苏联哲学讨论会侧记. 哲学译丛，1989（4）：35-36.）安启念也认为：“到80年代，苏联的科学技术哲学，也即原先的自然辩证法，已经以人和人道主义为中心了。”（安启念. 苏联哲学的人道化及其社会影响（上）. 高校理论战线，1997（1）：57-60.）

③ И. Т. Фролов. Время решающих перемен. Вопросы философии，1985（8）：11-12.

自然科学哲学会议，特别题名为“全苏科学和技术的哲学和社会问题会议”（分别于 1958 年、1970 年和 1981 年召开的前三次会议，均未专门以会议主题命名，而一般地称作自然科学哲学问题会议）。人的综合研究是会议最突出的主题。会议的综述《自然科学和哲学：研究的问题、整合、状况和前景》指出：“今天人的问题成为最重要的跨学科问题，这取决于社会发展的客观进程本身。”这一迫切的重大现实课题，首先要求建立相应的哲学前提：“现在人的生存和发展的各种形式是各门科学的交叉网络。所有的发言都指出了统一的综合方式对认识作为个体的人的必要性。按照这种方式不仅要协调各门关于人的科学，而且是它们在世界观和方法论上的有机统一。”[①]1987 年 8 月，弗罗洛夫在莫斯科召开的第八届国际逻辑、方法论和科学哲学大会开幕词中，明确指出：“在这个世界上，科学的价值取向及其社会使命正在明晰地昭示出来。我认为，今天逻辑、方法论和科学哲学正处于新的发展阶段，作为文化现象的科学合理性研究正把我们引向高尚的人道主义价值问题。”[②]1988 年 10 月，苏联哲学学会主席团和苏联科学院哲学研究所联合召开“全苏科学技术进步、精神生产、精神文化会议”，会议主题是：科学技术进步、劳动智能化和提高人的创造潜能；精神生产和需求的辩证法；精神文化——忧虑和担心；文化交往问题[③]。1989 年 1 月，苏联科学院主席团正式组建由弗罗洛夫领导的“人科学跨学科中心”和由金钦科（B. П. Зинченко）任所长的“人研究所”。

苏联自然科学哲学与当代西方科学哲学在人文化转向方面的趋同演化，有着相同的全球背景。苏联学者对工业文明的负面后果是有深刻认识的，对西方学者批判技治主义和唯科学主义的思想指向是认同的。

① С. А. Лощакова. Естествознание и философия：проблемы интеграции，состоярие и перспективы исследования. Вопросы философии，1987（12）：64.

② Выступление академика И. Т. Фролова на церемонии официального закрытия конгресса. Вопросы философии，1988（3）：25.

③ Всесоюзная конференция “Научно-технический прогресс，духовное производство，духовная культура”. Вопросы философии，1988（3）.

1986年弗罗洛夫在和尤金合著的《科学伦理学》中就已指出："科学技术革命把一个悖论摆在整个社会特别是科学面前：或者消极地顺应科学技术的进步，在可能情况下减弱其负面后果；或者影响它的进程和方向，将其变成社会进步和个人发展的主要途径。"[①]问题在于要正确认识西方工业化的误区。科学与人类文明、与人的类本性并不是互相排斥的。卡尔洛夫（Н. В. Карлов）不同意卡拉—穆尔扎（С. Г. Мурза）在《科学和文明的危机》一文中所持的反科学主义立场[②]，认为"反科学性就是反人类"。他认为，现代化是一个五段式进程：教育—研究、研究—策划、策划—工艺、工艺—工程、工程—生活方式，因此文明、文化、科学是人类共同体、人类独有的范畴。那么，西方工业文明为何会走上歧途呢？危险在于技治主义和犬儒主义的心态支配着自然科学的时候。"科学家应当是有高度道德修养的，否则人类就面临不可避免的毁灭。知识是不会消失的，走向科学是不可阻挡的，这是人的本性。但是，当自然科学知识变成技术专制的时候，其战略前景则是十分危险的。因此科学必须人性化，自然科学和工程教育必须人文化。"[③]向人文关怀回归，是当代全球问题的核心。弗罗洛夫在第十九届世界哲学大会上的发言《理解理性的人和人道的人》，开宗明义地提问说："Quo vadis？你往何处去？这个面向现代人和人类的问题，是生死攸关的、基本的、主要的问题。一方面，它规定了人类在合理性和人文性道路上的历史进步目标；另一方面，它规定了对文明的全球范围和全球性的威胁和选择。"他认为当代"全球问题哲学"可以归结为两个三段式：人—自然—社会和人—人类—人性，而当代各种全球问题的症结就在于"人的断裂"："这种断裂贯穿了现代'技术文明'，并在科学中突出地表现出来。"所以要构建一种新型科学，其研究结论和研究方向具有"人

---

① И. Т. Фролов，Б. Г. Юдин. Этика науки. Политиздат，1986：55-56.

② С. Г. Кара-Мурза. Наука и кризис цивилизации. Вопросы философии，1990（9）：3-15.

③ Н. В. Карлов. Полемические заметки о науке в наше время. Свободная мысль，1991（16）：69.

的向度”[①]。

人的问题在马克思主义中处于什么地位？这是苏联学者首先关注的问题。主流观点认为，过去对马克思主义的教条主义解释，从根本上说恰恰在于抛弃、遗忘或扭曲了马克思关于人的学说，因为正是马克思自己把人道主义作为共产主义的思想本质。在这方面，苏联学者特别注意研究马克思早期著作特别是《1844 年经济学—哲学手稿》中关于人的理论。穆哈切夫（В. В. Мухачев）有一篇专论题为“马克思〈经济学—哲学手稿〉中的‘人道主义和共产主义范畴’”，认为马克思分析世界历史进程使用相互对立的范畴作为逻辑手段：从负面说是“异化”，而从正面说则是“人道主义”和“共产主义”。文章认为，马克思把人道主义分为两个阶段，“初始的人道主义”是“从自身”出发的人道主义，是以否定私有制和宗教为特征的，“在与个别历史形态的私有制的对立中为自身寻求历史证明”，这种人道主义就是不完善的人道主义；“真正的人道主义”虽然是以“不完善的人道主义”为前提的，但却“解决了历史之谜”，实现了人的彻底解放。“初始的人道主义”是共产主义的初级阶段，而“真正的人道主义”则是共产主义的高级阶段[②]。

作者没有说现阶段苏联官方的“改革新思维”所倡导的人道主义属于哪一种，但有些作者似乎已经把它和共产主义联系起来了。例如，苏申斯基（В. В. Сушенский）的论文题目就是《个人发展的迫切问题：共产主义的理想和社会主义的现实》。作者在引述了苏共中央 1985 年四月全会决议提出的“为个人的协调发展创造有利条件”的改革目标之后说：“个人的自由、全面发展的思想作为社会进步的绝对价值和绝对目的本身，是马克思主义的共产主义理想的基础，表达了共产主义的

① И. Т. Фролов. К постижению человека разумного и гуманного. Свободная мысль，1993（13）：78，84.

② В. В. Мухачев. Категории“гуманизм”и“коммунизм”в《Экономическо-философских рукописиях》. Фикософские науки，1986（2）：57.

本质。”[①]

人是物质进化和发展的最高成果，人是最复杂的系统，如阿基缅科（А. Д. Акименко）所说：“在任何情况下都不可能穷尽对人的解释。”整个世界“纳入”人之中，而人则“纳入”世界之中[②]。因此，苏联20世纪80年代兴起的人学研究是多方面、多视角的，是生物的和社会的、心理学的，是世界观的、感情的和理性的、个人的和群体的、道德的和美学的等等的整合[③]。按照1989年苏联人学研究所的研究纲领，人的综合研究包括八个方面[④]：

（1）人与当代的全球问题；

（2）人的综合研究的哲学和方法论基础；

（3）人发展的自然—生物因素；

（4）社会关系系统中的人；

（5）跨学科研究中作为整合因素的意识；

（6）人—科学—人道主义；

（7）复杂系统中的人；

（8）文化中的人。

不过，纵观苏联关于人的哲学研究，基本上是普遍和特殊两个角度，而揭示人的一般本质则是人的哲学研究的理论基础，受到苏联学者的普遍关注。问题的基本出发点是如何辩证地把对人的自然研究和人文研究统一起来。

一种偏向是把人单纯地视为生物体，把人作为一个纯粹的生物学上的物种。奥伊则尔曼认为人本身就是一个悖论，说“人是制造生产工具的动物”这一命题的悖论性质在于“制造生产工具的动物就不是动

---

① В. В. Сушинский. Актуальные проблемы развития личности：коммунистический идеал и социалистическая действительность. Философские науки，1985（6）：3.

② А. Д. Акименко. Об Элементах методологии целостного понимания человека. Философские науки，1991（7）：162.

③ Э. Н. Фаустова. Нравственное и эстическое вгормоническом развистии личности. Философские науки，1986（2）：35.

④ И. Т. 弗罗洛夫. 人、科学和社会：综合研究. 林山译. 哲学译丛，1993（2）：15-17.

物”。当然，人是生物性和社会性的二元存在，人首先要受生物遗传定律的支配。但是，人的特殊性在于，他已转化为“超生物性”的本体。奥伊则尔曼解释说，马克思称人为“类本体”，所指的正是人的社会本性。动物是“血缘的”“种属的”，但却不是“类本体”，因为动物是本能的自在的存在物，人却是自为的存在物，“是能转化所有其他存在物的存在物”。这种转化的方式就是社会生产，而社会生产不能是个体的，必须是“类”的，马克思就是在这个意义上把人定义为“类本体”[①]。奥伊则尔曼关于人的本质的这篇论文的标题是《人类克服自己种的局限性》，而其中“人类”一词特意用了拉丁词 Homo sapiens，借以突出“类本体”的含义。他同意弗罗洛夫的说法：“由于人完成了人类的起源，在保持了自己生物学本性的同时，转化为社会的主体；人的现实性不仅包含自然的、天然的东西，还包含人工的、‘超自然的’、社会的和文化的东西。”[②]

那么，作为社会本体的人最基本的属性是什么呢？奥伊则尔曼认为是通过劳动在改变外部存在的同时改变自己本身，亦即改变自己的本性。人在生产中创造了“属人的”事物，而且创造了本身的需求。问题在于满足人的需求的行为，是建立在自我意识的基础上的，而这种自我意识的前提是：“人不断地发现、揭示、认识日新月异的对象，不断地突破自己知识的界限，并因此而做出明显的实践成效。”动物只是一代一代地重复以往的生活方式，而人却具有独一无二的自我完善能力，完善化、进步是人的生存独具的特质；但是，人的自我完善能力却不能归结为种的特殊遗传纲领，而只能用知识的“扩大再生产”来解释，这种不断加速的知识进步突破了人的生理囿限，是与社会、生产力、技术和文化的发展水平相适应的。“因此，使认识成为历史的发展从而使人特化为人的过程，在于保存、积累、增加知识。这个过程被合理地称之为

① Т. И. Ойзерман. Homo sapiens преодолевает свою видовую ограниченности. Вопросы фикософии，1988（4）：5.

② И. Т. Фролов. Перспективы человека. Политиздат，1979. Цит. Т. И. Ойзерман. Homo sapiens преодолевает свою видовую ограниченности. Вопросы фикософии，1988（4）：4.

文化—历史继承，而有别于生物过程的遗传性。”①

从这样的理论原理出发，苏联学者反对西方时髦的新优生学（neoeugenics）。弗罗洛夫特别注意到拉姆赛（P. Ramsay）的新优生学代表作《人造人》。该书的基本主张首先是借助所谓“遗传外科学”改变人的基因，通过引进某种反突变的化学制剂，促使基因向相反方向发展（“逆向突变”）或从一开始就把有害基因的可能遗传后果排除掉，并把坏的基因转变为好的基因，这就是“预防性的”优生学。其次是关注人的表现型，“从优生学上控制人的生产”，“选择双亲”，“选择胚胎”或者对人各种素质进行“实验选择”。拉姆赛说：“不管我们是否喜欢，这是合理控制人的生产的方法。”②弗罗洛夫认为，西方新优生学提出的创造“新人”的方案是片面的荒诞的社会生物主义。新人的形成是从社会革命开始的，是在劳动中，在各种社会关系的相互作用中培育起来的。“新优生学创造‘新人’的‘宏伟方案’和关于社会主义和共产主义社会的人的形成途径、关于作为历史自我目的的人自由、全面、和谐——身体上和精神上——发展的马克思列宁主义学说是毫无共同之处的。”③

另一种偏向是用社会历史规律的研究取代对人本身的研究。采普科（А. С. Цепко）说：“几十年来，我们研究的不是人，而是关于历史规律，关于社会主义的本质，关于未来的范畴，却没有触及人的生存和人的日常的精神存在。”④许多苏联学者开始转向对人的自我发展规律的研究，试图建立人的整体概念。基塔耶夫（П. М. Китаев）认为可以从以下七种视角对人进行研究：

---

① Т. И. Ойзерман. Homo sapiens преодолевает свою видовую ограниченности. Вопросы фикософии，1988（4）：15.

② P. Ramsey. Fabricated Man：The Ethics of Genetic Control. Yale University Press，1970：9-10.

③ И. Т. Фролов，Б. Г. Юдин. Этика науки：Проблемы и дискуссии. Политиздат，1986：327.

④ А. С. Цепко. Человек не может изменить своейприроде. Политическое образование，1989（4）：71.

Homo sapiens	智人
Homo liber	自由人
Homo creator	创造人
Homo faber	制造工具的人
Homo ludens	游戏的人
Homo natural	自然人
Homo civil	公民社会的人

他指出："人的形成，他的全部属性、素质和能力的'生产'和'再生产'，都具有特殊的规律、倾向，在某种程度上有别于并且不能归结于社会发展规律。"[①]杜布洛夫斯基则主张研究人的"自我"。在他看来，人既是客观实在，又是主观实在；人与物、人类与动物的一个本质区别恰恰在于人是主观实在，而作为主观实在的人就是"自我"。研究"自我"必须通过研究与"对象""非我""他者"的关系进行，以全面把握多向度的人。杜布洛夫斯基把这种研究分成七个主题：

（1）"自我"和外在对象性的关系，包括反映关系和价值关系；

（2）"自我"与自身的关系，在生理层面上整体和单个器官的关系，在感觉、情感和概念层面上的认知和价值关系；

（3）"自我"作为"非我"的自身反思关系，将自身当作反思客体的自我评价、自我调节和自我改造；

（4）"自我"与另一"自我"的关系，对他人的反映、评价和理解；

（5）"自我"与"我们"的关系，与社会群体或社会共同体的关系，归属或认同；

（6）"自我"与"他们"的关系，与异己的社会群体的价值、目标、习俗的排斥或对立；

---

① П. М. Китаев. К вопросу о теорических препосылках рассмотрения конкретного человека. Философские науки，1991（3）：163.

（7）“自我”与“绝对者”的关系，指向特定的世界观、世界概念等具有永恒性和无限性的意义维度[①]。

当然，苏联哲学在20世纪80年代中叶出现人文化转向，虽然与当代世界批判工业文明的文化思潮有关，但更主要的原因是苏联国内的总体社会动向。如前所述，斯大林模式的社会主义依靠动员体制促进经济的高速增长，其政治和思想保证就是中央集权制和思想垄断，社会主义的民主和法制被破坏殆尽，把苏联社会推到了危机的边缘。戈尔巴乔夫执政以后推行新思维，在当时的苏联社会，强调人的价值，提倡以人为本，发展社会主义民主，是符合广大人民的要求的。戈尔巴乔夫在1988年6月召开的苏共第十九次全国代表会议上说：“我们把社会主义看作一种真正的、现实的人道主义制度，在社会主义制度下，人在实际上成为‘一切事物的尺度’。社会的一切发展，从经济到精神—意识形态，目的都在于满足人的需要，都在于促进人的全面发展。”苏联哲学界自觉地把政治改革和哲学改革联系起来，强调哲学的人文化是政治上推进民主化和公开化的意识形态基础，如杜布罗夫斯基所说：“必须同社会意识中超个人人格的拜物教、思想工作上的形式主义、精神价值上的庸俗官僚主义，同言论和事实的脱节做斗争，同苏共第二十七次代表大会尖锐批评的所有阻碍改革的负面现象做斗争，解决党提出的新任务。”[②]

人道主义在苏联兴起的社会基础是戈尔巴乔夫改革语境下对极权主义的否定。苏联内外都有一些研究者认为，这种极权主义就是技治主义，并把技治主义说成是斯大林—勃列日涅夫时期的社会主义模式的本质。里希奇金（Г. С. Лисичкин）就断定：“70～80年代在经济军事领域统治的是理性化的专家治国。”[③]按这种观点，苏联80年代中叶的人道主义思潮也是指向唯科学主义和技治主义的，因而反唯科学主义和反

① Д. И. Дубровский. Категория идеального и ее соотношение с понятиямм индивидуального иобщественного сознании. Вопросы философии，1988（1）：27.

② Д. И. Дубровский. Категория идеального и ее соотношение с понятиями индивидуального иобщественного сознании. Вопросы философии，1988（1）：25.

③ Г. С. Лисичкин. Мифы и неальность. Знание，1989：58.

技治主义是苏联改革新思维的主要任务，至少是主要任务之一。弗罗洛夫在第十六届世界哲学大会上的报告中就宣称："我们正在我国社会开展反技治主义原则和反技治主义意识的工作。"①

但是，也有学者不同意这种观点，认为在苏联根本不存在西方发达国家的那种本来意义上的技治主义，季塔连科（Л. Г. Титаренко）的文章《苏联社会存在技治主义意识吗？》就明确提出质疑，主张所谓苏联的技治主义意识是"官僚精英们强加的"，充其量不过是一种"赝技治主义"（pseudotechnocracy）而已。作者认为，现代技治主义可以从不同角度考察。对西方国家的现代化来说，技治主义是基于科学技术理性和专家鉴定的价值取向之上的实际经济政策手段，在一定历史发展阶段上，这种技治主义有助于解决经济发展和技术进步的重大问题，提高管理文化，并把科技创新内化为生产。季塔连科断言，技治主义可以看作是20世纪中叶西方发达国家取得巨大经济成就的实际经济政策手段，而技治主义是不依赖于政治体制的。问题是，苏联和西方发达国家处于不同的发展阶段上，西方国家已经进入后工业社会，而苏联尚未完成前一阶段的任务，因此技治主义能够用于苏联社会，"作为改造国民经济使之转向技术进步，转向计算机时代的杠杆"。而作为技术专家的意识形态的技治主义，夸大技术在解决社会问题方面的能力，把科学技术专家在社会管理方面的作用绝对化，则是西方工业化成熟阶段出现的倾向，它不是苏联社会现阶段存在的问题；相反，苏联的问题是"统治的官僚行政系统伪装成技术专家系统，以便把自己那套东西照抄不误"。诚如斯焦宾所说："对技治主义怀有奢望的苏联，可能更适合被描写为'准神权主义'，因为它除了官方否定上帝之外，在所有方面都像神权政治。"②所以，不能把苏联社会的问题归咎于技治主义，而是政治的民主化。其实，早在1975年，麦德维杰夫就在其名著《论社会民主》中指

① И. Т. Фролов. Пенестройка：филосовские смысл и человеческое предназначение. Вопросы философии，1989（2）：22.

② В. С. Степин. Научное познание и ценность техногенной цивилизации. Вопросы философии，1989（10）：4.

出："（苏联）建立了各种专家委员会和专家小组，但各种不民主的行政手段一仍旧贯。换言之，懂行的和精明的技术专家代替了官僚，这个过程在经济机关、军队和安全机构里迅速发展，但在党、公众媒体和宣传机关中却变化不大。在官僚和技术专家之间的冲突是不可避免的……技术治国是与'社会主义经理制度'不同的形式，并不能解决苏联社会的基本问题……而唯一能代替官僚的选择乃是民主化。"①所以，苏联新一轮改革的人道主义纲领矛头所向是政治体制，而不在于经济和科技管理体制。苏联不是过分推行了技术专家的科学治理，也不是夸大了科学理性的作用，而是没有贯彻真正的技治主义，相反，只是挂技治主义的"羊头"，卖官僚主义的"狗肉"。季塔连科的结论是："苏联社会摆脱危机的出路，不在于抛弃集中体现在技术专家管理方面的科学理性和经济效率，而是要赋予它人性的维度，在于把技治主义和民主主义两种理性结合起来，在于突出技术文明的人道主义方向。"②

这些话听起来并不错，但是戈尔巴乔夫的所谓新思维，从一开始就在本质上倒向了社会民主主义，而以之为基础的人道主义未曾明确界定——是社会主义人道主义，还是抽象的人道主义。就苏联当时的社会一般思想倾向说，人们对西方式的自由化更感兴趣。苏联社会流行一种"制度拜物教"，认为苏联社会一旦实行资本主义自由市场经济，便马上可以成为发达国家，过上富裕的生活。苏联解体以前和以后广为流行的迷信是"经济自由化加私有产权等于经济效率"，与此相应的制度模式当然就是资产阶级民主③。一些控制话语权的知识分子，更是不遗余力地鼓吹资产阶级自由化，其核心观念就是不受限制的个人自由。美国学者科兹（D. Kotz）和威尔（F. Weir）对此做了深入的分析，指出："言论自由与商品和服务市场的自由密不可分，个人独立于国家只有在生产资料私有制下才能得到保证，这些西方意识形态和观念深深吸引了知识

---

① R. Medvedev. On Socialist Democracy. Macmillan Press，1975：300.

② Л. Г. Титаренко. Технократическое сознание：присуще ли оно советскому обществу? Филосовские науки，1991（1）：11.

③ 田春生. 俄罗斯转型：从叶利钦到普京的转折. 读书，2005（8）：142.

分子。整个改革年代里，他们中许多人为此强调，不赞成社会主义的改革者所持的个人自由可以与社会主义体制相协调的信念。”[①]许多人离开现实条件，奢谈绝对的、普遍的、超历史的人格、人权和个人的自我价值，对美国和西欧的自由主义艳羡不已。在这方面，扎莫什金（Ю. А. Замошкин）《论对个人主义的新态度》一文颇有代表性。作者开宗明义就给个人主义下了一个抽象的一般定义：“谈到个人主义，我所指的不是某种理论结构，而是历史形成的社会—世界观指向、思想—心理指向、实践—行为的生活指向的类型，在其框架内主要强调的是个人的自我价值，他的自由和自主，他的权利和自己决定自己利益和活动方向的实际能力，他对自己的命运和自己家庭幸福的责任，能动地表现独立性、首创性、进取性的个性力。”[②]他认为，西欧和美国在近代成功地将这种个人主义价值观转化为“公众认可的、实践上发挥作用的、对社会命运发生积极影响的导向”，结果使西方在社会生产、服务、技术、文化和知识的创新与传播等方面取得了骄人成就。不能否认，对人道主义和人性问题进行一般的哲学反思，乃至寻求其普遍的规范和原则，未尝不是一桩有理论价值的工作。但是，作者没有论述这种价值导向形成的社会经济基础，不谈资本主义原始积累以来为追求效率而牺牲公平从而在本国和世界其他国家所造成的巨大灾难，有意回避了马克思所说的“资本主义生产的一切可怕的波折”即“资本主义的卡夫丁峡谷”问题[③]，更不谈苏联社会的特殊历史传统和社会背景，这从哲学上说是唯心史观的人道主义乌托邦，而在当时苏联特定的政治环境下，则是为瓦解社会主义制度推波助澜。邓小平说：“有一些同志热衷于谈论人的价值、人道主义和所谓异化，他们的兴趣不在批评资本主义而在批评社会

---

① 大卫·科兹，弗雷德·威尔. 来自上层的革命——苏联体制的终结. 曹荣湘，孟鸣歧，等译. 中国人民大学出版社，2002：89.

② Ю. А. Замошкин. За новый подход к проблеме индивидуализма. Вопросы философии，1989（6）：3.

③ 马克思. 给维·伊·查苏利奇的复信草稿//马克思，恩格斯. 马克思恩格斯全集：第19卷. 人民出版社，1963：431，438.

主义。人道主义作为一个理论问题和道德问题，当然是可以和需要讨论的。但是人道主义有各种各样，我们应当进行马克思主义的分析，宣传和实行社会主义的人道主义。”他反对抽象地讲人的价值和人道主义，认为离开具体情况和具体任务谈人，“这就不是谈现实的人而是谈抽象的人，就不是马克思主义的态度”①。邓小平在1983年的这番关于人道主义的讲话贯穿着彻底的历史辩证法，对我们正确认识苏联哲学人文化转向有很深刻的指导意义。

这样的语境当然也会直接影响到苏联的自然哲学和科学哲学的研究，这一时期苏联自然科学哲学研究的导向、主题、意旨和方法都有了不同程度的变化，也就是说，都发生了人文化的转向。

至少在20世纪60年代以前，苏联自然科学哲学研究的主题一直是自然哲学或自然本体论问题，诸如物质、时间、空间、因果性、宇宙的起源和演化等。这一研究有向上和向下两个分支：向上是构建世界科学图景，所谓HKM（научная картина мира）；向下则是各门实证科学（以及数学）中的哲学问题研究。这些研究是存在论的，不涉及人的生存和发展，不仅不是价值论的，甚至与认识论也少有关联，是典型的“无人哲学”。前文已经指出，80年代初已有学者敏感地意识到苏联自然科学哲学研究的这一弊端，但真正将人文化的理念贯彻到研究实践中去，则是在80年代中叶的改革启动以后。

自然哲学领域的人文化转向，最有代表性的论题是关于物质概念的讨论。20世纪50年代以后，根据现代自然科学的进展和成就重新定义物质概念，一度成为苏联哲学家特别是自然科学哲学家的热门话题。当时对此有三个不同的方案：

（1）属性的物质定义。在《论物质的量的概念问题》一文中，奥伏钦尼科夫认为，物质概念不能仅限于独立于意识和作用于感觉器官这一认识论范围（众所周知，这是列宁在《唯物主义和经验批判主义》中给

① 邓小平. 当前组织战线和思想战线上的迫切任务//邓小平. 邓小平文选：第3卷. 人民出版社，1993：41.

物质下的定义），因为每一种物质对象都具有许多其他的客观属性，因此应当将物质的一般客观属性纳入物质定义。什么是物质最一般的客观属性呢？奥伏钦尼科夫认为一个是时间和空间，因为这是物质存在的基本形式；再一个就是运动，运动是物质存在的方式。他据此提出了属性的物质定义："物质是客观实在性，在感觉中给予我们，并存在于时空之中而同运动不可分割地统一在一起。"①

（2）实物的物质定义。这一主张的倡导者是图加林诺夫，他反对离开密度、实体等实物性质（вещественность）去理解物质，指出应该注意马克思主义奠基人关于物质的"实物性"的指示："经典作家完全不拒绝把实体概念用于物质，而只是拒绝它的不正确的提法。"②

（3）关系的物质定义。把物质定义为关系的集合点的观点，可以追溯到 20 世纪 20～30 年代的德波林学派。后来，在批判德波林学派时，这种观点被指责为复活黑格尔主义。60～70 年代，本体论派的自然科学哲学家麦柳欣重拾旧话，认为物质只有在关系中才能有所规定："通过揭示物质的基本属性和存在规律，也就是通过物质与属性、规律的关系才能定义物质。"③传统物质定义中的物质与意识的关系，不过是各种本质关系中的一种具体情况罢了。

到了 80 年代中叶，关于物质概念的这种纯逻辑的（非人化的、非生存论的）思考方向受到挑战。1986 年 11 月 18～20 日，苏联科学院哲学研究所就如何理解物质定义问题展开了激烈的争论。争论一方坚持传统观点，认为物质就是客观实体；另一方则认为物质是社会范畴，只有在人的实践背景上才能得到解释。萨塔洛夫（И. Р. Сатаров）认为："物质是人与自身、与他人的物的关系。"他认为人的实践是一个"泛物

① Н. Ф. Овчиников. К вопросу о понятии количество материи//И. В. Кузнецов，М. Э. Омельяновский. Философские вопросы естествознания. Изд-во Акад. наук СССР，1959：59.

② В. П. Тугаринов. Дискуссионные вопросы понятия материи//В. П. Тугаринов. Некоторые вопросы диалектического материализма. Изд-во Ленингр. ун-та，1962：69.

③ С. Т. Мелюхин. Материя в ее единстве，бесконечности и развитии. Мысль，1966：55；С. Т. Мелюхин. Ленинское понимание материи и его значение для диалектико-материалистического мировоззрения. Философские науки，1970（2）：67.

化”的过程——人既是主观的又是客观的，人在实践中把有目的的活动进程的逻辑物化了，从而人的主观性也物化了。在这一过程中，通过感性映像人确认了“处于相互联系的理性综合中的物”，这样人就从人自己的角度理解了物，理解了物的形式、性质和关系，也就是抓住了物的突出特点。所以物质绝不是一个脱离现实和人的实践的抽象范畴，它是“理性的感知性”（смысловая чувственность）的产物[①]。阿列克谢耶夫（П. В. Алексеев）的《“物质”概念》一文则认为：“首先要通过世界观的基本问题，而不是通过物的概念或物的一些属性来说明物质。”这里，“物”，俄文是 вещь，或 вещество，意思是物体，物品，东西，都是感性的存在；而“物质”，материя，则是超感性的，属于世界观的范畴。而在阿列克谢耶夫看来，“世界观的中心问题是人的问题，而人的最一般的任务则是以最一般的概念、理想和关于价值（价值调节人与外部世界的关系）的见解来保证人的生命活动。人丧失了生命也就丧失了世界。”这样一来，作为世界观的物质概念，就与人的生存活动、价值活动密切相关。从这样的观点出发，作者把物质实体的内容区分为两种类型：“天然—自然的”形式和“社会—实践的”形式。“天然—自然的”物质是“自在之物”，“社会—实践的”物质是“为我之物”，实践向主体展示了物质的本性、本质及其各种性能，所以物质概念必须包括主体—客体关系的对象—实践方面，“人的参数使物质有了灵性”[②]。

不过，自然科学哲学研究的人文化转向主要还是在科学哲学领域。如前所述，苏联的科学哲学兴起于 20 世纪 60 年代，但是所谓“60 年代人”的科学哲学研究，基本上没有超出纯认识论和逻辑学的范畴，如马姆丘尔等所说：“开始集中研究与分析科学认识活动本身的规律性有关的认识论和方法论问题”，即所谓“概念性”（conceptual）的研究。80 年代中叶以后，苏联的科学哲学研究明显地发生了视角转移，亦即

① Е. Н. Князева. Ленинское определение материи：проблемы истолкования. Философские науки，1987（5）：103-110.

② П. В. Алексеев. Понятие“материя”. Философские науки，1990（12）：3-11.

从社会—文化语境出发对科学认识进行发生学、结构学的诠释，引进了价值论的维度。《哲学问题》1987 年第 1 期社论《改革问题和现阶段哲学的任务》指出："今天要想研究科学的逻辑和方法论，不研究科学知识发展的社会文化和历史参数，是根本不可能的。"社论还特别就自然辩证法的研究方向强调说："唯物辩证法的各种范畴，不仅要表现外在于人的世界的各种发展形式，而且也要始终表现人的活动形式。辩证法的每个范畴，从时空到现象和本质（特别是与所谓'变化了的形式'有关的范畴），都具有丰富的人的和社会文化的意义。"①

苏联学者反思了当代世界科学哲学的进化，对科学哲学的公认观点做了评价，得出了与西方后现代科学哲学相同的历史认识。从西方科学哲学说，20 世纪 60 年代以来，对以逻辑实证主义为代表的分析哲学的清算，主要是从社会文化主义和社会历史主义立场出发的，这一导向对苏联自然科学哲学研究是有一定影响的。1988 年 8 月，《哲学问题》杂志召开"20 世纪分析哲学"圆桌会议，会上发言的 23 位学者在肯定分析哲学的历史贡献的同时，一致指出分析哲学的致命弱点是单纯的逻辑主义。首席发言人列克托尔斯基在题为"分析哲学的教训"的讲话中，开门见山地指出："分析哲学的第一个教训就是，不可能脱离广阔的文化、社会和世界观语境进行哲学研究。马克思著名的命题——哲学是文化精神，现在具有特殊的现实意义，而分析哲学却试图把哲学当成极端狭隘的专业活动。"②他同意罗蒂的观点：哲学同全部文化紧密相关，也应该与艺术、文学相互作用，并认为爱丁堡学派对分析哲学的挑战③，

---

① Проблемы перестройки и задачи философии на современном этапе. Вопросы филисофии，1987（1）：3-20.

② Анализическая философия в XX в. Материалы《Круглого стола》. Вопросы филисофии，1988（8）：50.

③ 以英国爱丁堡大学的学者布鲁尔（D. Bloor）和巴恩斯（B. Barnes）为代表的科学知识社会学派，提出所谓"强纲领"（strong programme），认为包括自然科学知识在内的所有人类知识，都是处于一定社会建构过程之中的信念；而这些信念都是在不同历史阶段上的特定社会语境中的产物，因而是相对的；不同的文化语境带来"社会意象"的变化，引起信念的变迁，知识也相应地发生改变。

对马克思主义哲学也是极富教益的。博布洛娃（Л. А. Боброва）和谢昆达特（С. Г. Секундат）也指出，必须改变分析哲学的方针，“力求不消除而是阐释我们活动的全部前提，并为之提供元文化论证”。[①]这里所说的“元文化论证”十分重要，就是要把文化价值论引进科学哲学，和库恩（T. Kuhn）的范式论所代表的历史社会学派的文化主义科学知识论是一致的。不过，否定科学认识的人本性不仅是分析哲学独有的思想误区，而且是一种由来已久的理论偏向，而科学动力学研究中的“外史论”（externalism），无论是在国外还是在苏联国内，影响尤为深远。外史论在研究知识的社会本性和文化制约性时，陷入了庸俗社会学和经济主义。科萨列娃（Л. М. Косарева）批评说：“所有的外史论者都把新科学学说的起源归结为经济生产的需要，而忽视了最重要的中间环节——广阔的社会上下文，时代的精神气氛，亦即人本身。”通过考察 16～17 世纪近代科学在西欧国家的发生过程，科萨列娃发现，这一时期科学思想的形成和发展恰恰同经济没有多大关系，而是“因为适应了这一时代人的深刻的世界观要求，回答了人在世界上生存的尖锐问题”。而科学之所以能在这一时期蓬勃兴起，取决于当时文化中形成的新的个性形式，使科学能以自身的力量独立地进行工作[②]。

从科学知识发生的根据和功用说，科学知识与人的价值世界紧密相关。一方面，科学是对客观实在的描述和对物质对象本质的揭示；另一方面，科学又是人改造世界以求生存和发展的手段。“科学是客观知识的载体和源泉，同时也是转向人类生存世界的特殊文化要素。”[③]但是，由此也就引出了一个特殊的悖论：科学知识既同社会文化环境处于能动的相互作用之中，又具有自身独立的历史和内在逻辑。问题在于，作为外在参量的文化从哪些方面以及怎样作用于科学认识呢？苏联学者集中

---

① Анализическая философия в XX в. Материалы《Круглого стола》. Вопросы филисофии，1988（8）：71.

② Л. М. Косарева. Социокультурный генезис науки нового времени（философский аспект проблемы）. Наука，1989：6，9.

③ В. Ж. Келле. Социальная динамика современной науки. Наука，1995：19.

讨论了社会文化环境对科学认识的作用机制问题。一个理论聚焦点是对作用中介的探索。扎罗夫（С. Н. Жаров）提出，联系文化和科学的中介是“外于经验的概念结构”，这种概念结构是“基本文化原型”，是由具体历史的主流认识决定的。它是“引导性的抽象客体”，其作用是把一般的社会文化意义改造成为特定意义的认识过程结构。正是在这个意义上，扎罗夫称这种外经验文化结构为“科学认识中的文化大使”[①]。扎罗夫所说的“引导性抽象客体”，其实就是科学认识的前提性知识，是西方科学哲学和苏联哲学界“60年代人”的热门话题，而作为一种引导性的知识，核心恰恰是哲学世界观，即劳丹（L. laudan）所说的本体论指针和方法论指针[②]。“引导性”一语十分贴切，斯焦宾指出，这种前提性的知识是科学认识的哲学根据，其作用有二：一是对科学探索有启发作用，二是使科学知识适应主流文化[③]。

关于苏联学者对前提性知识的原创性研究，后文还要专门讨论。这里要讨论之处是，在苏联学者看来，科学知识与主流文化的适应问题，是对科学理论的选择和筛选问题。苏联学者一般并不否定科学知识的内容归根结底必须是客观实在的反映，但是他们也看到，在一定历史阶段上，依托特定的社会文化语境，如马姆丘尔所说，科学合理性标准的选择具有“范式依赖性”，往往受主流文化的左右[④]。在这方面，苏联学者有保留地赞同西方科学哲学历史社会学派、科学发生学的社会结构学派的观点。例如，德国的斯塔恩贝格（Starnberg）学派的伯姆（G. Böhme）等就认为“科学的内史有外在的起源”：一方面，科学具有内在的合理性规范，如真理性、逻辑性、简单性、新颖性、启发性等；另一方面，科学知识必须有社会适应性，即要求已知知识同普遍接受的文

---

① С. Н. Жаров. Затравочные абстнактные объекты как системообразуюший фактор становлениянаучной теории// Е. А. Мамчур. Естествознание：системность и динамика. Наука，1990：33-48.

② 作者同意苏联学者潘宁（А. В. Панин）的观点，认为这种前提性知识是科学认识中有别于经验和理论的第三种知识元。孙慕天. 第三种知识论纲. 自然辩证法通讯，1996（1）：1-6.

③ В. С. Степин. Научные революции как《точки》бифуркации в развитии научного знания//В. С. Степин. Научные революции в динамике культуры. БГУ，1985：54.

④ Е. А. Мамчур. Проблемы социокультурной детерминации научного знании. Наука，1987：89.

化的、伦理的方针达成统一性，实现“历史的妥协”[①]。苏联学者在科学知识论研究方面的人文化转向，显然是与西方科学哲学在20世纪后半叶的主流趋势一致的。事实上，他们对西方的这一动向是密切关注的。科萨列娃就曾对科学发生学的社会结构学派做过深入的研究，她评价说：“尽管科学发生学的‘社会—结构’论并没有回答科学在17世纪怎样从‘非科学’中产生出来，‘如何从不知到知’，但是它讨论了重大的问题域，揭示了涉及科学发生和发展研究的难点。”[②]

把理性和价值分开的观念，可以上溯到休谟。海尔（R. M. Hare）把休谟的关于“道德的区分不是来自于理性”的说法，称之为“休谟法则”：“从一系列‘是’命题不能推演出‘应该’命题。”[③]逻辑实证主义的意义理论正是本着休谟法则，把“是”命题规定为分析的（逻辑的）“是”和综合的（经验的）“是”，认为它们是有意义的命题，亦即科学命题，而所有非事实亦非逻辑的价值命题都是无意义的命题，所涉及的不是“是”，而是“该”；只有有意义的命题才是合理性的，价值命题不属于理性的范畴，应该排除在科学哲学之外。普特南（H. Putnam）说：“合理性把价值推上受审席由来已久了。在这样的背景下，合理性总是指科学合理性，人们往往认为，正是‘实证科学’的成果的建立才能使一切理性人满意。”[④]正统解释的这种科学理性观，与现代主义的唯科学主义思潮是一脉相承的，是后现代科学哲学的批判对象。在哲学人文化的背景下，苏联的科学哲学也理所当然地把重新定位科学理性作为题中应有之义。

科学理性排斥人的价值选择吗？什维列夫在其研究科学理性的专题论文《科学理性：古典和现代》中，在肯定了科学理性的认知地位后，

① G. Böhme，W. van den Daele，W. Krohn. Experimentelle Philosophie：Ursprunge autonomer Wissenschaftsentwicklung. Suhrkamp，1977：8.

② Л. М. Косарева.《Социально-кострyктивистская》концепция генезиса науки. Вопросы философии，1984（8）：131.

③ R. M. Hare. The Language of Morals. Clarendon Press，1952：29.

④ 普特南. 理性、真理与历史. 李小兵，杨莘译. 辽宁教育出版社，1988：218.

立即提出问题说："但是，产生了一个根本问题：理性意识应当符合什么样的要求，以便在人与社会现实和他同周围自然的关系中推动创造性原则和自由精神的实现呢？"作者考察了理性观念的演化史，认为在古代哲学中，理性观念的诞生是同人与世界和谐的观念紧密相连的，通过理解逻各斯，把握宇宙内在的深刻规律和生存的节奏，并将二者的和谐视为有序的宇宙。但是近代以后出现了变形的理性形式，迷恋"结构创造万能"的观念，是一种"封闭的理性"，而不是"开放的理性"，其极端形式就是科学理性。可以把这种科学理性归结为"确定经验所与和对这种所与的逻辑数学加工"，它成了某种自我评价的、为科学而科学的东西，于是世界的科学模式就成了伦理学上价值中立的了。什维列夫认为："这种观念是在新实证主义科学观的基础上确立起来的，而这样一来，自由，创造，风险，对自己观点的信仰又在哪里呢？而自己的观点不可避免地要超出预先给定的事物，超出已建立的外在事物的秩序所提供的保证。"仅仅肯定"所是"的实证主义理性观，强调事实性而最大限度地撇开了"人的个性原则"。现代社会的科学理性是唯科学主义的认识论基础："科学技术文明的解构的、反人道的后果也伴随着对科学理性的唯科学主义的崇拜的激进立场"，这种立场应当"对人的'生物学化'、道德的相对化，对大量消灭人的工业，对家庭危机、劳动的无意义性，对人丧失了超意义的存在，对集权意识形态的产生负责"。因为这种理性已成为巩固权威教条的思想独裁，某些社会势力正是依靠它实现了对人的极权统治。什维列夫指出，科学认识的本性是自由的，首先科学认识的前提就是假定的、自由选择的、或者说是"甘愿相信"的产物，"正如西方科学哲学所说的，科学知识的形而上学前提不能被严格的逻辑式地或经验式地解释"，这是一种对自己和其他所有人的立场的自觉的权衡，不受各种偏见、教条、神话之类的影响，是一种"自问主义"（аутизм，autism）。所以科学哲学的人文化是解放科学认识的思想运动，是对科学理性的文化重构。他的结论是："这样的理性显然是以创造、自由、最大限度地动员个人所有结构性精神力量为前提的，也是以人际间的活动、交往过程的确定的组织化为前提的。”[①]换句话说，发展开放的科学理性是哲学改革，也是社会改革。

如前所述，与科学理性直接相关，伊里因科夫独创性地提出了观念物的概念。他认为观念物是客观思想，所指的是所有的科学知识、文化成就，它们物化在书籍、图画、雕刻、音乐之中，也指伦理规范、行为规则等。20 世纪 80 年代中叶以后，与自然科学哲学的人文化趋势相适应，观念物的研究也出现了新的动向。杜布洛夫斯基不同意伊里因科夫关于观念物是客观思想的观点，把观念物明确定义为“主观实在”。主观实在即意识实在，也就是我们的内在世界（精神世界），思想、感性形象、内在冲动、想象、意志等都是它的个别表现。杜布洛夫斯基这样定义观念物，主要是为了反对“把知识的认识论向度绝对化”的倾向，亦即单纯地归结为概念、规范等思想。他认为对观念物的诠释有四个维度：本体论、认识论、价值论和实践论。观念物虽然是作为个人的生动意识而存在，但个体意识有自己的社会意识内核，“对个人意识进行分析旨在表现所有的人的主观实在的结构、它的自组织方式、价值—意义变化和内涵的不变特性”[②]。

辩证法是发展观，马克思主义认识论肯定知识的过程性，但是西方科学哲学的公认观点却是“精神水桶理论”（the bucket of mind），主张知识的增长是线性的累积。后逻辑实证主义的一个重大的理论突破就是引进了历史主义，建立了科学知识进步的动力学理论。概括起来说，西方科学哲学的知识进步模式有两个指向，一个是认识进化论，另一个是历史社会学派，二者都试图回答一个问题：知识的进步是否和怎样不断地接近于实在本身？认识进化论肯定知识进化是趋真的过程，其理由来自达尔文主义的生物进化论，用对环境适应能力的进化来解释认识与实在的符合关系。波普尔（K. Popper）是激进的认识进化论者，就是他

---

① В. С. Швырев. Научная рациональность：классика и современность. Коммунист，1991（12）：84-93.

② Д. И. Дубровский. Категория идеального и ее соотногение с понятиями индивидуального и общественного сознании. Вопросы философии，1988（1）：26.

最先提出了“等价性假说”——阿米巴的反应能力是适应现实环境的进化过程的结果，人的认识包括最高级的科学认识进步的机理本质上也是如此，“正是在科学上，我们才最为意识到我们试图解决的问题。所以在其他情况下使用事后的认识以及说阿米巴解决了一些问题（虽然我们不必假定阿米巴在任何意义上意识到了其问题）并无不当：从阿米巴到爱因斯坦只有一步。”[①]生物体是在对环境的适应中不断推进了自己对现实的认识，科学家则是在对经验背景的适应中实现了知识的发展。20 世纪 80 年代以后，进化认识论进一步贯彻和发展了认识进步的生物学诠释。西方学者有两大假定：一是适应性假定，认为所有生物体的体验形式，从刺猬到鸭子到人，虽然是以反映形式相区别的，但“人的智慧活动的产生和表现是受发生学制约的，是生物进化的结果”[②]。二是先验性假定，生物进化赋予人“天赋的认知结构”，用德国学者洛伦兹（K. Lorenz）的话说就是：“我们的感觉形式和最高范畴形式，在任何个体经验之前就已经被确定了。”[③]而对环境（无论是物理环境还是经验环境）的适应水平的提高，乃是更正确地把握了现实的结果。苏联学者福尔曼诺夫（Ю. Р. Фурманов）在评论进化认识论即所谓“ЭЭ”（Эволюционное Эпистмологие）时说，等价性假设要解决的根本问题是“如何建立我们的内部重构和事件世界之间的一致性”，而认为生物性的学习进化同人的社会性的认识进化之间具有相似性，只是一个有争议的假定[④]。而历史社会学派则从文化语境决定论出发，认为科学知识的进化是范式的转化，而范式转换则是信仰的转换，范式之间不可通约（incommensuability），因此，“我们可能不得不抛弃这么一种不管是明确还是含糊的想法：范式的转换使科学家和向他们学习的人越来越接近

① 卡尔·波普尔. 客观知识. 舒炜光，卓如飞，周柏乔，等译. 上海译文出版社，1987：258-259.

② R. Riedl，F. Wuketits. Die evolutionäre Erkenntnistheorie，Bedingugen，Lösungen，Kontroversen. Verlag Paul Parey，1987：48-49.

③ K. Lorenz. Der Abbau des Menschlichen. R. Piper，1983：182-183.

④ Ю. Р. Фурманов. Критика метафизического разума в эволэйионной теории познания. Философские науки，1991（8）：50.

真理。”[①]这样，历史社会学派就否认了科学知识的进化是趋真过程。

科学知识进步问题的核心是科学理论的可接受性，亦即知识的合理性，其本质则是真理观。古典哲学以至逻辑实证论的真理观，主流导向是真理的符合论，认为真理就是认识与实在之间的符合关系。但是，在20世纪反逻辑主义的思潮中，“超出纯粹的认识论框架”去理解真理，逐渐成为新潮。真理的“融贯论”（coherence theory of truth）已经实现了从逻辑向信念的过渡，认为真理不在于一个命题与它所对应的事实之间的关系，而在于一套信念和命题各部分之间的融贯性，无法离开我们认为优越的信念系统去评判一个命题是否与世界之间存在符合关系；而所谓优越的信念系统，则受制于文化语境作用下的人的知觉经验。其实，詹姆士（W. James）早在20世纪初就说过：“真理是所有这类事物的名称，这种东西能证明其本身在信仰方式上是好的，并且好理由是明确的、可确定的。”[②]这是后现代科学哲学的著名命题“真理是辩明（justification）”的思想渊源。

值得注意的是，在苏联科学哲学人文化的转向中，也出现了这种突破真理观的“认识论框架”的尝试。戈拉克（А. И. Горок）在一篇题为“什么是真理？”的综述中指出：“从《圣经》时代起，真理就被诠释为人同世界的切身关系的最高尺度，‘真理是什么’的神圣问题绝不仅仅产生于认识背景中。”文章的副标题是“社会意识语境中的真理”，显然点明了作者主张认识论的真理和“社会意识的真理”兼容的多元真理观。文章直言不讳地说：“我们摆脱了苏联马克思主义哲学认为‘真理唯一性’的结论。”[③]作者认为“真理问题的历史哲学和文化学提法”，是真理论的新转折。一种是认识论意义的真理概念（понятие истины），另一种是生活意义的真理概念（понятие правды）。如果社会关系、社会建制、政治事业等表现了相应于人类发展的可能范围的高

① 托马斯·库恩. 科学革命的结构. 金吾伦，胡新和译. 北京大学出版社，2003：153.

② W. James. Pragmatism and the Meaning of Truth. Cambridge：Harvard University Press，1975：42.

③ А. И. Горок. Что есть истина? Истина в контекст социума. Философские науки，1991（12）：88-89.

度，那就是真的。真理的尺度也就是这一发展的完备性，也就是人类自由的实现程度。这涉及一系列与人的生存和发展密切相关的问题：在自身的意向、行为、心愿中，认为什么是真的？在历史运动的交叉点上怎样选择真正的道路？什么样的历史选择是真的？戈拉克认为，这就是另一种真理所要回答的问题："在行为层面上（人不仅在科学环境中生活和行动）必须解决对真的政治纲领，真的生活方针，真的意识形态、目的、价值的预见问题。希望根据'真理'而不是随机应变地生活的人正在增加。"作者认为《圣经》的话"我是真理"[①]有深刻的寓意："'真理是我是'意味着我将是，我将保持我自身，将保证自己的生存条件，因此是自我表现，是创造，是发展。"杰米亚诺夫（В. А. Демьянов）遵循这一思路提出："真理是人类在世上生存的至上命令（imperative）。"[②]为克服关于真理的逻辑—认识论路线，必须建构一条新的历史—哲学路线，以深化存在意义、生活意义上而不是认识意义上的真理概念[③]。

第三节　马克思主义自然科学哲学的历史命运

1913年，列宁在《真理报》上发表《马克思学说的历史命运》一文，通过历史的考察宣布："自马克思主义出现以后，世界历史的三大时代中的每一时代，都使它获得了新的证明和新的胜利。"他因此预言，在即将来临的历史时代马克思主义定将获得更大的胜利[④]。列宁当然不会预见到马克思学说在80年后所遭逢的命运是如此具有戏剧性。

---

① 原文是"我就是道路、真理、生命"，见《圣经·约翰福音》，第14章5节。

② В. А. Демьянов. Лабиринты поиска，или что есть истина//Н. Ф. Тарасенко，А. И. Горак，В. А. Демьянов，Императивы человечности，Лыбидь，1990.

③ А. И. Горок. Что есть истина? Истина в контекст социума. Философские науки，1991（12）：91.

④ 列宁. 马克思学说的历史命运//列宁. 列宁选集：第2卷. 人民出版社，1972：411.

一方面，在资本主义的西方，出现了研究马克思主义的热潮，对马克思学说的正面评价成为相当普遍的共识。就在苏联解体的1991年，英国剑桥大学出版社出版了卡弗（Terrell Carver）主编的《剑桥马克思指南》一书。一位作者托马斯（Paul Thomas）在书中写道："要不是马克思把基础和上层建筑并列起来，我们大概不会谈论整个社会矛盾，而会沿着与今天已成为常识的迥然不同的路线去讨论科学、技术、生产、劳动、经济和国家。"他完全赞同麦克莱伦（D. McLellan）在《布莱克维尔政治思想百科全书》中的说法——"纵观整个社会科学领域，马克思也许已证明是20世纪最有影响的人物"——"没有理由认为这一说法是夸大其词"①。与此相反，在列宁的祖国批判马克思主义却成了时髦，如凯列（В. Ж. Келле）所说："这种批判的惊涛骇浪从四面八方向马克思主义袭来。"②

一个很有意思的现象是，每当苏联社会发生重大转变的时候，苏联哲学家们就会就哲学的本性问题展开激烈的争论。上文说过，在20世纪60年代曾经围绕认识论爆发过旷日持久的论战。而在80年代苏联社会急剧转型的时期，哲学究竟是什么这个老问题又一次成了热点。只是这一轮的讨论却更加深入、也更加尖锐，而且直指马克思主义哲学的真理性。由于这一问题的切入点是"哲学与科学的关系"，因此争论与自然科学哲学有着更加直接的关系。在1987～1989年，这一争论达到了高潮。1987年苏联科学院哲学研究所成立了一个编制国内哲学发展方案的小组，不久就发展成全所性的课题研讨会，召集人是所长拉宾（Н. И. Лапин），参加讨论的是苏联哲学界的一批领军人物，如奥伊则尔曼、列克托尔斯基、萨契科夫（Ю. В. Сачков）、格鲁申（Б. А. Грушен）、什维列夫、巴热诺夫、鲁扎文、波鲁斯（В. Н. Порус）、马姆丘尔等。1991年，这次会议的16个主题报告和中心发言及会上的讨

① P. Thomas. Critical Reception：Marx Then and Now//T. Carver. The Cambridge Companion to Marx. Cambridge University Press，1991：23-25.

② 子樱."马克思主义是否已经过时？"讨论会发言选译. 哲学译丛，1991（3）：11.

论记录汇集成书，以《哲学意识：复兴的戏剧性》为书名，由政治文献出版社出版。1989 年，《哲学科学》杂志第 6 期开辟“哲学科学地位”专栏，首篇论文是尼基弗洛夫的《哲学是不是科学？》，这一题目旋即成为讨论的主题。其中，尼基弗洛夫直言不讳地向传统观点挑战，矛头直指马克思主义哲学具有科学性的定论，成为这场争论的焦点。事实上，这篇论文正是他 1987 年在哲学研究所讨论会的发言。尼基弗洛夫是科学哲学家，苏联科学院哲学研究所普通方法论研究室研究员，对科学知识的历史发展和科学理性等问题素有研究。为什么关于哲学是不是科学的讨论引起如此广泛的关注呢？难道人们都在关心哲学和科学的划界标准和哲学的对象这样的抽象理论问题？尼基弗洛夫对此有明确深刻的认识。他在 1991 年第 1 期《哲学科学》上发表的答辩文章《这场争论究其实是涉及什么？》中，指出问题的两个关键。一是这一讨论的时机，“是在我国的具体条件下，在苏联社会所处的这个转折时期”；二是这一讨论触及的是一直被奉为官方意识形态的马克思主义哲学，“对我们苏联哲学家说来，至关重要的问题是马克思主义哲学的地位问题，因为它与我国现代生活的根本问题紧密相关”。所以，讨论哲学的科学性问题，反映了苏联在改革时代社会的深刻变化和思潮发展的新趋势。尼基弗洛夫在 1987 年哲学所的讨论会上毫不含糊地说：“哲学过去从不曾是，现在仍然不是，而且我相信将来任何时候也不会是科学。”[①]他并不隐晦自己讨论这一问题的根本目的是针对马克思主义哲学，在 1989 年《哲学科学》第 6 期的论文中，他特地在上述论断的后面加上了一句话，并用括号括上——“（马克思主义哲学也是如此）”[②]。

尼基弗洛夫根据西方科学哲学对科学知识性质的界定，论证哲学不具备科学的本质属性。为了更清楚地转述尼基弗洛夫的思想，可以把他的论证归纳为划分科学和非科学界限的八个标准。

---

① А. Л. Никифров. Научный статус философии//Н. И. Лапин. Философское сознание：драматизм обновления. Политиздат，1991：111.

② А. Л. Никифров. Является ли философия наукой? Философские науки，1989（6）：6.

（1）证实标准。根据逻辑实证主义的可证实性原则，科学必须根据经验材料对自己的假说或理论进行确证，所谓把理论语句还原为观察语句。但尼基弗洛夫认为，哲学却不受这一原则的约束。虽然流行的马克思主义观点认为哲学观点与科学结论应当一致，但这和科学理论的经验证明并不是一回事；而且无论是苏联的马克思主义哲学还是西方哲学，违背公认科学结论而倡导某种哲学见解的人和事比比皆是。

（2）证伪标准。按照波普尔的证伪主义，经验上的可检验性是科学性的基本标准，反常的经验事例通过否定后件而导致对理论前提的证伪。但在尼基弗洛夫看来，经验事实对哲学向来是无关紧要的，因为哲学的主题通常是超出科学研究的范围之外，诸如关于世界的本质、善恶、良心之类。“哲学论断是不能用经验方法加以检验和驳倒的”[①]。按照这一标准，波普尔认为马克思主义不能证伪，因而不是科学。

（3）范式标准。库恩认为，常规科学是范式指导下的解难题活动，而旧理论被新理论所取代则是新旧范式的转换。因此可以根据是否存在范式来作为科学与非科学的判据。至于科学的进步也只是通过范式来衡量：“首先，新范式必须看来能解决一些用其他方式难以解决的著名的和广为人知的问题。其次，新范式必须能保留大部分科学通过旧范式所获取的具体解决能力。”[②]但是哲学却不然，“在哲学中从来没有一种占支配地位的范式”，每个多少有一定独立性的思想家都建立起自己独有的哲学体系。就连马克思主义哲学框架内，实际上就所有问题也都持有形形色色的见解和论断。根据范式标准判断，哲学包括马克思主义哲学都不是科学。

（4）方法标准。近代以后的科学是以实验为基础的科学，其基本方法是实验、观察，通过搜集事实，进行归纳；通过定量，运用数学手段；建立假说，并用实验检验。但哲学却根本不使用这些方法，既不进

① А. Л. Никифров. Научный статус философии//Н. И. Лапин. Философское сознание：драматизм обновления. Политиздат，1991：114.

② 托马斯·库恩. 科学革命的结构. 金吾伦，胡新和译. 北京大学出版社，2003：152.

行观察实验，搜集事实，也不提出假说，仅仅是设定基本原理，并由此出发进行逻辑推论。

（5）问题标准。“科学中始终存在开放的和具有普遍意义的问题群。”一般说来，这些问题的答案一经得出，便得到公认，“而哲学却显然没有具有普遍意义的问题”。某个哲学家或哲学流派感兴趣的问题，另一个哲学家或哲学流派会觉得是无稽之谈。而且哲学上每个问题都有答案，甚至不止一个，“在这里，看来没有悬而未决的问题”①。

（6）语言标准。各门具体科学都制定了专门语言，力图使自己的概念愈益精确，这种语言具有普适性，是科学知识的继承、传递和交流的有效工具。但是，尼基弗洛夫表示，对哲学是否有一种专业语言却难以肯定。“在一切场合哲学语言都是相当不确定的。每个哲学家都会向哲学概念注入自己的特殊内涵和意义。”②

（7）进步标准。科学的发展是从理论的肤浅片面走向深刻全面、从经验内容的贫乏走向丰富，“因此新的理论在汲取了旧理论所有最优秀的东西的同时，就使旧理论成为多余的和无用的”。而新旧哲学观念之间却没有这种扬弃关系，一个新的观念出现并不会使以前形成的观念失去意义，“哲学的发展是不折不扣地累积式的：每一个新的哲学观念都使各种可能的世界观体系更加丰富多彩，而只是补充了大量已形成的观念。”③

（8）真值标准。尼基弗洛夫认为，按照经典真理观念，科学语句的真值性标准有两个特点：一是它具有描述性，即对客体及其属性和关系的真实描述，通过科学规律和理论的形式充分反映现实；二是科学语句具有主观际性（intersubjectivity），即存在一种用以确定该语句是否与课

① А. Л. Никифров. Научный статус философии//Н. И. Лапин. Философское сознание：драматизм обновления. Политиздат，1991：116.

② А. Л. Никифров. Научный статус философии//Н. И. Лапин. Философское сознание：драматизм обновления. Политиздат，1991：117.

③ А. Л. Никифров. Научный статус философии//Н. И. Лапин. Философское сознание：драматизм обновления. Политиздат，1991：118.

题相符合的方式，它是主观际的，任何人都可以之检验和确定某个科学语句的真或假，而且这一检验的结果具有普遍意义，它超越主体，是无主体性的，其真值性取决于客体。哲学命题则相反，是不可检验的。哲学命题不是描述性的，它或是规范性的评价观点，或是一种定义或使用术语的契约。接受某一哲学观点是出于个人主观的（民族的、阶级的等）偏爱，不能通过与事实或经验材料的对比肯定或推翻一个哲学命题。"实践不能用于检验哲学观点"，错误的思想和理论常常会得出富有成效的技术和实践上的副产品，社会生活的成功常常不决定于哲学观点，而是取决于社会组织的有效工作①。

既然任何哲学都不是科学，作者使用演绎推理，得出作为哲学流派之一的马克思主义哲学也不是科学的结论。问题在于，对于苏联社会来说，否定马克思主义哲学是科学的论断迄今难以得到普遍的认同。"因此，事情的本质是，在马克思主义哲学的科学性问题背后，隐藏的是我们对待这些思想的态度问题。"②在尼基弗洛夫看来，在20世纪80年代末的苏联，对待马克思主义哲学有三种态度。

第一种态度是最高成就论，这是苏联官方的立场，是主流意识形态。在长达70年的时间里，人们一直把马克思主义哲学视为国家生活的指南，并将其说成是人类全部思想和实践几千年积累的成就，是科学的最高成就。因为马克思主义哲学是"关于自然界、社会和思维运动和发展的最一般规律的科学"，只不过具体科学揭示的是某一现象领域的特殊规律，而马克思主义哲学所揭示的则是整个世界的最普遍的规律。但是，作者质疑说，为什么在苏联马克思主义的胜利带来的却是国家的经济危机和道德危机，是落后于欧美和亚洲先进国家的社会现实。显然，尼基弗洛夫认为这些事实已经表明，关于马克思主义哲学是最高科学成就的主张，已经不攻自破了。

第二种态度是正本清源论，这是改革后多数学者的修正立场，认为

---

① А. Л. Никифров. Является ли философия наукой? Философские науки，1989（6）：9.

② А. Л. Никифров. О чём действительности идет спор. Философские науки，1991（1）：149-151.

斯大林主义是对马克思主义哲学的歪曲，是马克思主义哲学丧失了科学性的缘由。真正的马克思主义哲学无疑是科学。“我们的任务是，清除斯大林和勃列日涅夫时代的积层，回到马克思主义奠基人的真正思想上来。”但是，尼基弗洛夫认为，所谓真正的马克思主义哲学本身就是无法界定的。一来经典作家自己就未曾严格系统地建构自己的世界观，而且他们的观点是不断变化的，可说是迄无定论；二来他们的继承人都通过引用本文宣称自己的解释最符合原意。尼基弗洛夫甚至说：“在我看来，斯大林自称是马克思主义者，其根据也不见得比别人少。”他的结论是，“现在企求找到‘真正的’马克思主义岂非缘木求鱼”①。

第三种态度是多元价值论，这是解体前苏联哲学界的激进自由主义思潮，也是尼基弗洛夫本人所持的立场。他认为马克思主义哲学和一切哲学一样并不是科学，而是世界观，是人们对世界、对社会以及对自己在这个世界和社会中的地位的种种看法的体系，而且包括对世界和社会的态度和评价。“哲学无真理可言”，世界观首先是个性的，“形成并表述自己个人对世界的看法及其对世界的态度，这就是一个哲学家的最高职责”②。

尼基弗洛夫关于马克思主义哲学不是科学的论断，引起了强烈反响，拥护者有之，反对者有之，调和折中者亦有之。《哲学科学》1989年第12期、1990年的第1期到第4期就这一问题连续发文，《哲学问题》等刊物也相继回应，成为当时苏联哲学界极具震撼力的话题。这场关于哲学和马克思主义哲学本身的性质、对象和功能的讨论，从广度和深度上说，在苏联哲学史上乃至马克思主义哲学史上都是空前的。整个讨论是围绕三个主要问题展开的：第一，哲学的本性是什么？它是科学吗？第二，马克思主义哲学是不是科学？它有什么特殊性？第三，怎样评价苏联的马克思主义哲学？它向何处去？

关于哲学的本性问题，许多作者不同意尼基弗洛夫的观点，坚持认

---

① А. Л. Никифров. О чём действительности идет спор. Философские науки，1991（1）：152.

② А. Л. Никифров. Является ли философия наукой? Философские науки，1989（6）：11.

为哲学是科学。但是，也有一些作者从另外的角度定义哲学，例如①：

——哲学是爱智慧，是对真、善、美的热爱（托米洛夫，В. Г. Томилов）；

——哲学的特点在于它的反思精神（阿诺欣，В. Б. Анохин）；

——哲学是关于各种方式运用理性和使用理性的关系的科学（米哈伊洛夫斯基，В. Н. Михайловский）；

——哲学是科学成分和非科学成分、科学形式和纯观念形式的统一（别卡列夫，А. М. Бекарев）；

——哲学的目的在于追求个人内向精神世界与外部世界的协调，在于探索这种协调化的方法（谢里瓦诺夫，А. И. Селиванов）；

——哲学通过把自我意识（人生的精神样式）纳入知识而表现主客体关系，科学却通过排斥知识中的主观的东西实现主客体的认识关系（波格列洛夫，О. Ф. Погорелов）。

但是，如果深入分析一下就会发现，对哲学本质规定的各种诠释主要是两个方向，即科学主义的方向和人文主义的方向。马姆丘尔在《科学和哲学的发展》的发言中，深入地讨论了这两个方向，并特别复述了马克思关于“思维着的头脑”把握世界的两种方式的观点。马克思这段论述的原文是：“整体，当它在头脑中作为思维整体出现时，是思维着的头脑特有的产物，这个头脑用它所专有的方式掌握世界，而这种方式是不同于对世界的艺术的、宗教的、实践—精神的掌握的。”马克思所说的头脑专有的方式，即理论的、概念的、思辨的方式，也就是科学的方式②。马姆丘尔指出：“科学把世界理解为客体，理解为自在的存在，而与认识它的主体的目的和价值无关。这些目的和价值则是通过另外一种——精神—实践的——把握世界的过程来理解的。”③

多数学者认为哲学包含科学的成分，具有科学性，但对哲学的科学

① 舒白，封文摘译．对《哲学是不是科学？》一文的反应．哲学译丛，1990，（4）：46-58.

② 马克思．政治经济学批判．徐坚译．人民出版社，1955：216.

③ Е. А. Мамчур. Науки и развитие философии//Н. И. Лапин. Философское сознание：драматизм обновления. Политиздат，1991：372.

性的理解却言人人殊。奥伊则尔曼主张，哲学的科学性主要体现在它的批判性上，而这一点恰恰表现了哲学和科学的一致性。哲学同样要求批判地对待前人的成果，消除偏见，系统全面地研究对象，检验已经取得的成果。“哲学也属于批判的科学研究的范围。因而，作为认识和自我认识的特殊形式的哲学可以而且应当成为科学研究的对象。”[①]而且，在奥伊则尔曼看来，批判甚至是哲学更具有本质意义的环节：“正如我们从哲学史上看到的，众多哲学活动的主要的激情和动机是对现实的不满。”这种对待实践的态度是如此重要，以至应该将其提到首要地位，而具体科学恰恰没有把握这种批判的态度。科学家局限于自己的专业视野，研究无脊椎动物或蠕虫的生理构造，研究基本粒子，哲学家却必须以某种整体的方式——不是在把握整个世界的意义上，而是在对待一定的历史形势和一定的对象域的态度上——评价这一现实，批判它或接受它[②]。就此而论，哲学更具有科学性。库普佐夫（В. И. Купцов）在《哲学是科学还是理论的特殊形式》一文中，也提出了哲学的科学性问题：“究竟在什么意义上哲学能够作为科学建立和发展起来呢？”他认为，哲学有自己特殊的科学性标准。首先要注意哲学是关于实在的特殊知识，是关于自然、社会、关于人及其和世界的实践的、认识的、伦理的、美学的关系的知识。它要符合的是哲学家力图合理地进行论证和系统化的科学性标准；它是用哲学独具的范畴语言表达出来的，这就从根本上与各门具体科学所提供的知识区别开来；哲学不是直接面对自然界的，而是以自然科学为中介，它是通过世界整体图景的语境考察各种现象的。当然，哲学也像各门科学一样，是在一系列基本原则的基础上进行系统化的，这些原则是世界的物质统一性、世界的联系和发展的辩证性、世界的可知性等等。但是，“哲学也像各门科学一样，完全有权以特殊的形式实现科学性，这种实现既不能归结为物理科学的方式，也不

---

① Т. И. 奥伊则尔曼. 哲学的科学地位（关于哲学出发点的选择问题）. 缪雄伯译. 哲学译丛，1990（2）：4.

② Н. И. Лапин. Философское сознание：драматизм обновления. Политиздат，1991：50-51.

能归结为关于人和社会的经典科学的方式。”①

有的学者认为，无论怎样界定科学性，归根结底最根本的标准还是社会实践。布哈洛夫（Ю. Ф. Бухалов）指出，科学性是一个内容丰富的标准。科学性首先要求真实性，尼基弗洛夫所说的描述性、主体际性等都属于真实性范畴。但是，“无论是在科学中还是在哲学中，社会历史实践——整体性的和处于发展中的实践，才是真实性的客观标准。”当然，实践常常不能成为真实性的直接标准，在哲学中，也和在数学、逻辑等学科中一样，是通过在其他科学中运用其原理和规律而间接表现出来的，因此不能实用主义地理解实践标准。同时，科学性标准还包括逻辑的严谨性、内在的无矛盾性、批判态度、进步主张等，把这些和真实性结合起来才能得出相对完整的科学性标准，但是，布哈洛夫指出：“归根结底，这些特点恰恰是从实践中衍生出来的。”②

其实，与20世纪80年代苏联整个社会思潮走向相同，对哲学本性的唯科学主义解释早就引起了普遍的质疑。还在1986年，作家扎雷金（С. П. Залыгин）就以圈外人的身份在《哲学问题》上撰文指出：“我关心的是哲学参与其中的那种生活。我和那些从事哲学活动的人都关心哲学，并不是因为信奉哪一种哲学学说，而是感到哲学对自己的生存，对自己本身是某种必不可少的东西。”作家的话引起了很大反响，《哲学问题》杂志以“扎雷金现象”作为专栏标题，并发表了努伊金（А. А. Нуйкин）的论文，披露了作者同扎雷金的谈话，指出要通过揭示人的生存维度，理解哲学同生活的联系③；肯定哲学具有科学性，不等于把哲学的科学性和具体科学的科学性混为一谈，应当警惕哲学研究中的唯科学主义倾向。克尼娅泽娃（Е. Н. Князева）说：“对哲学与科学的相互联系所做的分析可以使我们坚信，为了卓有成效地改革哲学思维，现在必须抛弃唯科学主义的幻想，放弃以某一门发达的专门科学为典范来

① В. И. Купцов. Фикософия наука или особый вид теории? //Н. И. Лапин. Философское сознание：драматизм обновления. Политиздат，1991：103.

② 舒白，封文. 对《哲学是不是科学？》一文的反应. 哲学译丛，1990（4）：53.

③ А. А. Нуйкин. Феномен Залыкина. Вопросы философии，1986（4）：112-113.

建构哲学知识的企图。”[①]对此，马姆丘尔做了深入分析。他认为哲学研究确实存在唯科学主义的误区，其基本特点是对科学的非批判态度。康德已经开了批判主义的先河，认为不能简单地描述认识过程，而要揭示认识实现的条件和获得客观知识的可能性。但是，与唯科学主义相反，哲学研究还存在另一个极端，亦即自然哲学的误区。按照自然哲学的模式，既不研究具体科学材料，也不分析认识的实际历史，而力图从先前采用的公式出发，把方法论研究转向科学认识本身的平面上。研究者陷入自然哲学的误区，就不懂得“方法论的本性是元科学研究，它不是指向客体，而是指向关于客体的知识，指向分析客体所使用的方法和手段”[②]。马姆丘尔认为，这里表现了哲学研究方向上的一种二择一：是描述的还是规范的，也就是只描述认识过程，还是先验地规定认识进一步发展的途径，前者是唯科学主义的倾向，后者是自然哲学的倾向，而这两种倾向都是错误的。

马姆丘尔主张，哲学方法论应当对科学发挥批判的功能，“它的任务是，立足于以往科学认识的实际历史，力图从先前采用的公式出发，把方法论研究转向科学认识本身的历史经验，分析它的现状，据此预见其进一步的发展，并始终意识到任何这类预见的特殊或然性和启发性。”[③]一些学者批评现代科学的“客观主义态度”，似乎科学本质上是无人性的，对人和人类密切关注的问题漠然置之，无视精神利益和价值问题。马姆丘尔不同意这种观点，他认为这正是科学与哲学在性质和功能上的划界，科学的真正地位和特殊任务是和人类活动的其他领域不同的，科学不能也不应该去解决人类生存的意义问题，也不应为生态危机之类的事情负责，它（至少被称作基础科学的那一部分）的任务是获取并向社会提供客观的真理性知识。而哲学方法论却指向作为文化子系统

① 舒白，封文. 对《哲学是不是科学？》一文的反应. 哲学译丛，1990（4）：51.

② Е. А. Мамчур. Наука и развитие философии//Н. И. Лапин. Философское сознание：драматизм обновление. Политиздат，1991：268.

③ Е. А. Мамчур. Наука и развитие философии//Н. И. Лапин. Философское сознание：драматизм обновления. Политиздат，1991：369-370.

的科学和整个文化系统之间不可分割的联系，就其同科学的关系而言，它的任务就是对科学认识进行重构，揭示科学认识两位一体的本性，指出尽管科学认识具有社会性并受社会制约，但终究是获取关于世界的客观真理性知识的活动①。

哲学属于马克思所说的“实践—精神的把握世界的方式”，这一时期更多的苏联哲学家正是从这一立场出发理解哲学的本性，他们首先把哲学看作世界观，是人与世界的关系的反思，具有人文性。达维多娃（Г. А. Давидова）在《论哲学知识的世界观本性》中指出，哲学知识具有双重属性，每一方面都存在于合二而一的统一体之中，彼此通过对方表现出来。“它同时既是关于世界的，又是关于人的，它揭示了客观实在的特点——又表现了主观的立场；它研究了普遍的内容——又寓于个体的形式之中。它结合了科学方式和价值方式，既使用理性—推论的手段，又使用了形象—艺术的手段。”②在这方面，1988 年马马达什维里（М. К. Мамардашвили）在苏联科学院哲学研究所做的报告《意识问题和哲学的自白》特别值得注意，此文已经概要地说明了他在两年后（即他逝世那一年）出版的《我怎样理解哲学》一书的基本观点。马马达什维里是苏联极有独创性的哲学家，他一无依傍，借鉴现象学、存在主义和弗洛伊德主义的研究成果，建立了自己的意识理论，并以此为基础对哲学的本性做了新颖的阐释。他认为对人的二元论理解奠定了近代欧洲文明的基础。如果只从一个方面把人看成客观世界的一部分，那么人的个性、自由、意识现象就消失了。我们常常只把意识现象看作存在的反映，这至少是不全面的，必须从本体论上把意识看作世界上发生的事件。自由绝不是对社会存在的虚幻认识，而是世界事件。因此哲学问题是命令式的，要制定非经典的新的合理性命题：“应当怎样安排世界，

① Е. А. Мамчур. Наука и развитие философии//Н. И. Лапин. Философское сознание：драматизм обновления. Политиздат，1991：372-374.

② Г. А. Давыдова. О мировоззренческой природы философского знания. Вопросы философии，1988（2）：49.

才能使被称之为‘思想’的事件得以发生？”[①]但是，思想事件是什么呢？问题在于，“我想”和“我想我之所想”是根本不同的两件事。我想我之所想，不是通过反映，不是通过需要间接地解码或翻译的符号和隐喻，而是直接地，面对面地，从这个意义上说，思想是用思想来表现的。“表现——意味着思想由于变动而同思想相配合。哲学就是描述这种变动。”马马达什维里认为，这种思想运动是和我们最切近的东西相关的：我们事实上在感觉什么、在思考什么、在谈论什么；但最切近的东西，既是最困难的东西，也是最重要的东西。他把这叫作“超感觉的间隔”。在经验材料中，在经验意识同存在的相互关系中，我们没有这种间隔，这时思维和存在是同一的；而在思想运动中，却存在这种间隔，思不同于所思，也不同于所以思（即思想不等于用以思想的手段）。马马达什维里认为这种间隔是某种“韵律”（或译节奏、秩序，原文为 ритм），它是我们作为人的意识生活实现的条件，换言之，哲学就是思想的思想。哲学的本质就是人实现自己意识和精神生活目标的韵律，“或者，不如说，倘若我们作为意识主体生活，它就是我们所固有的现实的哲学。我们就这样体现出自己的人性。”至于理论形态的哲学不过是“现实的哲学”事后的编码化[②]。对哲学的这种理解引起了相当普遍的共鸣，科涅夫（В. А. Конев）认为这代表了一种新的哲学思考范式。传统的范式可以上溯到巴门尼德，哲学被看成是关于“存在作为存在”（on he on，ὄυηὄυ），存在被当作哲学思考的范式；笛卡儿提出“我思故我在”（cogito ergo sum），把思想建立为哲学的范式，成为唯科学主义哲学思考方向的滥觞；以海德格尔为代表的存在主义进一步用亲在（dasein）代替了存在，亦即自身的存在，这样生存（existenz）就成了新的哲学思考范式。但是，在20世纪后半叶对现代性的反思中，哲学思想力图通过文化理解人的存在，哲学成了文化批判。文化活动不是思

① В. А. Смирнов. М. К. Мамардашвили：философия сознания//В. А. Лекторский. Философия не кончается···. РОССПЭН，1998：490-491.

② М. К. Мамардашвили. Проблема сознания и философвское признание. Вопросы философии，1988（8）：46.

想活动（cogito），不是行为活动（praxis），也不是生存活动（existenz），而是断定活动（affirmo），或者文化评价活动。断定导致“断定之物”和“断定之人”的出现，导致建立了与自然存在不同的存在，导致文化的现实性。因此新的哲学思考范式是断定，不是“我思故我在”，而是“我断故我在”（affirmo ergo sum）①。

哲学具有科学性，却不是一般的科学，必须防止唯科学主义的倾向；但强调哲学的人文属性，并不是说哲学与其他人文文化领域属于同一范畴。什维列夫强调指出，哲学固然不是无所不包的“科学的科学”，也不是科学论，不是一般的科学方法论，“但也并不归结为伦理学、道德论或者价值论”。哲学有特殊的文化定位，它的本质是世界观：“表现特殊的哲学现象，不能归结为科学，不能归结为伦理意识，更不能归结为意识形态、政治意识等，它只能出现于特定的精神空间、精神力量场中，它的张力是对基本世界观指向的批判的、质疑性的思考。”哲学是作为对人和世界的基本世界观关系、人之“进入”世界的批判反思而发展起来的②。但是，对哲学作为文化现象却存在种种误解。达维多夫（Ю. Н. Давидов）把这些误解归纳为两种危险，他称之为两个怪物——斯库拉和卡律布狄斯③。所谓斯库拉是指哲学上的一种“专业侏儒症”，就是把哲学同整个文化割裂开来，认为哲学即文化，而且是全部文化的真理，因此哲学是否还需要文化的问题是毫无意义的。这是一种阉割哲学思维的危险倾向，它使哲学脱离了整个文化和生活，陷入教条化、官僚化和技治主义。而所谓卡律布狄斯则是走向另一个极端，即根据“整个文化”重建哲学，走向“自我忘却”，使哲学知识丧失了特殊感和界限感——抹杀了哲学这种具有普遍性的知识形式和那些“不教

① В. А. Конев. Философия культуры и парадигмыфилософского мышления. Философские науки，1991（6）：17-21.

② В. С. Швырев.《Образ философии》и философская культура//Н. И. Лапин. Философское сознание：драматизм обновления. Политиздат，1991：102-103.

③ 斯库拉（Сцилла，Scylla）和卡律布狄斯（Харибда，Charybdis），希腊神话中的两个妖怪，居住在一条狭窄海峡的两岸，专门溺死来往的航海家。

导智慧”的各类知识之间的界线。结果是哲学不再“自定规则”，抛弃了固有的严格性、自己特有的方法和自身的文化特性。作者认为，前者是哲学的唯科学主义倾向，是与实证主义和新康德主义指向自然科学方法论的“方法论时代”有关的，它使哲学脱离了自己的社会基础，其后果不可避免地是导致教条主义和经院哲学；而后者则是用人文科学取代哲学，取消了哲学的文化批判功能，使哲学知识失去逻辑—概念化的特性，成为一种精神的罗曼蒂克[①]。达维多夫认为苏联哲学早已经被这两个怪物缠身了。

在普遍的改革气氛中，苏联马克思主义哲学的现状遭到了来自各方面的批评。苏联哲学研究不是作为官方的御用政治工具，就是躲进概念思辨的象牙之塔，成为烦琐经院哲学的现代翻版。看来官方和学术界对苏联哲学现状的否定性评价是一致的。戈尔巴乔夫上台后不久，苏联官方就对苏联哲学的僵化、停滞和了无生气公开表示不满。苏共中央在关于《共产党人》杂志的决议中，措辞严厉地指责说：“哲学思想当下在很多方面或是仍然陷溺于过去之中，或是陷溺于严重脱离实践的抽象之中，从而损害了对迫切的现代问题的分析。哲学只有在及时地反映国内和世界舞台上的主要事件、反映科学的基础发现和过程的时候，才能富有成效地实现其社会的和科学的功能。哲学应当回答那些激动人心的生存和精神生活问题，回答复杂的伦理问题。”[②]

但是，核心问题在于马克思主义哲学在苏联的发展为什么会发生这样的曲折？

一种意见认为，苏联哲学之所以走上歧途，原因来自马克思主义自身。尼基弗洛夫就认为，马克思主义哲学在苏联的负面表现是由其内在规定促成的，一句话，是因为马克思主义已经落在时代后面了。哲学家既然生活在一定的时代和一定的社会，他就不可避免地要用自己的哲学观点，来表现某些社会阶层和集团的世界观。可是，马克思主义是以资

---

① Ю. Н. Давыдов. Раздумья о философской культуре. Вопросы философии，1988（3）：58-65.

② КПСС. ЦК. О журнале “Коммунист”，Коммунист，1986（12）：4-5.

本主义残酷剥削时代为前提的，所反映的是那个时代的无产阶级的情绪。而当代资产阶级的社会战略在吸收了马克思主义的一些观念之后，已经促使资本主义发生了根本改变，“马克思主义提出的基本目标已经基本达到”，“马克思主义在很大程度上已经失掉了社会基础”。因此，问题不在于斯大林及其追随者对马克思主义的歪曲，要恢复马克思主义哲学的生命力，不能靠“回到真正的马克思主义”①。

另一种意见认为，苏联马克思主义哲学烦琐性、公式化和教条主义，是苏联历史上在错误的政治路线指导下造成的特殊社会环境的产物。多数学者反对尼基弗洛夫的论断，不同意把责任归咎于马克思主义理论本身。阿尔希波夫（Б. А. Архипов）指出：“问题到底在哪里？尼基弗洛夫把科学的马克思主义哲学和它在斯大林—勃列日涅夫时代的特殊表现形式混为一谈了。正应当把强加于马克思主义哲学的全部神话（这成了某些哲学家怀疑马克思主义哲学的彻底科学性的充分根据），归咎于上述表现形式。”②拉宾把马克思主义哲学在苏联的这种特殊表现形式称作“哲学意识的异化”，并且具体分析了异化哲学家的三种类型：第一种是以宣传和注释马克思主义经典著作、党和苏维埃的文件为业，时刻准备对领袖和政治领导人理论观点的“绝对正确的经典的”性质进行合理的论证；第二种是能够理解领袖言词的隐晦内容，为一种狂热的、几乎是宗教般的心愿去猜测领袖虽未说出但心里已有或刚刚考虑成熟的思想观点；第三种是随时准备并有能力指出自己团体中公开表达的或者即使是隐约暗示的对领袖观点的偏离，并且把国内外的政治和理论上的反对派作为阶级敌人和人民公敌无情地揭露出来。在这样的政治思想氛围下面，苏联哲学必然缺乏独立自由的精神创造，是无个性的哲学③。舒尔茨（Л. Б. Шульц）在《论个性在哲学中的意义》一文中指出，苏联哲学千篇一律、陈词滥调的经院化倾向，是以伪科学主义的面

① А. Л. Никифров. О чём действительности идёт спор. Философские науки，1991（1）：153.

② 舒白，封文. 对《哲学是不是科学？》一文的反应. 哲学译丛，1990（4）：47.

③ Н. И. Лапин. Отчуждение философского сознания//Н. И. Лапин. Философское сознавие：драматизм обновления. Политиздат，1991：29-30.

目出现的，它接受了席卷国家精神生活的唯科学主义和技治主义的诱惑，“它偏颇的公式主义把哲学弄成某种类似自然科学的东西。不知这么一来，马克思主义哲学的科学性也被解释成仅仅与科学经验有关，并且主要是自然科学的经验，而只是喊‘辩证唯物主义者和自然科学联盟’的口号。”这正是要使哲学接受科学知识的真理范式，以物理学和化学标准打造哲学，无视个人生活立场、自我感受对哲学思想形成的作用，抹杀诸如信念、魅力、行为方式等个人因素在哲学活动中的地位。所以，“抨击个人崇拜时期和停滞时期苏联哲学无个性是有根据的”①。

哲学的异化来自社会的异化。拉宾认为，苏联社会长期以来是一种“早熟的社会主义”，是马克思所说的“粗陋的共产主义”②，还留有它由之产生的那个社会的深刻痕迹，到处都是对人性的否定。他不厌其详地列举了苏联社会异化的六个层面③：

（1）绝大多数居民与管理和政权机制分离；

（2）工人和职员与他们的劳动成果分离；

（3）强力集体化导致农民与土地、与劳动自主权、与根据市场价格取得收获报酬的三重分离；

（4）生产结构与居民需求分离；

（5）庸俗教条主义的辩护和注释、权威意识窒息了自由的精神创造；

（6）极权主义的压制使人丧失了个性。

消除哲学的异化首先要改变异化的现实。按照马克思的观点，只有在合适的时代才会产生真正的哲学：“因为任何真正的哲学都是自己时代精神的精华，所以必然会出现这样的时代：那时哲学不仅从内部即就

① Л. Б. Шульц. О значении личности в философии. Вопросы философии，1991（5）：30-34.

② 马克思的原话是“完全粗陋的和无思想的共产主义”，“还不理解需要的人的本性”。马克思. 1844年经济学哲学手稿//马克思，恩格斯. 马克思恩格斯全集：第42卷. 人民出版社，1979：118，120.

③ Н. И. Лапин. Отчуждение философского сознания//Н. И. Лапин. Философское сознание：Драматизм обновления. Политиздат，1991：13-17.

其内容来说，而且从外部即就其表现来说，都要和自己时代的现实接触并相互作用。”[①]这就是说，真正的哲学是需要一定时代条件的。那么，真正的哲学研究需要的社会人文条件是什么呢？列克托尔斯基认为这些条件是：

（1）哲学活动的需求产生于特殊类型的社会和特殊类型的文化之中，这种社会和文化是动态的，发展着的，为创造、探索和独立自决提供了广阔的空间。相反，如果处在传统起支配作用，对信仰坚信不疑的文化环境中，那时世界观的实现就是与哲学不同的另一种方式了。哲学首先是研究方式、分析方式和反思方式。

（2）当代世界的发展向哲学提出了特殊的需求。人类、世界和现代文明进入了每前进一步都提出哲学问题的时期，这就是人类生存还是毁灭的问题。人与自然、人与环境的关系问题成为哲学的主题由此派生出一系列根本问题：传统自然科学的界限在哪里，是否有可能超越这一界限；人和国家、人和社会的相互关系问题；进步的意义和性质等。

（3）哲学是特定人群的需求。当习以为常的行为规范遭到破坏的时候，人必须做出异乎寻常的决定，改变已经接受的生活方针。有一条捷径，那就是回到深深扎根于社会关系体系被奉为权威的教条方式中去，或者沉溺于神秘主义，但这是特殊的社会自戕；否则就要采取更复杂的应对方式——哲学的方式。其之所以复杂，是因为它存在各式各样的自我论证的方式和途径[②]。

看来，世纪之交的全球性变革正是哲学需求最强劲的时代，这正是需要真正的哲学、也必将产生真正的哲学的时代。那么，在这样的时代里，马克思主义哲学的前途又将如何呢？看来，有一点在当时的苏联哲学界是有普遍共识的：马克思主义哲学不会消亡，但它必须与时俱进，实现思想和理论的更新。即使认为本来的马克思主义哲学已经过时的尼

① 马克思. 第179号“科伦日报”社论//马克思，恩格斯. 马克思恩格斯全集：第1卷. 人民出版社，1956：121.

② В. А. Лекторский. Что нужно людям от философии? //Н. И. Лапин. Философское сознание: драматизм обновления. Политиздат，1991：142-144.

基弗洛夫，也不否认马克思主义哲学的固有价值，并肯定马克思主义哲学自我更新的前景。在他看来，马克思主义哲学的前途不是退回到19世纪马克思主义创始人的“真正思想”上去，而是要在保持“固有的人道主义激情”的同时，考虑20世纪科技革命的最新成果，注意当代世界面貌的巨变，汲取百年哲学思想发展的丰富成果，努力跨跃到现代马克思主义世界观的新形态[①]。

如果全面考察苏联最后六年（1985～1991年）的整个哲学发展，可以发现一个值得注意的现象，即在理论界“批判马克思列宁主义正成为时髦”[②]、而普遍进入“新一轮‘圣像破坏运动’”（奥伊则尔曼语）[③]时，有一个哲学部门却保持了相对的清醒，犹如“台风眼”一样，依然沿着20世纪60年代开辟的方向推进，并取得了明显的成就。这就是马克思主义的科学哲学研究。弗罗洛夫在谈到解体前后国内科学哲学的研究时说：“我们可以说，我国对科学哲学的研究现在已经达到很高的水平，达到世界水平。”[④]苏联的科学哲学发展之所以显示出这种独特的连续性，是与科学哲学本身的性质有关的。相对于其他哲学部门而言，科学哲学的对象是科学认识过程及其成果（科学知识），这一对象是远离社会政治和意识形态的领域，也相对独立于对它们的哲学解释，是价值中立的。萨多夫斯基在《科学模型及其哲学解释》中，就曾明确将科学知识模型和对它的哲学解释严格区分开来。他指出：“尽管科学知识的哲学观念可能有本质的区别，甚至是截然相反的（马克思主义和新实证主义的情况就是如此），但是这些哲学所使用的模型，例如科学知识的演绎模型，却可能是相同的。这表明模型对哲学观念的相对独立性，各种哲学观念都使用这些模型，而有时也创造出科学知识模型及其哲学解释的不同作用形式。”[⑤]这和其他哲学分支以及一般社会科学

---

① А. Л. Никифров. О чём в действительности идёт спор. Философские науки，1991（1）：153.

② 舒白，封文. 对《哲学是不是科学？》一文的反应. 哲学译丛，1990（4）：53.

③ Т. И. 奥伊则尔曼. 马克思主义自我批评的原则基础. 吴铮译. 哲学译丛，1998（4）：11.

④ И. Т. 弗罗洛夫. 60～80年代苏联哲学总结与展望. 泽林译. 哲学译丛，1993（2）：11.

⑤ В. Н. 萨多夫斯基. 科学模型及其哲学解释. 自然科学哲学问题丛刊，1984（3）：72.

领域的情况迥然不同。社会领域和人文领域的研究对象，与社会的阶级、集团的利益密切相关，其本身从来就有鲜明的政治倾向性，即通常所说的“党派性”。马克思在谈到政治经济学的研究对象时就曾说过：“政治经济学所研究的材料的特殊性，把人们心中最激烈、最卑鄙、最恶劣的感情，把代表私人利益的复仇女神召唤到战场上来反对自由的科学研究。”[①]由于科学哲学研究在对象上的价值中立性，可以在某种程度上避开政治敏感问题，“因此官方意识形态的压力不能取消作为某种程度自由智力活动的哲学，尽管遵循自主原则进行自由研究的可能性是有限的”[②]。而苏联哲学家的这种创造潜力的发挥主要是在专门领域，首先是在科学哲学中实现的。列克托尔斯基认为，对一代苏联哲学家来说，“他们觉得在当时的条件下，依凭科学知识是改变他们不满意的社会现实的唯一可能并且可靠的方式。他们把哲学理解为认识论，确切地说，是科学认识论。”[③]也正因如此，苏联科学哲学领域是最开放的，不仅翻译了几乎所有西方科学哲学的代表性文献，而且与西方同行一直保持着密切的接触，定期参加国际科学哲学的各种会议，展开频繁的对话。与之相反，如列克托尔斯基指出的那样，“但是，特别是那些研究形而上学基本问题、哲学人类学、社会和政治哲学的学者，同西方同行的经常性工作互动就付诸阙如了。”[④]在 20 世纪 80 年代后期苏联社会的激烈转型期，当官方放弃马克思主义的主流话语权的时候，那些“党性”强的研究域激烈动荡，许多人纷纷“易帜”；而科学哲学领域的一些学者却异乎于此，他们一如既往按部就班地继续研究自己原来的课题，并且仍然坚持原有的思想原则和学术立场，这当然不是偶然的。

如前所述，科学哲学是苏联哲学改革思想的前沿领域。20 世纪 60

① 马克思．资本论//马克思，恩格斯．马克思恩格斯全集：第 23 卷．人民出版社，1972：12.

② И. С. Андреева. Русская философия во второйполовине XX века：Сб. обзоров и рефератов. ИНИОН РАН，1999：9.

③ В. А. Лекторский. Философия не кончается⋯. РОССРЭН，1998：3.

④ В. А. Лекторский. Философия не кончается⋯. РОССПЭН，1998：9.

年代，一批年轻的哲学家以转向认识论—方法论导向打开缺口，颠覆了“马克思主义哲学是关于自然、社会和思维的普遍规律的科学”的教条，扭转了长期主宰苏联哲学，尤其是自然科学哲学的本体论主义。如什维列夫所说：“苏联哲学所采用的哲学作为‘自然、社会和思维的最普遍规律的科学’这一定义，对我们所有人来说显然是非建构性的。如果在这个定义的基础上，而不打破哲学作为科学的观点，就无论如何不能对哲学和具体科学的相互关系提出令人满意的理解。”[①]但是认识论—方法论导向却引向了唯科学主义的片面性。80 年代中叶以后，在改革的语境下，这批学者及其后继者特别注意到在同人类文化的关系上哲学的独特的方案—设计性功能，即马克思所说的“精神—实践地把握现实的方式”，从而在苏联自然科学哲学中实现了价值论—世界观转向。从本体论主义转到认识论—方法论导向，再转到价值论—世界观导向，反映了苏联自然科学哲学与社会现实生活的互动。但与其他哲学和人文社会科学领域不同的是，这一发展过程体现了这门学科内在的逻辑，而与社会转型中浮现的各种极端思潮保持了距离，显示了明显的相对独立性。这个时期的苏联科学哲学的发展轨迹最具典型性：一方面，它特别注意国际科学哲学发展的最新动向，不回避各种前沿问题，积极与之对话，实现了和世界哲学发展的同步性；另一方面，它并不随波逐流放弃自己原来一直坚持的马克思主义立场，而是根据形势的发展，做出某些必要的修正。科学哲学的苏联学派的一批杰出学者，如明斯克学派的代表人物什维列夫、斯焦宾等，显示了值得称道的学术个性。他们在官方的教条主义意识形态高压下，不畏权势，勇于突破禁区，向公认的权威结论挑战，客观地评价并合理地汲取西方科学哲学的积极成果，在创立当代马克思主义的科学哲学方面做出了骄人的成绩；而在改革走入误区，各种时髦思潮纷至沓来，对马克思主义的批判成为主流话语的时候，他们独能保持清醒，不曲学阿世，而是坚持科学分析的态度，无论

① В. С. Швырев. Мой путь философии. Свободная высль，2003（3）：90.

是对马克思主义，还是对西方哲学，都力求实事求是地进行评价，既不讳言它在某些方面存在的问题，又重视其立场方法的优越性，即使在苏联解体后的今天，他们仍然坚持一贯的思想原则。当然这不是说他们的研究毫无瑕疵，作为学术探索，许多结论是大有商榷余地的；值得称道的是一种可贵的学风，不妨把解体前大转型期苏联科学哲学界主流学者的表现称之为"苏联科学哲学现象"，它留给我们许多值得深思的东西。我们来具体研究一下这一时期苏联科学哲学领域重大理论问题的演化，我特别留意的是学者们在坚持自己基本学术立场方面的一贯性。

一、辩证法的本性问题

马克思主义哲学是唯物辩证法，这也是苏联科学哲学一贯坚持的思想原则。什维列夫在其 1988 年出版的《科学认识分析》一书中说："苏联对科学认识的哲学—方法论研究是从辩证唯物主义的反映原则出发的，把唯物辩证法理解为逻辑、认识论和科学的一般方法论，从而一向避免了在逻辑实证论支配下的西方科学哲学特有的重大缺陷、狭隘性和局限性。"[①]什维列夫对辩证法的服膺是一贯的。早在 1970 年他在为《哲学百科全书》撰写的德国古典哲学的条目中，就把辩证法看作是关于理论思维发展的学说。1979 年，他在《思维建构过程研究的辩证法传统和现代科学方法论》一文中，区分了对待辩证法的两种态度。一种是"赝黑格尔主义"（或"赝马克思主义"）的态度，把辩证法偶像化，将其歪曲为僵化的公式。另一种态度是狭隘的唯科学主义，醉心于反黑格尔主义，或者对辩证法持否定态度，或者试图把辩证法改造成与形式逻辑对立的另一种逻辑。什维列夫不仅反对前一种态度，而且在苏联解体前后，特别强调批判后一种态度。众所周知，波普尔是辩证法的反对者，他在 1943 年发表的《何谓辩证法》中认为，黑格尔主张矛盾是允

① В. С. Швырев. Анализ научноно познания：основные направления формы проблемы. Наука，1988：175.

许的和不可避免的，而且是非常必要的，“这就是黑格尔的学说，它必然要毁灭所有的论证和进步。因为，如果矛盾是不可避免的和必要的，那么，就不需要消除它们，这样，所有的进步就必然会完结。”[①]以波普尔的这一立场为切入点，在当时的语境下，在苏联解体已四年的1995年，什维列夫写出《我们怎样看待辩证法》的论文，再次重申他在15年前的观点，旗帜鲜明地捍卫了辩证法[②]。值得注意的是，什维列夫的立场并不是孤立的，就在他这篇论文发表的同一期《哲学问题》上，科学哲学家萨多夫斯基和斯米尔诺夫（В. А. Смирнов）就同一主题发表论文，表达了与什维列夫同样的态度。这显然是这一批苏联科学哲学家的共识。马姆丘尔等在1997年出版的《国内科学哲学：初步总结》一书中，特别谈到唯物辩证法对苏联科学哲学研究的积极意义，认为对于苏联科学哲学家来说，“唯物辩证法与其说是作为认识工具，不如说是作为方法论活动的背景——作为科学认识研究的广阔的、普遍的而且无可争议的前提。在某种程度上成为认识过程前提的那些方针是，要求不要把所研究的现象同与其他现象的联系割裂开来，不仅要考虑逻辑的方面，而且要考虑历史的方面，要在发展中考察这些现象；尽可能更全面更完整地研究对象，等等。”该书还谈到这种正面影响的具体作用，指出由于遵循了唯物辩证法的研究传统，苏联的科学哲学家拒绝在知识的经验层次和理论层次之间、在科学和“形而上学”之间严格划界；在知识分析中不泥守形式的和逻辑的方法，而是把这些方法同内涵的方法结合起来，并用发生学方法补充了演绎方法，这使他们明显地优于西方的同行们。作者们认为：“如果这些前提不充当解决问题的既成图式，那就是富有成效的。”[③]

---

① 卡尔·波普尔. 开放社会及其敌人：第2卷. 陆衡等译. 中国社会科学出版社，1999：80.

② В. С. Швырев. Как нам относиться к диалектике? Вопросы философии，1995（1）：152-158.

③ Е. А. Мамчур，Н. Ф. Овчинников，А. П. Огурцов. Отечественная философия науки：предварительные итоги. РОССПЭН，1997：254.

二、科学知识中理论和经验的关系问题

理论和经验的关系本质上是个性和共性的关系，这一问题是认识论的基本问题，贯穿了古今哲学的发展史。古代柏拉图和亚里士多德的认识论之争，中世纪唯名论和唯实论之争，逻辑实证主义和后逻辑实证主义科学认识论之争，乃至当代科学哲学中的实在论和反实在论之争，无不围绕这一问题展开。现代科学的重要特点之一就是它的理论化趋势，而强调理论的主导性也就成了现代科学哲学新的主流趋势。贝拉瓦（Y. Belaval）在谈到科学史家科瓦雷对近现代科学史的看法时说："从哥白尼到牛顿和从牛顿到爱因斯坦，现代科学都是柏拉图对亚里士多德的复仇，数学化对感性直观的复仇，转向自我精神对各种形式的感觉论的复仇。"[①]逻辑经验主义作为西方科学哲学的公认观点，基本原则就是可证实性原则（principle of veriability）：一个语句要具有认识意义，就必须表述一个至少从原则上说可以参照经验的观察而表明其对错的陈述，因此，语句或是能被经验证实的从而是有意义的，或者不能被经验证实的从而是无意义的。但是，与科学发展的理论化趋势相适应，20 世纪 50 年代后，可证实性原则受到的挑战是致命的。1958 年汉森在《发现的模式》中指出："物理理论提供了事实可理解地显示于其中的模式。"[②]提出了观察的"理论荷载"（theory-laden）的著名命题。随着历史社会学派的兴起，科学知识完全被视为理性重构的产物，约定论取代了经验基础论。而理论的选择和建构或者被视为效用取向的，或者被视为信仰取向的，进而根本否定了科学认识的真理性目标。

正是在这里，清楚地显示出苏联科学哲学家的思想独立性，唯物辩证法的思想指针发挥了巨大的定向作用。与西方科学哲学不同，苏联学

---

① В. Н. Катасонов. Конципция Койре в современной зарубежной философии. Вопросы философии, 1985（8）: 134.

② N. R. Hanson. Patterns of Discovery. Cambridge University Press，1958：90.

者在科学认识的经验和理论关系的研究中，始终坚持了认识的辩证法：

第一，经验与理论的统一。经验和理论在科学认识中各有其不可取代的地位和功能，二者在实际的科学认识中又是相互联系、相互渗透的。经验层次是把理论手段运用于经验材料的认识活动，旨在建立科学的理解机制与观念以外的实在的联系；理论层次则是发展科学理解机制的概念手段、使之完善化和精确化的活动，是建构“特殊理论世界”的活动[①]。这是什维列夫在自己哲学活动的初期提出的见解。他一方面反对逻辑实证主义的经验主义，同意经验荷载理论的命题；另一方面，他又反对后逻辑实证主义使理论脱离经验基础的观点。什维列夫始终坚持这一理论立场。直到2003年，他仍然继续深化这一立场，指出：“不存在也不可能存在‘纯粹的经验命题’，因为所有的经验表达，亦即人同现实的直接接触，都在语言中找到了概念—语义中介。但可能也应该区分科学知识的经验层次，它是对作为经验研究结果而得出的信息的思考和说明。换言之，经验标准不是脱离概念的理论解释——这是不可能的，而是思想指向经验结果，它与概念—理论内部的思想运动是不同的。”[②]他认为应当制定科学认识的经验成分和理论成分的辩证的类型学（типология，typology）。

第二，是形式和内容的统一。必须注意科学认识过程的内涵方面。什维列夫指出：“在我国文献中一直强调对科学知识进行内涵分析的必要性和迫切性……科学理论化实现的方式是什么，它的形式、阶段和标准是什么？正是这些问题，而不是逻辑形式化的加工技术、演绎—公理化建构的精确化问题，对发展着的方法论部门具有首要的意义。”[③]问题是什么是科学知识的内涵？苏联学者实际上提出了两类内涵。一类是经验的内涵。什维列夫认为，科学知识是非常复杂的结构—功能构成，如果用亚里士多德的术语来表述，这个构成的“物质”是由经验研究提供

---

① В. С. Швырев. Теоретическое и эмпирическое в научном познании. Наука，1978：2.

② В. С. Швырев. Мой путь в философии. Свободная высль，2003（3）：94.

③ В. С. Швырев. О соотношении теоретического иэмперическоно в научном познании//В. С. Степин. Природа Научного знания. БГУ，1979：108.

的，而其形式则为所使用的概念手段所规定[①]。另一类则是理想客体。首先是斯米尔诺夫，后来是斯焦宾、什维列夫和伊拉里奥诺夫（С. В. Илларионов），认为与演绎—公理化方法并列的还有发生—建构方法。因此，理论内容的扩展有两种方式，一种是通过理论语言符号的形式演算，另一种是通过理论的抽象客体的思想实验，而后者的前提则是基础理论公式还原为特殊理论公式，其基础则是经验观察和实验[②]。

第三，主观认识和客观实在的统一。经验和理论的关系的背后是认识是否反映客观实在的问题，这也是西方科学哲学众多流派回避或者否定的问题。理论的真理性检验归根结底要通过经验进行，而经验荷载理论，这就是理论经验检验的怪圈（порочный круг）。苏联学者的普遍认识是，"在认识过程内部，是不能冲破这个怪圈的。要确定理论的真理性，必须超出认识的界限，进入人的物质—实践活动的范围，进入理论的技术应用的领域。"[③]这番话是马姆丘尔等 1997 年对以前苏联科学哲学的研究成果的总结，而这里所肯定的恰恰是马克思主义的实践观。实证科学既不同于数学，也不同于人文文化，它要通过建构真理性理论把握客观实在。伊里因主张，数学知识的检验标准是无矛盾性、完全性和独立性要求；人文科学知识的检验标准是一般社会学的可重复性和人类学的适合性；而自然科学知识的检验标准则是外在的证实性和内在的完备性[④]。而这种检验的通道则是经验认识，在实践中通过经验直接获得关于外部世界的信息，以此为基础实现对理论的证实。什维列夫认为理论概念和思想对象不能自我封闭，应当有一个通向独立于人的世界的出口。"理论'结构'系统应该有一个同这个真实实在的可逆联系通道。经验研究方式就是这种通道，它获取信息，打破科学概念机制的自我封

① В. С. Швырев. Мой путь в философии. Свободная высль，2003（3）：94.

② С. В. Илларионов. Мысленный эксперимент в физике，его сущность и функции//Ю. В. Сачков. Методы научного познания и физика. Наука，1985.

③ Е. А. Мамчур，Н. Ф. Овчинников，А. П. Огурцов. Отечественная философия науки：предварительные итоги. РОССПЭН，1997：259.

④ Е. А. Мамчур，Н. Ф. Овчинников，А. П. Огурцов. Отечественная философия науки：предварительные итоги. РОССПЭН，1997：265.

闭性。”[①]1989年，苏联出版的弗罗洛夫主编的教科书《哲学导论》，提出了一个基本认识公式，其形式是：客体—对象—实践活动—主体，其中对象—实践活动是基本环节[②]。而苏联科学哲学家在研究科学知识的检验时，也始终坚持了这一马克思主义的认识论原理。斯焦宾在为格雷厄姆的《苏联自然科学、哲学和人的行为科学》一书俄文版所写的跋文《分析苏联科学哲学的历史发展》中，在谈到苏联学者的理论知识类型分析和20世纪科学规范结构变化分析时，特别指出：“马克思主义哲学的基本原理为所有这些研究提供了基础，这些原理是：客体从来不是以静观的形式、而是以实践的形式给予认识主体的（马克思）；实践包括在认识过程中，也包括在客体的规定中（列宁）。”[③]

三、科学理性问题

合理性（reasonable，rational）是20世纪后半叶科学哲学思想的聚焦点，劳丹（L. Laudan）说：“20世纪哲学最棘手的问题之一是合理性问题。有些哲学家提出，合理性就是使个人效用达到最大的行为；另一些哲学家则提出，合理性就是相信那些我们有充足理由相信为真（或至少可能为真）的命题并按这些命题行动；还有一些哲学家声称合理性只不过是暗示合理性随成本—效益分析而变；也有一些哲学家声称合理性只不过是提出能予以反驳的陈述。”但是，劳丹认为，“在这些对于合理性的解释中，没有一个被表明不存在逻辑上或哲学上的困难”[④]。问题在于如何定义科学理性，正确揭示科学理性的本质。

苏联科学哲学家从马克思主义哲学立场出发，对科学理性做了历史

① В. С. Швырев. Мой путь в философии. Свободная высль，2003（3）：94.

② И. Т. Фролов. Ввeтение в философии. В двух частях. Политиздат，1989：353.

③ В. С. Стёпин. Анализ исторического развития философии науки в СССР//Л. Р. Грэхэм，Естествознание，философия и науки о человеческом поведении в Советском Союзе. Политиздат，1991：435.

④ L. 劳丹. 进步及其问题——一种新的科学增长论. 刘新民译. 华夏出版社，1990：116.

主义的分析。1989 年，斯焦宾提出“后非经典科学理性”的概念。他认为，科学知识的进化可分为三个阶段：经典科学阶段、非经典科学阶段和后非经典科学阶段，相应地也存在三种理性类型，它们对应着不同形式的科学活动。经典科学理性只关注客体，舍弃了所有与活动主体和手段相关的东西。非经典科学理性的特点是，客体对活动手段和操作具有相对性，对这些手段和操作的说明是获取关于客体的真理性知识的条件。后现代非经典科学理性则不仅考虑到科学活动的认识前提，而且考虑到它的价值前提①。科学理性的进化是一个充满了辩证法的过程，斯焦宾把这一过程概括为“主体—手段—客体”的关系模式。什维列夫认为，科学理性按其作用性质说有三种类型：封闭型、开放型和虚假型。经典科学理性是封闭型的，它的特点一是囿于现有的科学原理所划定的界限，以其固有的科学范式和世界图景同化新出现的经验材料；二是理性活动的主体力图从科学活动中清除情感、意志等非理性因素，试图摆脱“道德的至上命令”；三是凌驾于自然之上，而不是与自然合作。这种经典科学理性很容易成为教条主义和“国教”（conformity）信仰的基础，从而蜕化为“赝理性”（pseudorationality），而开放型的科学理性则异乎于此。这种科学理性提出了新的认识方针，探求超出已确定的基本认识坐标界限和由前提确定的结构范围的出口，使“公开性”和自我批评的机制发生作用，从而实现科学理性的创造性潜能，它是“无岸的理性”。同时，在开放型的科学理性中，理论理性和实践理性应当是统一的。什维列夫认为，康德是现代后非经典理性的先驱。康德否定直接再现实在性质的观点，主张实在是自在的，表现它的方针是在科学知识中先验存在的模型化前提。但是，康德认为这种理论理性的先验模式是唯一可能的科学认识方式，而今天的科学哲学扬弃了康德的先验一元论，认为“存在各种解释—模型的概念结构，它是相应的共同主体即科学共同体的标志。对这些基本概念结构、其中的人的维度和意识的价值制约

① В. С. Спепин，Становление идеалов и норм постнеклассической науки//Е. А. Мамчур，Проблемы методологии постнеклассической науки. ИФРАН，1992：12.

性等理论见解的深化和具体化，促使人们摒弃了康德严格划分的‘纯粹’理论理性和实践理性。”①

显然，苏联科学哲学家注意到了西方后现代科学哲学的最新进展，强调了科学认识中认知主体的能动作用，努力在科学知识论的建构中把认识论和价值论结合起来。但是，这里关键在于如何解决主体和客体、认识和实在的关系问题。在这个问题上，苏联的科学哲学家并没有放弃辩证唯物主义的基本原则。什维列夫承认，对现代科学认识论来说，“理性认识结构（即其本体论，如果可以这样说的话）正在经历重大的变化”。这一变化主要是“实在性原则”的变化，它所指向的已经不是独立于人的客体世界，而是人对世界的认识关系，而这种关系则是在科学共同体的立场的各种复杂的相互作用中表现出来的，其标志就是不同的范式和研究纲领。在这种关系中有两种实在性——认识活动的结构实在性和客观实在性。经典科学理性面向自在的存在，其功能是确认；后现代非经典的科学理性虽然并不否定这种客观实在，但却从对存在的确认转向理性的“设计—建构”活动，不是隶属于既定的事物状况，而是从人的维度出发，通过对个人的社会生存经验的合理思考，制定理性立场调动人的创造性能力。因此这个实在不是消极的存在，而是积极的生成。这可以说是革命的能动的反映论在科学认识论领域的发挥，令人想起马克思的著名说法：“整个所谓世界历史不外是人通过人的劳动而诞生的过程，是自然界的从人说来的生成过程……人和自然界的实在性，即人对人说来作为自然界的存在以及自然界对人说来作为人的存在，已经变成实践的、可以通过感觉直观的。”②什维列夫的科学理性观代表了苏联学派科学哲学的主流观点，苏联解体后的1995年，由列克托尔斯基和盖坚科（П. П. Гайденко）主编的《理性的历史类型》继续发展了

---

① В. С. Швырев. Мой путь в философии. Свободная высль，2003（3）：100.

② 马克思. 1844年经济学哲学手稿//马克思，恩格斯. 马克思恩格斯全集：第42卷. 人民出版社，1979：131.

这些观点[①]。

在西方科学哲学中，20 世纪中叶对公认观点的重大挑战之一就是对知识的线性累积观的批判。前面提到逻辑实证主义的知识累积观，即所谓“精神水桶理论”，这种知识增长论也被称作科学进步的“中国套箱”（Chinese-box）理论，认为知识是通过归并而生长的。历史社会学派的兴起，建立了新的科学动力学，不仅对知识进步的过程模式进行重构，同时对科学发展的动因做了新的解释，而科学动源理论的核心问题就是所谓外史论和内史论的关系问题。在科学编史学的传统中，外史论和内史论长期对立，两峰对峙，二水分流，但历史社会学派却已经意识到二者应当统一起来。库恩就认为：“虽然科学史的内部方法和外部方法多少有些天然的自主性，其实它们是互相补充的。它们只有实际上是一个从另一个中引申出来，才有可能理解科学发展的一些重要方面。”[②]

辩证法是发展观。从发展观点研究科学知识的进步，早就是苏联科学哲学的重大主题。事实上，还在 20 世纪 70 年代末至 80 年代初，苏联科学哲学家就已建立了自己的科学动力学，推出了如斯焦宾的《科学理论的形成》（明斯克，1976）、库兹明（А. И. Кузмин）的《科学发展论研究》（列宁格勒，1980 年）和拉贾波夫（У. А. Раджабов）的《自然科学知识动力学》（莫斯科，1982 年）等一批代表作。特别是在科学知识动因论的研究方面，苏联学者始终坚持了唯物辩证法的传统。在哲学史上，对事物发展的内外因关系历来有明确的看法：“唯物辩证法认为外因是变化的条件，内因是变化的根据，外因通过内因而起作用。”[③]就在西方学者就内部史和外部史两种编史观纠缠不清的时候，苏联科学哲学家和科学史家却显示了自己在方法论上的优势，以辩证法为指针，超越了这个形式上的二难推理。著名科学史家米库林斯基提出了自己著

---

① В. А. Лекторский，П. П. Гайденнко. Исторические типы рачиональности. Т. 1～2. ИФРАН，1995-1996.

② 托马斯 · S. 库恩. 必要的张力——科学的传统和变革论文选. 经树立，范岱年，罗慧生，等译. 福建人民出版社，1981：118.

③ 毛泽东. 矛盾论//毛泽东. 毛泽东选集：第 1 卷. 人民出版社，1991：302.

名的论断——本来不称其为问题的内史论和外史论之争，指出："外史论和内史论的争论和斗争之所以是一个死胡同，其原因在于，二者都是形而上学地考察内史和外史的相互关系，把它们绝对化，仅仅看到其中的绝对对立。"①

随着后现代哲学在西方的推进，科学进步动因的外史论观点走向了文化决定论的极端，如前所述爱丁堡学派的强纲领以及1996年美国发生的"索卡尔事件"即所谓"科学大战"②，就是这种泛文化论的典型表现。在这样的思潮背景下，苏联科学哲学家却一如既往，坚持唯物辩证法和唯物史观的思想原则，对科学发展的内外动因的关系和科学知识与社会文化的关系做了辩证的解读。

肯定社会因素对科学发展有重大影响，这当然是马克思主义的一贯观点。但是，马克思主义历来反对外因决定论，始终认为科学和各种社会文化形式一样，有自己内在的发展机制，或者说是"内部史"。恩格斯晚年在其著名的历史唯物主义通信中特别强调的正是这一观点。在致梅林的信（1893年7月14日）中，恩格斯在谈到科学发展的相对独立性时说："……在每一门科学部门中都有一定的材料，这些材料是从以前的各代人的思维中独立形成的，并且在这些世代相继的人们的头脑中经过了自己独立的发展道路。当然，属于这个或那个领域的外部事实作为并发的原因也能给这种发展以影响，但是事实又被认为只是思想发展的果实，于是我们便始终停留在纯粹思维的范围之中，这种思维仿佛能顺利地消化甚至最顽强的事实。"③显然，恩格斯认为既要看到"外部事实"对科学发展的影响，不能把科学发展单纯看作纯粹的思想运动，但

① С. Р. Микулинский. Очерки развития историко-научного мыслию. Наука，1988：57-58.

② 索卡尔（Alan Sokal）是美国纽约大学量子物理学家，1996年，在著名后现代文化杂志《社会文本》上发表一篇诈文，诡称以物理学理论证实了科学知识内容的社会文化决定性，随后又在另一本杂志上公开了自己的真实意图是向后现代主义的"科学元勘"（science studies）挑战，反对取消科学的价值中立性将其完全归结为文化。索卡尔的观点和做法引起了轩然大波，"挺索派"和"反索派"各执一词，轰动一时。

③ 恩格斯. 致弗・梅林（1893年7月14日）//马克思，恩格斯. 马克思恩格斯选集：第4卷. 人民出版社，1972：501.

又要看到科学自身的发展逻辑，它按自己的内在机制“消化”外在的事实。马姆丘尔认为必须把科学发展的“社会制约性”和“社会决定性”区分开来，当然，在科学认识的本性是社会的这个意义上，我们可以说科学是社会决定的，但是至少就科学知识的内容——客观实在的反映——来说，我们只能谈社会制约性[①]。这是苏联科学哲学家一贯的主张。马姆丘尔等指出，基辅学派的学者在20世纪七八十年代曾特别致力于这方面的研究，这一学派的学者巴然（В. В. Бажан）、德什列维、卢基扬涅茨（В. С. Лукьянец）合著的《辩证唯物主义和现代物理学中的实在问题》就系统地阐述了物理实在相对于文化的独立性的观点，认为实证科学必须表现客观的物理实在，只不过不是直接的表现，而是通过文化系统的中介来表现[②]。在这方面，科萨列娃的研究最具独创性。她区分自然科学的对象为两种实在——第一种实在和第二种实在。第一种实在是自然科学的直接对象或最终对象，在《科学的对象》一书中科萨列娃写道：“可以这样来回答数理自然科学的直接对象问题：这是自然界相互作用的客观领域，它可以成为客观形式的活动的基础，具有自主的、非人的性质。”而作为科学间接对象的第二种实在则具有二重性，它是自然属性和社会属性的统一体，作为社会的东西在一定情况下是完全确定的活动类型，亦即人同世界的物的、技术的关系。“第二种实在是文化的一部分，其实体是人类丰富的对象活动谱系的物的侧面。”[③]科萨列娃是一位对西方科学哲学和科学史论有深入研究的学者，曾专门致力于科学发生学的社会结构学派的研究，并于1989年发表了《近代科学社会文化发生》一书，继续坚持上述立场。她坚持认为自然科学归根结底是反映客观物质实在的，经济需求推动科学进步以揭示自然规律，从而成为科学发展的决定性力量。但是，在分析科学发展动力的时候，必须具有辩证的眼光，不能陷入庸俗社会学和经济主义。她反

① Е. А. Мамчур. Пробремы социокультурной детерминации научного знания，Наука，1987：4-6.

② Е. А. Мамчур，Н. Ф. Овчинников，А. П. Огурцов. Отечественная философия науки：предварительные итоги. РОССПЭН，1997：307.

③ Л. М. Косарева. Предмет науки：Социально-филос. аспект проблемы. Наука，1977：139.

对西方外史论者贝尔纳、雷斯蒂沃（S. Restivo）等把新科学理论的产生完全归结为经济需求的观点，认为他们忽略了最重要的中介环节——广阔的文化语境、时代的精神氛围。她特别通过 16～17 世纪近代科学发生的分析指出，当时的科学思想恰恰同经济联系不大，倒是这个时代的世界观语境起了巨大的作用①。

对科学知识动力学深入研究要求划定外史因素和内史因素的不同作用域。格里雅兹诺夫早在 1982 年就曾指出，外史因素只决定科学增长的外部史，所规定的是研究问题的选择，而不是问题的内容本身②。马尔科娃（Л. А. Маркова）在研究 18～19 世纪的科学编史学时发现，在科学史的研究中，"通常会出现的基本困难是，不断产生难以克服的划界问题，即在科学共同体和科学思想内容的社会关系方面的划界"③。与西方后现代主义的泛文化主义不同的是，苏联学者认为自然科学归根结底要以反映客观实在为依归，不管外部社会因素的作用有多大，科学在接受其影响时始终保持了它的自主性。斯焦宾特别强调这一点，主张并非科学所有要素、概念、思想和方法都是社会文化制约的④。这一观点是一部集体著作《文化动力学中的科学革命》的基本观点。在同一部著作中，尤金特别区分了研究科学发展动力的两种方式——科学方式和文化方式，并不是科学的所有要素都要通过文化方式来研究，科学方式的指向是科学知识生长的内在特点、规律性和逻辑⑤。在同样的思想方向上，苏联人学研究所所长金钦科的研究可谓独辟蹊径，别具慧眼。他在《科学是文化不可分割的部分吗？》中，把科学意识区分为两个层

---

① Л. М. Косарева. Социокультурный генезис науки нового времени（философии фспект проблемы）. Наука，1989：6.

② Б. С. Грязнов. Логика и рациональность//И. С. Тимофеев. Методологические проблемы историко-научных исследований. Наука，1982：97.

③ Л. А. Маркова. Наука：История и историография XIX-XX вв.. Наука，1987：241.

④ В. С. Степин. Культурологический и методологический аспекты анализа научных революций（проблемы синтеза）//В. С. Сгепин. Научные революции в динамике культуры. БГУ，1987：375.

⑤ Б. Г. Юдин. Наука，культура и научные революции//В. С. Сгепин. Научные революции в динамике культуры. БГУ，1987：319.

面：存在层和反思层。在技术中心的、实用的指向占主导地位的时候，优先发挥作用的是存在层的科学意识；在价值论的指向占主导地位的时候，优先发挥作用的则是反思层的科学意识。存在层的科学意识是本体论的，面向客观实在；价值层的科学意识则关系人的感情、想象、生存意义、文化符号、对象实践。因此，作者认为，在现代科学中克服技术中心的、实用的导向，“不在于消除技治主义思维，也不在于把人文主义的思维机械地补充进去，甚至也不在于把技治主义的科学转换为反思层的科学意识，而是要扩展整个科学交往意识（即使不是当下的，至少也是正在形成中的）。恰恰是整个科学交往意识，即是说不仅是技术的，而且是自然科学的以及人文科学的。”[①]这就是说，在科学认识中，指向事实的维度和指向价值的维度是不能互相替代的。

苏联在20世纪80年代后半期到90年代初发生的社会巨变，确实使许多人的思想受到强烈的震撼，也使西方一些观察家产生了幻觉，以为马克思主义已经濒临灭亡。前面说过，苏联刚刚解体，福山就在1992年推出《历史的终结与最后的人》一书，迫不及待地宣称：历史的终结行将来临，未来将是自由市场经济和议会民主政体全球化的时代，而社会主义和作为其政纲基础的马克思主义在这种全球化语境中已没有其位置。但是，马克思主义并没有按照福山的“预言”走向灭亡，它正在与时俱进，焕发新的青春，在西方新的马克思热不期而至。后现代哲学的代表人物德里达（Jacques Derrida）直接针对福山的“驱魔”，特地于1993年写作了《马克思的幽灵》一书，他在书中明确断言：“不能没有马克思，没有马克思，没有对马克思的记忆，没有马克思的遗产，也就没有将来：无论如何得有某个马克思，得有他的才华，至少得有他的某种精神。”[②]苏联自然科学哲学的一些研究者们以独立的思考，继续遵循已经选定的马克思主义哲学传统推进自己的研究，不管其间有

---

① В. П. Зинченко. Наука——неотъемлемая часть культуры? Вопросы философии，1990（1）：42.

② 雅克·德里达. 马克思的幽灵——债务国家、哀悼活动和新国际. 何一译. 中国人民大学出版社，1999：21.

什么样的缺陷和失误，背负着多么沉重的历史包袱，但这种坚持真理的精神是令人尊敬的。相比之下，在我们周围时隐时现的那些唯西方舶来品马首是瞻的某些“新锐”，以马克思主义的言说为陈言之务去，真是不可同日而语。列宁说过：“马克思的学说所以万能，就是因为它正确。”[①]历史将继续证明这一真理。

① 列宁. 马克思主义的三个来源和三个组成部分//列宁. 列宁选集：第 2 卷. 人民出版社，1972：441.

结论
苏联自然科学哲学的历史地位

1998年，苏联解体七年之后，一套总结20世纪20～80年代苏联哲学历史的系列著作出版，主编是曾长期担任《哲学问题》杂志主编的列克托尔斯基。本书的题目——“哲学并未终结……”可谓意味深长。这似乎是对福山关于“历史的终结”的说法的直接回应。一些评论者认为马克思主义已经破产的主要证据就是东欧剧变，在他们看来，苏联的解体意味着这个国家长达70年的社会主义理论和实践，是历史的一场噩梦，是完全错误的，应当一笔抹杀。当然，在这块土地上曾经存在过的那些哲学活动，它的观点、论题、争论、著述和人物，也都一钱不值，已经成为被丢进历史垃圾堆的“死狗”。在《哲学并未终结……》的序言中，作者指出，在一些人看来，“往好了说，苏联哲学家是一帮蠢人；往坏了说，他们就是一群骗子和政府的帮凶。倘真如此，那么在苏联存在过的无论哪一种哲学，都不足挂齿。按这种意见，如果要在我国研究哲学，就得从零开始，另起炉灶。”作者是不同意这种观点的，因为在作者看来：“我国哲学生活的图景其实是非常有意义和非常复杂的。”①

其实，在如何评价苏联哲学，特别是自然科学哲学问题上，历来就有不同的观点。

在20世纪30～50年代，在所谓斯大林主义全盛的时代，在对苏联哲学的评价方面，东西方的看法是截然相反的。对当时社会主义阵营的理论界来说，苏联哲学是圭臬。斯大林1938年发表的《论辩证唯物主义和历史唯物主义》，长期被视为马克思主义哲学的最高权威，而一批斯大林学者编写的哲学教科书，也成了学习和研究马克思主义哲学的标准蓝本。早在20世纪30年代，上海就翻译出版了米丁的《辩证唯物主义和历史唯物主义》以及他的《新哲学大纲》，而在延安时代，这两本书就是中共干部学哲学的主要教材。因此，对自然科学哲学问题的认识自然也与苏联官方立场完全一致。例如，对30年代苏联国内批判机械论学派的评价，我国进步学术界就完全接受了苏联主流意识形态的观点。像张如心的《苏俄哲学潮流概论》(上海光华书局，1930年)，沈志远的《苏俄哲学思想之检讨》(《中山文化教育馆季刊》，1934年8月创刊号)等都是如此。50年代，中华人民共和国成立不久，在“全面学习苏联先进经验”的思想指导下，开始大量译介苏联自然科学哲学著作，但由于历史条件的限制，难免良莠不分，特别是把那些极左路线的代表作当作马克思主义的典范作品介绍过来，如李森科、勒柏辛斯卡娅等的伪科学著作，以及粗暴批判摩尔根学派、哥本哈根学派、控制论、共振论、相对论的著作，都被当作正面的东西而得到广泛的传播。这种情况，在整个国际共产主义运动中是带有普遍性的倾向。例如，40年代末和50年代初，苏联哲学界有一个流行的观点，认为马克思主义哲学产生后，西方一切哲学流派都已经失去了真理性，完全是反动的，反对这种立场就是“资产阶级客观主义”。这一观点的始作俑者是当时的苏共中央书记日丹诺夫。英国马克思主义哲学家康福斯（Maurice

① В. А. Лекторский. Философия не кончается…. РОССПЭН，1998：3.

Cornforth）1952～1954 年发表的名作《辩证唯物主义》，就完全接受了日丹诺夫的这一观点，他直接引用日丹诺夫的话说，马克思主义哲学的产生意味着“企图对世界做普遍解释的哲学的结束”。他还接受了日丹诺夫以哲学观点裁判自然科学问题的做法，认为遗传学中的米丘林学派符合唯物辩证法，因而是科学的；“而孟德尔-摩尔根学派的生物学家则是抽象地、形而上学地考察有机体”[①]，因而这一学派是不科学的。

与此相反，西方的研究者在很长一段时间内对苏联的马克思主义哲学特别是自然辩证法持全盘否定的态度。本书导言中提到维特 1948 年出版的《辩证唯物主义》，不久作者又推出《今日苏联意识形态》一书，在苏联自然科学哲学研究中起到了开创性的作用。作者主要是讨论辩证唯物主义哲学如何成为官方的意识形态工具。所罗门指出，维特的著作“专注于苏联科学哲学的内容”，而主旨则是“政治权威在打造辩证唯物主义对科学的特权方面所起的作用”[②]。在维特看来，这种作用完全是负面的。他认为苏联的科学哲学只是官方和科学家、哲学家用来实现各自目的的手段。苏联有三种唯物主义——科学家的唯物主义、哲学家的唯物主义和意识形态的唯物主义，这种差别虽然没有公开说明，但人们却并非对此缺乏自觉，而有意将这三者混淆起来，却出于一种实用主义的需要。科学家和哲学家可以利用这种混淆，通过诉求于官方的唯物主义概念既满足意识形态权威的要求，又可以尽可能地避开教条主义对他们工作的干扰。而对官方的意识形态专家来说，则可以表明科学家和哲学家支持他们所宣扬的唯物主义，而且可以凭借巧舌如簧和通俗化推销他们自己那种形式的唯物主义。在这方面，把唯物主义和实在论混淆起来就是设计出来“愚弄哲学新手的”一种“廉价的信任诡计”[③]。作为天主教哲学家，维特对辩证唯物主义哲学也是全面否定的。在《辩证唯物主义》中，他对马克思主义科学哲学提出的几点重要

① 康福斯. 辩证唯物主义. 郭舜平，郑翼棠，高行，等译. 生活·读书·新知三联书店，1958：94.

② S. G. Solomon. Reflections on Western Studies of Soviet Science//L. L. Lubrano，S. G. Solomon. The Social Context of Soviet Science. Westview Press，1980：8.

③ G. A. Wetter. Soviet Ideology Today. F. A. Praeger，1966：30，31.

结论很值得注意。一是认为马克思主义哲学提倡党性先验论，“事先已经看到，为了正确了解实在就要接受无产阶级观点”。二是认为用实践作为真理标准包含逻辑矛盾：“就实践论作为真理的标准而言，其承诺的假定隐含了逻辑谬误，因为实践上的确证（例如在一种实验证明的情况下）也设定了我们的感觉知识有效性的保证。但是……实验的正面（或负面）结果除非被感觉到，否则又是不能被接受的。”[①]这是把辩证唯物主义认识论曲解为感觉经验论，实际上是从认识论上彻底否定了辩证唯物主义作为科学认识研究出发点的合理性。维特的观点长期左右着西方苏联学研究。20 世纪 70 年代末，西方兴起了一股否定自然辩证法的思潮，矛头所向是否定用唯物辩证法研究自然界，认为自然辩证法是非批判的实证主义。1979 美国新泽西州人道出版社推出三卷本的大部头著作《马克思主义哲学问题》，对自然辩证法全面进行批判。编者梅法姆（J. Mepham）和卢本（D. Ruben）说，自然辩证法是“一种非批判的实证主义本体论”，并把恩格斯、普列汉诺夫和列宁都说成是“非批判实证主义的承包商”[②]。这种观点也来源于维特。维特认为，辩证唯物主义否定上帝存在是根据上帝没有“感性证据”，而这种认识论立场同样也可以支持不可知论，这就把辩证唯物主义歪曲为休谟主义了[③]。而另一位作者阿克顿（H. B. Acton）也早在 1955 年出版的《时代的错觉：作为一种哲学信条的马克思列宁主义》一书中，直截了当地宣称，马克思主义的唯物主义本质上就是实证主义[④]。

把辩证唯物主义看成与科学完全敌对的意识形态，是官方禁锢自由思想的手段，是学者被迫接受的一种意识形态符咒，并认为苏联科学家在思想领域的主要努力和他们取得成就的基本前提就是挣脱这种哲学的

① G. A. Wetter. Dialectical Materialism. A Historical and Systematic Survey of Philosophy in the Soviet Union，Routledge and Kegan Paul，1958：516.

② J. Mepham. Issues in Marxist Philosophy. Vol. Ⅰ. Humanities Press，1979：51.

③ G. A. Wetter. Soviet Ideology Today. F. A. Praeger，1966：30.

④ H. B. Acton. The Illusion of the Epoch. Marxism-Leninism as a Philosophical Creed. Cohen and West，1955：65.

束缚，这是维特所代表的西方苏联学研究的思想主线。米库莱克（M. W. Mikulack）有一段典型的论述："苏联科学家不关心科学和哲学的关系……无视要科学家和哲学家组成联盟和紧密合作的决定，寻求独立自主，摆脱干涉。"①这当然是一种带有西方传统偏见的看法。20 世纪 60 年代以后，新一代研究苏联科学技术问题的西方专家成长起来，他们自觉地调整视角，力图以客观公正的立场重新考察苏联的科技进步与意识形态表达的关系，反对把苏联一段历史时期的极端做法普遍化和绝对化，重新对苏联自然科学哲学作全面的、历史的分析。古斯塔夫森（Thane Gustafson）就特别指出："很多美国人在提到李森科和萨哈罗夫的名字时，情不自禁地反应就是政治对科学工作的干扰。但是，粗暴的意识形态和政治干扰是例外而不是常规。纯粹科学在苏联享有也许比在美国更高的声望。"②

从辩证唯物主义对苏联自然科学发展的影响这一主题来说，美国专家格雷厄姆的研究是最全面、最深入的，也是最有成效的。他力求匡正传统的偏见，明确指出："西方对苏联的辩证唯物主义缺乏兴趣的一个理由是基于一种假定，即认为辩证唯物主义对苏联自然科学的影响只限于斯大林时期，而且是一场纯粹的浩劫。"③格雷厄姆认为，斯大林时期扭曲哲学与科学关系的现象，并不能代表整个苏联哲学。他说："很多西方人把李森科主义这个令人遗憾的插曲和整个苏联辩证唯物主义画上等号。但是，在斯大林去世 30 年和李森科对遗传学的统治终结 20 年以后，苏联的辩证唯物主义还在继续发展。"④格雷厄姆指出，寻求一种普遍的自然观，并用来指导自然科学的研究工作，这是苏联哲学的突出特

① M. W. Mikulack. Philosophy and Science，Survey：A Journal of Soviet and East European Studies，1964：147-156.

② T. Gustafson. Why doesn't Soviet science do better than it does? //L. L. Lubrano，S. G. Solomon. The Social Context of Soviet Union. Westview Press，1980：31.

③ L. R. Graham. Science，Philosophy and Human Behavior in the Soviet Union. Columbia University Press，1987：iv.

④ L. R. Graham. Science，Philosophy and Human Behavior in the Soviet Union. Columbia University Press，1987：3.

点，而这是特别值得关注的。他指出："近代的一些伟大的政治革命，如美国、法国和中国的革命，都曾注意到科学，但这些革命中没有一个像俄罗斯革命那样，产生出一个关于物理和生物自然界的系统而长盛不衰的思想体系。在逾 70 年的时间岁月里，对自然哲学的密切关注一直是俄罗斯和苏联马克思主义始终不渝的主题。"①不仅如此，格雷厄姆还进一步考察了哲学特别是辩证唯物主义哲学对苏联自然科学发展的积极意义，并做出肯定的结论。作者在论述中，用大量史实说明苏联科学家如何在辩证唯物主义观点的启发下，找到解决具体科学问题的正确思路。他在为本书 1991 年俄文版所写的序言中强调说："苏联对辩证唯物主义的教条式理解，使哲学唯物主义传统的意义有所降低，但这种传统并没有因此而消失，而是会在思想方面采取更可接受的形式；我认为哲学唯物主义会保持其某些辩证唯物主义的特色。在这些特色中，可以特别提到辩证唯物主义的反还原论，这使辩证唯物主义有别于 19 世纪的唯物主义。"因此，他对西方研究苏联自然科学哲学的态度表示不满："西方对苏联科学哲学的否定是令人遗憾的，因为提供一个整体的综合自然观的尝试是饶有兴味的。西方对苏联科学哲学的研究没有涉及它的这种包蕴万有的意向，从而也就丢掉了它的一个重要的特点。"②通过令人信服的具体考察，他对苏联实证科学家的哲学立场提出了新的见解，反对多数西方学者的流行看法，把苏联有成就的自然科学家对辩证唯物主义的态度全都说成是虚与委蛇；而是进行具体分析，做出了与众不同的结论："然而我相信，不少杰出的苏联自然科学家认为辩证唯物主义是富有成效的自然研究方式。他们研究了其他国家和各个时代的学者和哲学家曾经探讨过的大量自然解释问题，从而制定和改进了自然科学哲学，使之必定会继续存在和发展下去，即使这些人并不拥护共产党。只有在研究科学文献而不是政治意识形态资料的时候，辩证唯物主义的这

① L. R. Graham. Science，Philosophy and Human Behavior in the Soviet Union. Columbia University Press，1987：360.

② Л. Р. Грэхэм. Естествознание，философия и наука о человеческом поведении в Советском Союзе. Политиздат，1991：5.

一独立的非官方的侧面才被揭示出来。只有承认苏联辩证唯物主义著作的科学来源，才能理解苏联学者在对诸如知觉心理学、宇宙的本性和量子力学的测不准关系等问题的哲学解释方面，竟然如此众说纷纭。”①

我之所以不厌其烦地转述格雷厄姆的研究成果，是因为我国学术界多年来荒废了对苏联自然科学哲学的研究，而这种学术空白的出现，既有客观原因，更有主观原因。当然，苏联解体对我国这一主题的研究带来巨大冲击，无论是研究的指导思想，还是研究的方向和视角，都需要进行全方位的调整。而形势的变化提出了大量新的问题，同时一批又一批的新资料纷至沓来，大有应接不暇之势。而就我国这一领域的研究队伍说，当年的一代学人大多老成凋谢，而新的一代学者在研究兴趣和知识准备方面与此项研究却渐行渐远。有一些人竟然毫无根据地对苏联自然科学哲学采取全盘否定的态度，说什么“索洛维约夫②等俄国哲学家之后苏联就没什么哲学了”，这不是出于某种偏见，就是无知妄说。应当指出，苏联自然科学哲学是一个复杂的思想现象。它经历了曲折的历史，与苏联的社会主义实践和苏联社会的经济、政治有着特殊的关系，和苏联自然科学更是长期恩怨纠葛，发生过无数惊心动魄的事件，所留下的经验教训本身就是一笔巨大的精神财富。苏联自然科学哲学属于马克思主义的思想导向，与西方科学哲学相比，是另一个参考系，它在哲学理论上有重大的失误，但也有优于西方的宝贵理论成就。无论从哪个方面说，苏联自然科学哲学都是一笔丰厚的思想资源。

从我们的历史语境出发，解读苏联哲学时难免产生厌恶和拒斥的心理，这是因为在两千多年来哲学的发展中，像苏联那样使哲学沦为政治权力的婢女的情况，并不多见。但是，恰恰是苏联哲学给我们提供了一个难得的历史文本，使我们深入反思哲学和政治的关系，从而重新认识哲学在整个知识系统中的定位，以及哲学的性质和功能。

---

① Л. Р. Грэхэм. Естествознание，философия и науки о человеческом поведении в Советском Союзе. Политиздат，1991：419.

② 索洛维约夫（В. С. Соловьёв，1853～1900），俄国沙皇时代的宗教哲学家。

哲学是时代精神的精华，却不是概念化的权力意志，这是苏联哲学留给我们的最深刻的教训。前事不忘，后事之师。苏联解体后，俄罗斯学术界对苏联时期意识形态领域的回顾与总结出现了一个热潮，很多当事人现身说法，有真相的披露，有沉痛的控诉，有真诚的忏悔，自然也不乏逃避责任、文过饰非的表演。事过多年，时过境迁，很多历史细节失实在所难免。1993 年，李森科事件的亲历者尤里・日丹诺夫——本书第二章曾提到他——撰文回忆这一段历史，题为“在矛盾的烟雾中”。此文是回应格雷厄姆之邀，就该书讨论其父老日丹诺夫与遗传学事件的关系一章提出意见。作者认为，这一章“很多地方是基于猜测、设想和直觉”，并认为格雷厄姆“没有隐瞒自己对于未来将披露新的材料以供判断的期待”。的确，在苏联自然科学哲学发展的漫长历史中有许多情况至今仍然是暗昧不明的，不断解密的新材料也确实使我们不得不调整和修正已有的结论。但是，可以肯定地说，无论再发现多少新的文献和资料，对这段思想史的根本认识却不会有实质上的改变。问题在于如何遵循历史主义的原则，更深刻认识当时的特殊语境，发掘历史的深层逻辑，汲取教益。后人是无权苛求前人的，历史不能重写，我们的责任只是研究产生那些事件和观念的必然性和人为造成的、本来可以避免的偶然性。尤里・日丹诺夫引用了一段马克思的话作为题头语，原文是：“为了判断政府和它的事业，需要以其时代的尺度和那一代人的观念去看待它。如果连培根都把魔鬼学列入科学，那么谁都不能起而谴责 17 世纪的英国国务活动家根据对巫术的信仰去指导自己的行动。”[①]日丹诺夫引用此语可谓大有深意存焉。我们要努力进入历史的深处，抓住时代精神的本质。本文所依据的资料难免也会有以讹传讹之处，但历史的大背景是不会更改的，它所提供的深刻教训也是毋庸置疑的。

科学研究的前提就是陈寅恪所说的“独立之精神，自由之思想”。科学——以及作为科学的世界观反思的科学哲学——一旦沦为某种意识

① 笔者未查到此语的中文标准译文，此处是根据日丹诺夫引文的俄文本译出的，参见Кполитической истории советской генетики，Вопросы философии，1993（7）：64-146.

形态或政治制度的婢女，就会背离真理，走入误区。在中世纪神权政治下是如此，在苏联极权主义体制下也是如此。我们无法否认当时苏联的当权者在极端困难的条件下捍卫和推进社会主义的真诚信念，问题是为什么在社会主义实践中，会出现科学与政治、科学与哲学关系严重扭曲的惨痛悲剧呢？检讨起来，一个深刻的时代原因在于，苏联的主流意识形态始终是受“食利主义”左右的，因而忘记了社会主义以人为本的终极关怀。这是时代的错误，其认识论根源则是植根于对社会主义发展道路和苏联国情的误判，而直接目标的确定则出于政治上的食利主义和经济上的食利主义。

20 世纪 20 年代，苏联决策集团围绕新经济政策的争论涉及对社会主义的本质和对苏联国情的双重认识。托洛茨基派主张超工业化或“工业专政”，以极权政治保障下的动员体制，集中资源以求实现经济的超常发展；布哈林派主张建立某种市场型体制实现均衡发展，与此相应的是民主和法制的政权形式。20 年代末，当斯大林掌握了绝对权力之后，立即放弃新经济政策，从 1927 年 12 月的联共（布）第十五次代表大会到 1929 年 4 月的联共（布）第十六次代表大会，是斯大林体制确立的时期，斯大林本人称 1929 年是“大转变的一年”，所选择的新道路却正是托洛茨基型的发展模式：高速工业化、重工业优先化、全盘国有化和全盘集体化。而后面这两个“全盘”，正是为了保证前面的“高速”和“优先”，是指令性计划动员体制的支点，其保证就是高度集权的政治体制和严格的思想垄断。对斯大林模式持怀疑态度的首先是那些旧知识分子特别是科学技术专家们，1928 年的“沙赫特事件”和 1930 年的“工业党”事件，就是指向技术专家的。这些专家出于科学的态度和对经济形势的现实考量，公然抵制斯大林“左”的经济模式，当时党内的反对派对斯大林模式的不满也日益表面化，这一小组的成员成了挑战斯大林经济路线的急先锋，于是也就成了斯大林清除党内反对派的政治突破口。在此后的 20 多年中，苏联官方在自然科学领域发动了三次全国规模的大批判运动，从批判德波林派，到围绕遗传学的争论并扩大到清洗整个科学领域的“异己分子”，再到批判世界主义从而对整个知识界进行思想整肃。在这样的体制下面，从正面说，需要打造一个权威的经院哲学式的教条主义理论体系；从反面说，就必须把一切与官方意识形态抵触的理论观点视为异端邪说，鸣鼓而攻之。

斯大林模式的一个重要特征就是反对经济结构均衡论，而均衡论正是布哈林作为反对派的重要罪名。斯大林的目的当然是为了快速发展，结果直接的经济利益高于一切，求速度而牺牲经济平衡，首先造成了工业和农业的结构性断裂。斯大林终其一生似乎也不懂得农业是基础、工业是主导的道理，而是暗中服膺托洛茨基派的“社会主义原始积累”论，认为“何妨再剥夺一次农民”，结果严重地摧残了农业生产力，造成了真正的农业危机，损害了广大人民群众的根本利益。直到第二次世界大战后的经济恢复时期，苏联农业仍然毫无起色。为了解决农业问题，以斯大林为首的决策集团不从决策思想和战略路线上找原因，却把希望完全寄托在农业科技和生物学的发展上，出于食利主义的强烈愿望，对科学抱有不切实际的幻想。尤里·日丹诺夫在上述 1993 年的文章中，谈到 1948 年 8 月苏联农业科学院会议上爆发的第二次李森科事件的幕后高层背景。他回忆起 1947 年秋，斯大林在克里米亚召见他时的一席话。斯大林劈头一句就是：“我们很少有人善于总结实践经验。”接着就指责国内的科学家不了解实际生活，害怕打破既成的秩序，从书本上了解生活，死扣书本，墨守成规，只知道老生常谈，怀疑一切新生事物，并斥责说：“这不是科学家，而是科学的奴仆，是科学术士。”[①] 接着斯大林不厌其详地列举了一些植物栽培上的“奇迹”，说明书本是如何不可靠，而那些死扣书本的科学家们是多么可恶。他先举出昆采夫集体农庄培育出能在北方生长的西瓜，说它可以一直延伸到列宁格勒，而书本上说西瓜生长的北线是图拉。接着又说，通常认为只能移植二三年生的树，而根据他的建议，十年生的云杉却被成功地移植到克里姆林

① Ю. А. Жданов. Во мгле противоречий. Вопросы философии，1993（7）：69.

宫和列宁墓前。他还说，科学“好汉”们对他说，澳大利亚的桉树在苏联不能成活，他则告诉他们革命前加格拉市就有桉树生长，但他们却硬说那是奎宁树。讲到这里，斯大林话锋一转，对遗传学做出他的“权威”评论：“在生物科学中历来存在对生命的两种观点。一种观点断言，存在不变的遗传物质，它不受外在自然界的作用。这种看法（这就是魏斯曼提出的观点）实质上同那种认为生命似乎不是从无生命物质中发展出来的观点毫无二致。新拉马克学说坚持另一种意见。根据这个学说，外界作用改变了有机体的性状，而这些已获得的性状遗传下来了。”①如前所述，早在 1907 年斯大林就在他的早期著作《无政府主义还是社会主义？》中，明确支持拉马克主义，赞成“获得性可以遗传”的观点。为了证明自己的经验主义认识路线，他还利用统计学搞思辨推论说：如果实验植物有 95%死亡，“书呆子”们就说“一无所成了，没什么指望了”，书上就是这么说的；但应当注意的不是 95%，恰恰是那 5%。绕了这么大的圈子，斯大林最后才“图穷匕首见”，突然提出李森科问题。斯大林说：李森科是实验家，理论修养差，这是他的弱项。大多数生物科学的头面人物都反对李森科，而拥护西方那些时髦流派。他斩钉截铁地结论说：“孟德尔-摩尔根分子是学术掮客，他们有意地兜售自己的神学学说。”1948 年 6 月的苏共政治局会议本来是讨论斯大林奖金的授奖问题，时任苏共中央宣传部科技处长的尤里·日丹诺夫列席会议，这在前面已经说过，而他不久前刚发表过反李森科的演讲。会议进行中，斯大林突然说：“这里有一个同志讲课反对李森科。他把他打翻在地。中央委员会不能同意这一立场。这个错误的演讲带有右倾的、调和主义的性质，有利于形式遗传学家。”并且断然宣布：“中央委员会可以在科学问题上有自己的立场。我们怎么办？宣传部在这件事情上是什么立场？”②这段历史细节，提供了一段鲜活的感性材料，使我们生动地了解到在那样的体制下，政治与科学的关系是怎样被扭曲的。当然，

① Ю. А. Жданов. Во мгле противоречий. Вопросы философии，1993（7）：70.

② Ю. А. Жданов. Во мгле противоречий. Вопросы философии，1993（7）：86-87.

任何人都有权对科学假说做出选择和评价，但无论是谁，不管权力有多大，都无权对科学是非进行裁决。从世界观角度说，斯大林的权力真理观实际上是基于本体论先验主义的哲学观。在生物学领域，他把外在环境决定论看成唯物主义，又机械地搬用辩证法的发展原则，不去具体分析遗传物质的内在机制就抽象攻击“不变的遗传物质”的概念。一般说来，这正是那一时代苏联正统哲学研究的理路。

45 年后，尤里・日丹诺夫在反思这段历史时，沉痛地说：“在历史进程中，科学和意识形态的关系是错综复杂的。科学作为自然和社会的客观规律的知识系统，不能也不应该在自身中包含与这个或那个社会阶层、社会集团或阶级利益有关的成分。但在社会中一切又都是相互联系的。于是，如果几何公理触犯了人们的利益，那么，从阶级立场出发，公共性的科学也要受到来自社会阶级的意识形态和世界观的压力。”[①]问题在于，掌握国家权力的决策者必须懂得科学的性质，相应地建立起维护科学独立性的社会建制。在某种意义上可以说，对待科学自由精神的态度，是衡量一个社会民主化程度的天然尺度。他特别引述著名学者维尔纳茨基（В. И. Вернадский）的话说：“国家应该提供手段促成科学组织的建立，向它们提出课题。但是，我们始终要记住和懂得，除此之外，它不应干涉科学的创造工作……”尤里・日丹诺夫的结论是：“国家总是面对各种实践任务：供人吃饭、衣着、穿鞋、住房。在这方面，为解决这些迫切问题当然希望得到科学的帮助。但是，这种期望不应用来证明对科学的内部逻辑、它的理论探索和结论进行干预是正确的。从外部作用于科学是徒劳无益的。国家只有在自己的行为中尽可能地依靠科学的资料和建议的时候，才有可能取得社会效益。”[②]这话很朴素，但是为了弄清这个道理，几代人曾经付出过多么惨痛的代价啊！

当然，任何社会运动都是由人来推动的，在同样的社会条件下，不同的人会有迥然不同的表现。应当承认，在苏联极权主义的政治氛围

---

① Ю. А. Жданов. Во мгле противоречий. Вопросы философии，1993（7）：75.

② Ю. А. Жданов. Во мгле противоречий. Вопросы философии，1993（7）：92.

下，环境是极端严酷的。茹拉夫斯基在描述那种气氛时说："恐怖机器寻找敌人，在研究人员基本上还有自由的研究所和研究组织里，人们都要在会议上同'敌对活动做斗争'，要互相攻击以便发现敌人予以逮捕。"问题是，只要被揭发出来成为罪人，就被打入另册，境遇一落千丈；反之，成为同"敌人"坚决斗争的积极分子，马上飞黄腾达，"那些罪人没有舒适和清洁的澡堂，在食堂要排队，伙食很糟，而另一些人则高薪厚禄"。这样的高压对每个学者的灵魂都是极其严峻的考验，多数人成为沉默的大多数；有人起而抗争，像瓦维洛夫一样，成为悲剧的牺牲品；但也有人趋炎附势，成为政治投机分子。茹拉夫斯基在谈到农业生物学的情况时说："通过恐怖打造了新规则支配的极权社会。在农业中党的领导得到了一批奉公守法的'可靠'专家，这是'自己人'，他们绝对驯服，低能地执行上级的命令。他们出身低微，随时准备去解决'近两三年'内的所有任务。恐怖造就了这一类型的人，他们同政权和谐一致，因为恐怖消灭了那些被怀疑为不是'自己人'的真正专家。农业领导者硬是插手把'农业生物学家'推上关键岗位，所青睐的是李森科那一帮人，对他们的提拔起到决定性的作用。这帮李森科分子一朝权在手，便把令来行。"[①]这批意识形态打手后来被称作"斯大林学者"，李森科之流是科学界的"斯大林学者"的典型代表，而哲学界也有一批这样的风云人物。在重大政治事变涉及个人命运的时候，每个人的选择与其社会立场和精神品格密切相关，哲学家当然更不例外。每个哲学家的哲学观点和哲学事业，不仅表现了一个时代的社会思想倾向，而且也是其个性的反映。在哲学界，米丁是"斯大林学者"的典型代表。他本是一个青年工人，没有上过正规的大学，1929 年毕业于专门培养工农干部的红色教授学院。留校一年，刚刚 29 岁的米丁就成为整个苏联哲学界实际上的领导人，此后历任共产主义教育科学院和苏联科学院哲学研究所的负责人、党中央理论刊物《在马克思主义旗帜下》的

---

① К политической истории советской генетики，Вопросы философии，1993（7）：139-140.

主编，十年后又当上了苏联科学院院士。米丁的崛起主要是适应了“大转折时期”政治斗争的需要，充当了反德波林派的主将。在反德波林派中打头炮的论文《论马克思列宁主义哲学的新任务》就是由米丁操刀的。他是斯大林发动的意识形态大扫荡的急先锋。米丁的“哲学工作”就是在每次批判运动中，根据官方确定的攻击目标，罗织罪状，按照主流意识形态的教条，到经典著作中寻章摘句，给科学理论贴上唯心主义、唯我主义、唯灵主义、信仰主义、实证主义、世界主义、形而上学等种种标签。在李森科主义刚刚冒头的时候，米丁就毫无根据地信口雌黄，给这个伪科学定性说：“（李森科的学说）不仅符合达尔文的学说，而且是达尔文一系列原理的进一步发展，正沿着在生物学中贯彻辩证唯物主义方法的路线前进。”①相反，却断言孟德尔-摩尔根学派是“彻头彻尾的唯心主义和形而上学”和“反人民”的“形式遗传学”。米丁是苏联极权主义体制下滋生出来的哲学怪胎，是在马克思主义的旗号下进行政治投机的理论掮客。苏联 1983 年出版的《哲学百科全书》的米丁条目在评价他的工作时，把阐发“哲学的党性”作为他一生的一个主要学术活动领域。而作为斯大林学者的米丁之流的党性是什么呢？就是跟着上面的指挥棒，在自己一窍不通的科学领域像野牛一样横冲直撞，乱打一气。他宣称：“在意识形态问题上不能有任何调和、任何中立性。”②1981 年他在八十寿辰时接受记者采访，有一段话可谓夫子自道：“我这一生可以说只做了一件工作，这就是捍卫列宁的哲学党性原则，对此，我至今不悔。”③直到临死之前，在戈尔巴乔夫倡导“新思维”的时候，他还想最后充当一次官方的意识形态“鼓手”。苏联学者费拉托夫后来对这批斯大林学者评论说：“‘新体制的学者’在社会人文科学和哲学领域对‘科学战线’进行领导。他们通过对同行进行的政治诽谤和意识形态的教条为自己铺平道路，既不熟悉本学科的历史，也不熟悉国

① И. Т. Фролов. Философия и история генетики. Наука，1988：95.

② М. Б. Митин. Философия и современность. Изд-во Акад. наук СССР，1960：70.

③ 安启念. 解读米丁. 读书，1993：124.

外的文献，而是通过注释党的方针和斯大林的讲话来从事学术工作。”[①]

但是，也有另一种类型的哲学家，他们坚持真理，从不随波逐流，可谓富贵不能淫，威武不能屈，表现出高尚的学术品格。凯德洛夫就是这类哲学家的代表。就在李森科风头最健、炙手可热的1948年，他在主持《哲学问题》杂志的短短三个月中，就敢于冒天下之大不韪，坚决支持反李森科的论文，与当局大唱反调。而在被中央点名蒙受巨大压力时，他却能静下心来专心研究关于门捷列夫周期律的科学史和科学哲学问题。列克托尔斯基赞叹地说：“毫不奇怪，凯德洛夫当即被解除主编职务，几年被打入冷宫，而这却没有影响他利用这段时间去殚精竭虑地钻研门捷列夫的档案——这就是凯德洛夫！”[②]凯德洛夫是充满民主精神和人文精神的学人。乌耶莫夫（А. И. Уемов）说：“近来常常会碰到一些人，他们说战后时代的苏联哲学家只是伪社会主义坚定的意识形态堡垒，他们同党和国家机关、军队、克格勃以及劳改营管理局一道维护这个伪社会主义。”这话用在米丁之流身上当然是恰如其分的。但是，即使在当时的苏联，也有凯德洛夫这样的学者。乌耶莫夫指出：“根据自己的职务和禀性哲学家分为两类。大多数是效忠于党的路线而和科学做斗争，但也能找到那样一些哲学家——这样的人也不算少——大无畏地挺身捍卫科学，无论是生物学、控制论还是物理学。正是在他们中间我们看到凯德洛夫天才的、尽管是矛盾的身影。”[③]乌耶莫夫称凯德洛夫为苏联哲学的“圣芳济修士”[④]。凯德洛夫是坚定的马克思主义者，对马克思主义的信仰从未动摇过。他的信仰、他的为人和他的事业是一致的。他捍卫科学民主，反对思想专制，恰恰是出于马克思主义的信念和哲人的真诚。哲学对他来说，从来都不是谋生的手段和晋身的阶梯。弗

---

① Ф. П. Филатов. Об истогах лысенковском агробиологии. Вопросы философии，1988（8）：8.

② Б. М. Кедров. Путь жизни и вектор мыски（материалы《круглого столы》）//В. А. Лекторский. Философия не кончается…. РОССПЭН，1998：209.

③ В. А. Лекторский. Философия не кончается…. РОССПЭН，1998：234.

④ 圣芳济修士（Franciscans），1207～1209年圣芳济创立的第一托钵会成员，终身过贫苦生活，热心传教。这里是比喻凯德洛夫为捍卫科学事业和马克思主义奉献终生的精神。

罗洛夫在评价凯德洛夫的哲学事业的时候说："他是唯物辩证法的拥护者，同斯大林主义、同歪曲辩证法和把辩证法庸俗化（特别是《简明教程》第四章）做了不懈的斗争，把辩证法看成是哲学思想真正的伟大遗产，并根据列宁关于辩证法的一些原理和论述，克服当时盛行一时的对辩证法的狭隘的和陈腐的解释。"有些人觉得凯德洛夫对马克思主义哲学的忠诚是他的败笔，是白璧之瑕，弗罗洛夫不同意这种看法，他肯定地说："众多的天才人物，尤其是博尼法季·米哈依洛维奇的事业表明，在这个方向上（指马克思主义方向——作者）可以有重大的创造性的推进，并且能够比其他方向更富有成效。"在同《苏联文化》杂志主编的谈话中，弗罗洛夫自己曾提出一个问题：如果博尼法季·米哈依洛维奇活到现在，他会怎么看待自己对马克思主义的信仰呢？弗罗洛夫自问自答说："我不认为博尼法季·米哈依洛维奇会丝毫不改变自己的观点，他还有某些没搞清楚的东西。但我同时也坚信，他仍然会信守不渝，捍卫他为之毕生奉献的一切。"[①]在凯德洛夫所处的时代，能如此立身为学，并不是谁都能做到的。尤里·日丹诺夫在回忆自己身居苏共中央书记高位的父亲时，认为他早已看透李森科的为人。当老日丹诺夫知道尤里研究生物学问题时，马上警告说："别和李森科打交道，他会拿你和黄瓜杂交。"[②]但是，在公开场合他却紧跟斯大林，不遗余力地为李森科鸣锣开道。与这些政客和米丁之流的御用文人相比，凯德洛夫的哲人风范和崇高人格，真是令人高山仰止。古人说，道德文章，文如其人。像米丁这样的伪学者所留下的只能是一堆文化垃圾，而凯德洛夫的遗产却是哲学史上高高耸立的丰碑。这也是苏联哲学史留给我们的深刻教训。

特别值得注意的是，苏联自然科学哲学并不只是留下了一大堆教训。一大批科学和哲学精英，在漫长的历史时期内，潜心研究，组织了无数盛大的学术活动，精心制定了各种学术计划，在几乎所有领域都提

① В. А. Лекторский. Философия не кончается…. РОССПЭН，1998：211-215.

② Ю. А. Жданов. Во мгле противоречий. Вопросы философии，1993（7）：67.

出了真知灼见，留下了浩如瀚海的文献和典籍，这是哲学史上无法抹杀的一页。特别应当指出的是，许多人踏踏实实地遵循马克思主义哲学的导向，创造性地探讨了西方学者探讨过的或未曾涉足的自然科学哲学问题。他们的成果与西方同行的工作形成两个不同的传统，是一个完全不同的学术坐标系。可以说，舍弃苏联学者的研究成果世界自然科学哲学就是不完整的。同时，从马克思主义角度说，这笔遗产也是我们创造性地发展辩证唯物主义和历史唯物主义的重要历史基础。而且，和历史上一切社会变革一样，苏联哲学在20世纪60年代出现的非正统思潮，是一场先导性的思想启蒙运动。其间对辩证唯物主义哲学本性的反思，关系到马克思主义的历史命运，也涉及社会主义的本质。对这一重大问题，我们的思考仍在继续，在这方面，苏联哲学所提供的教益更是绝无仅有的。

苏联历史上有过哲学粗暴干预自然科学发展的惨痛教训，而这条极左路线恰恰是违背列宁主义的，因为正是列宁提出唯物主义哲学家和现代自然科学家结成联盟的思想，这被称作列宁的“哲学遗嘱”。在后斯大林时期，苏联有意识地恢复被破坏了的联盟，试图建立哲学和自然科学之间的合理关系。主管自然科学哲学工作的苏联科学院副院长费多谢耶夫说：“哲学和自然科学的联盟根据自然科学的发展水平和这些学科的哲学问题的研究程度而采取不同的形式。”[①]根据巴热诺夫等的研究，苏联在建立联盟方面的工作经历了三个发展阶段[②]：

第一阶段是20世纪20～50年代，是哲学家和科学家在研究各门自然科学哲学中的哲学问题方面进行合作的时期。由于错误的指导思想，出现了两种误区，一种是唯意志论、主观主义、教条主义和自然哲学的倾向，粗暴地干预自然科学的研究；另一种是实用主义、实证主义的倾向，以虚无主义的态度对待哲学。这两种倾向已经引起广泛关注，开展

---

① Б. М. Кедров. Философия и естествознание. Наука，1974：7.

② Л. Б. Баженов，М. С. Слуцкий. Вопросы взаимоотношения философии и естествознания//М. Э. Омельяновский. Философские вопросы естествознания：Обзор работ советских учёных. Ч. Ⅰ. Институт философии АН СССР，1976.

了调整哲学和自然科学关系的运动。

第二阶段是20世纪60～70年代初，是哲学转向科学认识论研究、为自然科学提供方法论启示的时期。研究自然科学发展的认识论和逻辑问题，成为巩固和发展联盟的新任务。

第三阶段是20世纪70年代中期～80年代，是科学和哲学整体化的时期，各门科学的交叉和相互渗透、科学文化和人文文化的整合、全球问题的凸现促进了联盟走向新的阶段。

苏联自然科学和哲学的联盟有许多历史特点。它曾经具有广泛的规模，特别是1958年11月召开的全苏第一次自然科学哲学会议、1970年12月召开的全苏第二次自然科学哲学会议和1981年4月召开的第三次全苏自然科学哲学会议。这三次会议都吸引了大批自然科学家参加（第三次会议就有70多名院士和通讯院士参加），许多著名科学家如物理学家福克、布洛欣采夫，天文学家阿姆巴楚米扬（В. А. Амбарцумян）、生物学家恩格尔哈特（В. А. Энгельгардт）和诺贝尔物理学奖得主弗兰克（И. М. Франк）等院士，都在会上做了自然科学哲学的专题发言。历史上，如此众多的自然科学家和哲学家一起参加的科学哲学盛会，也许只有维也纳学派在1935～1939年间组织召开的五次国际科学统一大会可以与之媲美。

当然，苏联党和政府在组织联盟的实际操作方面确实是下过大功夫的。联盟有严密的组织机构，早在1959年科学院就建立了隶属主席团的“现代自然科学哲学综合委员会”；1980年又在原来的“科学技术革命的社会—经济和意识形态综合学术委员会”的基础上组建了“科学技术的哲学和社会问题综合学术委员会”。联盟有固定的活动方式，除了各层次的学术讨论会之外，还有各种讨论班，仅20世纪70年代参加自然科学哲学讨论班的就有200万人次，10年内举行了100次全苏的和地方的自然科学和技术的哲学问题讨论班，共出版了10部关于讨论班的书，还成立了以奥伏钦尼科夫院士为主席的“苏联科学院方法论讨论班全国委员会”，国家还向各个科研机构派出“方法论工作组”。这些做法尽管也有某些积极意义，但却带有明显的形式主义的色彩，也有相当强烈的政治性质，造成很大的负面效果，结果适得其反，根本违背了联盟的宗旨。1991 年，茹科夫（А. П. Жуков）和克里希娜（С. А. Клишина）在《哲学科学》上发表题为“科学和哲学的联盟：现实还是神话？”的文章中指出，自然科学哲学“是苏联哲学科学发展最充分领域之一，在 60～70 年代实现了大跨跃。但是，不容置辩的是，科学哲学毕竟只是一个哲学部门。问题在于，它是否和科学通约，是否影响了科学的发展。而在这方面，如果不把希望等同于现实，而是脚踏实地，那么不得不肯定一个事实，哲学研究对科学发展的影响是微乎其微的”[①]。相反，哲学干扰实证科学研究的事情却时有发生。作者举出 20 世纪 80 年代初《金属防护》杂志上一场轰动一时的学术争论为例。这场争论的主题是关于“电腐蚀概念和术语”。在论证这一科学概念的定义时，争论各方都强调概念的“客观性”和诉求于实践。但是在争论中却出现了“唯心主义者遍布于我国的腐蚀学科”之类的提法，给对手贴上唯心论的标签，滥用哲学概念和原理。须知，这已经是 80 年代了，可见苏联斯大林模式的哲学流毒之深远。

不过，这只是问题的一个侧面。更重要的是，联盟毕竟有积极的一面。茹科夫等说正面的影响“微乎其微”，恐怕过于武断。实事求是地说，许多科学家确实自觉地把辩证唯物主义作为研究科学问题的思想方式。格雷厄姆认为，苏联有一部分卓越的自然科学家，无视官方的教条，而本着追求真理的精神，发展起了自己真诚信仰的辩证唯物主义自然观，并极大地推动了他们在本专业领域的研究工作。他因此说：“我确信，辩证唯物主义一直在影响着一些苏联科学家的工作，而且在某些情况下，这种影响有助于他们实现在国外同行中获得国际承认的目标。所有这一切对一般科学史——而不仅是对俄罗斯研究——都是重要

① А. П. Жуков，С. А. Клишина. Союз науки и философии：реальность или миф？ Философские науки，1991（1）：168.

的。”[1]苏联一些极富原创精神的自然科学家对辩证法是尊重的，也是熟悉的。著名物理学家、诺贝尔奖得主卡皮查就曾深刻阐发了自然科学与辩证法的关系问题，他有一段名言：“在自然科学领域运用辩证法，要求极其深刻的了解实验事实及其理论总结。没有这些，辩证法本身是不能解决问题的。辩证法就像斯特拉迪瓦利乌斯的小提琴，它本身是最完美的小提琴，但是为了用它来演奏，却必须是音乐家和懂得音乐，否则它也和普通小提琴一样蹩脚。”[2]

上文已经谈到苏联物理学家福克、布洛欣采夫和亚历山德罗夫等运用辩证法解决具体科学问题取得成就的案例。如此具体而认真地以辩证法为指针，在重大的科学理论问题上得到启发，而且这种尝试在科学家中是有一定普遍性的，这是马克思主义哲学史上十分引人注目的一道思想景观。格雷厄姆在谈到这一点时，一一列举了受惠于辩证唯物主义哲学的各个部门：“在苏联学者提出的学说中，就辩证唯物主义起到一定作用而言，当时被认为和现在仍然被认为有价值的可以指出以下一些：维果茨基（Л. С. Выготский）关于思维和语言的观点；鲁利亚（А. Р. Лурия）和列昂节夫（А. Н. Леотьев）的社会心理学理论；鲁宾斯坦（С. Л. Рубинштейн）的知觉和意识学说；阿诺辛（П. К. Анохин）对巴甫洛夫心理学的推广和发展；福克和亚历山德罗夫对量子力学和相对论某些解释的批评；布洛欣采夫的量子力学哲学阐释；施米特的行星演化学分析；阿姆巴楚米扬关于恒星形成的理论和他对一些宇宙论的批评；纳安“赝封闭”宇宙模型；泽尔曼诺夫（А. Л. Зельманов）还有很多苏联著作批评宇宙的绝对开端或无发展的循环宇宙；奥巴林的生命起源论和他对生物学机械论的批判；还有一些苏联哲学家和自然科学家关于物质的控制论性进化的见解。”[3]

---

① L. R. Graham. Science，Philosophy and Human Behavior in the Soviet Union. Columbia University Press，1987：360.

② П. Л. Капица. Эксперимент，теория，практика. Наука，1974：182.

③ Л. Р. Грэхэм. Естествознание，философияи науки о человеческом поведении в Советском Союзе. Политиздат，1991：421-422.

这里且以生命起源为例，具体窥视一下辩证唯物主义哲学对苏联在生命起源研究方面的深刻影响。奥巴林是世界公认的现代生命起源理论的奠基人。另一位著名的生命起源理论权威、美国学者霍尔丹——现代科学生命起源假说被称作奥巴林—霍尔丹假说——曾说："我不怀疑，和我的工作相比，奥巴林教授的工作拥有优先权。"①奥巴林早在1924年就发表了《生命起源》一书，这本小册子引起了广泛兴趣，激发了学者们对这一问题的研究热情。英国学者贝尔纳评价说，奥巴林的著作，"已经包含了化学和生物学领域新的研究纲领的萌芽。这个纲领在很大程度上是由他本人实现的，而他也鼓舞了其他很多人的工作……在实现这一纲领时，虽然奥巴林未必成功地回答了这项工作中所提出的每一个问题，但是这些问题本身是如此重要和充满前景，以致推动了为解答这些问题而进行的大量研究和探索，这些研究和探索在奥巴林的著作问世以后的40余年间风靡一时。这再一次证明下述思想是正确的：重要的不是解决某个问题，重要的是看到问题和提出问题。从最卓越的学者的活动来说，这一思想是正确的……奥巴林的著作的意义在于，尽管它还有某些缺陷，但其他人追随它，能够而且也确实进一步改进了它。"②我们关注的是，奥巴林的开创性工作与辩证唯物主义哲学的关系。

在19世纪的生命起源论中，似乎存在两种传统。一种是自生论（spontaneous generation theory）的传统，认为生命是从无机生命物质中突然发生的。19世纪60年代，围绕自生论发生了巴斯德（L. Pasteur）和普歇（F. A. Pouchet）的激烈争论，1864年巴斯德用实验推翻了生命自然发生的观点。另一种是生源论（biogenesis）的传统，认为现存生命既不是神创的，也不是自生的，而是由以往的生命演化而来的，巴斯德就是生源论的倡导者。必须强调指出的是，正是恩格斯明确提出："现在只剩下一件事情还得去做：去说明生命是怎样从无机界中发生

① L. R. Graham. Science，Philosophy，and the Human Behavior in the Soviet Union. Columbia University Press，1987：69.

② L. R. Graham. Science，Philosophy，and the Human Behavior in the Soviet Union. Columbia University Press，1987：71. 作者据俄文版对译文做了修订。

的。”[①]恩格斯当然没有代替实证科学去臆测这一问题的答案，但是他却为解决这一问题提供了重要的方法论原则。首先，他肯定生命是从无机物质中起源的，但却反对自生论的突然发生说，主张生命是在漫长的自然进化中产生出来的，他说：“如果还相信能够用少许臭水强迫自然界在 24 小时内做出它费了多少万年才做出的事情，那真是愚蠢。”[②]更重要的是，恩格斯还提出了物质层次论的思想，认为物质每一个层次都有特殊质的规定，服从特殊规律，认为“物质只是分立的”，主张各个阶段的各个分立的部分是各种不同的关节点，“制约着一般物质的各个不同的质的存在形式”[③]。因此恩格斯坚决否定还原论，不同意把生命现象完全归结为物理化学的运动形式。在 1924 年奥巴林出版第一部关于生命起源的著作时，他还没有读到恩格斯的《自然辩证法》和列宁的《哲学笔记》，他那时还是一个列宁所说的“自然科学唯物主义者”。整个说来，这部处女作尽管是站在明确的唯物主义立场上，但却带有还原论的色彩，认为生命“并没有什么特殊秘密是不能根据对现有的物理和化学一般规律的看法来解释的”。不过作者还是指出，生命不在于任何特殊属性，而在于这些属性的“一种特殊结合”[④]，显示了他当时就对机械还原论有所保留。我们无法断定奥巴林什么时候系统学习了恩格斯的《自然辩证法》等唯物辩证法著作，但是他的马克思主义哲学修养不断提高却是不争的事实。至少到 1936 年时，奥巴林已经通读了恩格斯的《反杜林论》和《自然辩证法》，对唯物辩证法有了深刻的理解。1936 年，奥巴林增订修改的新版《生命的起源》出版，这是他的主要著作，此书 1941 年出了第二版，1957 年出第三版时更名为《地球上生命的起源》。从奥巴林长达 20 余年的思想历程中可以看出，他的生命辩证法思想是不断发展的。归纳起来，他所坚持的基本哲学原则是：

第一，生命从无机物质中的发生是一个长期进化的过程，这是一个

---

① 恩格斯. 自然辩证法. 于光远，等译编. 人民出版社，1984：31.

② 恩格斯. 自然辩证法. 于光远，等译编. 人民出版社，1984：279.

③ 恩格斯. 自然辩证法. 于光远，等译编. 人民出版社，1984：275.

④ А. И. Опарин. Жизнь，ее природа，происхождение и развитие. Наука，1960：12.

从量到质的发展过程，不可能突然出现。奥巴林认为，从无机物到生命、从“死的世界”到“活的世界”的转化过程，必然要经历一系列中间阶段，其中有机化合物的产生则是一个关键环节。门捷列夫关于石油碳化物起源的理论启发了奥巴林，他特别注意到门捷列夫所提出的高温条件下，通过金属碳化物蒸汽的作用生成碳氢化合物甲烷的可能性。他认为在原始地球的环境中，具备这种从无机物中生成有机化合物的条件。而第二个关键环节则是从有机化合物生成具有生命活性的物质，生命是液体环境中通过从胶体分离而产生的，这就是所谓凝胶或凝聚物理论，这种物质在出现生命活性之前，拥有极其复杂的结构，它为生命的出现提供了结构和功能前提。

第二，生命是物质运动的特殊形式，有自己特殊质的规定性，不能将其完全归结为物理—化学运动，还原论是错误的方法论。奥巴林写道：“辩证唯物主义把生命看作是质上特殊的物质运动形式，即使在制定认识生命这一课题本身方面，也不同于机械论。机械论把生命现象完全全归结为物理和化学过程。相反，从辩证唯物主义观点看，认识生命主要之点恰恰在于确定它同其他物质运动形式的区别。”①他强调了生命的独有特征——新陈代谢、自我复制、目的性等。他在 1960 年的一篇文章中说：“我们的身体像江河一样流动着，其中的物质材料就像溪流中的水一样更新。这正是古希腊伟大辩证法家赫拉克利特所教导的。”②他始终坚持生命体中物质持续流动的概念。他特别致力于探寻凝聚物和均衡溶液中发生“初级的物质交换”的机理，认为这是生命独有的新陈代谢特征的标志。他进一步提出生命进化的独特规律，并把进化论中生存竞争的理念引进生命起源假说，认为曾经发生过“生长速度竞争”被“生存竞争”取代的过程，前提是“喂养”凝聚物的有机物前体的短缺，从而发生了自养型生物和异养型生物的分化，于是“令人兴奋

① А. И. Опарин. Возникновение и начальное развитие жизнь. Медицина，1966：8.

② L. R. Graham. Science，Philosophy，and Human Behavior in the Soviet Union. Columbia University Press，1987：80.

的”自然选择出现了，“一种严格的生物因素现在开始发挥作用”[①]。

第三，生命是独特的原始自然环境下的历史的产物。奥巴林认为原始大气与现在不同，这构成了无机物质孕育生命物质的化学基础。他在回答生命为什么不能在现在产生的问题时，坚持了历史主义的观点，指出“原始地球环境不存在生命”是生命产生的必要条件，而那时的物理化学定律的作用形式和性质也与今天不同，生命起源这样的历史事件是永远不能再重复发生的，在地球上物质发展的这一特定阶段已经过去了。

1953 年，奥巴林在《哲学问题》上发表了题为“论生命的发生问题”的生物学哲学论文，明确宣布：“只有辩证唯物主义才能找到认识生命的正确道路。”[②]奥巴林生命起源理论的形成和发展很有代表性，它生动地表明马克思主义的自然科学哲学对苏联实证科学的进步所产生的实质性的推动作用，也为我们提供了一个哲学与自然科学联盟的正面案例。奥巴林当然不是一个孤立的事例，除了前面已经提到的物理学、化学等领域的成就与辩证唯物主义的正面关联之外，苏联学者在心理学领域的工作也特别值得注意。列克托尔斯基就曾指出：“维果茨基的哲学—心理学理论今天已在全世界广泛传布。而维果茨基的‘文化—历史’方法和‘工具’方法则是受马克思的某些思想激发的。同样还可以提到鲁宾斯坦和列昂节夫的‘活动方法’。”[③]可以说，到自然辩证法的本体论和认识论中寻求启发，并在这一思想方向上，成功地推进自己的实证科学研究，苏联学者确实是在科学史上提供了最丰富的经验。

苏联自然科学哲学的另一项值得大书特书的成就是在科学哲学方面。这是长期被忽视的领域。特别是在我国改革开放以来，我们把目光转向西方，大量介绍了西方批判理性主义、历史社会学派、实在论和反实在论的科学哲学，可是对苏联在这方面的成就却很少问津，这其实是一个损失。无论在开辟新研究领域和确立新的课题上，还是建构新的理

① L. R. Graham. Science，Philosophy，and Human Behavior in the Soviet Union. Columbia University Press，1987：80.

② А. И. Опарин. К вопросу о возникновении жизни. Вопросы философии，1953，(1)：138.

③ В. А. Лекторский. Философия не кончается…. РОССПЭН，1998：209.

论观念和方法上，苏联学者都有独到的见解。而且由于他们属于马克思主义研究传统，对我们来说，更有特殊的借鉴意义。如果把苏联学者和西方学者对于同一课题的解决方案进行比较分析，那更是饶有兴味的研究。

这里，我们不妨分析几个有代表性的成就。科学、技术与社会（STS）的研究，是由苏联学者率先开辟的。1931 年，以布哈林为团长的苏联代表团出席伦敦第二届国际科学史大会，苏联物理学家格森在会上做了题为“牛顿‘原理’的社会和经济根源”的报告，首次提出了“经济任务和技术任务决定物理学研究纲领”的命题。论文提出了两个基本论点：①科学是随着资产阶级的兴旺发达而逐步繁荣起来的，为了发展工业，资产阶级需要科学，因为“科学能够发现物质实体的性质和自然力的表现形式”[①]。格森从采矿、冶炼、锻造等工业部门需要解决通风、排水、传动等的力学问题出发，具体分析了机械力学基本原理的建立和技术实践的关系。②最进步的阶级也就是需要先进科学的阶级，而在牛顿的时代，这个阶级就是资产阶级，而牛顿本人就是这个阶级的科学代表。他引用 1669 年牛顿写给阿斯顿（Francis Aston）的信，说明牛顿的科学兴趣恰恰集中在当时资产阶级为开拓市场而密切关注的各种生产技术问题。反过来说，牛顿在科学上的局限也正是那个时代的局限。格森指出：“牛顿没有看出，也没有解决能量守恒问题，不是因为他的天才不够伟大。伟大人物，无论其天才如何超群绝伦，整个说来却只能制定和解决生产力和生产关系历史发展的成就已经提出的那些任务。”[②]格森的报告使西方学者耳目为之一新，为西方学术界打开了一片全新的学术天地。日本学者汤浅光朝说，格森的报告“有一种爆炸性的作用”。科学社会学的创始人之一贝尔纳认为：“对英国来说，格森关于牛顿力学的文章是对科学史重新评价的起点。”此后，韦伯和默顿（R. Merton）关于科学与社会的开创性研究，都受到格森的强烈影响，可以

① N. I. Bukharin. Science at the Cross Roads，Bush House，1931：170.

② N. I. Bukharin. Science at the Cross Roads，Bush House，1931：203.

说，格森在科学史、科学哲学和科学社会学的研究中，开辟了一个新的时代。直到 46 年后，在第八届国际科学史大会上，李约瑟（Joseph Needham）仍然说，格森的报告“打开了智慧的魔瓶，它的声音至今仍在回荡”①。

特别值得注意的是，苏联学者的科学哲学研究，由于遵循马克思主义的思想方针，其构思和结论往往与西方同行迥异，因而也特别富于启发性。

苏联科学哲学有一个特殊的命题——“互补性原理”。无论是在中国，还是在西方，都很少有人注意到苏联学者在这方面的研究工作。“互补原理”本是著名物理学家波尔在 1927 年从量子力学诠释角度提出的，原意是说，由于作用量子 h 的非无穷小值决定了量子过程的不可分割性，因而微观客体和仪器之间就存在一种不可控制的相互作用，从而在微观客体的研究中，就不可能同时既应用时空概念又应用因果概念。但根据条件的不同，二者又都是不可缺少的认识原则，这两个在经典理论中互斥的概念在量子力学研究中又是互补的，其他如粒子图景和波动图景也是互补的。后来，波尔又把互补原理扩大到全部自然科学和人文科学领域，将其视为普适性的基本哲学原则。应当说，波尔的互补性思想确实比较含混，有时是指自然现象中两种对立性质之间的关系，有时是指科学中相互对立的概念的关系，有时是指两种相互对立的观点和学派的关系，有时甚至是指各种相互对立的社会现象之间的关系。对波尔的互补原理历来有不同的看法，褒之者说它是“本世纪中最革命的科学思想”；贬之者说“笼统地搬用这个在物理学中已经是错误的互补原理，那不但肯定什么问题也解决不了，而且会造成严重歪曲和高度混乱”。②

波尔对互补原理的外推确有不当之处，但是其中包含对事物对立统

① J. Needham. Adress to Opening Session of the XV International Congress of the History of Science. The British Journal for the History of Science，Vol.XI，1978（2）：103.

② N. 波尔. 原子物理学和人类知识论文续编. 郁韬译. 商务印书馆，1978：xiii.

一关系的理解和整体性的观念，其合理内核是不能一笔抹杀的。波尔把这一原理视为认识原则，也是有启发性的，而苏联学者注意的正是互补原理的这一方面。他们主要把互补原理运用于科学知识进步的解释上，建立了新旧科学理论互补的理论。在西方，自从迪昂—奎因命题（Duhem-Quine Thesis）建立了科学理论的整体观之后，许多学者致力于新旧理论关系的研究，关于对应规则（correspondence rule）的研究建立了理论统一的形式条件，而科学实在论则反对历史社会学派关于新旧理论不可通约性（uncommensuability）的主张，论证了理论发展中的连续性。苏联学者建立了新旧理论的互补性原理，突出地显示了苏联科学哲学的理论个性。这一问题最早是 1948 年 И. В. 库兹涅佐夫在《现代物理学中的互补原理及其哲学意义》一书中提出的。作者考察了不同的物理理论在历史发展中的互补关系，指出："那些其正确性通过某些物理现象域在实验上确立起来的理论，并没有随着新的更普遍的理论的出现而被当作错误理论废弃，作为新理论的极限情况和特殊场合，它对以往的现象域仍然有其意义。在'经典'理论还是正确的领域，新理论的结论就转换为经典理论的结论；新理论的数学机制包含某些特征参量，它的值在新旧现象域是不同的，如果引进相应的特征参量值，就转换为旧理论的数学机制。"[①]库兹涅佐夫的著作立即引发了热烈的争论，也受到来自斯大林学者的攻击。苏联学者只是 20 世纪 50 年代以后才开始对互补原理进行深入学术探讨，出现各自不同的诠释。

一种诠释是阿尔谢尼也夫（А. С. Арсеньев）根据理论的具体化程度做出的，他认为新理论如果实际上深化了我们的认识，那就总是要比旧理论具体，而当新理论出现时，旧理论和新理论相比，就暴露出其抽象性、不完备性。新理论和旧理论是极限转换关系，要把新理论转换为旧理论，就必须在某些方面限制新理论，即把新理论的一些参量变成常

① И. В. Кузнецов. Принцип соответствие в современной физике и его философские значение. Гостехиздат，1948：9. Цит. Е. А. Мамчур，Н. Ф. Овчинников，А. П. Огурцов. Отечественная философия науки：предварительные итоги. РОССПЭН，1997：183.

量。他强调说："因此，代替旧理论的新理论是有内在局限的，更专门的（在这方面显示出更大的具体性），而同时就其更完备地……描述对象这一角度说，它又是较少局限性的。"①沿着阿尔谢也夫的思路，伊拉里昂诺夫（С. В. Илларионов）在 1964 年把互补原理称之为"限制原理"，因为在他看来，新理论在某种意义上限制了旧理论希图解释的现象的范围。经典力学未对速度设限，而相对论力学禁止超过光速。解释的现象域愈扩大，愈是会引进新的限制，这是限制原理的悖论。波普尔有见于此，他在《无穷的探索——思想自传》中就已指出："陈述和理论禁止或排除越多，它们告诉我们的就越多。"②不过，波普尔此书出版于 10 年后的 1974 年，也就是说，英雄所见略同，伊里昂诺夫早有所悟。

另一种是佐托夫（А. Ф. Зотов）提出的理想客体更新诠释。1974 年，他在《科学知识的继承性和互补原理》中认为，正是理论才有可能进入互补关系，而基本概念却不能。新理论创造了新的理想客体，而基本概念则是理论的根据或理论根据的基本成分，在经典理论为真的领域，基本概念仍把自己的内容保存下来。

与佐托夫的理论不同，斯塔汉诺夫（И. П. Стаханов）提出了互补原理的平行论诠释。他在肯定新旧理论更迭中基本概念发生变化的同时，认为这些概念具有平行性：狭义相对论摒弃绝对三维空间意味着引进绝对四维连续统，代替距离不变性的是间隔的不变性。量子力学中传统的决定论原则从现象域转向或然域。"于是，我们又在新旧理论的结构中触及平行论。"③图尔松诺夫（А. Турсунов）也指出新旧理论在概念上保持着发生学的联系，这种联系是通过普遍概念实现的，如能量概念就包含在经典力学、相对论力学和量子力学中。他把互补原理和外推

---

① А. С. Арсеньев. О принципе соответствия в современном физике. Вопросы философии，1958（4）：95.

② 卡尔·波普尔. 无穷的探索——思想自传. 邱仁宗，段娟译. 福建人民出版社，1984：22.

③ И. П. Стаханов. Эволюция физических теорий//Б. М. Кедров，Н. Ф. Овчинников. Проблемы истории и методологии познания，Наука，1974：146.

法（extrapolation）联系起来，说："在理论知识发展中的这种继承性，表现为旧的概念向新的对象域的外推，它一般是科学概念的内涵开放性的直接结果。"①

1979 年，苏联出版了集体著作《互补原理》，其中有一篇凯德洛夫的论文《"缔合原理"是互补原理在物理学、化学和地球化学中的具体化》。凯德洛夫在文中提出了自己的独特诠释，把互补原理和所谓"缔合"原理（association principle）联系起来。他通过元素周期律与原子结构理论的缔合，说明他所理解的互补原理："这个原理的成熟形式可以这样来表示：原子中电子配列的性质和门捷列夫周期系中元素的位置之间，存在着完全确定的一义的对应，其中表现出原子结构和整个周期系统本身的'结构'之间的互补。在两个认识要素——门氏周期系和原子结构模型——之间，相互同时共轭发展，互相丰富，这种缔合正是理论的互补。"②

还可以谈一下对前提性知识的研究。在西方科学哲学中，20 世纪 50 年代的后逻辑实证主义，强调观察荷载理论，其中历史社会学派引进前提性知识，强调社会文化语境在科学知识发生和进步中的决定性作用。诸如图尔敏（S. Toulmin）的"自然秩序理想"、拉卡托斯（I. Lakatus）的"科学研究纲领"、库恩的"范式"、夏佩尔（D. Sheper）的"高层次背景理论"和劳丹的"研究传统"等概念，代表了西方科学哲学知识论的重大进展。苏联学者在这方面另辟蹊径，对前提性知识的结构和性质做了别开生面的诠释。早在 1966 年，里亚普诺夫（A. Ф. Ляпнов）就提出介于理论和经验之间的知识——"理论际"的概念；70 年代，切尔诺沃连科（В. Ф. Черноволенко）主张用"世界图景"取代库恩的范式概念；80 年代后，德什列维（П. С. Дышлевый）则认为作为元理论知识的前提性知识应当称作"超理论的逻辑结构"。在这方

① А. Турсунов. Метод экстраполяции и принцип соответствия//Б. М. Кедров，Н. Ф. Овчинников. Проблемы истории и методологии научного познания. Наука，1974：166.

② Б. М. Кедров.《Прицип ассоциирования》как принципа соответствия в физикебхимии и геохимии//Б. М. Кедров，Н. Ф. Овчинников. Принцип соответствии. Наука，1979：222-223.

面，明斯克学派的成果尤为突出，1981 年这一学派把他们关于这一主题的研究成果结集成书，以《科学研究的理想和规范》为题出版，对科学认识结构中的前提性知识做了系统的阐释，以“科学研究的理想和规范”命名前提性知识，统称之为“科学知识的根据”。

与西方科学哲学对前提性知识的分析不同的是，苏联学者特别重视这种知识的结构分析。按明斯克学派学者的研究，从类型上说，科学研究的理想和规范包括：知识证明和辩护的理想，解释和描述的理想，建构和组织的理想。而从层次上说，斯焦宾把它分成三个层次。第一层次是科学作为科学而与其他认识形式相区别的特质，是整个科学研究共有的规范，主要是对认识结果的客观性和对象性要求；第二层次是在科学发展的特定阶段上，这些一般规范的具体化，“那些方针系统——关于知识的解释、描述、证明、组织等的规范观念，表现为时代的思维方式，从而构成研究理想和规范的第二层次的内容。”[①]第三层次则是第二层次的方针具体运用于各个科学部门的对象域，如物理学，化学，生物学等。而从内在结构上说，科学研究的理想和规范是一个有机的系统，包括两大部分：基础部分，由基本原理和科学方法构成；基准部分，由世界图景和思维方式构成。基础部分属于科学层面，基准部分属于哲学层面。其中世界图景是本体论的原则，即关于自然界存在和发展的最一般的观念；而思维方式则是认识论和价值论的原则，是一定历史时代人们对主体—客体关系的特定的规范性认识[②]。因此，按苏联学者看法，前提性知识的结构如图 5-1 所示。

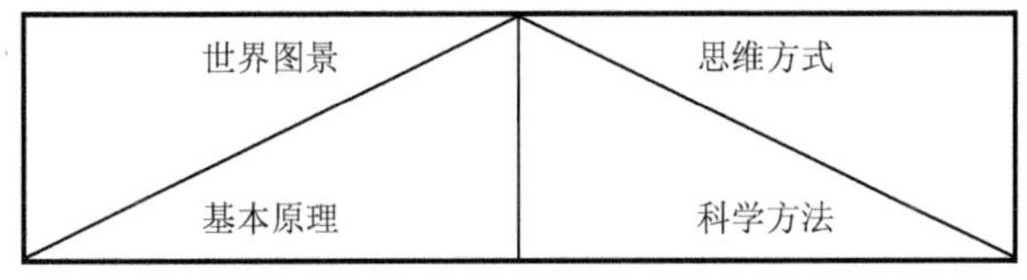

图 5-1　前提性知识结构图示

① В. С. Стёпин. Научные революции как《точки》бифуркации в развитии знания. Научные революции в динамике культуры. БГУ，1987：42.

② 孙慕天. 第三种知识论纲. 自然辩证法通讯，1996（1）：1-6.

苏联学者还对前提性知识在整个认识中的地位重新进行了反思。1986 年潘宁在《科学认识方法论中的经验和理论二分法是否穷尽了一切？》的论文中，认为还存在经验和理论之外的第三种“方法论单元”。作者写道：“方法论研究的内在逻辑日益迫切地提到日程上来的任务是，有必要把新的方法论单元引进科学方法论，这种新方法论单元的内涵不能归结为经验和理论的二分法。在这个新的基础上，确定了在科学中方法论概念还存在知识的第三层次，它位于理论之上，成为科学理论活动本身的元理论的和超理论的前提。”①同时，苏联学者还着重探讨了前提性知识的社会文化性质，认为对科学理想和规范的研究，不能片面地执着于单纯的社会学分析或单纯的认知分析，而是要求把两种分析结合起来。奥古尔佐夫指出：“科学性理想的研究既以思考认识进化为前提，也以思考科学共同体的特质为前提，科学共同体采用某些方法论原则和理论原则作为指针、价值和规范，它们通过共同体的认识活动和社会行为体现出来。”②

显而易见，苏联学者对前提性知识的研究突破了西方学者的眼界，在后逻辑实证论的科学哲学的推进中，苏联的科学哲学理应有自己不可取代的位置。在整个苏联自然科学哲学中，像这样独树一帜的原创性研究当然不止一桩，诸如物质的层次结构分析、物质系统进化和发展的模式建构、世界图景的理论、科学发展动力学的内外史综合论、科学革命动因和类型问题、科学统一的宏观社会学维度、科学解释中的理解问题等。无视这笔丰厚的思想资源，是重大的文化损失。

* * * *

在那片广袤的土地上发生的一幕幕历史话剧已经永远谢幕了，但是它在人类历史上打下的烙印是不会磨灭的。那段历史留下的精神遗产已经记入人类历史文化档案，它可能在某些国家或某段时期被尘封，但却

① А. В. Панин. Является ли дихотомия эмпирического и теоретического исчерпывающей в методологии научного познания? Философские науки，1986（2）：69.

② А. П. Огурцов. Институализация идеалов научности//В. С. Степин. Идеалы и нормы научного исследования. БГУ，1981：69.

总会被记起。殷鉴不远，就在苏联之世，不接受苏联的思想教训就会重蹈覆辙；苏联人已经成功完成的东西，理应继承和发展，不应装作不曾存在而去做无谓的重复工作。而且，从某种意义上说，我们的社会主义实践是苏联的继续，它可以也应当被超越，但却无法越过。我们今天重启苏联自然科学哲学的研究，意义就在于此吧！

参 考 文 献

安启念. 1990. 苏联哲学 70 年. 重庆：重庆出版社.

龚育之，柳树滋. 1990. 历史的足迹. 哈尔滨：黑龙江人民出版社.

贾泽林，王炳文，徐荣庆，等. 1979. 苏联哲学纪事. 北京：生活·读书·新知三联书店.

贾泽林，周国平，王克千，等. 1986. 苏联当代哲学（1945—1982）. 北京：人民出版社.

马·莫·罗森塔尔. 1986. 马克思主义辩证法史：从马克思主义产生到列宁主义阶段之前. 汤侠声译. 北京：人民出版社.

张念丰，郭燕顺，等. 1982. 德波林学派资料选编. 北京：人民出版社.

《哲学研究》编辑部. 1964. 苏联哲学资料选辑：第二辑. 上海：上海人民出版社.

《哲学研究》编辑部. 1966. 外国自然科学哲学资料选辑：第一辑，上册. 上海：上海人民出版社.

B. E. 叶夫格拉弗夫. 1998. 苏联哲学史. 贾泽林，刘仲亨，李昭时译. 北京：商务印书馆.

Acton H B. 1955. The Illusion of the Epoch：Marxism-Leninism as a Philosophical Creed. London：Cohen and West.

Bailes K E. 1978. Technology and Society under Lenin and Stalin：Origin of the Soviet Technical Intelligensia，1917-1941. Princeton：Princeton University Press.

Balzer H D. 1989. Soviet Science on the Edge of Reform. Boulder：Westview Press.

Blakeley T J. 1964. Soviet Theory of Knowledge. Dordrecht：D. Reidel Publishing Company.

Bochenski J M. 1963. Soviet Russian Dialectical Materialism. Dordrecht：D. Reidel Publishing Company.

Bukhalin N I. 1931. Science at the Cross Roads. London：Bush House.

De George R T. 1966. Patterns of Soviet Thought：The Origins and Development of Dialectical and Historical Materialism. Ann Aebor：University of Michigan Press.

Graham L R. 1967. The Soviet Academy of Science and The Communist Party, 1927-1932. Princeton: Princeton University Press.

Graham L R. 1987. Science, Philosophy, and Human Behavior in the Soviet Union. New York: Columbia University Press.

Hutchings R. 1976. Soviet Science, Technology, Design. London: Oxford University Press.

Huxley J. 1949. Heredity East and West: Lysenko and World Science. London: Oxford University Press.

Joravsky D. 1961. Soviet Marxism and Natural Science, 1917-1932. New York: Columbia University Press.

Joravsky D. 1970. The Lysenko Affair. Cambridge: Harvard University Press.

Jordan Z A. 1967. The Evolution of Dialectical Materialism: A Philosophical and Sociological Analysis. New York: The Macmillan Company.

Lubrano L L, Solomon S G. 1980. The Social Context of Soviet Science. Boulder: Westview Press.

Marcuse H. 1958. Soviet Marxism: A Critical Analysis. New York: Columbia University Press.

Medvedev R A. 1972. Let History Judge: The Origins and Consequences of Stalinism. New York: Alfred A. Knopf.

Medvedev Z A. 1969. The Rise and Fall of T. D. Lysenko. New York: Columbia University Press.

Medvedev Z A. 1978. Soviet Science. New York: W. W. Norton.

Mikulak M W. 1965. Relativity Theory and Soviet Communist Philosophy, 1922-1960. New York: Colombia University Press.

Müller-Markus S. 1960. Einstein und Die Sowjetphilosophie. Dordrecht: D. Reidel Publishing Company.

Perflyev M. 1970. Soviet Democracy and Bourgeois Sovietology. Moscow: Progress Publishers.

Planty-Bonjour G. 1967. The Categories of Dialectical Materialism: Contemporary Soviet Ontology. New York: Fredrick A. Praeger.

Pomper P. 1986. Trotsky's Notebooks 1933-1935: Writings on Lenin, Dialectics, and Evolutionism. New York: Columbia University Press.

Rigby T H, Miller R F. 1976. Political and Administrative Aspects of the Scientific and Technical Revolution in the USSR. Canberra: Australian National University Press.

Scanlan J P. 1985. Marxism in the USSR：A Critical Survey of Current Soviet Thought. Ithaca：Cornell University Press.

Steussloff H. 1985. Dialektischer und Historischer Materialismus. Berlin：Dietz.

Tucker R C. 1963. The Soviet Political Mind：Studies in Stalinism and Post-Stalin Change. New York：Hacourt，Brace and Company.

Wetter G A. 1958. Dialectical Materialism. A Historical and Systematic Survey of Philosophy in the Soviet Union. London：Routledge and Kegan Paul.

Wetter G A. 1966. Soviet Ideaology Today. New York：Frederick A. Praeger.

Urban P K，Lebed A I. 1971. Soviet Science，1917-1970. Metuchen：Scarecrow Press.

Алексеев И С. 1978. Концепция дополнительности：Историко-методологичесий анализ. М.：Наука.

Алексеев П В. 1978. Предмет，структура и фурнкция диалектического материализма. М.：Наука.

Анатьев Б Г. 1969. Человек как предмет познания. Л.：ЛГУ.

Аскин Я Ф. 1977. Философский детерминизм и познание. М.：Мысль.

Асмус В Ф. 1954. Учение логики о доказательстве и опровержении. М.：Наука.

Ахундов М Д. 1981. Философия，естествознание，современность（Итоги и перспективы исследований. 1970-1980 гг.）. М.：Мысль.

Бажан В В. 1974. Диалектический материализм и проблема реальности в современной физики. Киев：Наукова думка.

Баженов Л Б. 1978. Строение и функция естественнонаучной теории. М.：Наука.

Балакина И В. 1969. Проблема человека в современной философии. М.：Политиздат.

Берг А И. 1964. Кибернетика，мышление，жизнь. М.：Мысль.

Будрейко Н А. 1970. Философские проблемы химии. М.：Высшая школа.

Готт В С.，Семенюк，В. С. 1984. Урсур，А. Д. Категории современной науки. М.：Мысль.

Грязнов В С. 1982. Логика，рациональность，творчество. М.：Наука.

Горский Д П. 1978. Диалектика научного познания. М.：Наука.

Готт В С. 1974. Философские проблемы современной науки. М.：Высшая школа.

Грязнов В С. 1980. Логика，теория，творение. Л.：ЛГУ.

Дышлевый П С. 1977. Развитие философии материализма и естествознания. Киев：Наукова думка.

Жуков Н И. 1971. Информация. Минск：Наука и техника.

Евграфов В Е. 1988. История философии в СССР. М.：Наука.

Ильенков Е Э. 1960. Диакетика абстрактного и конкретного в《Капитале》Маркса. М.: Институт философии АН СССР.

Ильичев Л Ф. Философия и научный прогресс. М.: Наука.

Казютинский В В. 1968. Революция в астрономии. М.: Наука.

Капица П Л. 1974. Эксперимент, теория, практика. М.: Наука.

Кедров Б М. 1963. Единство диалектики, логики и теории познания. М.: Госполитиздат.

Кедров Б М. 1969. Ленин и революция в естествознанииXXвека: философия и естествознание. М.: Наука.

Кедров Б М. 1962. Предмет и взаимосвязь естественных наук. М.: Академия наук СССР.

Кедров Б М. 1990. Проблемы логики и методологии науки. Избранные труды. М.: Госполитиздат.

Келле В Ж. 1995. Социальная динамика современнаой науки. М.: Наука.

Комков Г Д, Левшин Б В, Семенов Л К. 1977. Академия наук СССР. М.: Наука.

Копнин П В. 1961. Диалектика как логика. Киев: Наукова думка.

Копнин П В. 1973. Диалектика как логика и теория познания: Опыт логико-гносеологического исследования. М.: Наука.

Копнин П В. 1962. Гипотеза и познание действительности. Киев: Наукова думка.

Копнин П М. 1973. Диалектика, логика, наука. М.: Наука.

Косарева Л М. 1989. Социокультурный генезис науки Нового времени（философский аспект проблемы）. М.: Наука.

Косарева Л М. 1977. Предмет науки: Социально-филос. аспект проблемы. М.: Наука.

Косарева Л М. 1983. Внутренние и внешние факторы развития науки. М.: Наука.

Крымский С Б. 1989. Философия, естествознание, социальное развитие. М., Политиздат.

Кузнецов И В. 1975. Избранные труды по методологии физики. М.: Наука.

Лапин Н И. 1991. Философское сознание: драматизм обновления. М.: Политиздат.

Лекторский И В. 1980. Субъект, объект, познание. М.: Наука.

Лекторский В А. 1998. Философия не кончается…Из истории отчественной философии. М.: РОССПЭН.

Мамардашвили М К. 1984. Классические и неклассические идеалы. Тбилиси: Мецниереба.

Мамардашвили М К. 1996. Необходимость себя：введение в философию. М.：Лабиринт.

Мамчур Е А，Овчинников Н Ф，Огурцов А П. 1997. Отечественная философия науки：предварительные итоги. М.：РОССПЭН.

Мамчур Е А. 1975. Проблема выбора теории. М.：Наука.

Мамчур Е А. 1987. Проблемы социокультурной детерминации научного знания. М.：Наука.

Марков М А. 1988. Размышляя о физике…. М.：Наука.

Мелюхин С Т. 1960. Материя в единстве，бесконечности и развитии. М.：Мысль.

Микулинский С Р. 1988. Очерки развития историко-научной мысли. М.：Наука.

Нарский И С. 1969. Вопросы диалектики познания в《Капитале》К. Маркса. М.：Политиздат.

Ойзерман Т И. 1969. Проблемы историко-философской науки. М.：Мысль.

Омельяновский М Э. 1968. Ленин и философские проблемыв современной физике. М.：Наука.

Омельяновский М Э. 1973. Диалектика в современной физике. М.：Наука.

Панченко А И. 1988. Философия，физика，микромир. М.：Наука.

Панченко А И. 1999. Русская философия во второй половине XX века：Сб. Обзоров и рефератов. М.：ИНИОН РАН.

Раджабов У А. 1982. Динамика естественнонаучного знания：системно-методологический анализ. М.：Наука.

Розов М А. 1997. Философия науки. Вып. 3.：Проблемы анализа знания. М.：Институт философии РАН.

Ракитов А И. 1977. Философские проблемы науки. М.：Мысль.

Сачков Ю В. 1981. Идеалы и нормы научного исследования. Минск：БГУ.

Стёпин В С. 1992. Становление идеалов и норм постнеклассической науки. Проблемы методоЛогии. Постнеклассической науки. М.：Наука.

Стёпин В С，Горохов В Г，Розов М А. 1996. Философия науки и техники. М.：Гардарики.

Стёпин В С. 1976. Становление научной теории. Минск：БГУ.

Стёпин В С. 1985. Научные революции как《точки》бифркации в развитии знании. Научные революции в динамике культуры. Минск：БГУ.

Степин В С. 1975. Проблема структуры и генезиса физической теории.Минск：БГУ. Лекторский В А. 1972. Философия，методология，наука.М.：Наука.

Тугаринов В П. 1956. Соотношение категории диалектического материализма. Л.: ЛГУ.

Уемов А И. 1963. Вещи, свойства, отношения. М.: АН СССР.

Урсул А Д. 1971. Информация: методологические аспекты. М.: Наука.

Украинцев Б С. 1972. Самоуправляемые системы и причинность. М.: Мыскь.

Фролов И Т. 1989. Введение в философию. М.: Политиздат.

Фролов И Т, Юдин Б Г. 1986. Этика науки. М.: Политиздат.

Фролов И Т. 1988. Философия и история генетики. Поиски и дискусии. М.: Наука.

Федосеев П Н. 1981. Ленин и философские проблемы современного естествознания. М.: Политиздат.

Швырев В С. 1979. О соотношении теоретического эмпирического в научном познании. Природа научного знания. Минск: БГУ.

Швырев В С. 1988. Анализ научного познания: основные направления формы проблемы. М.: Наука.

第一版后记

这个题目是“八五”国家社科基金项目，课题立项后，恰值苏联解体。课题完成后，发现有些结论需要重新思考，因为任何哲学思想都和时代语境有不同程度的关联，而苏联的科学与哲学之间更是“恩怨”纠缠，其中往往透露出社会矛盾演变的深层信息。随着苏联的解体，再来看以前的一些思考，不仅是肤浅的，而且有许多问题根本就没弄清楚。这样一来，原来的稿子就只能搁置起来了。经过长久的思考和修订，现在总算有了一些把握，几经踌躇，终于下决心把它交给读者。

我是 1978 年开始系统研究苏联自然科学哲学的。当时，刚刚开过十一届三中全会，万象更新，自然辩证法界尤其活跃，介绍西方科学哲学家的观点一时成为热潮，而对其各种流派的评价却言人人殊。我很想了解苏联学者对波普尔、库恩等是怎么看的，于是在 1979 年先翻译了苏联学者 H.C.尤莉娜关于波普尔的评价文章，引起了许多同行的兴趣。我想，“他山之石，可以攻玉”，只听西方人的一家之言是不全面的，苏联哲学遵循马克思主义思想导向，是科学哲学的另一个参考系，具有不可替代的作用。我的这个想法得到很多前辈的鼓励，特别是龚育之老师。在他的关怀支持下，我在哈尔滨师范大学终于搞起了一个研究苏联自然科学哲学的学术共同体，至今已经历了 20 年寒暑。当年鲁迅先生在《莽原》出版十期时，有感而发，说在中国一件事情能坚持这么久是不容易的。古语云“弥不有初，鲜克有终”。苏联自然科学哲学研究属于“冷”学问，在这个边缘地段耕耘，此中甘苦只有亲历者知之。我感到欣慰的是，这些年一些从我学习过的青年学子热心于此项事业，开始崭露头角，其中有张明雯、张百春、刘孝廷、万长松、白夜昕、王彦君、张亚娜、姜立红、刘程岩等，他们的成果表明，我国新一代苏联（俄罗斯）自然科学哲学的研究者已经成长起来。

本书的出版要感谢科学出版社的领导和编辑，特别是责任编辑孔国平博士，他古道热肠，对本书的出版起到了关键性的作用；也要感谢李鹏奇编辑，他热心为我建立联系。

我要感谢我的研究生们（特别是近几年在我周围的几届学生），他们用青春的火温暖着我的心，使我感受到生命的美好。研究生张春红、肖晶波和苏丽娜对本书文字通篇做了校对，改正了手民之误，在此一并致谢。

本书写作的关键时刻，我突罹重恙，妻子玉白和一双儿女鹰鹰和天鹅，倾注了全部的爱，我能在病中和病愈后完成本书，实得力于亲人的关爱，他们是我人生安谧的港湾。

书尽默思，遥望远方美丽的晴空，感到有无限广阔的新岸在我的前头。